Uni-Taschenbücher 14

UTB
FÜR WISSEN
SCHAFT

Eine Arbeitsgemeinschaft der Verlage

Birkhäuser Verlag Basel · Boston · Stuttgart
Wilhelm Fink Verlag München
Gustav Fischer Verlag Stuttgart
Francke Verlag München
Harper & Row New York
Paul Haupt Verlag Bern und Stuttgart
Dr. Alfred Hüthig Verlag Heidelberg
Leske Verlag + Budrich GmbH Opladen
J.C.B. Mohr (Paul Siebeck) Tübingen
R.v. Decker & C.F. Müller Verlagsgesellschaft m.b.H. Heidelberg
Quelle & Meyer Heidelberg
Ernst Reinhardt Verlag München und Basel
K.G. Saur München · New York · London · Paris
F.K. Schattauer Verlag Stuttgart · New York
Ferdinand Schöningh Verlag Paderborn · München · Wien · Zürich
Eugen Ulmer Verlag Stuttgart
Vandenhoeck & Ruprecht in Göttingen und Zürich

Heinrich Walter

Vegetation und Klimazonen

Grundriß der globalen Ökologie

Fünfte, überarbeitete und ergänzte Auflage
161 Abbildungen und 1 Weltkarte
der Zonobiome

Verlag Eugen Ulmer Stuttgart

HEINRICH WALTER, geb. 1898 in Odessa, Promotion (Dr. phil.) in Jena bei E. Stahl 1919, Assistent in Heidelberg bei L. Jost 1920 bis 1932, Habilitation in Heidelberg 1923. Als Rockefeller Fellow in Arizona, Nebraska und Colorado (USA) 1929/30. Seit 1932 Direktor des Botanischen Instituts und Gartens zuerst in Stuttgart, kurz in Posen und ab 1945 in Hohenheim, Berufungen nach Hannover und Bonn abgelehnt, emer. seit 1966.
Mitglied von vier Wiss. Akademien, Dr. h. c. nat. techn. (Wien), Ehrenmitglied in- und ausländischer wiss. Gesellschaften. Ökologische Forschungsreisen: In Nordamerika 1929/30, 1969; in Afrika 1934/35, 1937/38, 1953, 1960, 1963, 1975; im Vorderen Orient 1954/55; in Australien und Neuseeland 1958/59; in Südamerika 1965/66 und 1968.
Gastprofessor in Ankara 1954/55 und in Utah (USA) 1969.

CIP-Kurztitelaufnahme der Deutschen Bibliothek

Walter, Heinrich:
Vegetation und Klimazonen : Grundriß d. globalen Ökologie / Heinrich Walter. – 5., überarb. u. erg. Aufl. – Stuttgart: Ulmer, 1984
(UTB für Wissenschaft : Uni-Taschenbücher ; 14)
ISBN 3-8001-2527-7

NE: UTB für Wissenschaft / Uni-Taschenbücher

Wollgrasweg 41, 7000 Stuttgart 70 (Hohenheim)
Printed in Germany
Einbandgestaltung: Alfred Krugmann, Freiberg am Neckar
Satz: Laupp & Göbel, Tübingen 3
Druck: Offsetdruckerei K. Grammlich, Pliezhausen
Gebunden bei Reclam, Ditzingen

Vorwort

Als dieses Taschenbuch vor über einem Jahrzehnt zum erstenmal erschien, war es eine kurze Zusammenfassung der zweibändigen „Vegetation der Erde“ des Verfassers. Aber die weitere Auswertung der über 60jährigen Forschungstätigkeit auf ökologischem Gebiet führte immer mehr dazu, die ökologische Betrachtung in den Vordergrund zu stellen. 1974 erschien die Auswertung der sehr reichen russischen Literatur (Walter: Die Vegetation Osteuropas, Nord- und Zentralasiens, 452 pp., Stuttgart), 1975 die klimatisch-ökologische Gliederung der Erde (Walter, Harnickell, Mueller-Dombois: Klimadiagramm-Karten der einzelnen Kontinente und die ökologische Klimagliederung der Erde, Stuttgart) und 1976 die Prinzipien der Gliederung mit Beispielen (Walter: Die ökologischen Systeme der Kontinente – Geo-Biosphäre, 132 pp., Stuttgart).
Diese fortschreitend stärkere Betonung der ökologischen Prinzipien spiegelte sich in den weiteren Auflagen des UTB 14 in den Jahren 1972, 1975, 1979 merklich wider.

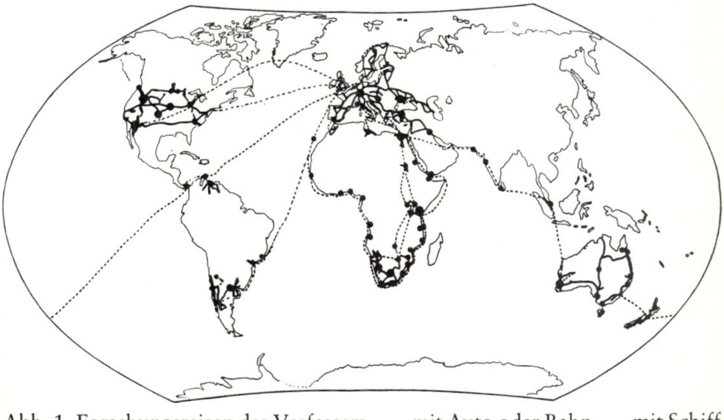

Abb. 1. Forschungsreisen des Verfassers —— mit Auto oder Bahn. . . . mit Schiff oder Flugzeug; große Punkte = längere Aufenthalte an Forschungsinstituten. Die Lücke in Nord- und Zentralasien wurde durch sehr eingehende Studien der außerordentlich umfangreicher russischen Literatur geschlossen (vgl. WALTER 1954, WALTER and BOX 1983).

Inzwischen wurde das Taschenbuch in fünf Sprachen übersetzt; die Übersetzung ins Portugiesische ist in Brasilien in Bearbeitung, die ins Iranische wurde durch die Revolution abgebrochen. Die englische Übersetzung erschien 1973 beim Springer-Verlag (New York) unter dem Titel „Vegetation of the Earth" und wurde 1975, 1977, 1978 nachgedruckt, bis 1979 die zweite englische Ausgabe auf der Grundlage der dritten deutschen erschien.

Die vorliegende 5. Auflage, wohl die letzte, weil vom Verfasser im 85. Lebensjahr bearbeitet, entspricht in ihrem gedanklichen Kern bereits einer Kurzfassung des neuen dreibändigen, im Erscheinen begriffenen Werkes „Ökologie der Erde" (UTB Große Reihe) von H. Walter und W.-W. Breckle, dessen 1. Band bereits erschienen ist (Stuttgart 1983) und der 2. Band 1984 gedruckt wird. Das soll durch den Untertitel dieser 5. Auflage betont werden.

Im Gegensatz zu der heute vorherrschenden technisch orientierten, analytischen biologischen Forschung strebt die Ökologie die Synthese an, d. h. die Darstellung der großen Zusammenhänge. Die Ergebnisse der analytischen Forschung sind die einzelnen Bausteine, die man, bildlich gesprochen, zu einem Bauwerk oder Mosaikbild zusammenfügen muß. Deswegen benötigt der Ökologe unbedingt ein umfassendes Wissen. Noch so gute Spezialkenntnisse auf einem begrenzten Gebiet genügen nicht. Es war deshalb stets mein Bestreben im Laufe des langen Lebens, nicht ein Sondergebiet sehr gründlich zu erforschen, sondern Erfahrungen und wissenschaftliche Erkenntnisse auf Forschungsreisen mit meiner Lebensgefährtin und Mitarbeiterin Dr. Erna Walter weltweit zu sammeln, alle Florenreiche und Klimazonen persönlich zu durchforschen, um Vergleichsmöglichkeiten in globalem Maßstab zu erhalten (Abb. 1). Denn die Ökologie kann nicht aus Büchern oder im Laboratorium erlernt und verstanden werden, vielmehr gilt der Leitsatz:

„Das Laboratorium des Ökologen ist Gottes Natur
Und sein Arbeitsfeld – die ganze Welt."

Zu dieser 5. Auflage ist noch folgendes zu bemerken. Außer den vielen üblichen Ergänzungen und Verbesserungen wurden die Nachträge der 4. Auflage jetzt in den Text eingefügt. Neu geschrieben wurde der ganze Abschnitt über das Zonobiom II auf Grund von neuen Veröffentlichungen über die tropischen Savannen und Parklandschaften. Besonders interessant sind die kurzen Ausführungen von B. Frenzel über die gewaltigen Ausmaße der Thermo-Karst-Erscheinungen in Ostsibirien, die er auf einer Exkursion nach Jakutien im Sommer 1982 kennenlernte und entgegenkommenderweise mit den entsprechenden Landschaftsaufnahmen mir zur Verfügung stellte (vgl. Seite 314–319).

Neu sind auch die „Schlußfolgerungen", die als eine Art persönliches Vermächtnis an die jungen Ökologen gedacht sind. Sie wurden bereits als Ergebnis lebenslanger Erfahrung ausführlicher an anderer Stelle veröffentlicht – in den „Bekenntnissen eines Ökologen“ (Walter 1982).

Den Mitarbeitern des Verlages sowie Frau Dr. M. Rahmann bin ich ganz besonders dankbar für die Hilfe bei der Vorbereitung zum Druck und allen Korrekturarbeiten, wie immer auch meiner Frau, Dr. Erna Walter.

Auf die deutschen Pflanzennamen der im Text lateinisch benannten Arten und auf die Erklärungen der verwendeten Fach-Fremdwörter vor dem Sachregister sei hingewiesen.

Ostern 1983
Universität Hohenheim
D-7000 Stuttgart 70

Heinrich Walter

Inhaltsverzeichnis

Einleitung: Die Gliederung der ökologischen Systeme

1 Die Aufgabe der Ökologie

Die Ökologie ist eine biologische Wissenschaft auf höchster Ebene und ebenso wie das Leben (nach unseren heutigen Kenntnissen) nur auf die Erde beschränkt. Leben als Ganzes ist mit einem Kreislauf verbunden – einem Aufbau mit Bindung der Sonnenenergie sowie einem Abbau mit Abbau der gebundenen Energie. Die kleinste selbständige Einheit des Lebens ist die *Zelle*, mit deren Struktur und Funktion sich die Molekularbiologie und die Biochemie befassen. Die Einzeller bilden vor allem das Studienobjekt der Mikrobiologie. Die nächst höhere lebende Einheit ist der *Organismus* mit seinen vielzelligen Geweben und Organen. Wir unterscheiden pflanzliche und tierische Organismen, die morphologisch, anatomisch und funktionell sehr verschiedenartig sind. Mit den ersteren beschäftigt sich die Phytologie (Botanik), mit den letzteren die Zoologie. Die grünen Pflanzen sind autotroph und aufbauend, die farblosen sowie die tierischen Organismen heterotroph und abbauend.

Die höchsten lebenden Einheiten sind die Lebensgemeinschaften der pflanzlichen und tierischen Organismen, die zusammen mit den abiotischen Umweltfaktoren (Klima und Boden) *Ökosysteme* bilden, die durch einen ständigen Stoffwechselkreislauf und Energiefluß ausgezeichnet sind. *Die Untersuchung dieser Ökosysteme von den kleinsten bis zum globalen – der Biosphäre – ist die Aufgabe der Ökologie im weitesten Sinne.*

Dieses Taschenbuch will eine kurze, verständliche Einführung in diese globale Ökologie sein.

Die Biophäre, bildet die natürliche Welt, in die der Mensch hineingestellt ist und die er dank seiner geistigen Fähigkeiten objektiv zu betrachten vermag – wodurch er sich über sie hinaushebt. Einerseits ist er ein Kind dieser Außenwelt, abhängig von der Natur, andererseits wird er durch seine Innenwelt mit dem Göttlichen verbunden.

Nur wenn er sich dieser Bindungen nach unten und nach oben bewußt ist, kann er sich zu einem harmonischen, weisen Wesen entwickeln, das mit dem Tode seine Vollendung im Göttlichen findet. Der Mensch ist nicht nur berufen, die Natur zu nutzen, sondern sie auch in ihrem ökologischen Gleichgewicht zu erhalten und sie nach Möglichkeit zu pflegen und zu bewahren.

Um diese Aufgabe zu erfüllen und keinen Raubbau zu betreiben, der letztlich seine eigene Existenz in Frage stellt, *muß er die ökologischen Gesetzmäßigkeiten der Natur erkennen und sie berücksichtigen.*
Wir werden uns dabei nur mit den natürlichen ökologischen Verhältnissen beschäftigen; denn es würde den Rahmen dieser Kurzfassung sprengen, auch noch die sekundären durch den Menschen geschaffenen Ökosysteme zu behandeln.

2 Gliederung der Geo-Biosphäre in Zonobiome

Die Biosphäre umfaßt die dünne Schicht an der Erdoberfläche, in der sich alle Lebenserscheinungen abspielen, also auf dem Lande die unterste Schicht der Atmosphäre, soweit sich die lebenden Organismen in ihr dauernd aufhalten und die Pflanzen hineinragen, sowie die durchwurzelte Schicht der Lithosphäre, die als Boden bezeichnet wird. Daneben finden wir Leben in allen Gewässern bis in die Tiefsee hinunter. Aber in diesem wässerigen Medium spielt sich der Stoffkreislauf auf andere Weise ab als auf dem Lande, und die Organismen sind so verschieden (Plankton), daß die Ökosysteme getrennt behandelt werden müssen. Wir gliedern deshalb die Biosphäre in:

1. die Geo-Biosphäre, die terrestrischen Ökosysteme umfassend, und
2. die Hydro-Biosphäre mit den aquatischen Ökosystemen, mit denen sich die Hydrobiologie beschäftigt.

Unser Untersuchungsobjekt ist nur die Geo-Biosphäre, die den Lebensraum des Menschen bildet und uns deshalb besonders interessiert (WALTER 1976). Zu ihrer Untergliederung bietet sich als primär unabhängiger Umweltfaktor das *Großklima* an. Denn von diesem hängt sowohl die Bodenbildung als auch die Vegetation ab (vgl. Seite 14); es ist noch kaum durch den Menschen verändert und läßt sich durch das immer dichter werdende Netz der meteorologischen Stationen überall einwandfrei erfassen (über die Prinzipien der Gliederung vgl. WALTER 1976).
Das Großklima wird durch die planetaren Luftströmungen in der gesamten Atmosphäre bestimmt und die Meteorologen unterscheiden 7 genetische Klimagürtel: A. die äquatoriale Regenzone, B. die Sommerregenzone der Randtropen, C. die subtropischen Trockengebiete, D. die subtropischen Winterregengebiete, E. die gemäßigte Zone mit ganzjährigen Niederschlägen, F. die subpolare Zone und G. die hochpolare Zone.
Den Ökologen interessiert vor allem das Klima innerhalb der Geo-Biosphäre, das durch das ökologische Klimadiagramm gekennzeichnet wird (Seite 35). Es erweist sich dabei als zweckmäßig, die sehr große gemäßigte Zone der Meteorologen weiter zu untergliedern und die subpolare sowie hochpolare zu einer arktischen zusammenzufassen. Es ergeben sich dann 9 Klimazonen, die wir ökologisch als *Zonobio-*

me (ZB) bezeichnen; denn unter einem Biom versteht man einen großen, klimatisch einheitlichen Lebensraum innerhalb der Geo-Biosphäre. Als „humid" bezeichnet man ein feuchtes (regenreiches) Klima als „arid" ein trockenes (regenarmes). Bei Doppelbezeichnungen bezieht sich die erste auf den Sommer, die zweite auf den Winter.
Die 9 Zonobiome sind:

ZB I	Äquatoriales mit Tageszeitenklima, humides
ZB II	Tropisches mit Sommerregen, humido-arides
ZB III	Subtropisches Wüstenklima, arides
ZB IV	Mit Sommerdürre und Winterregen, arido-humides
ZB V	Warmtemperiertes (ozeanisches), humides
ZBVI	Typisch gemäßigtes mit kurzer Frostperiode, nemorales
ZBVII	Arid-gemäßigtes mit kalten Wintern, kontinentales
ZBVIII	Kalt-gemäßigtes mit kühlen Sommern, boreales
ZB IX	Arktisches einschließlich antarktisches, polares

Die Zonobiome sind eindeutig durch Klimadiagramm-Typen definiert (Seite 36), doch entsprechen ihnen weitgehend, wenn auch nicht immer, jeweils bestimmte zonale Boden- und Vegetationstypen, wie es folgende Übersicht zeigt:

ZB	Zonale Bodentypen	Zonale Vegetationstypen
I	Äquatoriale Braunlehme (ferrallitische Böden, Latosole)	Immergrüner tropischer Regenwald ohne Jahreszeitenwechsel
II	Rotlehme oder Roterden (Savannenböden)	Tropischer laubabwerfender Wald oder Savannen
III	Seroseme oder Syroseme d. h. Grau- oder Roherden	Subtropische Wüsten-Vegetation
IV	Mediterrane Braunerden	Hartlaubgehölze
V	Gelbe oder Rote podsolige Böden	Temperierter immergrüner Wald
VI	Wald-Braunerden und Graue Waldböden	Nemoraler winterkahler Laubwald
VII	Tschernoseme bis Seroseme	Steppen bis Wüsten mit kalten Wintern
VIII	Podsole (Rohhumus-Bleicherden)	Boreale Nadelwälder (Taiga)
IX	Humusreiche Tundraböden mit Solifluktion	Tundravegetation (baumfrei)

Die Zonobiome ordnen sich zu beiden Seiten des Äquators an, aber nicht ganz symmetrisch, weil die Landmassen auf der Südhalbkugel geringer sind und das Klima ozeanischer sowie kühler. Der Wärmeäquator verläuft etwa 10° nördlicher vom geographischen. Zonobiom VI und VII sind auf der Südhemisphäre schwach ausgebildet, ZB VIII fehlt ganz, und ZB IX ist nur durch die subantarktischen Inseln und die Südspitze von Südamerika vertreten, wenn man von der vereisten und fast vegetationslosen Antarktis absieht. Die großen Zonobiome werden auf Grund von bestimmten Abweichungen meist in *Subzono-Biome (sZB)* weiter unterteilt, worauf wir jeweils hinweisen werden.

3 Zono-Ökotone

Die Klimazonen und damit auch die Zonobiome sind gegeneinander nicht scharf abgegrenzt, sondern durch sehr breite Übergangszonen – die *Zono-Ökotone (ZÖ)* – miteinander verbunden.
Unter Ökotonen versteht man die ökologischen Spannungsräume, in denen ein Vegetationstyp durch einen anderen abgelöst wird, z. B. der Laubwald durch die Steppe. Im Zono-Ökoton kommen beide Typen nebeneinander unter gleichen großklimatischen Verhältnissen vor und stehen miteinander in scharfem Wettbewerb. Den Ausschlag für das Auftreten des einen oder des anderen Typus geben das reliefbedingte Kleinklima oder die Böden. Dabei kommt entweder eine diffuse Durchdringung der beiden Typen oder eine mosaikartige Anordnung zustande. Erst ist der eine Typus stärker vertreten, dann halten sich beide die Waage, bis der zweite immer mehr überwiegt und der erste ganz verschwindet, womit das neue Zonobiom beginnt.
Die Bezeichnung der Zono-Ökotone erfolgt nach den Zonobiomen, die sie verbinden, d. h. wir unterscheiden die Zono-Ökotone:
ZÖ I/II, ZÖ II/III, ZÖ III/IV, ZÖ IV/V usw. Es können auch Dreiecks-Zono-Ökotone vorkommen, wenn drei Zonobiome aneinander stoßen.
Die geographische Verbreitung der einzelnen Zonobiome und Zono-Ökotone geht aus der Weltkarte am Schluß des Bandes hervor.

4 Orobiome

Die Geo-Biosphäre ist nicht nur in horizontaler Richtung gegliedert, sondern durch die Gebirge auch in vertikaler. Sie muß also dreidimensional betrachtet werden. Die Gebirge heben sich klimatisch aus den Klimazonen heraus und werden deshalb gesondert von den Zonobiomen behandelt. Wir bezeichnen sie als Orobiome (OB), d. h. Gebirgslebensräume, die in Höhenstufen gegliedert sind. Charakteristisch ist für alle Orobiome, daß die mittlere Jahrestemperatur mit der Höhe abnimmt. Diese Abnahme ist pro 100 m Höhenunterschied etwa ebenso groß wie die in der euro-nordasiatischen Ebene auf einer Entfernung von 100 km in der Richtung von Süden nach Norden. Deswegen sind die Höhenstufen im Gebirge etwa 1000mal schmaler als die Vegetationszonen in der Ebene von Süden nach Norden. *Es ist jedoch ein Irrtum, zu glauben, daß die Höhenstufen im Gebirge eine kurze Wiederholung der Zonen in der Ebene sind.* Gewisse Ähnlichkeiten fallen in Europa und Nordamerika bei flüchtiger Betrachtung auf, aber Unterschiede sind stets vorhanden. Denn bis auf die Temperaturabnahme und die Verkürzung der Vegetationszeit mit der Höhe ist das Gebirgsklima anders als das in der Ebene. Z. B. ändert sich die Tageslänge ebenso wie der Sonnenstand mit der Höhe nicht; dagegen nimmt die Tageslänge im Sommer von Süd nach Nord zu, während die Höhe des Sonnenstands mittags abnimmt. Die direkte Sonnenstrahlung verstärkt sich mit der Höhe, die diffuse wird schwächer; in der Ebene ist es in nördlicher Richtung umgekehrt. Die Niederschläge nehmen im Gebirge mit der Höhe meist sehr rasch zu, im arktischen Gebiet sind sie dagegen gering.

Jedes Gebirge innerhalb eines Zonobioms ist eine ökologische Einheit mit typischer Höhenstufenfolge, die allgemein als kollin, montan, alpin und nival bezeichnet wird, im einzelnen jedoch in Abhängigkeit von der Zone, in der das Gebirge liegt, sehr verschieden ist. So haben z. B. die Höhenstufenfolgen bei den Gebirgen im Zonobiom I, IV oder VI kaum etwas Gemeinsames.

Die weitere Unterteilung der Orobiome erfolgt deshalb nach den Zonobiomen, zu denen sie gehören. Wir sprechen deshalb vom Orobiom I, Orobiom II usw. Außerdem werden unterschieden uni-, inter- und multizonale Orobiome (Gebirge), je nachdem sie innerhalb eines Zonobioms liegen oder zwischen zwei Zonobiomen oder sich durch viele erstrecken, wie der Ural (von IX bis VII) oder die Anden (von I bis IX). Interzonale Gebirge sind die Alpen, der Kaukasus oder der Himalaja. Sie sind meist scharfe Klimagrenzen und die Höhenstufenfolge am Nord- und Südrand muß getrennt behandelt werden. Bei einem multizonalen Gebirge ist es notwendig, dasselbe den Zonen entsprechend in einzelne Abschnitte mit besonderen Höhenstufenfolgen zu zerlegen. Die Anden sind sowohl multizonal als auch interzonal (West- und Ostabfall verschieden). Anders sind auch die Höhenstufenfolgen bei inneren Gebirgstälern mit geringen Niederschlägen und kontinentalen Verhältnissen (Intragebirgs-Höhenstufenfolgen).

5 Pedobiome

Nicht nur die Orobiome heben sich aus den Zonobiomen heraus, sondern auch die Flächen mit extremen Böden und einer azonalen Vegetation. Wir bezeichnen sie als *Pedobiome (PB)*, d. h. an bestimm-

te Böden gebundene Lebensräume. Durch den Menschen sind die Böden nur dort stark verändert, wo eine *Bodenerosion,* d. h. Abtragung der oberen Bodenschicht oder des gesamten Bodens, verursacht wurde, bzw. wo der Boden bearbeitet bzw. überbaut ist. Das Großklima wirkt sich auf die Vegetation unverändert nur auf den *Eu-Klimatopen* (russisch als „Plakor" bezeichnet) aus, also auf ebenen Flächen mit Böden, die nicht zu schwer und nicht zu leicht sind, so daß die Niederschläge nicht oberflächlich abfließen, sondern in den Boden eindringen und von diesem als Haftwasser zurückgehalten werden, d. h. nicht zu rasch zum Grundwasser absinken; sie stehen somit der Vegetation voll zur Verfügung. Bei extremen Kalkböden ist das nicht der Fall, sie sind zu trockene und zugleich zu warme Biotope im Vergleich zum Großklima. Andererseits können, die Böden schädliche Stoffe enthalten, wie Salze (NaCl, Na_2SO_4), oder die Böden sind extrem nährstoffarm, so daß die Vegetation ebenfalls von der normalen des Zonobioms abweicht. Die Vegetation der PB, die weniger durch das Großklima beeinflußt wird, sondern viel stärker durch den Boden und deshalb in fast gleicher Ausbildung auf gleichen Böden in mehreren Zonen auftritt, bezeichnen wir als *azonale Vegetation.*
Die Pedobiome werden unterteilt nach den Böden, die für sie typisch sind: Lithobiome (Steinböden), Psammobiome (Sandböden), Halobiome (Salzböden), Helobiome (Moor- oder Sumpfböden), Hydrobiome (mit Wasser bedeckte Böden), Peinobiome (Mangelböden oder nährstoffarme Böden; von peine, griech. = Hunger, Mangel), Amphibiome (= wechselfeuchte Böden) u. a.
Die Pedobiome können oft riesige Flächen einnehmen, z. B. das Lithobiom der Basaltdecken in Idaho (USA), das Psammbiom der südlichen Namib oder der Karakum-Wüste (350 00 km^2, in Mittelasien), das Helobiom des Sudd-Sumpfgebietes am Nil (150 000 km^2), das Moorgebiet Westsibiriens (über 1 Million km^2, Abb. 154) usw., in anderen Fällen dagegen nur kleinere Flächen. Auch ihre Ökologie ist gesondert von der der Zonobiome zu behandeln.

6 Biome

Unter *Biom* (ohne Vorsilbe) verstehen wir die Grundeinheit der großen ökologischen Systeme. Es sind Lebensräume, die einer konkreten einheitlichen Landschaft entsprechen, die entweder zu den Zonobiomen oder Orobiomen oder Pedobiomen gehört; z. B. ist der mitteleuropäische Laubwald ein Biom des Zonobioms VI, der Kilimandscharo ein Biom des Orobioms I, die Salt Desert in Utah (USA) ein Biom des Pedo-Halobioms usw.
In dieser globalen Übersicht werden vorwiegend Biome als kleinste Einheiten behandelt.

7 Das Wesen der Ökosysteme

Bevor wir auf die kleinen ökologischen Einheiten eingehen, müssen wir ein kleinräumiges Ökosystem genauer kennen lernen, z. B. einen einheitlichen Laubwaldbestand des Zonobioms VI.

In einer solchen Pflanzengemeinschaft findet ständig ein Stoffkreislauf und ein Energiefluß statt. Die Pflanzen bilden mit den tierischen Organismen und der anorganischen Umwelt zusammen ein *Ökosystem,* das nicht in sich geschlossen ist, weil eine Energiezufuhr von außen durch die Sonnenbestrahlung und eine Stoffzufuhr durch Niederschläge, Gaswechsel, Staubablagerung usw. stattfindet, zugleich aber auch eine Abgabe der Energie in Form von ungeordneter Wärmeenergie und von Stoffen (abfließendes oder versickerndes Wasser, durch Gaswechsel usw.) erfolgt. Wenn das Ökosystem eine ganz bestimmte, begrenzte und homogene Gesellschaft, z. B. einen Waldbestand, ein Moor usw. umfaßt, dann bezeichnet man es zweckmäßigerweise als ein *Biogeozön,* d. h. als eine Einheit von Pflanzen und Tieren mit dem durchwurzelten Boden und der bodennahen Luftschicht, in die die Pflanzenorgane hineinragen. Die Gesamtheit der pflanzlichen Trockensubstanz in einem Biogeozön ist ihre *Phytomasse,* die der Tiere ihre *Zoomasse.* Zusammen bilden sie die *Biomasse.* Hinsichtlich der Rolle, die die einzelnen Gruppen von Organismen in dem Biogeozön spielen, unterscheidet man:

1. *Produzenten,* d. h. die autotrophen Pflanzen, die bei der Photosynthese die Lichtenergie als chemische Energie speichern, indem sie aus CO_2 und H_2O organische Verbindungen bilden, die mineralischen Nährstoffe und das Wasser aber dem Boden entnehmen.
2. *Konsumenten,* d. h. tierische heterotrophe Organismen, die als Phytophagen die Pflanzen als Nahrung verwenden und einen kleinen Teil derselben in tierische Substanz umbilden, und Raubtiere, welche die Phytophagen fressen.
3. *Destruenten,* die sich zum größten Teil im Boden befinden (Saprophagen, Bakterien, Pilze) und alle pflanzlichen und tierischen Reste im Endeffekt zu CO_2 und H_2O abbauen, d. h. *mineralisieren,* wodurch der Stoffkreislauf geschlossen wird.

Die jährlich bei der Photosynthese der Pflanzen erzeugte organische Substanz wird als *Bruttoproduktion* bezeichnet und die nach Abzug der von den Pflanzen veratmeten Menge verbleibende Substanz als *Nettoproduktion* oder *Primärproduktion;* die von den tierischen Organismen gebildete Substanz nennt man *Sekundärproduktion.* Letztere ist sehr viel kleiner. Nur wenige Prozent von der Primärproduktion werden von den Konsumenten verzehrt, der größte Teil gelangt in den Boden und wird von den Destruenten vollständig abgebaut, wobei H_2O, CO_2 und mineralische Salze entstehen. Die tote organische Masse (Streu) wird zuvor durch niedere Tiere – die *Saprophagen* oder

Moderfresser – beim Fraßvorgang zerkleinert. Das aus dem Boden entweichende CO_2 wird als *Bodenatmung* bezeichnet. Es handelt sich hierbei um den *Kurzen Kreislauf*, der quantitativ die Hauptrolle spielt (Abb. 2).

Daneben gibt es den *Langen Kreislauf*, der über die Konsumenten verläuft, also über die Herbivoren oder Phytophagen, und über die Zoophagen oder Rauborganismen bzw. über die Omnivoren, die sowohl Pflanzen als auch Tiere fressen. Auch die Parasiten der Pflanzen müssen wir zu den Konsumenten rechnen. Die Ausscheidungen und Leichen der Tiere gelangen auch in den Boden und werden dort durch tierische Organismen (Koprophagen, Nekrophagen) für den Abbau durch die Mikroorganismen vorbereitet.

Der Lange Kreislauf ist zwar quanitativ nur von geringer Bedeutung, eine um so größere Rolle spielt er jedoch für die Regulierung des Gleichgewichts im gesamten Ökosystem. Man könnte deshalb die Konsumenten auch als *Regulatoren* bezeichnen. Sobald eine bestimmte Pflanzenart im Ökosystem unverhältnismäßig stark zunimmt, vergrößert sich auch die Zahl der sie konsumierenden Tiere. Dadurch wird die Populationsdichte der Pflanzenart reduziert, was dann auch eine Abnahme der Phytophagen nach sich zieht. Man spricht von einer zyklischen Oszillation der Populationsdichte. Eine solche besteht auch zwischen den Phytophagen und ihrem zoophagen Feind. Durch diese kybernetisch als Regelkreise mit Rückkoppelung zu bezeichnenden Regulationsvorgänge wird erreicht, daß das Ökosystem in einem dynamischen Gleichgewicht (steady state) gehalten wird. Zwar werden

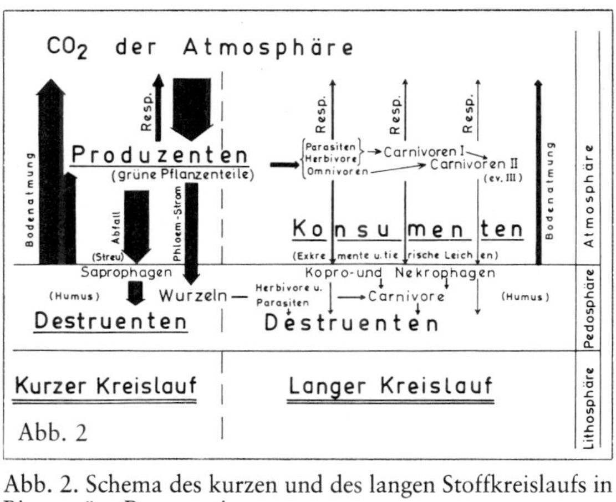

Abb. 2

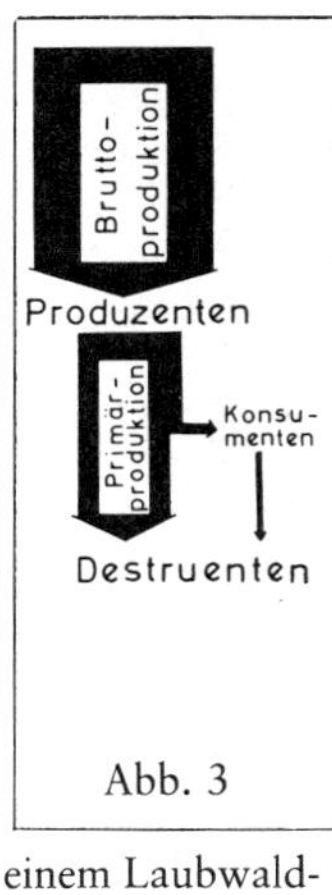

Abb. 3

Abb. 2. Schema des kurzen und des langen Stoffkreislaufs in einem Laubwald-Biogeozön. Resp. = Atmung.

Abb. 3. Energiefluß (Energie = Fähigkeit Arbeit zu leisten).

die Populationsdichten stets eine gewisse Schwankung aufweisen, aber nur in gewissen Grenzen. Solche *Fluktuationen* sind auch durch wechselnde Witterungsverhältnisse der einzelnen Jahre bedingt, wodurch bald die eine, bald die andere Pflanzenart im Wettbewerb begünstigt wird.

Die ineinandergreifenden Regelkreise bilden jeweils eine *Nahrungskette*. Der Lange Kreislauf besteht aus einer ganzen Reihe von solchen Nahrungsketten, die trotz aller Fluktuationen dem Ökosystem im Mittel eine große Stabilität verleihen. Durch Vernichtung der Raubtiere oder weitergehende Eingriffe stört der Mensch gerade diese Nahrungsketten, wodurch das ganze Ökosystem in Unordnung gerät oder sogar zusammenbricht (Gigon 1974).

Es wird eine wichtige Aufgabe der Zoo-Ökologen sein, weniger die quantitativen Verhältnisse der sekundären Produktion, als vielmehr die verschiedenen Nahrungsketten in allen Einzelheiten aufzuklären. Denn die Phytophagen und die Räuber sind oft streng auf bestimmte Arten spezialisiert, von denen sie sich ernähren.

Parallel zu den Stoffkreisläufen vollzieht sich der Energiefluß. Die Sonnenenergie wird bei der Photosynthese der Produzenten in chemische Energie umgewandelt, die von den Konsumenten und den Destruenten für die Unterhaltung der Lebensvorgänge verwendet wird. Dabei geht ständig bei der Atmung und den Gärungen der Mikroorganismen chemische Energie als Wärme verloren, bis sie schließlich nach völligem Abbau gänzlich verbraucht ist. Dieser Energiefluß ist auf Abb. 3 dargestellt.

Für einen Eichenwald mit einer Hasel-Strauchschicht (Querceto-Coryletum) und einer spärlichen Krautschicht im belgischen Bergland gilt die Tabelle auf Seite 21 (Duvigneaud 1974).

An toter organischer Substanz waren im Boden vorhanden 122 t/ha. Die Phytomasse der Waldgemeinschaften ist deswegen so hoch, weil in den Stämmen tote Holzmasse gespeichert wird (Kernholz 150 t/ha). Aber selbst ohne diese ist die Phytomasse mehr als 1000mal höher als die Zoomasse. Für letztere werden in europäischen Wäldern folgende Zahlen genannt: Reptilien 1,7 kg/ha, Vögel 1,3 kg/ha, Säugetiere (überwiegend kleine) 7,4 kg/ha.

Viel größer ist die Masse der Wirbellosen, vor allem die unterirdische (bis 14 kg/ha Trockengew. zu 90% Dipterenlarven). Zahlen liegen vor für einen amerikanischen Laubwald mit *Liriodendron* (Reichle et al.) als Trockenmasse: Oberirdisch: Phytophage Arthropoden 2,43 kg/ha, räuberische 0,61 kg/ha. In der Streu: Größere Wirbellose 8,42 kg/ha, kleinere 3,42 kg/ha. Im Boden: Regenwürmer *(Octalasium)* 140 kg/ha, kleinere Wirbellose 2,2 kg/ha.

Bei Raupenepidemien *(Lymantria dispar)* in Eichenwäldern kann die Masse stark ansteigen: Bei einer Zahl von 2–4 Millionen Raupen pro Hektar beträgt ihre Trockenmasse 75–150 kg/ha, wobei 1–2 t/ha an

Blattflächenindex (vgl. Seite 89) der Baumblätter = 3,87, der Strauchblätter = 1,83, zusammen = 5,70.

	Phytomasse	
Oberirdische:	Baumblätter	3,5 t/ha
	Zweige und Äste	58,3
	Stämme	180,2
	Strauchschicht	18,1
	Krautschicht	0,7
	Zusammen	260,8 t/ha
Unterirdische:		55,4 t/ha
Gesamte Phytomasse:		316,2 t/ha
	Primäre Produktion pro Jahr	
Oberirdische:	Gesamtstreu	6,2 t/ha
	Durch Fraß verloren	0,5
	Baumzuwachs	5,9
	Strauchzuwachs	2,1
	Kräuterzuwachs	0,6
	Zusammen	15,3
Unterirdische:		2,3
Gesamte Produktion:		17,6 t/ha

trockener Blattmasse vernichtet und 500–1000 kg/ha an Exkrementen ausgeschieden werden. Dadurch wird das ganze Ökosystem aus dem Gleichgewicht gebracht. Doch gilt das nur für die forstlichen gleichaltrigen Monokulturen. In den Eichemischwäldern Osteuropas wurde festgestellt, daß nach Kahlfraß der Eichen durch Raupen der Holzzuwachs der Eschen und Linden durch die besseren Lichtverhältnisse zunahm und eine Überkompensation eintrat; in den vier Jahren nach der Raupenepidemie ergab sich ein Plus des gesamten Holzzuwachses von 10%.

Selbst in einem verschiedenalterigen Kiefernreinbestand trat nach Befall mit *Dendrolimus pini* eine zeitliche Kompensation durch die Förderung der unterdrückten und weniger befallenen Bäume ein; der Holzzuwachs im 2. Jahr verringerte sich auf 76% und im 3. Jahr auf 56%, aber er stieg im 4. bzw. 5. Jahr auf 150% bzw. 194% an (vgl. WALTER/BRECKLE 1983). Auch eine mäßige Beweidung von Grasland regt das vegetative Wachstum der Gräser so stark an, daß die gesamte Jahresproduktion unter Berücksichtigung der gefressenen Menge zunimmt (vgl. WALTER/BRECKLE 1983, S. 43).

Für das Ökosystem ist die Primärproduktion von besonderer Bedeutung. Die Höhe derselben hängt, wie eine Produktionsanalyse zeigt, weniger von der Intensität der Photosynthese ab, sondern vor allem von dem *Assimilathaushalt* der Produzenten (Walter 1960), d. h. von der Art, wie die Photo-Assimilate im Laufe der Vegetationszeit verwendet werden; ob produktiv, indem dauernd neue assimilierende Blätter zur Ausbildung kommen, oder unproduktiv für den Aufbau von verholzenden Organen, deren Nutzen sich erst nach Jahren bemerkbar macht.

Sät man z. B. einsamige Früchte von der Buche *(Fagus sylvatica)* und der Sonnenblume *(Helianthus annuus)* unter gleichen Bedingungen in Mitteleuropa in guten Boden aus, so produziert der Buchenkeimling im ersten Jahr nur 1,5 g an Trockensubstanz, die Sonnenblume dagegen, selbst unter dem für sie nicht günstigen Klima, etwa 600 g. Denn sie bildet fortlaufend neue große assimilierende Blätter aus, während der Buchenkeimling sich mit 2–3 kleinen Blättern begnügt, um dann die Photo-Assimilate für den Aufbau eines holzigen Stengels zu verwenden. Zwar ist die Intensität der Photosynthese bei der Sonnenblume etwa doppelt so hoch wie bei der Buche, aber das erklärt nicht, die 400mal größere Produktion.

Durch eine besonders hohe Primärproduktion zeichnen sich die Pflanzengemeinschaften der Hochstauden aus. Ebenso wie die einjährigen Pflanzen bilden die Hochstauden während der ganzen Vegetationszeit vorwiegend assimilierende Blätter aus und erst zum Schluß die Blütenorgane und Früchte. Da ihnen jedoch im Gegensatz zu einem Keimling im Frühjahr beim Austreiben viel größere, im Jahre vorher angelegte Reserven zur Verfügung stehen, können sie den reich beblätterten Sproß in kürzester Zeit aufbauen, während der Keimling der Annuellen dazu eine lange Anlaufzeit benötigt, bis die Blattfläche ihre maximale Größe erreicht hat. Deshalb braucht das Sommergetreide zur Erzeugung des ersten Viertels des gesamten Trockenertrages 10 Wochen, für das zweite Viertel noch 2 Wochen, für die letzte Hälfte jedoch nur 1 Woche.

Demgegenüber können die Hochstauden fast die ganze Vegetationszeit sehr produktiv nutzen, was die sehr große gebildete oberirdische Phytomasse und die beträchtlichen, im Herbst fürs nächste Jahr angelegten unterirdischen Reserven erklärt.

Eine genaue Produktionsanalyse von einem Hochstaudenbestand in einer Flußniederung liegt für Japan vor (Iwaki et al. 1966, vgl. Walter 1979). Es handelt sich um einen Reinbestand der adventiven Goldrute *Solidago altissima*. Die Primärproduktion konnte durch monatliche Bestimmung der ober- und unterirdischen Phytomasse ermittelt werden. Folgende Werte wurden erhalten:

Zuwachs der oberirdischen Teile vom April bis Oktober	1201 g/m^2
Zuwachs der Rhizome und Wurzeln in derselben Zeit	294 g/m^2
Während der Vegetationszeit abgestorbene Teile	283 g/m^2
Gesamte Produktion	1778 g/m^2

Das ergibt eine jährliche Netto-Primärproduktion von rund 18 t/ha, die der eines westeuropäischen Eichenmischwaldes entspricht (vgl. Seite 21), aber etwas unter der eines immergrünen 50jährigen *Castanopsis cuspidata*-Waldes im warmtemperierten Klima Japans mit einer oberirdischen Primärproduktion von im Mittel 18,3 t/ha pro Jahr liegt.

Noch viel größer ist nach neueren Untersuchungen von MOROZOV und BELAYA (vgl. WALTER 1981) die Produktion der natürlichen Riesenhochstauden auf den immer feuchten und nährstoffreichen Böden der Flußauen auf Kamtschatka und Sachalin.

Abb. 4. Oberer Kamtschatka-Fluß mit Aue. Unmittelbar am Flußufer (Grasstreifen) enger Bärenpfad, dahinter Hochstauden aus *Filipendula camtschatica* vor dem Galeriewald aus *Salix sachalinensis* mit dürren Stämmen. Auf Anhöhe Wald aus *Betula ermanii* (Foto E. HULTEN).

Kamtschatka gehört zur subarktischen Zone mit niedrigen *Betula ermannii*-Wäldern. Die Vegetationszeit ist 90–110 Tage (mittlere frostfreie Periode nur 64 Tage), die mittleren Temperaturen sind im Mai 3,5°, Juni 10,6°, Juli 14,3°, August 13,3° und September 7,2 °C. Die Hochstauden erreichen eine Höhe von 3,5 m, wobei *Filipendula camtschatica, Senecio cannabifolium* und *Heracleum dulce* dominieren (Abb. 4–6). Nach HULTEN (1932) schlafen in ihnen am Tage die Bären, die nachts im Flusse Lachse fangen.Die maximale stehende Phytomasse erreicht 31 t/ha (davon sind 10 t/ha unterirdisch). Da ein Teil der Sprosse während der Vegetationszeit abstirbt, ist die Primärproduktion höher als die maximale krautige Phytomasse und dürfte trotz der Kürze der Vegetationszeit über 16–20 t/ha im Jahr betragen. Die Hochstauden werden als Viehfutter in Form von Silage verwendet. Auf Südsachalin, das viel südlicher liegt (etwa 45° N), mit einem wärmeren Klima und Mischwäldern aus Laub- und Nadelholzarten wurden noch höhere Werte ermittelt. Die frostfreie Periode beträgt 145–155 Tage und die mittlere Temperatur des wärmsten Monats

Abb. 5. Riesenstauden am Unterlauf des Bolschaja-Flusses vor dem *Salix*-Galeriewald: *Filipendula camtschatica* bis 3,5 m hoch (vgl. Mann in Mitte des Bildes), vorne niedergetretener *Anthriscus,* links Blätter von *Urtica platyphylla* (Foto E. HULTEN).

Abb. 6. Einzelnstehende riesige Hochstaude *Angelica ursina* (Foto E. HULTEN).

18 °C. Die Hochstauden werden hier bis zu 4,5 m hoch und ihre Zusammensetzung ähnelt der auf Kamtschatka, doch sind sie heterogener, indem verschiedene Arten lokal dominieren. Für Bestände mit dominierender *Filipendula* wird ein Blattflächenindex von 13 bis 14 angegeben, bei Dominanz von *Polygonum sachalinense* sogar 18–21, was nur möglich ist, wenn die Hochstauden zusätzlich Seitenlicht, z. B. von der Flußseite, erhalten. Das dürfte die enorme jährlich erzeugte oberirdische Phytomasse erklären, die bei Dominieren von *Polygonum* 30 t/ha (gesamte Phytomasse 70 t/ha) erreicht. Die Primärproduktion könnte somit den Rekordwert von kleinflächig über 38 t/ha erreichen.

Ob die Primärproduktion von hohen *Papyrus*-Beständen in den Tropen noch höher liegt, ist nicht bekannt. Man muß bedenken, daß in

den Tropen die Atmungsverluste infolge der hohen nächtlichen Temperaturen sehr groß sind, so daß trotz der hohen Werte der Bruttoproduktion die Netto-Produktion stark erniedrigt wird.
Sehr üppige Hochstauden sind auch aus dem westlichen Kaukasus-Gebirge in der subalpinen Stufe bekannt (Walter 1974) und nicht ganz so hohe in den Alpen im Bereich der ebenfalls subalpinen *Alnus viridis*-Bestände, die den Luftstickstoff assimilieren, was auch dem Boden zugute kommt. Genaue Produktionswerte liegen in beiden Fällen jedoch nicht vor.
Hohe perenne Gräser an feuchten, nährstoffreichen Standorten erzeugen jährlich ebenfalls eine große Phytomasse, z. B. werden für die 2,3 m hohen Schilfbestände *(Phragmites)* an der unteren Amudarja etwa 35 t/ha an Phytomasse (Jahresproduktion 18 t/ha) angegeben.

8 Besondere Stoffkreisläufe terrestrischer Ökosysteme sowie die Bedeutung des Feuers

Das Schema des Laubwaldökosystems (Abb. 2–3) ist durchaus nicht allgemeingültig. Es kommen verschiedene Abweichungen vor, von denen einige genannt seien:

1. Die meisten Waldbäume, die Ericaceen u. a. bilden mit Pilzen eine Mykorrhiza, die ein stark verlängertes Wurzelsystem darstellen soll, wodurch die Aufnahme von mineralischen Nährsalzen aus humusreichen Böden erleichtert werden könnte. Aber die Mykorrhizapilze vermögen auch ihre Wirtspflanzen mit organischen Stoffen zu versorgen. Das beweisen Holosaprophyten unter den Orchideen (*Neottia, Corallorhiza* u. a.), den Pirolaceen (*Monotropa* u. a.) und weiteren Familien. Ob die Mykorrhizapilze der Waldbäume und Ericaceen ihnen ebenfalls organische Verbindungen zuführen, ist noch nicht nachgewiesen, könnte aber bei Beständen auf extrem armen Sanden mit einer Rohhumusschicht der Fall sein. In diesem Fall wäre der kurze Kreislauf noch stärker verkürzt, weil die Streu nicht mineralisiert zu werden braucht.
2. Gut gesichert ist die Tatsache, daß das Feuer oft die Destruenten ersetzen kann und eine sehr rasche Mineralisierung der angereicherten Streu durchführt. Natürliche durch Blitzschlag ausgelöste Brände hat es immer gegeben, schon in den Wäldern der Steinkohlenzeit. Sie sind für alle Grasländer mit Dürrezeit, für die Gehölze der Winterregengebiete und für sämtliche Nadelwaldgebiete auch ohne Zutun des Menschen typisch und sogar für die Vegetation notwendig, wenn die Destruenten nicht die gesamte tote Streu zu zersetzen vermögen. Im Grand Teton National Park (U.S.A.) wurden alle Brände unterdrückt; die Folge war eine Borkenkäfer-Katastrophe in den *Pinus*-Wäldern, weil die Käfer im angereicherten toten Holz sich stark vermehren konnten. Seitdem die natürlichen

Feuer nicht gelöscht werden, bleibt das Gleichgewicht im Ökosystem erhalten. Auch völlig vor Feuer geschützte Steppen oder Prärien in Naturparks degenerieren, wenn sich die Streu ansammelt, die sonst periodisch bei natürlichen Bränden mineralisiert wird. In bestimmten australischen Heiden kommt der Stoffkreislauf zum Stillstand, wenn die toten organischen Pflanzenteile nicht mindestens alle 50 Jahre abbrennen; denn sonst werden alle mineralischen Nährstoffe in den großen holzigen Früchten der *Banksia,* die sich erst nach Feuereinwirkung öffnen, und in den harten toten Blättern der Grasbäume gespeichert (vgl. Seite 212). Nach einem Feuer wird der Stoffkreislauf durch die Aschenbestandteile wieder angeregt. Ähnlich sind die Verhältnisse in den großen *Protea*-Beständen um Kapstadt.
Feuer ist somit sehr häufig ein wichtiger natürlicher Umweltfaktor zur Aufrechterhaltung des Gleichgewichts in Ökosystemen. Für die Jahre 1961–1970 liegt eine genaue Statistik der in USA durch Blitzschlag entstandenen Wald- oder Grasland-Brände vor. Es waren in den pazifischen Staaten 34 976 = 37% aller Brände, in den Rocky Mnts-Staaten 51 703 = 57%, in den südöstlichen Staaten 13 733 = 2%, dagegen im humiden Nordwesten nur 1167 = 1% (TAYLOR 1973).

3. Ein besonders merkwürdiger Fall von einem Ökosystem ohne Produzenten wurde im Dünengebiet der Namib-Nebelwüste entdeckt (Seite 171): Die organische Masse, die eine Voraussetzung für den Stoffkreislauf ist, wird in dieses vegetationslose Dünengebiet durch den Wind aus den Nachbargebieten hereingeweht und reichert sich auf dem Leehang der Dünen an. Sie dient als Nahrung für die Saprophagen (Käferarten u. a.), diese werden von kleinen Räubern (Reptilien u. a.) gefressen, die ihrerseits die Nahrung größerer Räuber sind. Auf diese Weise kann sich ein reiches Tierleben mit sehr merkwürdigen Anpassungen an das Leben im beweglichen Sande auch ohne Pflanzen entwickeln.

9 Die kleinen Einheiten des ökologischen Systems: Biogeozön und Synusien

Hat man eine globale Gliederung der gesamten Landoberfläche der Erde in große Einheiten (Biome) vorgenommen, dann kann man diese großen Einheiten jeweils dem Stande unserer Kenntnisse entsprechend in kleinere Einheiten aufgliedern, was in dem Falle, wenn keine genaueren Unterlagen vorliegen, einfach unterbleibt.
Für die Abgrenzung der kleinen ökologischen Einheiten ist es am zweckmäßigsten von Vegetationseinheiten auszugehen. In einem begrenzten, landschaftlich-geographisch einheitlichem Gebiet, das einem Biom entspricht, sind schon geringe Unterschiede der Wasser- und

Bodenverhältnisse für die Ausbildung der Vegetation und damit der Ökosysteme von Bedeutung. Diese Umweltfaktoren, die jahreszeitliche Veränderungen aufweisen, direkt zu messen und in ihrer Zusammenwirkung zu erfassen, ist nicht möglich. Dagegen können wir davon ausgehen, daß die natürliche Vegetation, die sich im Gleichgewicht mit ihrer Umwelt befindet, die Wirkung der Umweltfaktoren integrierend widerspiegelt. Selbst kleine Unterschiede eines Umweltfaktors bedingen eine qualitative oder zumindest eine quantitative Veränderung in der Zusammensetzung der Vegetation.

Da jedoch heute menschliche Eingriffe sich fast überall in stärkerem oder schwächerem Maße bemerkbar machen, ist Vorsicht geboten. Es gilt, durch eine kritische Analyse die Wirkung von natürlichen und anthropogen bedingten Faktoren sorgfältig auseinander zu halten und bei letzteren auch menschliche Eingriffe in der Vergangenheit zu berücksichtigen. Bei Waldgesellschaften wirken sich solche selbst nach Jahrhunderten aus (Kahlschlag, Verjüngungsart, Beweidung, Streunutzung usw.). Zwar glaubt man häufig, daß die Krautschicht im Walde für die Beurteilung der natürlichen Verhältnisse besser geeignet ist, aber sie hängt doch in besonders hohem Grade von der Zusammensetzung und Struktur der Baumschicht ab (Beschattung, höhere Konkurrenzkraft der Baumwurzeln, Laubstreu) und wurzelt weniger tief als die Bäume, so daß für sie nur die oberen Bodenhorizonte maßgebend sind. Jede Veränderung der Baumschicht durch den Menschen wirkt sich auch auf die Krautschicht aus. Schon die Entfernung von alten hohlen Bäumen und der am Boden verwesenden Stämme ist ein schwerer Eingriff in das Ökosystem.

In den dicht besiedelten Gebieten wird man sich aber damit abfinden müssen, daß nur menschlich beeinflußte Ökosysteme vorhanden sind.

Die Grundeinheit der kleineren Ökosysteme ist das *Biogeozön.* Es entspricht einer konkreten Pflanzengemeinschaft im Range einer Assoziation, der Grundeinheit der Vegetationskunde. Allerdings ergibt sich dabei die Schwierigkeit, daß über die Definition der Assoziation keine Einigkeit besteht. Während die einen für die Abgrenzung der Assoziationen hauptsächlich die dominanten Arten heranziehen, betonen die anderen die Bedeutung der Charakterarten. Die einen fassen die Assoziation weiter, die anderen enger. Auf diese strittigen Fragen können wir nicht eingehen.

In einem Ökosystem wird der Stoffkreislauf, der Energiefluß und die Phytomasse sowie die Produktion vor allem *durch die Dominanten bestimmt,* im Walde z. B. durch die dominierenden Baumarten. Seltene und in wenigen Exemplaren vorkommende Charakterarten haben zwar für die Erkennung der Gemeinschaft einen Indikatorwert, aber auf das Ökosystem üben sie nicht den geringsten Einfluß aus. Deshalb muß die Ökosystemforschung die Übereinstimmung der Dominanten innerhalb eines Ökosystemtypus fordern. Die Abgrenzung der Pflanzengemeinschaften hat auch im Gelände selbst zu erfolgen nach gründlicher Orientierung über die Vorgeschichte der einzelnen Bestände und nach genauer Durchforschung des gesamten Gebietes sowie unter Berücksichtigung der Standortsverhältnisse und des Bodenprofils bis zur unteren Grenze der Durchwurzelung. Der Ökologe kann nur reale Bestände untersuchen und nicht die abstrakten Assoziationen der Pflanzensoziologen.

Das Biogeozön ist zwar die Grundeinheit der Ökosysteme, aber nicht die kleinste Einheit. Innerhalb eines Biogeozöns kann man eine Reihe von *Synusien* unterscheiden. Es sind „Arbeitsgemeinschaften“ von Arten mit ähnlicher Entwicklung und ähnlichem ökologischem Verhalten, die somit den ökologischen Gruppen von ELLENBERG entsprechen.

Wir dürfen jedoch die Synusien nicht als Ökosysteme bezeichnen; denn *es sind nur Teilsysteme,* die nicht über einen eigenen Stoffkreislauf verfügen. Dieser fügt sich vielmehr in den Stoffkreislauf des gesamten Ökosystems ein und die Produktion der Synusien ist nur ein kleiner Teil der Gesamtproduktion des Ökosystems; er ist jedoch von Bedeutung, weil der Umsatz in den Synusien meist viel rascher verläuft als im Gesamtökosystem.

Ein typisches Beispiel für Synusien sind die verschiedenen Artengruppen mit einem gleichen Entwicklungsrhythmus und gleichen Ansprüchen an die Umweltfaktoren, wie z. B. die Frühlingsgeophyten des Laubwaldes (*Corydalis, Anemone, Ficaria* u. a.), die die Lichtphase am Waldboden vor der Belaubung ausnutzen, oder die Kräuter, die während der Schattenphase im Sommer durchhalten, bzw. die Kräuter mit immergrünen Blättern, Synusien aus niederen Pflanzen sind die Flechten an den Baumstämmen oder die Moose am Stammgrund.

Zwischen den Biomen einerseits und den Biogezönen andererseits besteht eine große Kluft, die durch Einheiten mittlerer Rangordnung ausgefüllt werden muß. Es handelt sich um *Biogeozön-Komplexe,* die oft mit gewissen Landschaftsformen zusammenfallen und auf einer gemeinsamen Entstehung beruhen, oder die durch dynamische Vorgänge miteinander in Verbindung stehen. Als Beispiel nennen wir eine Biogeozön-Reihe an einem Hang mit lateralem Stofftransport bzw. gesetzmäßig angeordnete Biogeozöne in einem Flußtal oder in einem abflußlosen Becken usw. Man kann auch an Biogeozön-Komplexe denken mit Biogeozönen, die zeitlich aufeinander folgen, wie bei einer sekundären Sukzession, bzw. an Biogeozöne, die nebeneinander zu einer ökologischen Reihe gehören, die bei einem sich stetig ändernden Standortsfaktor entsteht (sinkender Grundwasserspiegel oder zunehmende Tiefgründigkeit des Bodens) usw. Die Flächenausdehnung von solchen Biogeozön-Komplexen kann sehr verschieden sein. Bestimmte Bezeichnungen für die einzelnen Typen fehlen noch in der Ökologie.

Wir wollen zunächst uns damit begnügen den neutralen Ausdruck, „Biogeozön-Komplexe“ zu verwenden. Es hat wenig Sinn, rein theoretisch die Frage nach der weiteren Gliederung von solchen Komplexen zu diskutieren, solange noch keine konkreten Beispiele in größerer Zahl vorliegen.

10 Schematische Übersicht der Rangstufen von ökologischen Systemen

Aufgrund unserer bisherigen Ausführungen können wir folgendes Schema für die Rangstufen sowohl der größeren als auch der kleineren ökologischen Einheiten aufstellen:

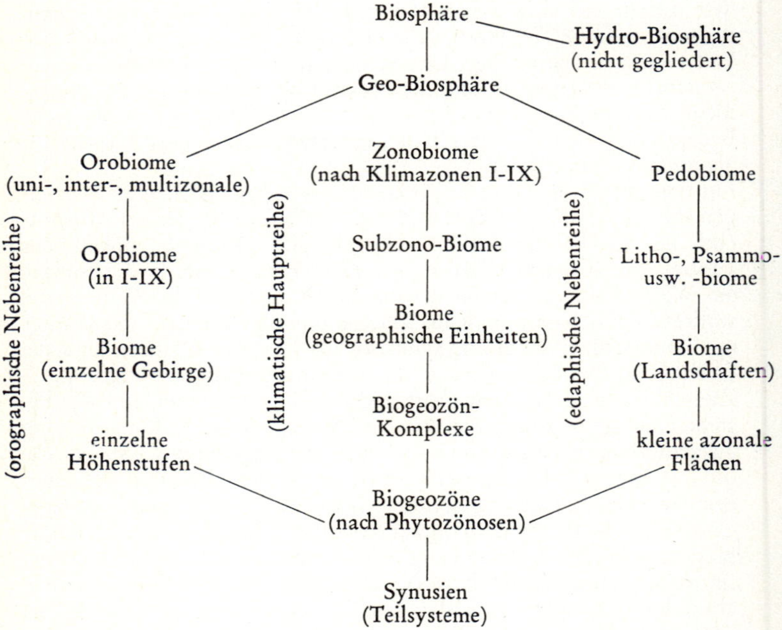

Dieses Schema werden wir unserer Gliederung der Geo-Biosphäre zugrunde legen.
Alle ökologischen Einheiten sind real. Ebenso wie ein Arzt nur reale Menschen untersuchen und behandeln kann und nicht Menschentypen, genauso ist auch der Ökologe nur imstande, seine Messungen

und Studien ausschließlich an realen Ökosystemen durchzuführen und nicht an abstrakten Einheiten oder Modellen. Diese sind am Schreibtisch auf Grund der gemachten Erfahrungen entworfene Zusammenfassungen ausgehend von bestimmten Voraussetzungen. Sie werden deshalb niemals den realen Ökosystemen ganz entsprechen, können uns aber durch ihre Übersichtlichkeit das Verständnis der Ökosysteme erleichtern, sofern sie auf genügenden Erfahrungen basieren.

Allgemeiner Teil

1 Der historische Faktor

Die heutige Geo-Biosphäre ist aufs engste mit der Erdgeschichte verknüpft. Sie ist das Ergebnis einer langen Entwicklung des Pflanzen- und Tierreichs. Deswegen darf der Ökologe niemals den historischen Faktor außer acht lassen.

Die Kontinente waren früher in der heutigen Form nicht vorhanden oder nahmen eine andere Lage zu den Polen und dem Äquator ein (WEGENERS Kontinentalverschiebungstheorie). Die Bewegungen der Landmassen werden durch die Großschollentektonik und Konvektionsströmungen im Erdmantel erklärt.
Das Leben begann im Wasser. Die ersten Landpflanzen sind seit der Wende Silur/Devon als Fossilen bekannt. Aus der Tatsache, daß NaCl, der Hauptbestandteil des Meersalzes, von Kormophyten nicht benötigt wird und auf alle Pflanzen mit Ausnahme der Halophyten toxisch wirkt, muß man schließen, daß die Vorfahren der Landpflanzen Süßwasseralgen waren, die vielleicht in Küstenlagunen des feucht-tropischen Klimagebietes lebten. Die Halophyten unter den Angiospermen sind junge sekundäre Anpassungen an Salzböden.
Die Eroberung des Landes wurde durch große Zellvakuolen ermöglicht, die in ihrer Gesamtheit, dem Vakuom, ein inneres wässeriges Medium für das Protoplasma bilden. Nach außen wurden die Landpflanzen durch die Ausbildung einer Cuticula vor dem Austrocknen geschützt. Die Stomata ermöglichten die CO_2-Aufnahme für die Photosynthese, das Wurzel- und Leitungssystem sorgte für den Ausgleich der Transpirationsverluste (WALTER 1967).
Durch die zunehmende Isolierung der Kontinente nach der Ausbildung der Angiospermen im ausgehenden Mesozoikum schlug ihre Entwicklung verschiedene Wege ein, was zur Ausbildung von 6 Florenreichen führte (Abb. 7).
Schon bei der phylogenetisch relativ alten Gruppe der Nadelhölzer (Coniferen) zeigt es sich, daß Podocarpaceen vor allem, Araucarien nur auf der Südhemisphäre vorkommen, während die große Familie der Pinaceen und fast alle Taxodiaceen eine nordhemisphärische Verbreitung aufweisen; die Cupressaceen findet man dagegen über alle Kontinente verstreut.

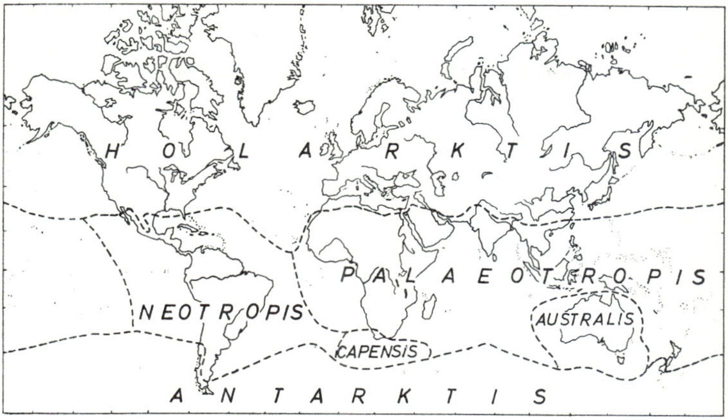

Abb. 7. Die Florenreiche der Erde (nach DIELS und GOOD, verbessert, aus WALTER STRAKA 1970). Auf Neuseeland und Tasmanien kommen sowohl antarktische als auch paläotropische bzw. australische Elemente vor.

Eine viel stärkere Differenzierung zeigt die Verbreitung der Blütenpflanzen (Angiospermen), des jüngsten Zweiges des Pflanzenreichs. Die ältesten Familien dieser Pflanzengruppe sind erst aus der Kreidezeit bekannt, aber ihre Hauptentwicklung erfuhren die Blütenpflanzen im Tertiär, als sich bereits die Landmasse in die einzelnen Kontinente aufgespalten hatte. Auf der Nordhemisphäre war das nur in geringem Maße der Fall; erst im Pleistozän trat eine endgültige Trennung zwischen N-Amerika mit Grönland und Euroasien ein. Deshalb sind die floristischen Unterschiede in diesem Bereich so gering, daß man diese Kontinente zu einem Florenreich, der *Holarktis,* zusammenfaßt. Schon sehr viel stärker unterscheiden sich die tropischen Floren der Neuen und Alten Welt. Man rechnet sie deshalb zu zwei verschiedenen Florenreichen, der *Neotropis* einerseits und der *Paläotropis* andererseits. Noch weniger Gemeinsames haben die Floren der südlichsten Teile von S-Amerika und Afrika sowie des sehr isoliert liegenden Australiens. Die Differenzierung führte zur Ausbildung von 3 Florenreichen: der *Antarktis,* die die Südspitze S-Amerikas und die subantarktischen Inseln mit umfaßt, der *Australis,* die mit dem Kontinent Australien räumlich identisch ist, und der *Capensis,* dem kleinsten aber besonders artenreichen Florenreich an der äußersten Südwestecke Afrikas (Abb. 7).

Diese 6 Florenreiche sind nicht scharf abgegrenzt. Einzelne Florenelemente können aus einem Florenreich weit in das benachbarte einstrahlen. Auf Neuseeland findet man sowohl paläotropisch-melanesische

Elemente als auch antarktische, die sich oft mosaikartig durchdringen. Deshalb ist die Zurechnung dieser Inseln zu einem der beiden Florenreiche eine Ermessensfrage.

Mit den Florenreichen stimmen die Tierregionen der Zoologen weitgehend überein, nur die Capensis zeichnet sich nicht durch eine besondere Fauna aus.

Die Floren liefern die Bausteine, d. h. die Pflanzenarten für den Aufbau der Pflanzengesellschaften, aus denen sich die Vegetation der einzelnen Gebiete zusammensetzt. Sind diese Bausteine verschieden, so können unter bestimmten extremen Außenbedingungen trotzdem ähnliche Lebensformen entstehen; man spricht dann von *Konvergenzen*. Diese sind jedoch mehr die Ausnahmen. Als ein bekanntes Beispiel führen wir die Stammsukkulenten an, die in den ariden, d. h. trockenen Gebieten Amerikas zur Familie der Cactaceen gehören, in Afrika aber zu der Gattung *Euphorbia* (Wolfsmilch). In Australien dagegen gibt es in klimatisch ähnlichen Trockengebieten überhaupt keine Sukkulenten, obgleich Australien sonst besonders reich an anderen Konvergenzen ist, die man von den übrigen Kontinenten nicht kennt. Im gemäßigten Klima Neuseelands fehlen laubabwerfende Wälder, die in der Holarktis weit verbreitet sind. Der gesamte durch die historische Entwicklung bestimmte Genbestand der einzelnen Floren ist begrenzt, so daß sich nicht überall dieselben Lebensformen ausbildeten.

Das gilt gerade für das australische Florenreich, dessen Vegetation sich physiognomisch stark von der anderer Kontinente unterscheidet; auch die Säugetierfauna ist sehr eigenartig.

Starke Spuren hinterließ das Pleistozän mit den mehrfachen Eiszeiten vor allem auf der Nordhemisphäre. Die Flora in Europa verarmte. Viele Gattungen starben aus, während sie in Nordamerika und Ostasien heute noch vorkommen.

In der Sahara machten sich die Eiszeiten durch Regen, also als Pluvialzeiten, bemerkbar, in den Tropen dagegen als Dürrezeiten.

Aus diesem Grunde muß bei der Behandlung der Vegetation von Zonobiomen, die sich über mehrere Florenreiche erstrecken, der historische Faktor unbedingt berücksichtigt werden. Das gilt ganz besonders für das Zonobiom IV mit Winterregen, das aus Teilgebieten in der Holarktis, Neotropis, Australis und Capensis besteht. Es ist zweckmäßig, dieses in 5 historisch bedingte *Biomgruppen* zu gliedern (mediterrane, californische, mittel-chilenische, australische und capensische), die sich weniger klimatisch als vielmehr durch den Florenbestand unterscheiden.

Auch die Inseln zeichnen sich infolge ihrer Isolierung durch einen starken *Endemismus* aus, d. h. durch viele Arten, die nur auf ihnen und sonst nirgends vorkommen. In Prozenten der Gesamtflora werden für die einzelnen Inseln oder Inselgruppen folgende Zahlen genannt: Hawaii 97,5%, Neuseeland 72%, Fidschi-Inseln 70%, Juan Fernandez 68%, Madagaskar 66%, Galapagos-Inseln in der Trockenstufe 64% (in der feuchten Bergstufe nur 8–27% und im Küstengebiet 12%), Neukaledonien 60%, Kanaren 50–55%, Inseln in Küstennähe 0–12% an endemischen Arten.

Der Endemismus ist um so mehr ausgeprägt, je weiter die Inseln vom Festland entfernt und je länger sie bereits isoliert sind; doch spielen Meeresströmungen auch eine Rolle.

2 Das Klima und seine Darstellung (Homoklimate sowie Klimadiagrammkarten)

Als Einteilungsprinzip für die Gliederung der Geo-Biosphäre in Zonobiome hatten wir das Klima benutzt, unter dem man den mittleren Verlauf der Witterung eines Jahres versteht. Die Witterung wird als Ergebnis der Zusammenwirkung der verschiedenen meteorologischen Faktoren im gegebenen Augenblick definiert. Wie jedoch diese zwei Integrationen durchzuführen sind, wird in keiner Klimakunde angegeben. Für den Ökologen sind sie aber wichtig. Klimaformeln und Indizes sind dafür unbrauchbar. Der einzige Weg ist die graphische Darstellung des Klimas, aus der auch der jahreszeitliche Verlauf ersichtlich sein muß.

Eine solche Darstellung ist unser *ökologisches Klimadiagramm*. Es muß übersichtlich sein, also nur die ökologisch wichtigsten Angaben enthalten. Das sind die Temperatur- und Hydraturverhältnisse im Laufe eines Jahres. Über 8000 Klimadiagramme von Stationen der ganzen Erde sind im Klimadiagramm-Weltatlas von H. Walter und H. Lieth (Jena 1967) enthalten.

Abb. 8 zeigt, wie ein Diagramm auf Millimeterpapier entworfen wird.

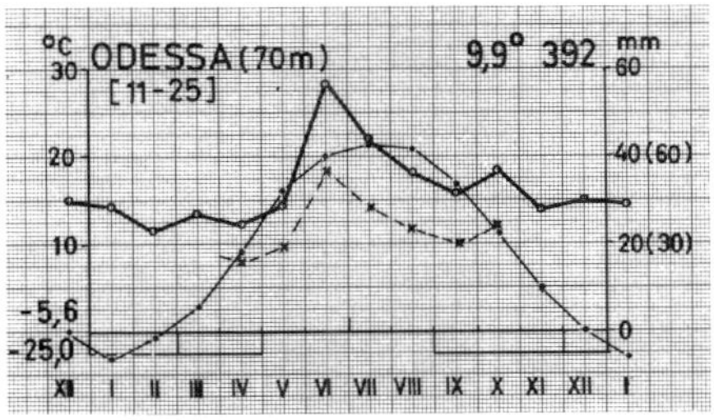

Abb. 8. Entwurf eines Klimadiagramms auf Millimeterpapier: Horizontale Achse = Monate (je 1 cm), vertikale Achse, links = mittlere Monatstemperatur (2 cm = 10 °C; rechts = Monatsniederschlag (2 cm = 20 mm Niederschlag, bei der Hilfskurve = 30 mm). Temperaturkurve dünn, Niederschlagskurve dick, Niederschlagshilfskurve (nur bei Steppendiagrammen) gestrichelt. Weitere Erläuterungen im Text und bei Abb. 13 (vgl. dort Diagramm von Odessa).

Die genauere Erläuterung der Diagramme bringt Abb. 9. Die dort angeführten Diagramme sind Beispiele für die 9 Zonobiome: Yangambi am mittleren Kongo für ZB I (humides äquatoriales Tageszeitenklima), Salisbury in Simbabwe für ZB II (tropisches Sommerregenklima), Kairo am unteren Nil für ZB III (subtropisches Wüstenklima), Los Angeles in Südkalifornien für ZB IV (Winterregenklima), Nagasaki in Japan für ZB V (warmtemperiertes Klima), Washington D. C. im östlichen Nordamerika für ZB VI (gemäßigtes Klima mit kurzer kalter

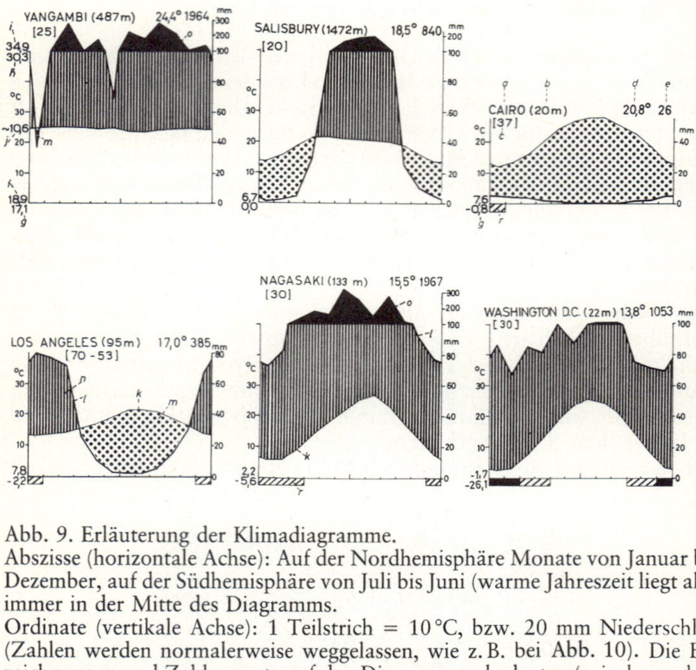

Abb. 9. Erläuterung der Klimadiagramme.
Abszisse (horizontale Achse): Auf der Nordhemisphäre Monate von Januar bis Dezember, auf der Südhemisphäre von Juli bis Juni (warme Jahreszeit liegt also immer in der Mitte des Diagramms.
Ordinate (vertikale Achse): 1 Teilstrich = 10 °C, bzw. 20 mm Niederschlag (Zahlen werden normalerweise weggelassen, wie z. B. bei Abb. 10). Die Bezeichnungen und Zahlenwerte auf den Diagrammen bedeuten (s. insbesondere bei Odessa):
a = Station; b = Höhe über dem Meer; c = Zahl der Beobachtungsjahre (eventuell erste Zahl für Temperatur und zweite Zahl für Niederschläge); d = mittlere Jahrestemperatur; e = mittlere jährliche Niederschlagsmenge; f = mittleres tägliches Minimum des kältesten Monats; g = absolutes Minimum (tiefste gemessene Temperatur); h = mittleres tägliches Maximum des wärmsten Monats; i = absolutes Maximum (höchste gemessene Temperatur); j = mittlere tägliche Temperaturschwankung. Die Angaben h, i und j werden nur für tropische Stationen mit Tageszeitenklima eingetragen. k = Kurve der mittleren Monatstemperaturen (1 Skalenteil = 10 °C); l = Kurve der mittleren

Jahreszeit), Odessa am Schwarzen Meer für ZB VII (gemäßigtes semiarides Steppenklima mit langer Trockenzeit und geringer Dürre), Achtuba an der unteren Wolga für ZB VII a (gemäßigtes arides Halbwüstenklima mit ausgesprochener Dürrezeit), Nukuss in Mittelasien für ZB VII (r III) (extrem arides Wüstenklima mit kalten Wintern), Archangelsk in der borealen Taigazone für ZB VIII (kaltes gemäßigtes Klima mit sehr langem Winter), Karskije Vorota (Insel Waigatsch) für ZB IX (arktisches Tundraklima mit Julimittel unter + 10 °C).

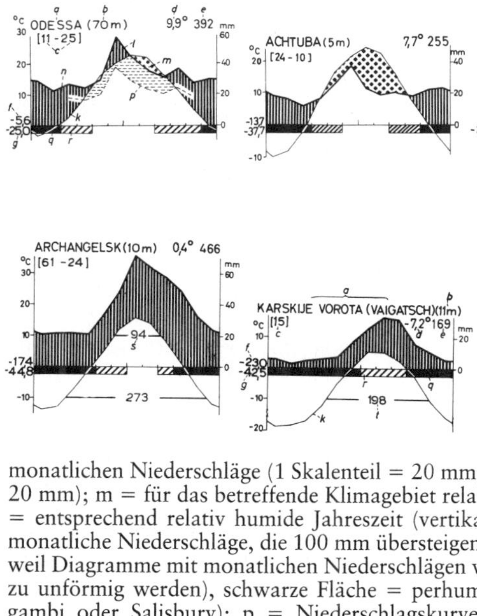

monatlichen Niederschläge (1 Skalenteil = 20 mm, also im Verhältnis 10 °C = 20 mm); m = für das betreffende Klimagebiet relative Dürrezeit (punktiert); n = entsprechend relativ humide Jahreszeit (vertikal schraffiert); o = mittlere monatliche Niederschläge, die 100 mm übersteigen (Maßstab auf 1/10 reduziert, weil Diagramme mit monatlichen Niederschlägen von mehreren 100 mm sonst zu unförmig werden), schwarze Fläche = perhumide Jahreszeit (s. bei Yangambi oder Salisbury); p = Niederschlagskurve, erniedrigt, im Verhältnis 10 °C = 30 mm, darüber horizontal gestrichelte Fläche = relative Trockenzeit (nur bei Steppenstationen); q = Monate mit mittlerem Tagesminimum unter 0 °C (schwarz) = kalte Jahreszeit; r = Monate mit absolutem Minimum unter 0 °C (schräg schraffiert), d. h. Spät- oder Frühfröste können auftreten; s = Zahl der Tage mit Mitteltemperaturen über +10 °C (s. bei Archangelsk); t = Zahl der Tage mit Mitteltemperaturen über −10 °C (s. bei Archangelsk und Karskije Vorota); s und t werden nur bei Stationen mit kaltem Klima angegeben.

Nicht für alle Stationen liegen sämtliche Daten vor. Wenn sie fehlen bleiben die entsprechenden Stellen im Diagramm frei (vgl. z. B. f. q und r bei Nukuss).

Abb. 10 zeigt die Klimadiagramme von Orobiom I mit Tageszeitenklima (Páramo) und der weiteren Orobiome II–IX. Orobiom IX (Wostok) ist mit einer mittleren Jahrestemperatur von −56 °C die kälteste Station auf der Erde.
Aus den Klimadiagrammen sind nicht nur die Temperatur und Niederschlagswerte zu ersehen, auch die Dauer und die Intensität einer relativ humiden und relativ ariden Jahreszeit, ebenso wie die Dauer und Intensität eines kalten Winters und die Möglichkeit des Auftretens von Spät- oder Frühfrösten. Damit erhalten wir die Grundlage für die Beurteilung des Klimas in ökologischer Hinsicht. Die Aridität bzw. Humidität der Jahreszeiten kommt auf dem Klimadiagramm durch die Anwendung des Maßstabes 10 °C = 20 mm Niederschlag zustande. Die Temperaturkurve ersetzt dabei eine Kurve der potentiellen Evaporation und kann somit zur Darstellung der Wasserbilanz mit der Niederschlagskurve in Beziehung gesetzt werden. Die vertikale Erstreckung der punktierten Fläche, d. h. der Dürrezeit, ist ein Maß ihrer Intensität, die horizontale Erstreckung ihrer Dauer. Dasselbe gilt auch für die Humiditätsfläche. Das Verhältnis 10 °C = 20 mm Regen hat Gaussen für das Mediterrangebiet als besonders gut mit den tatsächlichen Witterungsbedingungen im Einklang stehend gefunden. Wir konnten das bei unseren Klimadiagrammen für alle Klimazonen bestätigen. Nur für die Steppen- und Präriediagramme ist es zweckmäßig, außerdem noch den Maßstab 10 °C = 30 mm zu verwenden, um eine *Trockenzeit* zur Darstellung zu bringen, die weniger extrem ist als die Dürrezeit.
Die im Klimadiagramm angezeigte aride Jahreszeit (Dürrezeit) ist nur als *relativ arid* im Vergleich zur humiden Jahreszeit des betreffenden Klimatypus anzusehen. Denn die Temperaturkurve, die wir an Stelle der Kurve der potenziellen Evaporation benutzen, ist nicht mit dieser identisch, sondern verläuft zu derselben nur mehr oder weniger parallel. Sie bleibt hinter derselben quanitativ um so mehr zurück, je arider das betreffende Klima ist. Absolut genommen ist somit die aride Jahreszeit des Klimadiagramms um so arider, je größer die Aridität des Gesamtklimas ist, d. h. eine aride Jahreszeit z. B. auf dem Klimadiagramm einer Station in der Steppe ist nicht so extrem wie die einer Mittelmeerstation oder gar einer in der Sahara. Das ist vom ökologischen Standpunkt günstig, weil die Empfindlichkeit der Pflanzen gegen Trockenheit um so mehr abnimmt, in einem je trockeneren Klima sie beheimatet sind. Für die Arten des tropischen Regenwaldes ist schon ein nicht perhumider Monat (weniger als 100 mm Regen) relativ trocken; die an trockenen Standorten Mitteleuropas wachsenden „Xerophyten“ würden in den Wüsten eher als „Hygrophyten“ eingestuft werden. Wir werden bei der Besprechnung der Vegetationsgebiete die entsprechenden Diagramme beifügen, da wir auf diese Weise auf lange Tabellen verzichten können.

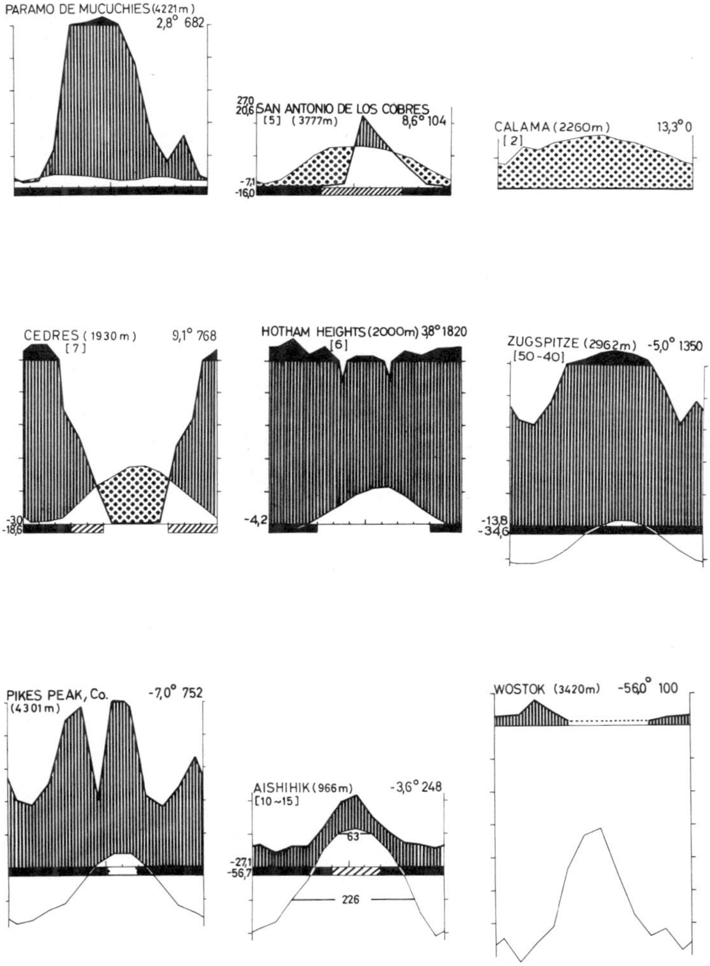

Abb. 10. Beispiele von Gebirgsstationen der verschiedenen Orobiome: OB I Páramos de Mucuchies in Venezuela, OB II Antonio de Los Cobres in der peruanischen Puna, OB III Calama in der nord-chilenischen Wüstenpuna, OB IV Cedres im Libanon, OB V Hotham Heights in den Snowy Mountains (Australien), OB VI Zugspitze in den Nord-Alpen, OB VII Pikes Peak in den Rocky Mountains über den Great Plains von Nordamerika, OB VIII Aishihik in Süd-Alaska, OB IX Wostok auf der Eiskappe der Antarktis.

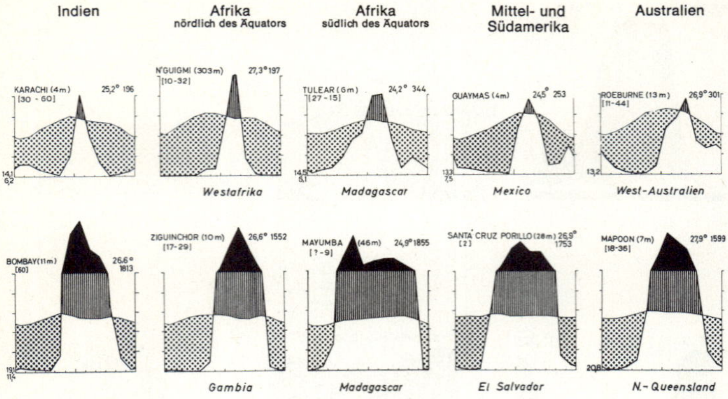

Abb. 11. Homoklimate der Stationen Karachi (Pakistan) und Bombay (Indien) in den anderen Kontinenten.

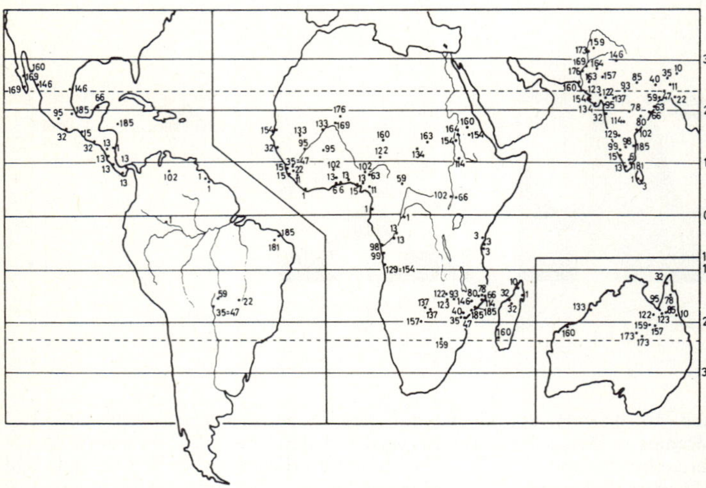

Abb. 12. Lage der Homoklimate des Subkontinents Vorderindien in den anderen Erdteilen durch die entsprechenden Zahlen gekennzeichnet (die Klimadiagramme 133 und 134 sind fast identisch).

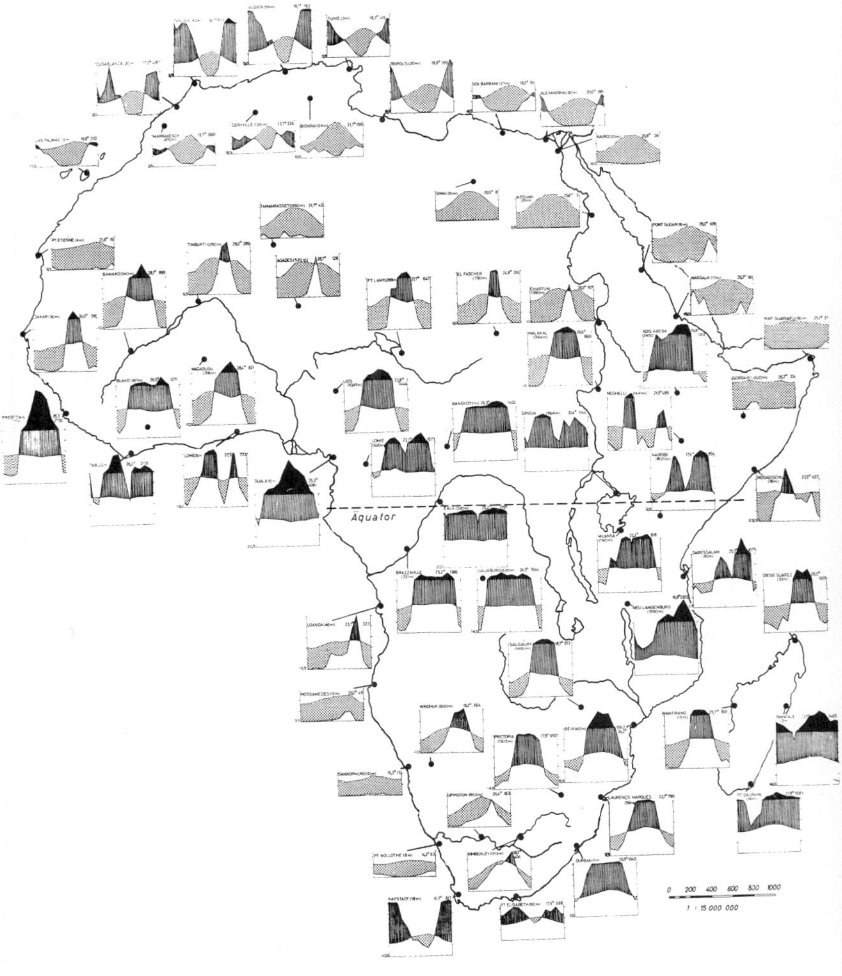

Abb. 13. Beispiel einer Klimadiagrammkarte mit nur 66 Stationen. Zonobiome von Nord nach Süd; IV–III–II–I–II–III–IV, aber nördlich vom Äquator ist der Osten zu trocken (Monsun), südlich dagegen zu feucht (SE-Passat).

Die Klimadiagramme sind besonders geeignet, um *Homoklimate* herauszufinden, d. h. Stationen mit sehr ähnlichem oder fast identischem Klima, was bei Verwendung von umfangreichen Klimatabellen äußerst langwierig ist. Man braucht nur das gegebene Klimadiagramm mit solchen im Klimadiagramm-Weltatlas aus Gebieten zu vergleichen, in denen Homoklimate vermutet werden. Abb. 11 zeigt die Homoklimate von Karachi (Pakistan) aus Zonobiom III (leichter Übergang zu ZB II) und von Bombay (sehr typisch für ZB II) in anderen Teilen der Erde. Die Kenntnis der Homoklimate ist für die Neueinführung von Kulturpflanzen in Gebiete, in denen sie noch nicht bekannt sind, sehr wichtig. Aus Abb. 12 ersieht man die Lage der Homoklimate von sehr vielen Stationen Vorderindiens.
Will man eine rasche Übersicht der Klimagliederung von ganzen Kontinenten oder größeren Teilgebieten erhalten, so greift man zu *Klimadiagrammkarten.* Man erhält diese, wenn man auf großen Wandkarten von einzelnen Kontinenten die Klimadiagramme aus dem Klimadiagramm-Weltatlas auf die geographisch richtige Stelle klebt. Die Übersichtlichkeit wird erhöht, wenn man die Fläche der Dürrezeiten rot und die der humiden Zeiten blau anmalt. Dann ist die Gliederung mit einem Blick zu übersehen. Solche Klimadiagrammkarten aller Kontinente im großen Format (schwarz-weiß) wurden an anderer Stelle veröffentlicht (Walter, Harnickell, Mueller-Dombois 1975). Hier können wir als Beispiel nur eine Klimadiagramm-Karte von Afrika in kleinem Format mit nur wenigen Klimadiagrammen auf Abb. 13 bringen (der Weltatlas enthält von Afrika über 1000 Diagramme).

3 Umwelt und Wettbewerb

In einem floristisch einheitlichen Gebiet wird die Gliederung der Vegetation durch die Umwelt, also vor allen Dingen durch das Klima und den Boden bedingt. Das Klima übt auf die Vegetation einen direkten und einen indirekten Einfluß über den Boden aus. Man kann die gegenseitigen Beziehungen durch folgendes Schema verdeutlichen:

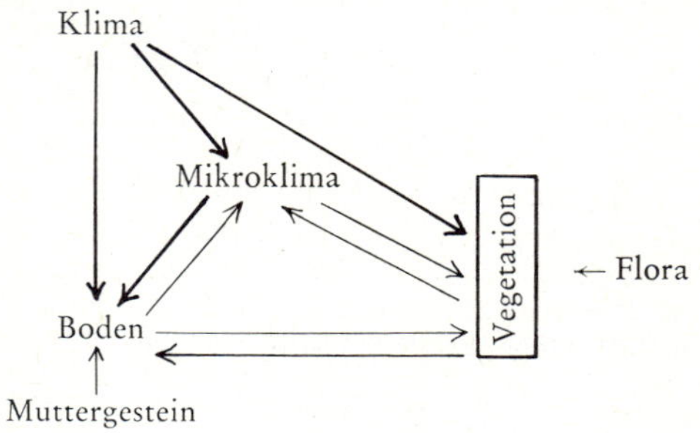

Der Bodentypus und der Vegetationstypus werden durch das Klima geprägt, aber für den ersteren ist das Muttergestein, für die Vegetation die Flora nicht ohne Bedeutung. Zwischen Boden und Vegetation bestehen außerdem so enge Wechselbeziehungen, daß man fast von einer Einheit sprechen darf. Einen gewissen Einfluß üben sowohl der Boden als auch die Vegetation ihrerseits auf das Klima aus, aber doch nur im Bereich der bodennahen Luftschicht, d. h. sie beeinflussen das Mikroklima. Die Gesamtheit der auf die Pflanzen wirkenden Faktoren bildet ihre Umwelt, wobei man die physikalisch-chemischen Faktoren (ohne Wettbewerb) als ihren *Standort* bezeichnet, während die Stelle, an der sie wachsen, „Wuchsort" oder *Biotop* genannt wird. Man teilt die Standortfaktoren häufig in klimatische, orographische und edaphische (Boden) ein. Das ist vom ökologischen Standpunkt aus wenig zweckmäßig. Die für das Wachstum und die Entwicklung der Pflanze maßgebenden Faktoren kann man vielmehr in folgende 5 Gruppen einteilen:

1. die Wärme- oder Temperaturverhältnisse
2. die Wasser- oder Hydraturverhältnisse
3. die Lichtintensität und die Tageslänge
4. die verschiedenen chemischen Faktoren (Nähr- oder Giftstoffe)
5. die mechanischen Faktoren (Feuer, Tierverbiß und Tritt, Wind)

Es ist dabei für die Pflanzen gleichgültig, ob z. B. die günstigen Wärmeverhältnisse durch das Großklima bedingt werden oder durch den Wuchsort an einem geschützten Südhang. Ebenso macht es für die Pflanze keinen Unterschied aus, ob die notwendige Bodenfeuchtigkeit auf eine günstige Niederschlagsverteilung oder die geringe Verdunstung an einem Nordhang oder schließlich durch die Bodenstruktur und Grundwassernähe zustande kommt; die Hauptsache ist, daß die Pflanze nicht unter Wassermangel leidet.
Jedoch ist die häufig gemachte Annahme, daß die Verbreitung der Pflanzenarten direkt durch die Standortverhältnisse bedingt wird, nicht richtig. Diese sind nur von *indirekter Bedeutung*, indem sie die Wettbewerbsfähigkeit der Arten verändern. Nur an den absoluten Verbreitungsgrenzen in der Trocken- und Kältewüste, am Rande der Salzwüste, also dort wo die Einzelpflanzen isoliert stehen, sind die Standortfaktoren (meistens ein gewisser extremer Faktor) direkt bestimmend. Sieht man von diesen Ausnahmefällen ab, so können die Pflanzenarten noch weit außerhalb ihres Areales wachsen, wenn man sie vor der Konkurrenz der anderen Arten schützt. Z. B. verläuft die nordöstliche Verbreitungsgrenze der Buche durch das Weichselgebiet, aber die Buche wächst noch in den botanischen Gärten von Kiew und Helsinki. *Die natürliche Verbreitungsgrenze einer Art ist dort erreicht, wo durch die sich ändernden Umweltbedingungen ihre Wettbewerbs-*

fähigkeit oder Konkurrenzkraft so stark herabgesetzt wird, daß sie von anderen Arten verdrängt werden kann. Sie hängt also auch von dem Vorhandensein bestimmter Konkurrenten oder einer bestimmten Fauna ab. Für die Buche sind das an der Ostgrenze die Hainbuche, an der Nordgrenze die Eiche und im Gebirge die Fichte.

Wenn die nordöstliche Buchengrenze einen ähnlichen Verlauf zeigt wie die Januarisotherme von −2 °C, oder die Nordgrenze des Eichenareals mit der Temperaturlinie von 4 Monaten über +10 °C, bzw. die nördliche Fichtengrenze mit der Juliisotherme von +10 °C zusammenfällt, so brauchen dabei keine direkten kausalen Zusammenhänge zu bestehen. Man könnte höchstens daraus schließen, daß bei der Buche wahrscheinlich der nach Osten zunehmend kältere Winter und bei der Eiche und Fichte der nach Norden hin kürzere Sommer die Wettbewerbsfähigkeit dieser Arten stark herabsetzen.

Wenn wir als *ökologisches Optimum* die Bedingungen bezeichnen, unter denen eine Art in der Natur am häufigsten vorkommt, und als *physiologisches Optimum* die Bedingungen, unter denen sie im Laboratorium (Klimakammer) oder in Einzelkultur am besten gedeiht, so entsprechen sich diese Optima meistens nicht (Abb. 14).

Aus der Verbreitung einer Art kann man somit nicht ihre physiologischen Ansprüche erkennen. Wennn z. B. die Kiefer bei uns unter natür-

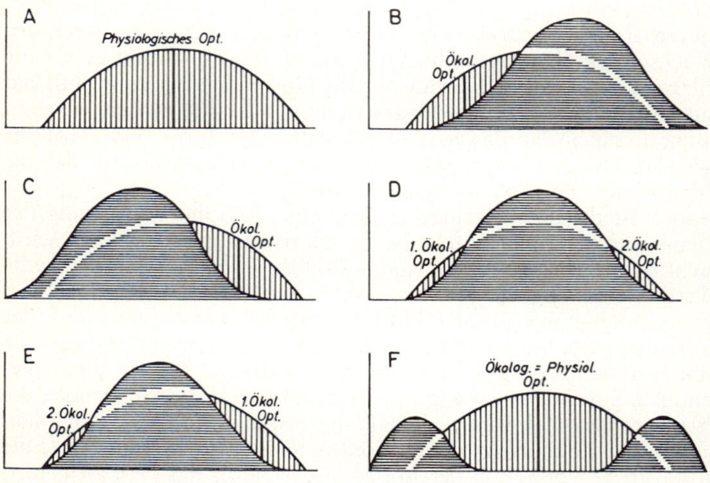

Abb. 14. Wachstumskurven (vertikal schraffiert) einer Art ohne (A) oder unter (B–F) Konkurrenzdruck (horizontal schraffiert). Ordinate: Wachstumsintensität bzw. Stoffproduktion; Abszisse: Veränderliche Standortfaktoren.

lichen Verhältnissen nur an trockenen Kalkhängen oder auf saueren Moorböden anzutreffen ist, so kommt es, weil sie von den für sie günstigeren Standorten durch stärkere Konkurrenten verdrängt wird. *Andererseits gibt uns die Kenntnis der in Klimakammern ermittelten physiologischen Ansprüche einer Art noch nicht die Möglichkeit, ihre Verbreitung in der Natur vorauszusagen oder im einzelnen zu erklären.* Ob sie den ihren physiologischen Ansprüchen nach besiedelbaren Standort einnimmt oder nicht, darüber entscheiden neben dem historischen Faktor meist die Mitbewerber.

Von *Wettbewerb oder Konkurrenz sprechen wir ganz allgemein, wenn das Wachstum oder die Entwicklung einer Art durch die Anwesenheit anderer Arten ungünstig beeinflußt wird,* ohne daß Parasitismus vorliegt. Der Wettbewerb ist fast überall wirksam, wo mehrere Arten dicht beieinander vorkommen und kein Abhängigkeitsverhältnis besteht. Wir erkennen es daran, daß Pflanzen isoliert stehend sich üppiger entwickeln als die in einer Pflanzengemeinschaft. Die Hemmung beim Wettbewerb ist meistens auf Entzug von Licht durch oberirdische Organe oder von Wasser bzw. von Nährstoffen bei Wurzelkonkurrenz zurückzuführen. Ob außerdem noch gewisse durch die Pflanzen ausgeschiedene Hemmstoffe eine wichtige Rolle im Konkurrenzkampf spielen (Allelopathie), ist unter natürlichen Bedingungen immer noch nicht einwandfrei geklärt worden. Nur in einigen Fällen scheint das zuzutreffen.

Beim Wettbewerb unterscheidet man zwischen dem *intraspezifischen,* der sich unter Individuen derselben Art abspielt, und dem *interspezifischen* unter solchen verschiedener Arten.

Der erste fördert das Überleben der kräftigsten Individuen und dient der Erhaltung der Art. Beim interspezifischen kann eine Art die Vorherrschaft erlangen und die andere verdrängen, oder es bildet sich ein Gleichgewicht in Mischbeständen aus, je nach der Konkurrenzkraft der einzelnen Partner. Im Gebirge kann man z. B. an der Buchen-Fichtengrenze beobachten, daß an Südhängen die Buche absolut vorherrscht, an den Nordhängen die Fichte, während an Ost- und Westhängen sie sich mehr oder weniger die Waage halten und Mischbestände bilden. Diese werden sich auch dann ausbilden, wenn sich die Sämlinge einer Art unter fremden Arten besser entwickeln als unter Individuen der gleichen Art, was im tropischen Urwald zuzutreffen scheint.

Die Konkurrenzkraft einer Art ist ein sehr kompliziertes und schwer erfaßbares Phänomen insbesondere, wenn man bedenkt, daß sie sich stark mit dem Entwicklungsstadium ändert. Sie ist am schwächsten bei Keim- und Jungpflanzen und nimmt mit dem Alter insbesondere bei Bäumen zu. Sie gilt immer nur für ganz bestimmte Umweltbedingungen. Die Gesamtheit aller morphologischen und physiologischen Eigenschaften einer Art ist dabei von Bedeutung. Bienne Arten sind

konkurrenzkräftiger als annuelle, weil sie im zweiten Jahr das Wachstum mit größeren, während des ersten Jahres aufgespeicherten Reserven beginnen. Aus demselben Grunde sind vom dritten Jahr ab die perennen Kräuter den biennen überlegen. Holzarten tragen gegenüber perennierenden Kräutern den Sieg davon, wenn sie nicht in den ersten Lebensjahren unterdrückt werden und es ihnen gelingt, verholzte Achsenorgane zu bilden, die sich über die Krautschicht erheben.
Durch den Wettbewerb kommen an ähnlichen Standorten in einem begrenzten Gebiet immer wieder ähnliche Kombinationen von Pflanzenarten zustande, die man als *Pflanzengemeinschaften* (Phytozönosen) bezeichnet. Als Beispiel seien in Mitteleuropa genannt: Buchenwälder auf Kalkböden mit ihrer Krautflora oder Auenwälder, bestimmte Moortypen oder Röhrichte usw.
In einer stabilen Pflanzengemeinschaft befinden sich die Arten in einem gewissen ökologischen Gleichgewicht untereinander und mit ihrer Umwelt. Sie bilden mit den tierischen Organismen ein Biogeozön. Für dieses Gleichgewicht sind maßgebend, wenn man von der Einwirkung der Tiere absieht:

1. *der Wettbewerb* der Arten untereinander
2. *die Abhängigkeit* der einen Arten vom Vorhandensein anderer (z.B. Schattenarten)
3. das Vorkommen von *komplementären Arten,* die sich räumlich oder zeitlich ergänzen, so daß jede „ökologische Nische“ ausgefüllt wird.

Die natürliche Gemeinschaft ist somit „abgesättigt“ und fremde, eingeschleppte Arten können nicht eindringen, während sie bei gestörtem Gleichgewicht viel eher die Möglichkeit dazu haben. Aus diesem Grunde spielt der Ferntransport von Samen für die Verbreitung der Pflanzen nur bei noch nicht besiedelten Flächen eine Rolle, z.B. bei jungen vulkanischen Inseln.
Das Gleichgewicht einer Pflanzengemeinschaft ist kein statisches, sondern ein dynamisches. Die einen Individuen sterben ab, andere keimen und wachsen heran. Dabei findet zwischen den einzelnen Arten meistens ein ständiger Platzwechsel statt. Mengenmäßig zeigt die Artenzusammensetzung gewisse Schwankungen. Denn die Außenbedingungen wechseln von Jahr zu Jahr, auf Regenjahre folgen Trockenjahre usw. Dadurch werden bald die einen Arten im Wettbewerb begünstigt, bald die anderen. Ändern sich die Standortbedingungen dauernd in einer bestimmten Richtung, z.B. wenn der Grundwasserspiegel viele Jahre hindurch langsam ansteigt, so verändert sich auch die Artenkombination: Gewisse Arten werden verschwinden, andere dringen von außen ein, bis schließlich eine neue Pflanzengemeinschaft entsteht. Wir bezeichnen eine solche Aufeinanderfolge als eine *Sukzession.* Gehen die

Veränderungen auf natürliche Ursachen zurück und von Rohböden aus, so handelt es sich um primäre Sukzessionen, die meist sehr langsam verlaufen. Viel häufiger handelt es sich um sekundäre Sukzessionen, die auf Eingriffe des Menschen oder Katastrophen (Windbruch u. a.) zurückzuführen sind und rasch ablaufen, wie z. B. bei der Entwässerung von Wiesen, auf Kahlschlägen im Walde, auf aufgelassenen Äckern, nicht mehr gemähten Wiesen usw. Erfolgen die Eingriffe des Menschen lange Zeit hindurch auf gleiche Weise, so bildet sich ein anthropogen bedingtes Gleichgewicht aus und es entstehen die Pflanzengemeinschaften, die man als Kulturformationen bei intensiver Nutzung oder als Halbkulturformationen bei mehr extensiver Nutzung bezeichnet. Aus ihnen besteht die Vegetation der von Menschen dichtbesiedelten Gebiete.

4 Ökotypen sowie das Gesetz vom Biotopwechsel und der relativen Standortkonstanz. Extrazonale Vegetation

Viele Pflanzenarten oder Phytozönosen (Pflanzengesellschaften) haben eine sehr weite Verbreitung und wachsen, wenn man ihre Areale (Wohnbezirke) auf einer Karte betrachtet, scheinbar unter ganz verschiedenen Klimabedingungen. Diese Tatsache kann auf zwei Ursachen beruhen.

1. Die Art als taxonomische Einheit ist ökophysiologisch oft stark differenziert, z. B. im Hinblick auf ihre Kälte- oder Dürreresistenz oder ihren Klimarhythmus. So kommt die Kiefer, *Pinus sylvestris,* von Lappland bis Spanien vor und nach Osten bis in die Mongolei, wobei höchstens ihre Wuchsform taxonomisch unwesentliche Unterschiede aufweist. Aber die spanische Kiefer kann nicht in Lappland wachsen, weil sie zu kälteempfindlich ist, die lappländische nicht in Spanien, weil sie eine lange Winterruhe braucht. Deswegen muß der Forstwirt stets sehr genau auf die Provenienz (Herkunft) des Saatguts achten. Die meisten taxonomisch einheitlichen Arten bestehen aus vielen solchen *Ökotypen,* oder sie sind, wenn die ökophysiologischen Unterschiede gleitende Übergänge aufweisen, *Ökokline.*

2. Die zweite Möglichkeit einer weiten Verbreitung beruht auf einem Biotopwechsel der Art oder Phytozönose, wenn sich ihr Areal in ein klimatisch anderes Gebiet hinein erstreckt. Wird z. B. das Klima am Nordrand des Areals kälter, so findet man die Art nicht mehr in der Ebene, sondern auf den kleinklimatisch wärmeren Südhängen, d. h. es tritt ein Biotopwechsel ein, durch den die Klimänderung kompensiert wird, so daß die Standort- oder Umweltbedingungen für die Pflanzen sich kaum ändern, also relativ konstant bleiben. Diese Gesetzmäßigkeit kann man überall beobachten: Im Südteil des Areals gehen die Pflanzen immer mehr auf die Nordhänge, in tiefe feuchte Schluchten

oder hinauf ins Gebirge. Wird das Klima feuchter, so suchen die Pflanzen trockene Kalk- oder Sandböden auf. Im trockenen Klima dagegen findet man sie entsprechend auf schweren, nassen Böden oder auf solchen mit hohem Grundwasserstand.
Natürlich muß man berücksichtigen, daß auf der Südhemisphäre die Nordhänge warm sind und am Äquator die Ost- und Westhänge. Ebenso weisen in ariden Gebieten die Sandböden die günstigste Wasserversorgung für die Pflanzen auf (Seite 140).
Kurz formuliert lautet dieses ökologische Gesetz:
Wenn innerhalb des Verbreitungsgebiets einer Pflanzenart oder einer Phytozönose das Klima sich in einer bestimmten Weise ändert, so tritt ein Biotopwechsel ein, durch den die Klimaänderung möglichst kompensiert wird, d. h. die Standort- oder Umweltbedingungen bleiben relativ konstant.
Wenn wir die Vegetation auf den Eu-Klimatopen als zonale Vegetation bezeichnen, so handelt es sich nach dem Biotopwechsel um eine *extrazonale Vegetation*, für die nicht mehr das Großklima maßgebend ist, sondern die lokalen Bedingungen. Wenn sich z. B. die Wälder längs der Flüsse als Galeriewälder weit in ein arides Klimagebiet erstrecken, so sind diese Galeriewälder eine extrazonale Vegetation.
Es ist ein großer Nachteil aller Arealkarten, daß auf ihnen die zonale und extrazonale Verbreitung nicht zu erkennen ist. Dadurch wird ein falscher Eindruck von den Klimaansprüchen der Pflanzen erweckt, zumal gerade die Arealgrenzen häufig in Beziehung zu Klimalinien gebracht werden.
Dieses Gesetz des Biotopwechsels muß auch in den Gebirgen bei der Festlegung der Höhenstufen berücksichtigt werden:
Schon die Unterschiede der Höhengrenzen bei verschiedener Exposition deuten diese Gesetzmäßigkeit an. Viel extremer sind Sondernischen mit intensiver Einstrahlung und Kälteabfluß, die es kleinen Baumbeständen erlauben, über der Waldgrenze schon innerhalb der alpinen Stufe zu wachsen (Seite 87). Einzelne Bäume fand man im Westpamir in durchblasenen Schluchten ohne Kaltluftstau noch bei 4000 m NN, und Sträucher in dem wilden Gelände sogar bei 5000 m NN. Andererseits fehlt in Kaltluftdolinen der Ostalpen eine Waldvegetation schon bei 1270 m NN, wobei hier bei Lunz (Niederösterreich) die tiefste Temperatur in Westeuropa mit −51 °C gemessen wurde.
Auch Bodenfaktoren spielen eine Rolle. Auf schwer verwitterndem Dolomit findet man Fragmente der alpinen Vegetation in den Ostalpen inmitten der Buchenstufe. Sondernischen sind auch die Lawinenzüge, auf denen die Konkurrenz der Baumarten ausgeschaltet ist, so daß die Krummholzarten der subalpinen Stufe sich in tiefen Lagen der Waldstufe zu behaupten vermögen. Auf solchen Sonderbiotopen findet man oft Relikte der Arten, die früher unter anderen klimatischen Bedingungen eine weitere Ausdehnung des Areals besaßen. Doch soll-

ten für die Reliktnatur eines Vorkommens möglichst auch historische Beweise erbracht werden.

5 Poikilohydre und homoiohydre Pflanzen sowie Halophyten

Für die Gliederung der Biosphäre sind von allen Standort- oder Umweltfaktoren die Wärme- und die Wasserverhältnisse von größter Bedeutung. Licht ist nirgends im Minimum, denn die lange Polarnacht trifft die Pflanzen im Winterruhezustand an.
Die Wärme oder Temperatur nimmt ziemlich stetig vom Äquator zu den Polen ab. Wichtig ist hierbei die Frostgrenze zwischen den tropischen und außertropischen Gebieten. Viel stärker differenzierend wirkt der Wasserfaktor. Die Niederschläge sind sehr ungleichmäßig verteilt (Abb. 15). Die Höhe der mittleren Jahresniederschläge schwankt zwischen über 10 000 mm (Assam) und praktisch Null in den extremsten Wüsten. Abb. 16 zeigt zum Vergleich die großen Vegetationszonen, für die außer den Niederschlagsverhältnissen auch die Temperaturverhältnisse von besonderer Bedeutung sind.
Aber nicht nur im Großen, sondern ebenso im Kleinen wirkt das Wasser durch die wechselnde Feuchtigkeit der Biotope auf die Pflanzendecke stark differenzierend. Überhaupt spielt das Wasser im Leben der Pflanze ökologisch eine ganz besondere Rolle, die von Physiologen ungenügend hervorgehoben wird; eine viel größere als bei den Tieren, weil die Pflanzen ortsgebunden sind.
Hinsichtlich der Temperatur unterscheiden wir unter den tierischen Organismen einerseits die Kaltblüter oder poikilothermen Arten, deren Körerptemperatur und damit auch die Temperatur des Protoplasmas von der Außentemperatur abhängt und sich mit dieser gleichsinnig ändert, und andererseits die Warmblütler oder homoiothermen Arten, die eine eigene, von der Außentemperatur weitgehend unabhängige und ziemlich konstante Körpertemperatur besitzen. Bei diesen Organismen ist es unsinnig, die Außentemperatur zu messen, um sie in direkte Beziehung zu dem Ablauf der Lebensfunktionen im Protoplas-

---

Abb. 15 (Seite 50). Karte der Jahresniederschläge: Weit punktiert = unter 250 mm, dicht punktiert = 250–300 mm, vertikal schraffiert = 500–1000 mm, gekreuzt schraffiert = 1000–2000 mm, schwarz = über 2000 mm.
Die Gebirgsniederschläge wurden nicht berücksichtigt. Der Vergleich mit Abb. 16 zeigt, daß für die Vegetation auch die Temperatur von großer Bedeutung ist, was in der stärker zonalen Anordnung parallel zu den Breitengraden zum Ausdruck kommt.

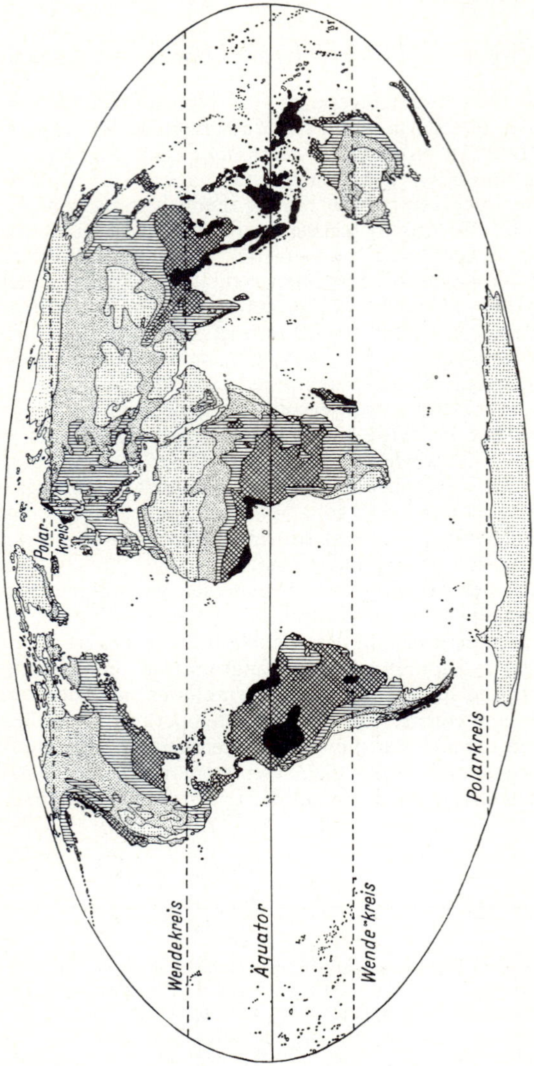

Abb. 15. (Legende siehe Seite 49)

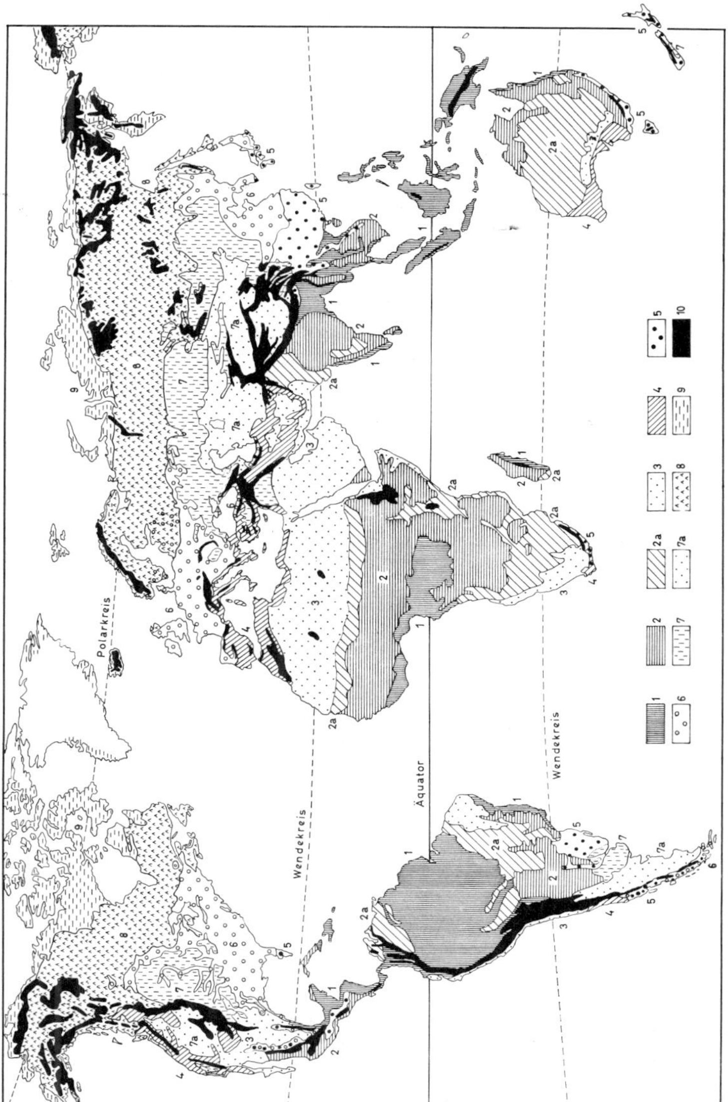

Abb. 16. (Legende siehe Seite 52)

ma zu setzen. *Die Pflanzen sind stets poikilotherme Organismen.* Die Temperatur der umgebenden Luft gibt uns deshalb einen Anhaltspunkt für die maßgebenden Temperaturverhältnisse im Plasma. Gewisse rein physikalisch bedingte kleinere Abweichungen kommen namentlich bei starker Strahlung vor. Bei genauen öko-physiologischen Untersuchungen muß man sie berücksichtigen, doch wird man sich meistens damit begnügen, die Lufttemperatur anzugeben. Hinsichtlich des Wasserfaktors dagegen sind die Verhältnisse bei den Pflanzen ähnlich kompliziert wie bei den Tieren, in bezug auf die Temperatur. *Wir müssen zwischen wechselfeuchten oder poikilohydren und eigenfeuchten oder homoiohydren Pflanzen unterscheiden.*

Das Protoplasma ist nur im stark wasserhaltigen, d.h. gequollenen oder hydratisierten Zustand physiologisch aktiv; trocknen die Zellen aus, dann geht das Plasma in einen latenten Lebenszustand über (d.h. es weist keine meßbaren Lebenserscheinungen auf) oder es stirbt ab. Die Thermodynamik der Quellkörper lehrt uns, daß der Quellungszustand von der *relativen Akitivität des Wasser* (a) abhängt, wobei a = p/p_0 ist, also der relativen Dampfspannung gleichgesetzt werden kann; in % ausgedrückt (reines Wasser = 100%) bezeichnen wir sie kurz als *Hydratur.* Diese entspricht der Luftfeuchtigkeit (auch in %). Da die Lebensfunktion in starkem Ausmaße vom Quellungszustand des Protoplasma abhängen, ist es wichtig, dessen Hydratur (bzw. Aktivität des Wassers) zu kennen. Bei den *poikilohydren Pflanzen,* zu denen die niederen Pflanzen (Bakterien, Algen, Pilze und Flechten) gehören, also einzellige oder wenigzellige Organismen, hängt die Hydratur, soweit diese Pflanzen außerhalb des Wassers vorkommen, ganz von der Feuchtigkeit der umgebenden Luft ab. Stehen sie mit Wasser in Berührung oder ist die umgebende Luft dampfgesättigt, so ist das Protoplasma dieser Arten fast maximal gequollen und aktiv; in trockener Luft dagegen tritt eine starke Entquellung ein, und das Plasma geht in den latenten Zustand über ohne abzusterben. Die Zellen dieser Organis-

---

Abb. 16 (Seite 51). Vegetationszonen (stark vereinfacht ohne edaphisch oder anthropogen beeinflußte Vegetationsgebiete).

I Tropische und subtropische Zonen: 1 Immergrüne Regenwälder der Niederungen und der Gebirgshänge (Nebelwälder), 2 Halbimmergrüne und regengrüne Wälder, 2 a Trockene Gehölze, natürliche Savannen oder Grasland, 3 Heiße Halbwüsten und Wüsten polwärts bis zum 35. Breitengrad (sonst s. unter 7 a).

II Gemäßigte und arktische Zonen: 4 Hartlaubgehölze mit Winterregen, 5 Feuchte warmtemperierte Wälder, 6 Sommergrüne (nemorale) Wälder, 7 Steppen der gemäßigten Zone, 7 a Halbwüsten und Wüsten mit kalten Wintern, 8 Boreale Nadelwaldzone, 9 Tundra, 10 Gebirge.

men haben keine oder nur sehr kleine Vakuolen, die Volumenänderungen des Zellinhalts sind deshalb beim Austrocknen gering und die Plasmastruktur wird nicht geschädigt. Die untere Hydraturgrenze (Luftfeuchtigkeit), bei der noch Wachstum nachzuweisen ist, liegt bei den meisten Bakterien sehr hoch, meist bei 98 bis 94%, bei den einzelligen Algen und Schimmelpilzen sehr verschieden hoch, und nur bei wenigen sinkt sie bis auf 70%, einen Wert, der dem absoluten Hydraturminimum der Lebenserscheinungen entspricht. Die Produktivität dieser poikilohydren Organismen ist gering, ihr Anteil an der Vegetationsmasse auf dem Lande heute klein. Man hat sie deshalb bisher wenig beachtet, obgleich sie an der Bodenoberfläche, namentlich in den Wüsten, oft viel verbreiteter sind, als man annimmt.

Sie dürften vor der Eroberung des Landes durch höhere Pflanzen bereits auf periodisch befeuchteten Flächen weit verbreitet gewesen sein, wie heute auf periodisch überschwemmten Tonflächen in den Wüsten (Takyren, vgl. VII, 11). Diese sind für höhere Pflanzen unbesiedelbar, weil sie keinen Wurzelraum bieten. Da jedoch von niederen Pflanzen fossile Reste nur ausnahmsweise erhalten bleiben, findet man sie in den ältesten Gesteinen nur relativ selten.

Die *homoiohydren Landpflanzen* spielen eine viel größere Rolle. Zu ihnen gehören alle Kormophyten, die sich ursprünglich aus Grünalgen entwickelt haben. Ihre Zellen zeichnen sich durch eine große zentrale Vakuole aus (Seite 32). Infolgedessen grenzt das Plasma direkt an den Zellsaft in der Vakuole an und die Hydratur des Plasmas steht mit der des Zellsaftes im Gleichgewicht, ist somit nicht direkt von den Wasserverhältnissen außerhalb der Zellen abhängig. Der Zellsaft in allen Vakuolen, die wir als *Vakuom* zusammenfassen, stellt bei den höheren Pflanzen, wie erwähnt, ein „inneres wässeriges Medium" dar, das ihnen im Laufe der phylogenetischen Entwicklung den Übergang vom Leben im Wasser zum Landleben und eine immer bessere Anpassung an aride Verhältnisse ermöglichte. Solange es den Landpflanzen gelingt, die Konzentration des Zellsaftes im Vakuom niedrig zu halten, bleibt das Plasma stark gequollen, d. h. es besitzt eine hohe Hydratur, unabhängig von der Feuchtigkeit der umgebenden Luft. Das ist um so eher der Fall, je sicherer der Wassernachschub aus dem feuchten Boden durch das Wurzel- und Leitungssystem ist. Bei den Moosen sind diese Einrichtungen nur unvollkommen entwickelt, sie sind deshalb im allgemeinen an sehr feuchte Standorte gebunden. Auch bei den Farngewächsen ist das nur aus Tracheiden bestehende Leitungssystem noch wenig leistungsfähig. Auch sie meiden deshalb trockene Standorte. Soweit Moose und einzelne Farne (*Ceterach, Notholaena, Cheilantes* u. a.) sowie *Selaginella*-Arten in Wüstengebiete vorgedrungen sind, mußten sie *sekundär zur poikilohydren Lebensweise übergehen,* d. h. sie vertragen das Austrocknen während der Dürrezeit, ohne abzusterben. Sie erlangten diese Austrocknungsfähigkeit wieder, die den Pflan-

zen mit stark vakuolisierten Zellen sonst abgeht, durch eine Zellverkleinerung mit Reduktion der Vakuolen, die sich schon bei geringen Wasserverlusten verfestigen, wodurch eine Deformation und Schädigung des Plasmas beim Austrocknen verhindert wird.
Die vollkommenste Anpassung des Wasserhaushalts an das Landleben ist den Angiospermen gelungen. Sie sind bis in extreme Wüsten vorgedrungen. Die Messung ihrer Zellsaftkonzentration zeigt, daß sie trotzdem fähig sind, ohne den für die Photosynthese notwendigen Gaswechsel zu stark zu bremsen, eine niedrige Zellsaftkonzentration und damit eine hohe Hydratur des Plasmas aufrechtzuerhalten. Eine Erhöhung der Zellsaftkonzentration (= Abnahme des osmotischen Potentials) und damit Entquellung des Plasmas ist für Wüstenpflanzen keine nützliche Anpassung, wie es in den Lehrbüchern immer noch dargestellt wird, sondern ein Zeichen einer gestörten Wasserbilanz und einer Gefährdung ihrer Existenz. Für die Kenntnis der Wasseraktivität im Plasma, d. h. dessen Hydratur- und Quellenzustandes, genügt die Messung der Außenfaktoren (Niederschläge, Luftfeuchtigkeit, Bodenwasser usw.) ebensowenig wie die Messung der Außentemperatur bei den Warmblütlern.
Nur die Bestimmung der Zellsaftkonzentration in atm oder bar (des potentiellen, osmotischen Druckes oder des osmotischen Potentials), die in direkter Beziehung zur relativen Dampfspannung (Hydratur) steht, gibt uns Auskunft darüber, ob die Pflanze durch die Änderung der Außenbedingungen, insbesondere durch eine Dürrezeit, im Hinblick auf den Quellenzustand des Plasmas betroffen wird oder nicht. Die Messung der Saugspannung (des Wasserpotentials) ist dagegen notwendig, wenn man sich mit der Durchströmung der Pflanze von den Wurzeln zu den transpirierenden Organen beschäftigt. Über den Hydraturzustand des Protoplasmas, von dem der Ablauf aller Lebenserscheinungen abhängt, sagt die Saugspannung (Wasserpotential) nichts aus.
Wir werden bei unseren Ausführungen zur Standortcharakterisierung zwar die üblichen Angaben über die Außenfaktoren machen, aber zusätzlich, soweit Untersuchungen bereits vorliegen, auf die Zellsaftkonzentration und ihre Änderung zur Charakterisierung der Hydratur des Protoplasmas hinweisen, insbesondere bei der Besprechung der ariden Gebiete, in denen der Wasserfaktor eine überragende Rolle spielt. Wir werden dabei für Werte aus älteren Arbeiten, die Angaben in atm belassen, bei neueren die Werte in bar angeben, da die Unterschiede (1 atm = 1,013 bar) innerhalb der Fehlergrenzen liegen. Beim Zonobiom III werden wir die Anpassungen an Trockenheit aus kybernetischer Sicht betrachten und genauer auf die osmotischen Zustandsgrößen zurückkommen (Seite 162).
Ein Problem für sich bilden die *Halophyten* (Salzpflanzen). Die Salzböden an den Meeresküsten und insbesondere in den Wüsten dürften

zuletzt besiedelt worden sein. Denn auf diesen mußten die Landpflanzen nicht nur das Wasserproblem, sondern auch das der physiologischen Wirkung der Salze lösen. Die Konzentration des Zellsaftes in den Vakuolen kann nicht niedriger sein als die der Bodenlösung, die bei Salzböden meist sehr hoch ist. Die Hydratur des Plasmas müßte deshalb, wenn im Zellsaft zusätzlich osmotisch wirksame Substanzen gebildet würden, wie z. B. Zucker, sehr stark absinken, was ungünstig wäre. Die Lösung des Problems erfolgt deshalb auf andere Weise: Es werden aus dem Boden so viele Salze in die Zellen aufgenommen, daß die Konzentration der Bodenlösung äquilibriert wird. Durch diese aufgenommenen Elektrolyte erfolgt keine Dehydrierung des Protoplasmas, eher eine zusätzliche Hydratation, was eine Sukkulenz der Organe bedingt. Aber Salze sind in größerer Konzentration toxisch. Die Halophyten müssen also salzresistent sein, was jedoch nur bis zu einem gewissen Grade möglich ist, so daß sehr stark versalzte Böden vegetationslos bleiben.

Spezieller Teil

Verbreitung der Zonobiome

Bevor wir mit der genaueren Besprechung der einzelnen Zonobiome beginnen, wird auf den Abb. 17–22 ihre Verbreitung auf den 5 Kontinenten dargestellt und durch zusätzliche Signaturen auf kleinere Abwandlungen innerhalb der Zonobiome hingewiesen. Man beachte dabei, daß die Zonobiome VI–IX auf der Südhemisphäre mit einem kühl-ozeanischen Klima sehr schwach ausgebildet sind.

Abb. 17–22. Ökologische Großgliederung der Kontinente (aus Walter et al. 1975). Erläuterung der Signaturen: I–IX die entsprechenden Zonobiome (ZB). Zwischen diesen die Zono-Ökotone (weiße Flächen) und Gebirge (schwarz). Ferner abweichende Verhältnisse innerhalb der einzelnen ZB:

a – für das betreffende ZB relativ „arid“,
h – für das betreffende ZB relativ „humid“,
oc – im außertropischen Gebiet ein „oceanisch“ (maritim) getöntes Klima,
co – entsprechend ein „continental“ getöntes Klima,
fr – im tropischen Gebiet häufige „Fröste“, z. B. IIfr in höheren Lagen,
wr – für das ZB anomal „Winterregen“ vorherrschend, z. B. Vwr, aber auch Iwr oder IIIwr,
sr – entsprechend „Sommerregen“ vorherrschend, z. B. IIIsr,
swr – entsprechend zwei Regenzeiten, z. B. IIIswr (oder seltene Regen zu einer beliebigen Jahreszeit),
ep – „episodische“ Regen in extremen Wüsten,
nm – „nichtmeßbare“ Niederschläge durch Tau oder Nebel in Wüsten,
(rIII) – „Regen so gering wie in III“, z. B. I(rIII) = äquatoriale Wüste,
(tI) – „Temperaturkurve wie bei I“ z. B. (II(tI) = Tageszeitenklima.

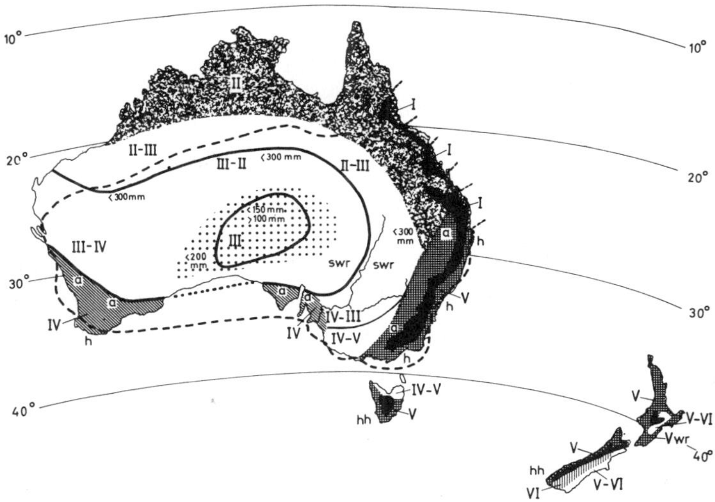

Abb. 17. Australien mit den Zonobiomen I–V.

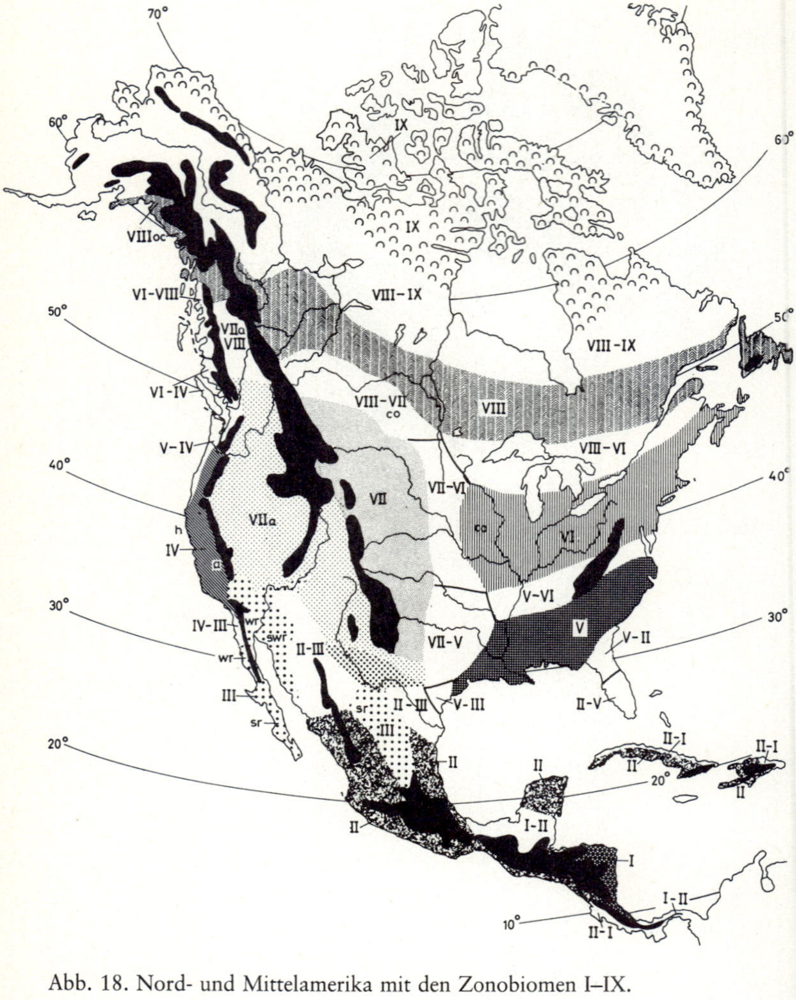

Abb. 18. Nord- und Mittelamerika mit den Zonobiomen I–IX.

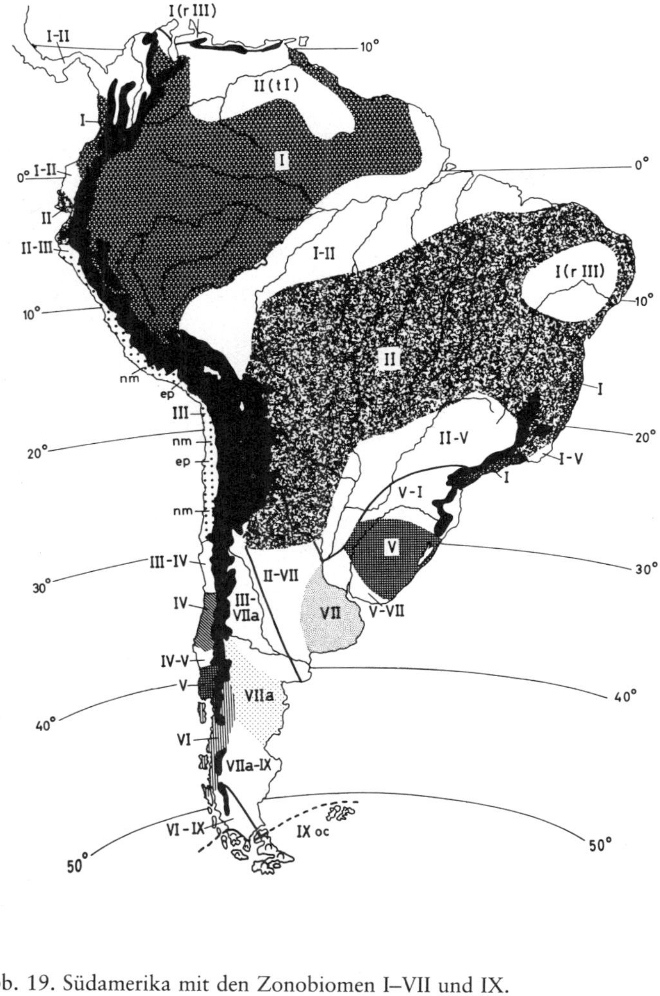

Abb. 19. Südamerika mit den Zonobiomen I–VII und IX.

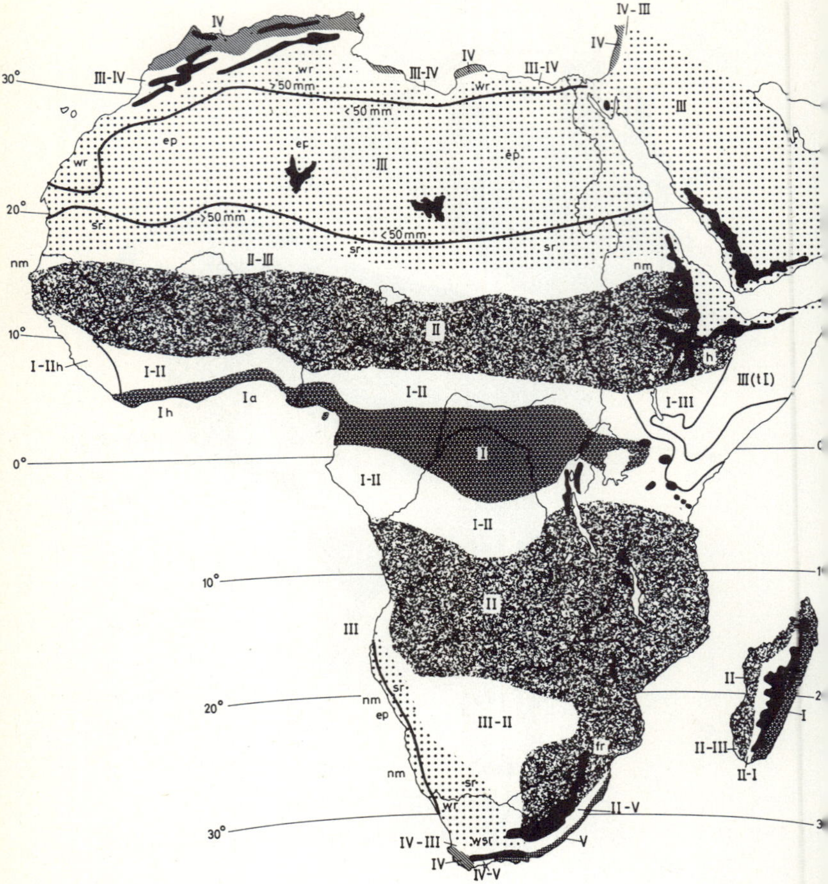

Abb. 20. Afrika mit den Zonobiomen I–V.

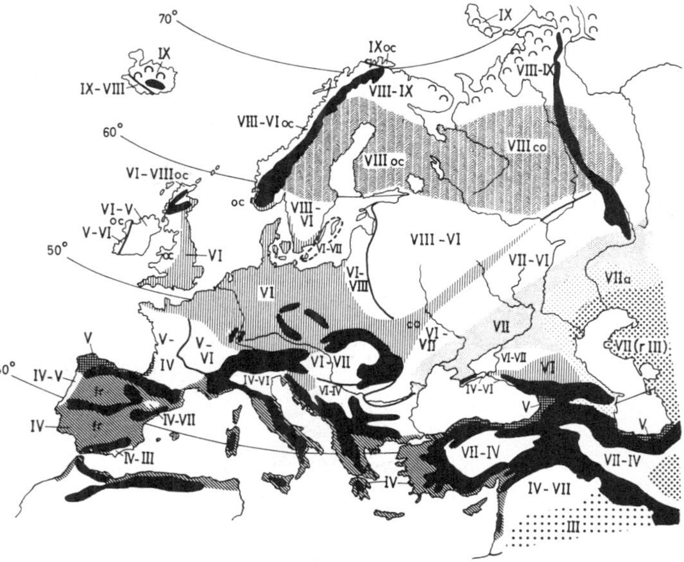

Abb. 21. Europa mit den Zonobiomen IV–IX, dazu Vorderasien.
In Westeuropa verlaufen die Zonobiome infolge der Einwirkung des Golfstromes mehr von Norden nach Süden, in Osteuropa läßt sich dagegen die normale West-Ost-Erstreckung deutlich erkennen.
Es sind von Norden nach Süden: Das Zonobiom IX (Tundrazone) mit dem Zono-Ökoton VIII/IX (Waldtundra), das Zonobiom VIII (boreale Nadelwaldzone), das Zono-Ökoton (VI/VIII mit dem Zonobiom VI, die sich aber beide nach Osten auskeilen (Mischwald- und Laubwaldzone) und schließlich das Zonobiom VII (Steppenzone).
Die Zonobiome IX, VIII und VII finden ihre unmittelbare Fortsetzung nach Osten in Asien (Abb. 22).
Südeuropa gehört zum Zonobiom IV (mediterranes Hartlaubgebiet), dessen Ausläufer sich noch in Iran und Afghanistan bemerkbar machen. Das Zonobiom III fehlt Europa ganz. Nur das Zono-Ökoton IV/III nimmt im Südosten von Spanien, dem trockensten Teil von Europa, eine kleine wüstenhafte Fläche ein.
In Mitteleuropa wird die Zonierung durch die Alpen und die anderen Gebirge stark gestört. Auch die gebirgige Balkanhalbinsel ist auf eine komplizierte Weise gegliedert.

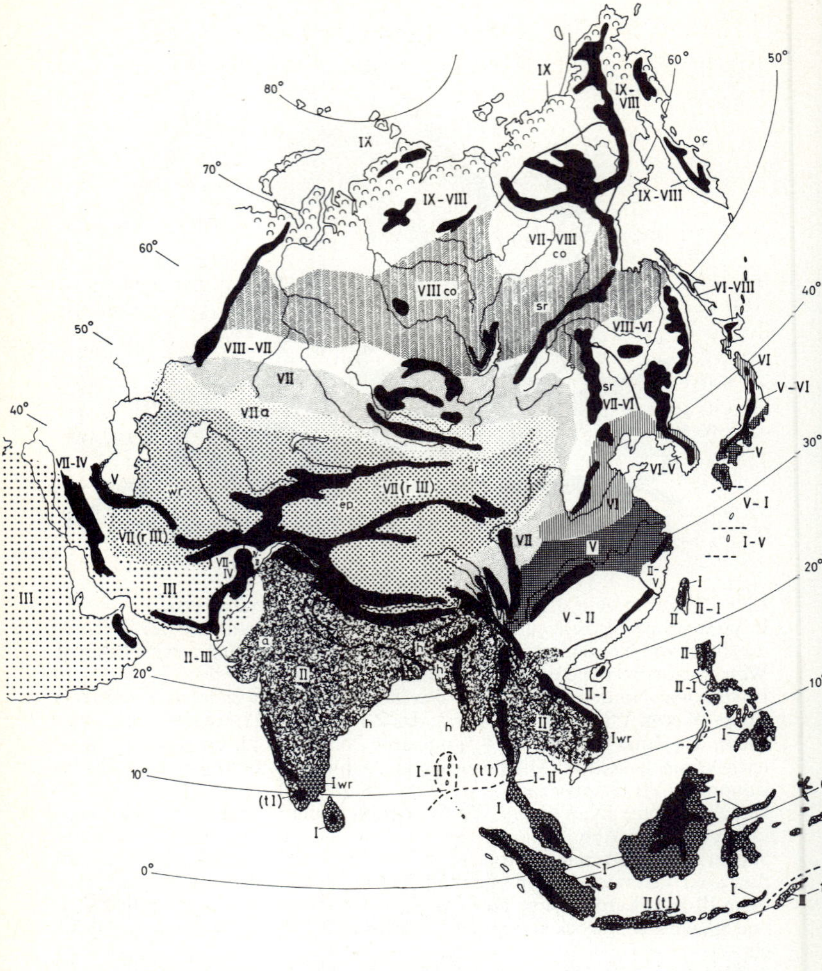

Abb. 22. Asien mit den Zonobiomen I–IX (Vorderasien s. Abb. 21).

I Zonobiom des äquatorialen humiden Tageszeitenklimas mit immergrünem tropischem Regenwald

1 Typische Ausbildung des Klimas

In dieser feuchtesten Vegetationszone gilt ein Monat mit weniger als 100 mm Regen als relativ trocken. Nur in Malaya und Indonesien findet man größere Gebiete, die ständig feucht sind; im Amazonasbekken ist es nur ein Teilgebiet am Rio Negro, im Kongobecken machen sich meist zwei regenärmere Zeiten bemerkbar (Abb. 23), in Indien ist das immer der Fall. Ein extremes Regenwaldklima besitzt Bogor (Buitenzorg) auf Java. Die Monatsmittel der Temperatur schwanken nur zwischen 24,3°C (Februar) und 25,3 °C (Oktober), der Jahresniederschlag beträgt 4370 mm, der regenreichste Monat hat 450 mm Regen, der regenärmste 230 mm. Aber die Tagesschwankungen der Temperatur können an sonnigen Tagen 9 °C erreichen; an trüben Tagen sind sie mit nur 2 °C unbedeutend. Dementsprechend ändert sich auch die Luftfeuchtigkeit (Abb. 25). Die Regen fallen meist am Nachmittag als kurze schwere Güsse, bald scheint die Sonne wieder. Ihre Strahlung ist, wenn sie im Zenit steht, sehr stark. Das hat zur Folge, daß die der Strahlung direkt ausgesetzten Blätter sich um mehrere Grad (bis 10 °C) über die schon sehr hohe Luftfeuchtigkeit erhitzen. Deshalb treten an der Blattoberfläche selbst bei dampfgesättigter Luft hohe Wasserdampf-Sättigungsdefizite auf (Abb. 24). Übertemperaturen von 10–15 °C sind an nicht beschatteten *Coffea*-Blättern an

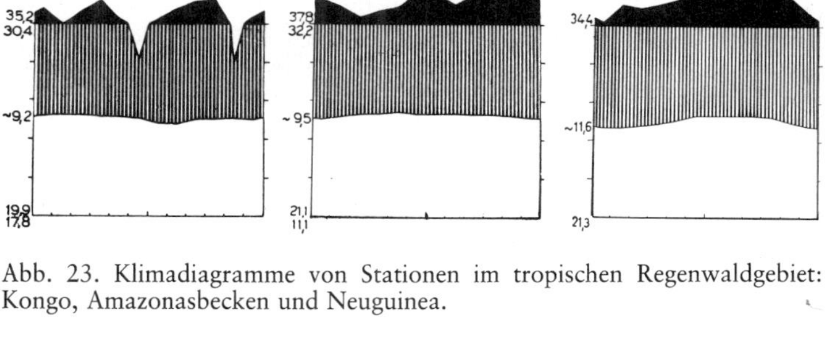

Abb. 23. Klimadiagramme von Stationen im tropischen Regenwaldgebiet: Kongo, Amazonasbecken und Neuguinea.

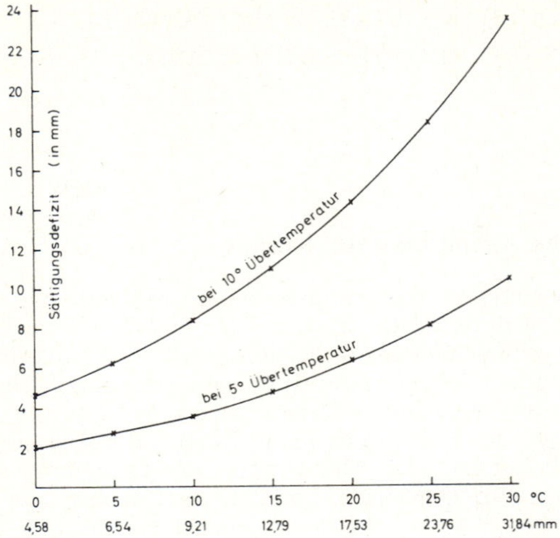

Abb. 24. Kurven der Sättigungsdefizite im mm Hg an der Blattoberfläche bei Übertemperaturen von 5 °C bzw. 10 °C in Abhängigkeit von der Lufttemperatur in dampfgesättigter Luft (unterste Zahlenreihe = Sättigungsdruck im mm Hg).

klaren Tagen in Kenya gemessen worden. Klare Tage kommen selbst in der Regenzeit in Bogor (Buitenzorg) vor (Abb. 25). Dabei sinkt die Luftfeuchtigkeit auf fast 50%, und die Temperatur steigt auf 30 °C, wodurch sich das Sättigungsdefizit bei um 10 °C überhitzten Blättern auf fast 40 mm Hg erhöht, d. h. die Blätter sind selbst in den feuchtesten Tropen stundenweise einer extremen Trockenheit ausgesetzt. Der Mensch, der eine eigene Körpertemperatur besitzt, empfindet demgegenüber die Luft dauernd als schwül.

Forscher, die jahrelang im Urwald arbeiteten, betonen, daß selbst im perhumiden Gebiet auf Borneo Wochen ohne Regen immer wieder vorkommen, die für die Urwaldbäume eine Trockenperiode bedeuten. Die langjährigen Monatsmittel der Niederschläge lassen das nicht erkennen.

Es ist deshalb verständlich, daß *die Blätter hohe Transpirationswiderstände besitzen*, z. B. eine sehr dicke Kutikula, so daß sie lederig, aber nicht xeromorph sind (vgl. den Gummibaum *Ficus elastica, Philodendron* u. a.); sie können bei Stomataschluß ihre Transpiration stark einschränken und eine hohe Hydratur des Plasmas dauernd aufrechterhalten. Die Zellsaftkonzentration beträgt meistens nur 10–15 bar. Es ist bezeichnend, daß viele dieser Arten als Zimmerpflanzen die trockene Luft in den geheizten Wohnräumen gut aushalten.

Anders sind die Bedingungen für die Arten, die im Waldesschatten wachsen. Im Inneren des Regenwaldes ist das Mikroklima sehr viel ausgeglichener, insbesondere am Boden, auf den kein direktes Sonnenlicht fällt. *Hier hören die Temperaturschwankungen fast auf, und die Luft ist dauernd dampfgesättigt.* Bei der hohen Luftfeuchtigkeit kommt es selbst bei der geringen nächtlichen Abkühlung regelmäßig zu einem Tauniederschlag auf die Baumkronen. Er tropft ab und benetzt die Blätter der unteren Schichten. Wichtig für die Waldpflanzen

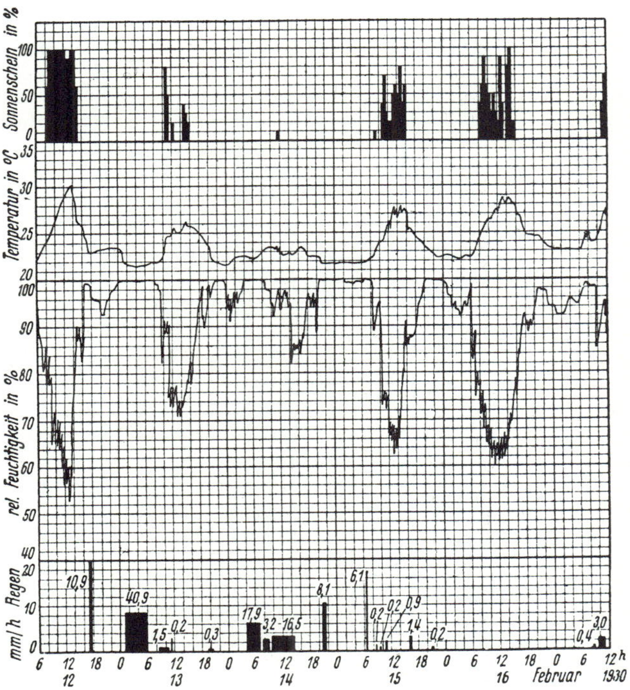

Abb. 25. Tagesgang der Witterungsfaktoren in Bogor (Java) während der Regenzeit (vgl. den sonnigen 12. Februar, an dem die Luftfeuchtigkeit bis auf fast 50% absank, mit dem trüben 14. Februar). Zahlen bei Regen geben absolute Regenmengen in mm an (nach STOCKER).

sind die Lichtverhältnisse. Durch die unregelmäßige Kontur des Kronendachs und durch die stark reflektierenden lederigen Blätter dringt das Licht tief in das Waldinnere ein, aber am Boden ist die Intensität sehr gering. Je nach der Struktur des Waldes werden 0,5–1% des Tageslichtes wie bei unseren Laubwäldern oder nur 0,1% angegeben.

2 Böden und Pedobiome

Wenn wir von den jungen vulkanischen Böden und den Alluvionen absehen, sind die Böden unter dem Regenwald meistens sehr alt. Sie reichen oft bis ins Tertiär zurück. Die Verwitterung dringt bei silikatischen Gesteinen viele Meter in die Tiefe. Es findet eine Auswaschung der Basen und der Kieselsäure statt; was verbleibt, sind die Sesquioxide (Al_2O_3, Fe_2O_3), d.h. es tritt eine Lateritisierung ein und es bilden sich *rotbraune Lehme* (ferrallitische Böden oder Latosole) ohne sichtbare Gliederung in Horizonte. Die Verwesung der Streu geht sehr rasch vor sich.

Das Holz wird von Termiten zerstört, die im Urwald nicht auffallen, weil ihre Bauten unterirdisch sind. Bei der Anlage eines Versuchsgeländes stieß man aber im Kongo auf Schwierigkeiten, weil bis zu 25% der gerodeten Waldfläche auf Termitenbauten entfielen. Gewöhnlich steht unter einer ganz dünnen Streuschicht sofort der rotbraune Boden an. Die typischen Böden findet man auf geneigtem Gelände, weil sich auf ebenen Flächen bei den großen Regenmengen leicht eine Staunässe mit Versumpfung bemerkbar macht. Die Böden sind extrem nährstoffarm und sauer (pH = 4,5–5,5), was im Widerspruch zu der üppigen Vegetation zu stehen scheint. *Aber fast der gesamte Nährstoffvorrat, den der Wald benötigt, ist in der oberirdischen Phytomasse enthalten.* Jährlich stirbt ein Teil derselben ab, wird rasch mineralisiert, und die freigewordenen Nährstoffe können von den Wurzeln sofort wieder aufgenommen werden. Trotz der hohen Niederschläge tritt kein Verlust an Nährstoffen durch Auswaschung ein, denn das Wasser in den Bächen hat die Leitfähigkeit von destilliertem Wasser und ist höchstens durch Humussole leicht braun gefärbt. WENT meint, daß eine Mineralisierung der Streu nicht einzutreten braucht. Er fand im Regenwald bei Manaus am Amazonas auf sehr armen Sandböden, daß die Saugwurzeln der Bäume in nur 2–15 cm Tiefe eine Mykorrhiza besitzen und durch die Pilzhyphen unmittelbar mit der Streuschicht verbunden sind; durch die Pilze sollen die Bäume aus der Streu direkt die Nährstoffe in organischer Form erhalten, ähnlich wie die saprophytischen Blütenpflanzen. Eine Auswaschung der Nährstoffe durch den Regen wird dadurch verhindert. Die Menge der täglich abfallenden Blätter beträgt 4,5–12,6 g an Trockenmasse pro m^2.

Infolge des raschen Kreislaufs der Stoffe kann der Urwald Jahrtausende auf demselben Boden stocken. Aber sobald er gerodet und alles

Holz verbrannt wird, findet eine starke Auswaschung des durch das Feuer plötzlich mineralisierten gesamten Nährstoffkapitels statt. Nur ein kleiner Teil wird von den Bodenkolloiden adsorbiert und kann von den Kulturpflanzen einige Jahre ausgenutzt werden. Nach Auflassen der Kulturen wächst ein Sekundärwald heran, der jedoch nicht die Üppigkeit des Urwaldes erreicht. Nach dessen erneuter Rodung beim Wanderackerbau treten wieder Verluste an Nährstoffen durch Auswaschung ein, bis nach mehrmaligen Nutzungen nur noch der Adlerfarn *(Pteridium)* oder *Gleichenia*-Arten zu gedeihen vermögen. Werden diese Fläche abgebrannt, so tritt oft eine Vergrasung durch Alang-Alang-Gras *(Imperata)* oder andere Arten ein.
Der tropische Regenwald auf armen Böden ist siedlungsfeindlich und wird meist von Menschen gemieden. Er ist oft das Refugium von ganz primitiven Stämmen. Im Gegensatz dazu sind die früheren Urwaldgebiete auf nährstoffreichen, jungen vulkanischen Böden heute dicht besiedeltes Kulturland (Java, Mittelamerika u. a.).
Das große Nährstoffkapital in der Phytomasse des Urwaldes setzt voraus, daß es zu einer Zeit angesammelt wurde, als das Gestein noch nicht so tief verwittert war und die Wurzeln der Pflanzen noch mit dem Muttergestein in Berührung standen. Auf den völlig degradierten Flächen kann wieder Urwald entstehen, wenn durch einsetzende Bodenerosion der ganze Boden bis zu dem anstehenden Gestein abgetragen wird und eine neue Primärsukzession einsetzt. Ist dagegen das Muttergestein von vornherein sehr nährstoffarm, z. B. wenn es sich um verwitterte arme Sandsteine oder alluviale Sande handelt, so reichen die Nährstoffe nur für den Aufbau sehr armer Baum- oder Heidebestände bzw. lichter Savannen aus. Es handelt sich um *Pedobiome,* speziell Peinobiome, die sehr weite Flächen bedecken. Sie haben richtige Podsolböden mit 20 cm dicken Rohhumus- (pH = 2,8) und Bleichhorizonten oder sogar Torfböden. Diese sind aus Thailand und Indomalaya bekannt, ebenso wie aus Guayana (*Humiria*-Busch, *Eperua*-Wald) und dem Amazonasgebiet im Einzugsgebiet des Rio Negro, der „schwarzes Wasser" (reich an Humussäuren-Kolloiden) führt. Auch in Afrika werden sie für das Kongobecken und die Heiden auf der Insel Mafia angegeben. Am eingehendsten untersucht wurden die Torfböden jedoch in NW-Borneo. Man findet dort ausgedehnte (14 600 km^2) gewölbte Waldhochmoore (Helobiome) mit *Shorea alba* u. a., die gleich hinter der Mangrovengrenze beginnen und bis zu 15 m mächtige Torfablagerungen (pH um 4,0) aufweisen. Auch Heidewälder (*Agathis, Dacrydium,* u. a.) auf Rohhumusböden mit *Vaccinium* sowie *Rhododendron* kommen dort vor. Die Gesamtfläche der tropischen Podsolböden wird auf 7 Millionen Hektar geschätzt.
Das andere Extrem sind die tropischen Kalkböden, also Lithobiome, die mit sehr merkwürdigen Reliefveränderungen verbunden sind und auf Jamaica beschrieben wurden. In dem feuchten tropischen Klima

wird der Kalk leicht gelöst. Es bilden sich Karren, der weichere Kalkstein verschwindet und nur die härtesten Teile bleiben als messerscharfe Rippen stehen. Das ganze Gebiet verkarstet und wird durch Dolinen, die als Einbruchtrichter entstehen, rund und 150 m tief sind, in ein Netz von Rücken (die Reste der früheren Plateaufläche) zerlegt. Geht die Erosion noch weiter, wie auf Kuba, dann bleiben schließlich nur noch einzelne, nicht miteinander verbundene aus den Rücken herausmodellierte Türme oder Kegelkarstberge mit fast senkrechten Wänden stehen, wie die „Mogotes" (Orgelberge) auf Kuba oder die „Moros" in N-Venezuela. Der Boden der Dolinen ist mit bauxitischer „Terra rossa" aufgefüllt, und auf ihr entwickelt sich ein feuchter immergrüner Wald. Die Kalkrücken dagegen bilden einen sehr heterogenen Standort, je nachdem, ob sich alkalischer Boden (pH = 7,7) in einzelnen Vertiefungen ansammeln kann oder nicht. Deshalb findet man meist eine sehr interessante Flora mit Vertretern von Regenwald bis zur Kakteenwüste. In den genannten Gebieten handelt es sich um ein Klima mit wenig über 1000 mm Regen. Aus richtigen tropischen Regenwaldgebieten ist eine Kalksteinvegetation nicht beschrieben worden.
Auf die Halobiome (Mangroven) kommen wir zurück (Seite 121).

3 Vegetation

a Struktur der Baumschicht, Periodizität und Blüte

Das auffallendste Merkmal des tropischen Regenwaldes ist die große Zahl der Holzarten, aus denen sich die Baumschicht zusammensetzt. Man findet 40, ja sogar über 100 Arten auf dem Hektar, die meist verschiedenen Familien angehören. Aber es gibt auch Wälder mit wenigen Baumarten: In Indomalaya dominieren häufig Dipterocarpaceen und auf Trinidad wird die obere Baumschicht von *Mora excelsa* (Legum.) gebildet. Die floristischen Unterschiede zwischen den Wäldern Südamerikas, Afrikas und Asiens sind sehr groß. Entsprechend verschiedenartig sind auch die Waldtypen; wir können aber nur die Eigenschaften besprechen, die allen mehr oder weniger gemeinsam sind. Palmen fehlen den afrikanischen Regenwäldern fast ganz, sind dagegen in den südamerikanischen an nassen Standorten häufig. Die Baumschicht erreicht die Höhe von 50 bis 55 m, vereinzelt auch 60 m. Zuweilen unterscheidet man drei Baumschichten, eine obere, mittlere und untere; in anderen Fällen ist eine Schichtung nicht erkennbar. Die obere Baumschicht ist meist nicht geschlossen; es sind einzelne Riesen, die über die anderen Bäume hinausragen. Erst die mittlere oder untere Schicht bildet ein dichtes Blätterdach; in diesem Falle ist aus Lichtmangel der untere Stammraum ziemlich frei, so daß eine Fortbewegung leicht möglich ist. Doch ist der Aufbau des Waldes im einzelnen sehr verschieden; mit Verallgemeinerungen muß man vorsichtig sein

Abb. 26. Regenwaldprofil durch den Shasha-Schutzwald (Nigeria). Der dargestellte Waldstreifen ist 61 m lang und 7,6 m breit. Alle über 4,6 m hohen Bäume sind eingezeichnet. Die Buchstaben bedeuten verschiedene Baumarten (nach RICHARDS, aus WALTER 1973).

(Abb. 26–27). Was die Baumform anbelangt, so sind die Stämme im allgemeinen schlank und dünnrindig, die Kronen hoch ansetzend und relativ klein, was dem dichten Stand entspricht. Das Alter der Bäume ist, da Jahresringe fehlen, schwer zu bestimmen. Schätzungen auf Grund von Zuwachsmessungen ergaben 200–250 Jahre. Die Wurzeltiefe ist größer, als man annahm. 21–47% der Wurzeln sind in den oberen 10 cm, die meisten übrigen darunter bis 30 cm Tiefe, aber 5–6% gehen bis 1,3–2,5 m tief (HUTTEL 1975). Die Wurzelmasse wurde zu 23–25 t/ha ermittelt (nach anderer Methode 49 t/ha). Die großen Baumriesen erreichen ihre Standfestigkeit durch mächtige *Brettwurzeln,* die pfeilerförmig bis zu 9 m am Stamm hinauf reichen können und bei nur geringer Dicke ebensoweit von der Stammbasis radial nach außen laufen; von ihrer Basis entspringen viele vertikal in den Boden wachsende Wurzeln (VARESCHI 1980).

Die Blätter der Bäume sind um so größer, je feuchter und wärmer das Klima ist, doch sind die dem Licht exponierten Blätter bei ein und derselben Baumart stets viel kleiner: Wir fanden z. B. im ostafrikani-

schen Regenwald bei *Myrianthus arboreus* ein Verhältnis von 8:1 (größtes Blatt 48×19 cm, kleinstes 16×7 cm), und bei *Anthocleista orientalis* sogar 28:1 (größtes Blatt 162×38 cm, kleinstes 22×10 cm). Beides sind Bäume der unteren Baumschicht.
Ein Knospenschutz ist bei Bäumen des Regenwaldes nicht notwendig. Die jungen Blattanlagen werden zuweilen durch Haare, Schleim oder saftige Schuppen bzw. besonders ausgebildete Nebenblätter eingehüllt. Obgleich die Wachstumsbedingungen dauernd günstig sind, erfolgt der Sproßzuwachs doch schubweise. Dabei zeigen die austreibenden Zweigenden häufig die Erscheinung des *Schüttellaubes*. Bei dem raschen Streckungswachstum wird zunächst kein Stützgewebe ausgebildet, so daß die jungen Triebe mit den Blättern schlaff herabhängen; sie sind weiß oder leuchtend rot gefärbt und ergrünen erst später, wenn sie erstarken. Die rasche Ausdifferenzierung der Blattspitze führt

Abb. 27. Schematisches Profil durch den Dipterocarpaceen-Regenwald auf Borneo, Länge 33 m, Breite 10 m (nach Vareschi, aus Walter 1973). 1 Baumarten, 2 Epiphyten, 3 Lianen, 4 Pandanus; Kräuter fehlen ganz.

zur Bildung einer *Träufelspitze*. Man findet sie in Ghana bei 90% der Arten im Unterwuchs. Versuche im Walde zeigten, daß Blätter mit Träufelspitzen in 20 Minuten nach Regen trocken waren, solche ohne nach 90 Minuten noch naß blieben (LONGMANN und JENIK 1974).

Ein besonderes Problem ist die Periodizität der Entwicklung in den immerfeuchten Tropen ohne Jahresgang der Temperatur. Daß eine Periodizität des Sproßwachstums zu beobachten ist, erwähnten wir bereits. Dasselbe gilt aber auch für das Blühen. Bei den stets gleichmäßigen Außenbedingungen sind jedoch die periodischen Erscheinungen nicht an eine bestimmte Jahreszeit gebunden.

In Malaya sollen bei feuchtem Wetter die alten Blätter nach dem Austreiben der jungen abfallen, bei trockenem vorher. Auf diese Weise sind laubabwerfende Holzarten in der Klimazone mit einer Dürrezeit entstanden. Es kann sogar ein Baum eine kurze Zeit blattlos ein. Dann läßt sich bei Individuen derselben Art beobachten, daß nebeneinander belaubte und unbelaubte Bäume stehen. Bei anderen verhalten sich sogar die Äste ein und desselben Baumes verschieden, d. h. sie treiben nicht gleichzeitig aus. Etwas Ähnliches gilt auch für die Blütezeit. Verschiedene Individuen derselben Art oder verschiedene Äste desselben Baumes blühen zu verschiedenen Zeiten. Es handelt sich somit in allen diesen Fällen um eine *autonome Periodizität*, die nicht an die 12-Monate-Periode gebunden ist. Es kommen Perioden von 2–4 Monaten, von 9 Monaten, aber auch von 32 Monaten vor. Die Folge davon ist, daß man im Regenwald keine allgemeine Blütezeit hat. Es blühen immer nur einzelne Bäume und ihre Blüte fällt im vorherrschenden Grün nur wenig auf, so schön und groß die Blüten auch sein mögen .

Man hat europäische Baumarten (Buche, Eiche, Pappel, Äpfel, Birnen, Mandel) in tropischen Gebirgen ohne Jahreszeiten angepflanzt. Die allgemeine Erfahrung war, daß sie zunächst ihre Jahresperiodizität des Blattfalls, Austreibens und der Blütezeit beibehielten. Mit der Zeit traten Störungen in der Blütenstandentwicklung auf, die einzelnen Zweige reagierten verschieden, und schließlich konnte man an einem Baum alle Jahreszeiten sehen, d. h. blattlose Äste, austreibende, blühende und fruchtende.

Die Tropen unterscheiden sich von unseren Breiten durch die ständig kurzen Tage mit 12 Stunden. Unsere Arten sind aber Langtagpflanzen, d. h. sie kommen nur zur Blüte, wenn sie langen Tagen wie bei uns im Sommer ausgesetzt sind. Deshalb blühen sie in den Tropen im allgemeinen nicht, doch können tiefere Temperaturen den Langtag ersetzen:

Primula veris wächst in Indomalaya in 1400 m Höhe nur vegetativ, in 2400 m Höhe blüht und fruchtet sie reichlich.

Fragaria-Arten blühen in tiefen Lagen nicht, bilden aber viele Ausläufer; im Gebirge blühen und fruchten sie nur, während die Ausläuferbildung unterdrückt wird.

Pyrethrum-Pflanzungen liegen in Kenya in 2000–3000 m Höhe, weil man die Blüten erntet, die sich in tieferen Lagen nicht entwickeln. Die endogene Rhythmik der Pflanzen gleicht sich aber sofort an die Klimarhythmik an, sobald eine solche vorhanden ist, z. B. auch in den feuchten Tropen mit einer nur kurzen, wenig trockeneren Jahreszeit. Beim überall in den Tropen kultivierten Mangobaum sind die einzelnen hellen austreibenden Zweige in der sonst sehr dunklen Krone besonders auffallend. Sobald aber eine Trockenzeit vorhanden ist, paßt sich das Austreiben und die Blüte aller Zweige und Bäume an diese an. Der Teak-oder Djattibaum *(Tectona grandis)* wird im stets feuchten W-Java niemals kahl, während er in E-Java während der Trockenzeit alle Blätter abwirft.
Aber selbst in den feuchten Tropen gibt es Arten wie die Täubchen-Orchidee *(Dendrobium crumenatum)*, die in einem größeren Gebiet an ein und demselben Tage aufblüht. Sie bildet die Knospen aus, aber zu ihrer Entfaltung ist eine plötzliche Abkühlung nach verbreiteten Gewittern notwendig. Auch der Kaffeebaum öffnet die Knospen erst nach einer kurzen Dürre. Der Bambus entwickelt die Fortpflanzungsorgane nur nach einem Trockenjahr. In dem sehr gleichmäßigen Klima sind eben gewisse Arten sehr empfindlich gegen kleine Witterungsabweichungen.
Eine bei tropischen Baumarten häufige Erscheinung ist die *Kauliflorie,* d. h. die Ausbildung der Blütenzweige am alten Holz, z. B. am Stamm. Man findet sie bei etwa 1000 tropischen Arten, außerdem noch bei den mediterranen Johannisbrotbaum *(Ceratonia siliqua)* und Judasbaum *(Cercis siliquastrum)*. Sie tritt bei Baumarten der unteren Schicht auf und zwar bei solchen, die chiropterogam oder chiropterochor sind, d. h. bei denen Fledermäuse oder Flughunde die Bestäuber oder Verbreiter der Samen sind. Sie können die kaulifloren Blüten und Früchte besonders bequem anfliegen. Eine wenig untersuchte Frage ist die Verjüngung der Urwaldbestände. Wenn ein Baumriese umfällt, bildet sich eine große Lücke im Wald. In dieser entwickeln sich zunächst raschwüchsige Arten des Sekundärwaldes (Balsabaum = *Ochroma lagopus* und *Cecropia* in S-Amerika, *Musanga* und *Schizolobium* in Afrika, *Macaranga* in Malaya). *Ochroma* bildet Jahrestriebe von 5,5 m Länge mit leichtem Holz, *Musanga* von 3,8 m und *Cedrela* von 6,7 m Länge. Diese Bäume werden dann mit der Zeit von den Arten der oberen Baumschicht verdrängt. Man hat festgestellt, daß unter den Baumarten des Urwalds oft eigener Nachwuchs fehlt und daraus geschlossen, daß sich der Urwald mosaikartig zusammensetzt, d. h. daß jede Baumart bei der Verjüngung durch eine andere ersetzt wird und erst nach mehreren Generationen wieder dieselbe Stelle einnehmen kann, daß also eine gewisse Rotation oder *zyklische Verjüngung* stattfindet. Etwas Ähnliches hat man auch bei unseren Wiesen beobachtet. Ob es sich um eine für alle artenreichen Pflanzen-

gesellschaften allgemein gültige Erscheinung handelt, steht noch nicht fest. Sie könnte uns aber erklären, warum keine der Arten im Wettbewerb zur absoluten Vorherrschaft gelangt, sondern artenreiche Mischbestände die Regel sind.

b Krautschicht

Etwa 70% aller im Regenwald vorkommenden Arten sind Phanerophyten, d. h. Bäume. Sie sind auch mengenmäßig absolut dominant. Die Strauchschicht und Krautschicht lassen sich schwer trennen, denn die Kräuter können mehrere Meter hoch werden, wie Bananen, verschiedene Scitamineen u. a. Oft fehlt ein Unterwuchs selbst bei relativ guten Lichtverhältnissen am Boden, was vielleicht durch die Konkurrenz der Baumwurzeln um Stickstoff oder andere Nährstoffe bedingt wird. Die niedrigen Kräuter müssen mit wenigem Licht auskommen. Sie halten auch als Zimmerpflanzen unter sehr geringer Beleuchtung aus (*Aspidistra, Chlorophytum,* Usambaraveilchen = *Saintpaulia*).
Merkwürdig ist das häufige Auftreten von samtigen Blättern oder von Buntblättrigkeit, wobei weiße oder rote Felder oder Metallglanz vorkommen. Bei der hohen Luftfeuchtigkeit spielt die Guttation eine große Rolle, entsprechend ist die Hydratur des Plasmas sehr hoch (Zellsaftkonzentration nur 4–8 bar). Bei den Farnen mit wenig leistungsfähigen Leitbahnen beträgt die Zellsaftkonzentration 8–12 bar. Heterotrophe Blütenpflanzen, Saprophyten oder Parasiten kommen vor, spielen jedoch nur eine unwesentliche Rolle. Es sind sicher viele verschiedene Synusien in Abhängigkeit von Licht- und Wasserverhältnissen vorhanden, doch liegen entsprechende Untersuchungen nicht vor. Typische verschiedenartige Synusien bilden dagegen die nächsten Gruppen.

c Lianen

Im dichten tropischen Urwald geht der Kampf der autotrophen Pflanzen vor allen Dingen um das Licht. Je höher ein Baum ist, desto mehr Licht erhalten seine Blätter, desto höher kann die Produktion an organischer Masse sein. Aber um zum Licht in der Baumschicht zu gelangen, muß zunächst im Laufe von vielen Jahren ein Stamm ausgebildet werden, was eine Investierung von viel organischer Substanz voraussetzt. Die Lianen und Epiphyten gelangen in den günstigen Lichtgenuß auf eine einfachere Weise. Erstere bilden keinen festen Stamm aus, sondern benuzten die Bäume als Stütze für ihren rasch in die Höhe wachsenden biegsamen Sproß (Abb. 28). Die Epiphyten verlegen gleich ihren Keimungsort auf die oberen Äste der Bäume, die ihnen nur als Unterlage dienen (Abb. 29).
Das Festhalten der *Lianen* an den Stützbäumen erfolgt auf verschiedene Weise:

Abb. 28. Urwald in Siam (Foto J. SCHMIDT). Liane am Stamm ist die Aracee *Raphidophora peepla.*

Bei den Spreizklimmern sind es spreizende Zweige, die in das Zweigsystem hineinwachsen, wobei das Abrutschen durch Dornen oder Stacheln verhindert wird, z. B. bei der Kletterpalme *Calamus* (Rotang) oder den *Rubus*-Lianen. Die Wurzelkletterer bilden Wurzeln, die in den Rissen der Rinde haften oder den Stamm umschlingen (viele Araceen). Die Windepflanzen besitzen rasch wachsende, windende Astspitzen mit sehr langen Internodien, an denen die Blätter zunächst unentwickelt bleiben, während bei den Rankenpflanzen umgewandelte Blätter oder Seitensprosse als Greiforgane dienen, wobei sie die Fähigkeit haben, auf Berührungsreize zweckmäßig zu reagieren. Zum Wachsen brauchen die Lianen Licht. Sie entwickeln sich deshalb in den Lichtungen des Waldes und wachsen gleichzeitig mit den Bäumen in die Höhe; dabei erreichen sie mit der Zeit das Kronendach. Die tropischen Lianen sind im Gegensatz zu unseren langlebig. Ihre Achsenorgane besitzen sekundäres Dickenwachstum; da sie jedoch biegsam bleiben müssen, um den Bewegungen der Stützbäume zu folgen, wird kein kompakter Holzkörper gebildet, sondern ein durch Parenchymgewebe und breite Markstrahlen in einzelne Stränge zerklüfteter Holzteil (anomales Dickenwachstum). Die Gefäße sind auf dem Querschnitt groß und haben keine Querwände, so daß die Krone der Liane ungeachtet des gringen Durchmessers des biegsamen Stammes doch mit genügend Wasser versorgt werden kann. Wenn die als Stütze dienenden Blätter absterben und vermodern, bleiben die Lianen trotzdem an dem Kronendach anderer Bäume befestigt und die Lianenstämme hängen frei wie Seile herunter. Oft rutschen sie teilweise ab und liegen dann mit dem unterem Ende in Schlingen am Boden. Die Sproßspitze arbeitet sich jedoch wieder empor. Wiederholt sich das mehrmals, so kann der Lianenstamm eine große Länge erreichen. Bei *Calamus* wurde eine Gesamtlänge von 240 m gemessen! Besonders günstig für die Lianenentwicklung sind große Kahlschläge. Lianen sind deshalb in Sekundärwäldern viel zahlreicher als in unberührten Urwäldern, bei denen sie mehr dieWaldränder überziehen. 90% aller Lianenarten sind auf die Tropen beschränkt; in Westindien sind 8% aller Arten Lianen. Bei uns gibt es nur wenige holzige Lianen; den Wurzelkletterer Efeu *(Hedera helix)*, spreizend und rankend die Waldrebe *(Clematis vitalba)* und die Weinrebe *(Vitis silvestris)* sowie die windenden *Lonicera*-Arten. Die Brombeerarten *(Rubus spec.)* erheben sich in Europa nicht hoch über den Boden, während sie in Neuseeland armdick werden und die Baumwipfel erreichen. Daß die Lianen hauptsächlich auf die feuchten Tropen beschränkt sind, dürfte mit der Wassernachleitung zusammenhängen. Im trockenen Klima entstehen in den Blättern starke Saugspannungen (tiefe Wasserpotentiale), wodurch die für die Wasserleitung notwendigen Wasserfäden durch Überwindung der Kohäsion in den weiten Gefäßen reißen. Auch im gemäßigten Klima sind die holzigen Lianen am häufigsten in den feuchten Auewäldern.

d **Epiphyten und Hemi-Epiphyten** (**Würger**)

Als besonders charakteristisch gelten für die tropischen Regenwälder die epiphytischen Farne und Blütenpflanzen. Aber das gilt nur für die Wälder, in denen sie oft benetzt werden. Hohe Luftfeuchtigkeit genügt nicht. Es gibt viele Typen mit interessanten Anpassungen (Abb. 29). 153 Arten wurden in Liberia ökologisch untersucht (JOHANNSON 1974).

Das Keimen hoch oben auf den Ästen der Bäume schafft günstige Lichtverhältnisse, aber um so schwieriger wird die Wasserversorgung; es fehlt das ständige Wasserreservoir des Bodens, aus dem die Wasseraufnahme erfolgt. Der epiphytische Standort läßt sich mit einem Felsstandort vergleichen. Tatsächlich können die Epiphyten meist ebenso gut auf Felsen wachsen, wenn diese günstige Lichtverhältnisse aufweisen. Die Wasseraufnahme ist für die Epiphyten nur wärhend des Regens möglich. Deshalb ist für sie die *Benetzungshäufigkeit wichtiger*

Abb. 29. Epiphyten auf Baumast im Regenwald, Brasilien (Foto H. Schenck). Bromeliaceen-Rosetten (ganz rechts), herabhängend 3 *Rhipsalis* spp., lanzettliche Blätter von *Philodendron cannaefolium*.

als die absolute Regenmenge. Die Regenhäufigkeit ist an den Gebirgshängen, wo es durch Aufwinde zu Steigungsregen kommt, größer als im Flachland; aus diesem Grunde sind montane Wälder reicher an Epiphyten, insbesondere der Nebelwald (Seite 82), in dem es ständig von den Blättern tropft. Um größere Pausen zwischen den Regen überstehen zu können, müssen die Epiphyten entweder ein vorübergehendes Austrocknen ohne Schaden ertragen – das ist bei vielen epiphytischen poikilohydren Farnen der Fall –, oder sie müssen Wasser in ihren Organen speichern, wie die Sukkulenten der Trockengebiete; eine Reihe von Kakteen ist z. B. zur epiphytischen Lebensweise übergegangen (*Rhipsalis, Phyllocatus, Cereus*-Arten). Ebenso wie die Sukkulenten geben die Epiphyten das Wasser sehr sparsam ab. Blattknollen als Wasserspeicher besitzen viele Orchideen, sukullente Blätter haben die meisten Orchideen, Bromeliaceen, Peperomien u. a. Besondere Einrichtungen zur raschen Wasseraufnahme während der Benetzung durch Regen sind die Luftwurzeln der Orchideen mit dem das Wasser aufsaugenden Velamen sowie die Saugschuppen der Bromeliaceen, die das Wasser aus den durch die Blattblasen gebildeten, das Regenwasser sammelnden Trichtern aufnehmen oder es kapillar durch die dichte Beschuppung der Blätter festhalten und dann einsaugen. Die Wurzeln sind bei den epiphytischen Bromeliaceen nur Haftorgane und fehlen ganz der *Tillandsia usneoides,* die an Bartflechten erinnert. Besondere, zum Teil von Ameisen bewohnte hohle Organe bilden *Myrmecodia-, Hydnophytum-* und *Dischidia-*Arten. Farne, die das Austrocknen nicht vertragen, können ihren eigenen Boden bilden, indem sie zwischen den trichterförmig stehenden Blättern *(Asplenium nidus)* oder mit Hilfe besonderer Nischenblätter *(Platycerium)* abfallende Streu und Detritus sammeln. Es bildet sich somit ein humusreicher, wasserhaltiger Boden, in den die Wurzeln hineinwachsen. Bei dichter Ansiedlung von Epiphyten kann der Epiphytenhumus mehrere Tonnen pro Hektar ausmachen. Es entsteht auf diese Weise ein neuer Biotop hoch über dem Erdboden, den man sogar als ein Ökosystem betrachten kann. Stickstoff und Nährstoffe werden durch abtropfendes Wasser und Staub zugeführt. Ameisen können sich ansiedeln und ihre Nester bauen. Sie schleppen Samen herbei, die keimen und zu blühenden Pflanzen auswachsen. Solche „Blumengärten" werden aus Südamerika geschildert. Sie beherbergen auch eine besondere Fauna und Mikroflora; Moskito-Larven, Wasserinsekten und Protisten leben in den Trichtern der Bromeliaceen, die oft erhebliche Dimensionen erreichen. Erwähnt sei, daß die Insektivore *Nepenthes* (Kannenpflanze) auch epiphytisch wachsen kann, ebenso verschiedene *Utricularia-*Arten. Verbreitet werden die Epiphyten durch Sporen (Farngewächse), staubförmige Samen (Orchideen) oder Beerenfrüchte (Cacteen, Bromeliaceen), die von Vögeln gefressen werden, so daß die Samen mit den Exkrementen leicht auf die Äste der Bäume gelangen. Viele Epiphyten können eine längere Trockenzeit überdauern, z. B. Orchideen, die ganz einziehen, oder dicht beschuppte Tillandsien, poikilohydre Farne u. a. Sie kommen, auch in den trockenen tropischen Waldtypen vor. COUTINHO fand neuerdings in Brasilien bei einigen Epiphyten den diurnalen Säurestoffwechsel (CAM), d. h. die Aufnahme von CO_2, in der Nacht bei geöffneten Stomata und die Bindung als organische Säure. Letztere wird dann am Tage abgebaut und die dabei freiwerdende Kohlensäure gleich bei geschlossenen Stomata assimiliert. Es handelt sich um einen Vorgang, bei dem Wasserverluste durch die Transpiration am Tage vermieden werden, der bei Sukkulenten trokkener Gebiete sich häufig findet. MEDINA (1974) untersuchte in dieser Beziehung die Bromeliaceen.

In semiariden Gebieten mit Gehölzen fehlen Epiphyten;dafür treten dort Hemiparasiten (Loranthaceen) auf den Bäumen sehr häufig auf. Man findet sie sogar noch auf Stammsukkulenten an der Wüstengrenze. Moose und Hymenophyllaceen (Hautfarne) setzen dagegen dauernde Nässe voraus und sind deswegen die typischen Epiphyten der Nebelwälder, ebenso die *epiphyllen Arten,* d. h. mikroskopische Algen und Moose, die auf Blättern wachsen.

Eine Zwischenstellung zwischen Lianen und Epiphyten nehmen die *Hemi-Epiphyten* ein. Viele Araceen keimen am Boden und wachsen dann als Lianen aufwärts, meist als Wurzelkletterer. Mit der Zeit stirbt der untere Teil des Stammes ab, sie sind dann Epiphyten, die jedoch durch Luftwurzeln mit dem Boden in Verbindung stehen. Interessanter sind die Würgerbäume, von denen die vielen Würgerfeigen (*Ficus*-Arten) am bekanntesten sind. Es gibt jedoch in vielen verschiedenen Familien solche Würgerbäume, z. B. die *Clusia*-Arten (Guttif.). in Südamerika, *Metrosideros* (Myrtac.) in Neuseeland u. a. m. Diese Arten keimen als Epiphyten in einer Astgabel und bilden zunächst nur einen kleinen Sproß, aber eine lange Wurzel, die rasch am Stamm des Tragbaumes abwärts wächst und dabei diesen netzförmig umschlingt. Erst wenn die Wurzel den Boden erreicht, wächst der Sproß heran, zugleich verdicken sich die Wurzeln immer mehr und verhindern das sekundäre Dickenwachstum des Tragbaumes, d. h. der Baum wird erwürgt; er stirbt ab und das Holz vermodert. Das Wurzelnetzwerk des Würgers schließt sich zu einem richtigem Stamm, der eine breite Krone trägt. Diese Bäume können riesige Dimensionen erreichen und man sieht es ihnen nicht an, daß sie als Epiphyten ihr Dasein begannen. Palmen ohne sekundäres Dickenwachstum werden nicht erwürgt und bleiben lange am Leben, bis schließlich die Würgerkrone ihre Blätter zu sehr beschattet.

4 Abweichende Verhältnisse in der Zone um den Äquator

Für das Zonobiom I sind Klimadiagramme typisch mit einem perhumiden Tageszeitenklima, das 2 äquinoctiale Regenmaxima aufweist, die mit dem Zenitstand der Sonne um die Mittagszeit zusammenfallen. Ein solches Klima ist jedoch nur teilweise in der äquatorialen Zone vorhanden. Die Gebiete mit feuchten Monsunwinden (Guinea, Indien, SE-Asien) weisen nur ein besonders ausgeprägtes Regenmaximum im Sommer auf, dafür macht sich jedoch eine kurze Trockenzeit oder gar Dürrezeit bemerkbar (Tendenz zu ZB II). Die Vegetation besteht noch

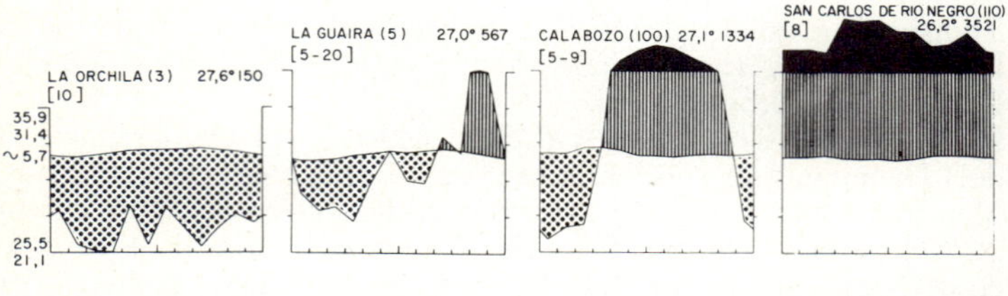

Abb. 30. Klimadiagramme von einem Nord-Süd-Profil durch Venezuela (nach H. Walter und E. Medina). 1 vorgelagerte Insel, 2 Küstenstation, 3 typisches Passatklima (Regenzeit 7 Monate), 4 immerfeuchtes Klima im Amazonasbekken.

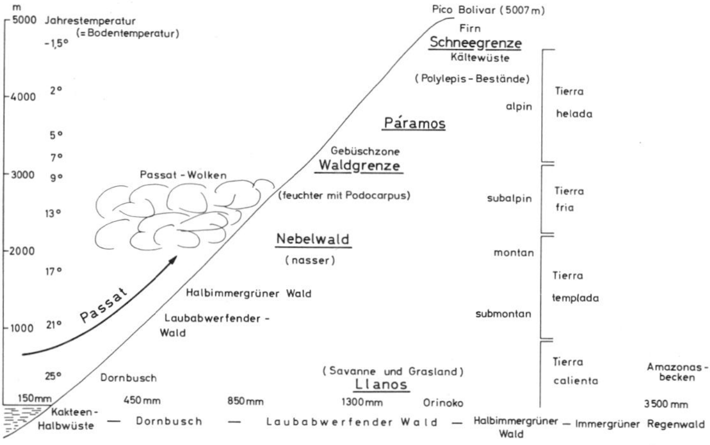

Abb. 31. Schematische Darstellung der Vegetationszonen in Venezuela von Norden nach Süden mit Angabe der Jahresniederschläge in mm und der Höhenstufen mit Angabe der mittleren Jahrestemperatur in °C (links).

aus Regenwäldern, doch sind Laubfall und Blüte deutlich an eine bestimmte Jahreszeit gebunden. Man spricht von Saison-Regenwäldern. An der Goldküste, die vom Monsun nicht getroffen wird, hat man noch zwei Regenmaxima mit Dürrezeiten dazwischen, ähnlich wie in Ostafrika, wo die Monsunwinde trocken sind und der Regen in der Zeit des Windwechsels fällt, wobei eine große und eine kleine Regenzeit unterschieden werden. Im Küstengebiet und in Somali nimmt die Regenmenge so stark ab, daß auf dem Klimadiagramm z. T. keine humide Jahreszeit zu erkennen ist und die Vegetation wüstenhaft wird. Es handelt sich um ein Zono-Ökoton I/III.

Auch die Passatwinde verändern den Klimacharakter. Der Südostpassat ist feucht und erzeugt in SE-Brasilien, auf E-Madagaskar und in NE-Australien vom Äquator bis über den 20°S hinaus ein Regenwaldklima mit einem Maximum. Dagegen bringt der Nordostpassat im Süden des Karibischen Meeres nur den Gebirgen bei Windstau Regen. Die Folge davon ist, daß Venezuela mit den vielen Gebirgsrücken sehr verschiedenartige Klima- und Vegetationsverhältnisse aufweist (Abb. 30).

Venezuela liegt zwischen dem Äquator und 12°N. Es sind alle Höhenstufen vom Meeresniveau bis zum vergletscherten Pico Bolivar (5007 m) vorhanden. Die nördliche Hälfte des Landes steht vom November bis zum März unter der Einwirkung des starken Passats und es regnet

Abb. 32. Kakteen-Dornbusch-Halbwüste mit *Cereus jamaparu* zwischen Barquisimeto und Copeyal (Venezuela) im Februar (Trockenzeit) (Foto E. WALTER).

in den Niederungen nur während der windstillen 7 Sommermonate mit aufsteigenden Luftmassen und häufigen Gewittern. Nur im Süden des Landes, im Amazonasbecken, hat kein Monat unter 200 mm Regen. Die jährlichen Regenmengen schwanken zwischen 150 mm auf der Insel La Orchila und über 3500 mm im Süden. In den Gebirgen nehmen auf der Luvseite die Niederschläge bis zur Wolkenstufe rasch zu und werden darüber wieder geringer. Zugleich sinken die Temperaturen im Mittel um 0,57 °C pro 100 m Höhenzunahme. Die innerandinen Täler, die im Regenschatten liegen, sind sehr trocken. Die Veränderung der Vegetation von N nach S mit zunehmender Regenhöhe sowie die Höhenstufen zeigt schematisch Abb. 31.

In den trockensten Teilen ist eine Kakteen-Halbwüste. Die Sukkulenten speichern so viel Wasser, daß sie eine Trockenzeit von einem halben Jahr und länger leicht überdauern (Abb. 32). Nehmen die Niederschläge etwas zu, so finden sich Dornbüsche und Erdbromelien ein. Es entstehen undurchdringliche Dickichte, die der Caatinga im Trockengebiet NE-Brasiliens entsprechen. Erreichen die Niederschläge 500 m im Jahr, dann herrschen die Dornsträucher mit Schirmkrone *(Prosopis, Acacia)* vor. Zu ihnen gesellen sich *Bursera, Guaiacum, Capparis-* und *Croton*-Arten sowie *Agave, Fourcroya* u. a.

Auch *Peireskia guamacho,* die baumförmige Cactacee, die noch richtige Blätter besitzt und der Stammform der Kakteen wohl nahe steht, kommt hier vor. Während der Trockenzeit sind diese Gehölze blattlos. Die Kakteen-Halbwüste und der Dornbusch werden nur als Ziegenweide genutzt.

Steigt die Regenmenge weiter an, so nimmt die Zahl der verschiedenen Baumarten zu und es beginnen richtige laubabwerfende Wälder, die sehr artenreich sind. Die Baumschicht wird 10–20 m hoch, nur die Bombacaceen (*Ceiba* u. a.), mit dicken als Wasserspeicher dienenden Stämmen, und die schön blühenden *Erythrina*-Arten ragen darüber hinaus. Während der Trockenzeit sieht ein solcher Wald ähnlich wie bei uns ein Laubwald im Winter aus. Allerdings beginnen einige Baumarten schon in dieser Jahreszeit zu blühen. Man unterscheidet trokkene tropische laubabwerfende Wälder und feuchte bei einer Niederschlagshöhe bis zu 2000 mm. Letztere erreichen eine Höhe von über 25 m und enthalten forstlich wertvolle Hölzer, wie *Swietenia* (Mahagoni), *Cedrela* u. a.

Die laubabwerfenden Wälder werden für die Anlage von Kaffee-Kulturen unter Schattenbäumen gerodet. Auch Zuckerrohr, Mais, Ananas u. a. kann man hier anbauen. Viehweiden lassen sich nach Aussaat von *Panicum maximum* anlegen. Die Wälder sind arm an Lianen, aber Epiphyten (dürreresistente Farne, Kakteen, Bromeliaceen und Orchideen) sind verbreitet.

In noch regenreicheren Gebieten mit noch kürzerer Trockenzeit tritt der halbimmergrüne Wald auf, bei dem nur die untere Strauch- und Baumschicht aus immergrünen Arten besteht. Schließlich beginnt der tropische immergrüne Regenwald (Profilzeichnungen der Waldtypen bei Vareschi 1980).

Eine Besonderheit von Venezuela ist, daß im Bereich der Llanos des Orinoko-Beckens, die sich weit nach Kolumbien hinein erstrecken, anstelle der laubabwerfenden Wälder plötzlich ein Grasland mit eingestreuten kleinen Waldbeständen oder einzelnen Bäumchen auftritt. Es handelt sich um Savannen oder auch reines Grasland. Klimatisch ist es ein Gebiet der laubabwerfenden Wälder. Das Gras, das heute als Weideland dient, wird zwar regelmäßig abgebrannt, aber als primäre Ursache für die Waldlosigkeit kann das Feuer nicht angesehen werden. Auf die besonderen Bodenverhältnisse in diesem Gebiet kommen wir noch zurück (Seite 111). Nicht klimatisch, sondern edapisch (Pedobiome) oder durch das Relief sind noch folgende Vegetationsformationen in Venezuela bedingt: Die Mangroven, an der Meeresküste und in den Flußmündungsgebieten, die Strand- und Dünenvegetation, die Süßwassersümpfe und die Wasserpflanzengesellschaften sowie die Auenwälder und die Vegetation trockener flachgründiger Felsböden. Dazu kommen in den Gebirgen die verschiedenen Höhenstufen (Orobiome). Trifft der Passat auf einen Gebirgsrücken, der quer zur Windrichtung steht, so kommt es durch die Abkühlung der zum Aufstieg gezwungenen Lauftmassen zur Kondensation, d. h. zur Wolkenbildung und zu Steigungsregen. Da die Stärke des Passatwindes am späten Abend nachläßt, sind die Nächte und die frühen Morgenstunden klar; in der übrigen Zeit liegt die Wolkendecke in einer bestimmten Höhe, so daß diese Höhenstufe am Tage in Nebel gehüllt ist. Zu den Steigungsregen kommt hier noch die Kondensation der Nebeltröpfchen an den Zweigen der Bäume und die fehlende Transpiration, weil die Atmosphäre wasserdampfgesättigt ist. Das extrem feuchte und infolge der Höhenlage auch kühlere Klima bedingt die Entwicklung von hygrophilen, tropischen *Nebelwäldern*, die für alle den Winden ausgesetzten tropischen Gebirge bezeichnend sind. Die Höhenstufenfolge wird durch die zunehmende Niederschlagshöhe bestimmt, während die abnehmende Temperatur sich erst ab 2000 m deutlich bemerkbar macht. Wir finden demnach in N-Venezuela von unten nach oben folgende Höhenstufen:

> Kakteenhalbwüste – Dornbusch – laubabwerfende Wälder – halbimmergrüne Wälder – Nebelwälder – hochmontane Wälder mit viel *Podocarpus* – die Waldgrenze – die alpine Stufe (Páramos) – die Kältewüste – Firnflächen.

Der immer tropfnasse kühle Nebelwald unterscheidet sich vom heißen tropischen Regenwald durch die große Zahl der Baumfarne und die epiphytischen Moose, die von allen Ästen herunterhängen ebenso wie durch die Hymenophyllaceen (Hautfarne), die alle Äste und Stämme bedecken. Im häufig über der Wolkendecke befindlichen, nicht so feuchten hochmontanen Wald herrschen mehr die epiphytischen Flechten vor. Wir sehen somit, daß die Höhenstufen des Orobioms bestimmte Besonderheiten aufweisen.

Die laubabwerfenden Wälder sind in Venezuela ein extrazonales, durch den trockenen Passatwind bedingtes Vorkommen, das wir näher im Rahmen des ZB II besprechen werden.

Die Verhältnisse von ZB I–II sind in Venezuela mosaikartig auf kleinem Raum zu finden. Dazu kommt im Einzugsgebiet des Rio Negro ein weitausgedehntes Pedo-Peinobiom mit Flüssen, die schwarze Humus-Kolloide enthaltendes Wasser führen (Heide- und Moorvegetation, Seite 67).

Sehr mannigfaltig ist auch das äquatoriale Ostafrika.

5 Orobiom I – tropische Gebirge mit Tageszeitenklima

a Waldstufe

Auf Abb. 31 wurde bereits die Höhenstufenfolge eines tropischen Gebirges, das aus einer extrazonalen trockenen Ebene aufsteigt, beschrieben. Aber auch sonst nehmen die Niederschläge durch die Steigungsre-

gen an den Gebirgshängen, soweit sie nicht im Windschatten liegen, zu. Eine evtl. in den Niederungen auftretende Trockenzeit wird mit der Höhe immer kürzer oder verschwindet. Die montanen Wälder sind deshalb besonders üppig und reich an Epiphyten, die häufig benetzt werden. Da die Hänge in den Tropen meist sehr steil sind, werden die Böden gut dräniert und die Versumpfungserscheinungen der Niederungen fehlen. Die Abnahme der Temperatur macht sich zunächst kaum bemerkbar. Schließlich wird die Wolkenstufe erreicht, an die die Nebelwälder mit maximaler Feuchtigkeit gebunden sind. Sie nehmen keine bestimmte Höhenlage ein. Je feuchter die Luft am Gebirgsfuß ist, desto niedriger liegt die Wolkendecke; bei einem Klima mit Regenzeit und Trockenzeit ist die Lage der Wolken während der letzteren höher. Die Nebelwälder können zwischen 1000 und 2500 m und selbst höher auftreten und verschiedene Temperaturverhältnisse aufweisen, was floristische Unterschiede bedingt. Auch die Höhe der Baumschicht nimmt im Gebirge aufwärts ab. Die sehr hoch gelegenen Nebelwälder haben windgeformte, niedrige Bäume. Das gemeinsame Merkmal aller Nebelwälder ist jedoch der Epiphytenreichtum. Mit zunehmender Höhe wird die Zahl der wärmeliebenden epiphytischen Blütenpflanzen geringer, die der Farne, Lycopodien und vor allen Dingen der Hymenophyllaceen und der Moose größer. In typischen Nebelwäldern hängen die Moose als lange Vorhänge an den Ästen herunter und sind mit Wassertröpfchen bedeckt, die Hymenophyllaceen hüllen die Stämme und Äste mit einem grünen Mantel ein. Sobald die Luftfeuchtigkeit wenig unter 100% fällt, rollen sie sich aber zusammen. Der Boden ist oft mit einem leuchtend grünen Teppich von *Selaginella*-Arten bedeckt. Auch Baumfarne, die ein feuchtes, kühles Klima bevorzugen, sind in Nebelwäldern häufiger. In vielen tropischen Gebirgen ist die feuchteste Höhenstufe durch Palmen (S-Amerika) oder dichte Bambus-Bestände (E-Afrika) gekennzeichnet.
Mit der Höhe ändern sich auch die Böden: Die rotbraunen Lehme der unteren Stufe gehen in mehr gelbliche über; zugleich bildet sich ein Mullhorizont und der Tongehalt nimmt ab. Noch höher macht sich eine leichte Podsolierung bemerkbar und schließlich entstehen richtige Podsole mit Rohhumus und Bleichhorizont; in der perhumiden Wolkenstufe kann man Gleyböden finden.

b Waldgrenze

Über der Wolkenstufe nehmen die Niederschläge rasch ab. Erstreckt sich der Wald noch höher am Hang aufwärts, so wird das Laub der Bäume kleiner und xeromorpher. Es treten Coniferen, und zwar *Podocarpus*-Arten auf, die keine Nadeln, sondern harte, schmalblattförmige Gebilde besitzen. Die Moose werden durch Bartflechten abgelöst. Schließlich wird die Waldgrenze erreicht, die in eine Gebüschzone übergeht und in den Tropen viel tiefer liegt als in den Subtropen. In den Anden von Venezuela wird eine Höhenlage von 3100–3250 m NN angegeben. Die Gebüschzone ist schmal, aber auch die Büsche werden weiter aufwärts niedriger. In Venezuela findet man die letzten im Schutz von Felsen noch bei 3600 m.

Die Frage, welche Faktoren die Baumgrenze in den Tropen bedingen, blieb ungeklärt. Die nach oben abnehmenden Niederschläge ließen es möglich erscheinen, daß es sich um eine Trockengrenze handelt. Andererseits könnte es auch eine Frostgrenze sein, weil etwa in dieser Höhe schon Fröste auftreten können. Unsere Untersuchungen in Venezuela machen es jedoch wahrscheinlich, daß die Bodentemperatur von ausschlaggebender Bedeutung ist, wenn auch stets bei solchen Phänomenen die verschiedensten Faktoren zusammenwirken. Das Tageszeitenklima in der äquatorialen Zone hat zur Folge, daß die Temperaturschwankungen sehr wenig tief in den Boden eindringen. Bei beschattetem Boden ist die Temperatur in 30 cm Tiefe das ganze Jahr hindurch konstant und gleich der mittleren Jahrestemperatur der Luft, welche die Meteorologen auf Grund ihrer Messungen errechnen. Mit einigen Spatenstichen und einem Thermometer kann man somit in den Tropen an einer beliebigen Stelle in wenigen Minuten die Jahrestemperatur bestimmen. In dichten Wäldern ist die Temperatur schon gleich unter der Oberfläche konstant. Sie ist für das Wurzelsystem maßgebend. Zwar kennen wir die Temperaturminima für das Wurzelwachstum der tropischen Bäume nicht, aber es ist bekannt, daß die Enzyme, die für die in Wurzeln stattfindende Eiweißsynthese maßgebend sind, bei tropischen Arten ein weit über 0 °C liegendes Temperaturminimum besitzen; tropische Arten können sich deshalb schon bei Temperaturen über dem Gefrierpunkt „erkälten" und sterben langsam ab. *Ceiba*-Keimlinge wachsen erst bei Temperaturen über 15 °C. Wenn wir annehmen, daß bei den Wurzeln der Bäume an der Baumgrenze das Temperaturminimum bei 7–8 °C liegt, so würde das gerade der Bodentemperatur in Venezuela an der Baumgrenze entsprechen. Letztere wird durch typische tropische Arten gebildet, holarktische Arten fehlen vollkommen. Trifft unsere Annahme zu, so wäre auch die höhere Lage der Baumgrenze in den Subtropen erklärt. Dort haben wir schon einen Jahresgang der Temperatur, so daß der Boden sich während der Sommerzeit wesentlich über die Jahrestemperatur erwärmt und die Baumarten diese günstige Jahreszeit, die in der Tageszeiten-Klimazone fehlt, ausnutzen können. Z. B. liegen die Bodentemperaturen im Pamir in 3864 m Höhe im August noch in 1 m Tiefe dauernd über 10 °C und das Maximum in 40 cm Tiefe überschreite 20 °C. Das Temperaturminimum bei den Wurzeln von den Arten der Gebüschzone müßte tiefer liegen, was sehr wahrscheinlich ist, weil unter den Sträuchern holarktische Elemente häufig sind, wie z. B. *Ericaceae, Hypericum-, Ribes*-Arten. u. a.

c Alpine Stufe

Die alpine Stufe der feuchten Tropen wird als Páramos bezeichnet. Sie wird als dauernd feucht-neblig, unwirtlich und kalt geschildert. Jahreskurven der Temperatur und der Niederschläge werden jedoch nicht angeführt. Für Venezuela wurden uns solche zur Verfügung gestellt (Abb. 33). Man sieht, daß es während der Passatzeit (November–März) nur sehr wenig regnet. Wir haben im Januar eine Woche mit nur wolkenlosem Himmel erlebt. Die Wolkendecke lag tiefer. Die Stundenwerte der Temperatur für Tage während der Regenzeit bzw. während der Trockenzeit, spiegeln die fehlende Strahlung, bzw. die starke Strahlung (10. Februar) oder starke Ausstrahlung nachts (12. Februar) wider (Abb. 34). Der kälteste Tag des Jahres 1967 folgte fast unmittelbar auf den wärmsten. Während der Trockenzeit erwärmt sich die Luft in 3600 m Höhe am Tage meist bis auf 10 °C, während es nachts friert. Die Pflanzen sind natürlich viel stärkeren Extremen ausgesetzt als das Thermometer in der Hütte. Aber dieser ständige Frostwechsel schadet den Pflanzen nicht, denn gerade zu dieser Jahreszeit ist die Hauptblüte. Um diese Zeit erwärmen sich auch die oberen Bodenschichten, in denen die Páramo-Pflanzen wurzeln, am Tag über die Jahrestemperatur. Felsstandorte scheinen günstiger zu sein als nasse kalte Böden. Die Jahrestemperatur wurde durch Messungen im Boden festgestellt: in 3600 m Höhe 5,0 °C (entspricht den meteorologischen Angaben), in 3950 m 3,9 °C, in 4250 m 2,0 °C und im Firnschnee in 4765 m −1,5 bis −3,5 °C.

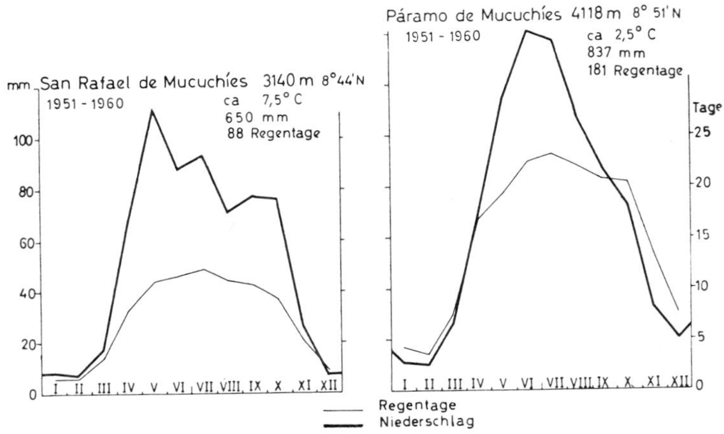

Abb. 33. Regenverteilung in der Páramo-Stufe. Regenarme Zeit von November bis März.

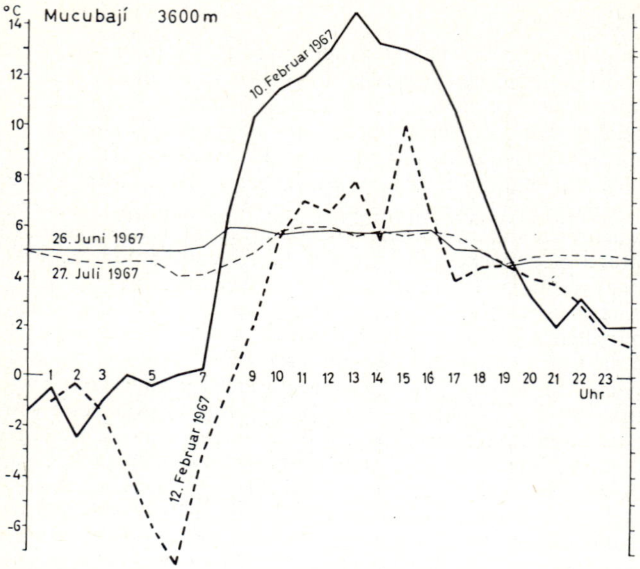

Abb. 34. Tagesgang der Temperatur in der meteorologischen Hütte (Páramo-Stufe in 3600 m NN) am 26. Juni sowie 27. Juli während der Regenzeit (Schwankung nur 1,6 bzw. 2,0 °C) und am 10. Februar (heißester Tag) sowie am 12. Februar (kältester Tag) während der Trockenzeit mit einer Schwankung von 17,0 bzw. 17,5 °C, einem t-Maximum von 14,5° und einem t-Minimum von −7,5 °C.

Mit Abnahme der Temperatur sind die Pflanzen gezwungen, immer flacher zu wurzeln. Damit im Zusammenhang wird die Pflanzendecke immer offener, bis schließlich eine vegetationslose Stufe unterhalb der Firn- und Schneezone entsteht. Diese Stufe der *Kältewüste* mit Frostschuttböden infolge dauernder Frostwechseltage ist für die tropischen Gebirge bezeichnend. In höheren Breiten (Alpen) können selbst in der Nivalstufe (Seite 257) die Pflanzen die günstigste Jahreszeit an nicht von Schnee bedeckten Stellen zum Wachstum ausnutzen. Der Boden der Páramos ist auch während der Trockenzeit feucht, so daß die Vegetation nicht unter Trockenheit leidet und einen hygromorphen Eindruck macht. In Kolumbien wurden neben Páramos mit Trockenzeit auch dauernd nasse mit Polsterpflanzen, Zwergbambus, Gräsern und Moosen untersucht.

Der Florenbestand der Páramos in S-Amerika, Afrika und Indonesien ist sehr verschieden und jedes Gebiet besitzt seine Besonderheiten.

Auffallend ist jedoch, daß außer den dem Boden angepressten Pflanzen auch hohe Pflanzen, meist Compositen, vorkommen, mit einem richtigen Stamm und schopfförmig stehenden großen Blättern, die einen dicken weißen Haarfilz besitzen (Abb. 35). In den Anden sind es *Espeletien* (27 Arten), in den äquatorialen afrikanischen Gebieten die Baum-*Senecio*-Arten, in Indonesien *Anaphalis*-Arten; die Wollkerzenform von *Lupinus* und *Lobelia* wäre ebenfalls zu nennen. Sehr stark behaart sind auch die vielen *Helichrysum*-Arten am Kilimandscharo, die bis 4400 m hinauf vorkommen. Daß diese Behaarung der Wärmeisolierung und damit als Schutz gegen plötzlich extreme Schwankungen der Blattemperatur dient, scheint wahrscheinlich zu sein. An Strahlungstagen hat in diesen Höhen der Durchzug einer Wolke immer einen Temperatursturz zur Folge. Die obere Vegetationsgrenze liegt bei etwa 4400–4500 m und dürfte mit einer Jahrestemperatur von etwa +1 °C zusammenfallen.

Besonders merkwürdig ist jedoch, daß in den Anden Venezuelas mitten in der alpinen Stufe in einer Höhe von etwa 4200 m, also bei einer Jahrestemperatur von 2 °C, kleine Baumbestände der Rosacee *Polylepis* auftreten. Sie sind stets an steile Blockhalden in Ost- oder Westexposition gebunden, die vor- bzw. nachmittags von der Sonne bestrahlt

Abb. 35. Páramo de Mucuchíes, 4280 m NN (Venezuela, Anden). Vorne in Auflösung begriffenes Polster von *Aciachne pulvinata,* hinten viele *Espeletia alba-Pflanzen* (Foto E. Walter).

werden. Die Wurzeltiefe von *Polylepis* kann 1,5 m erreichen. Die Erklärung für dieses Auftreten von Bäumen 1000 m über der Waldgrenze ist, daß Blockhalden besonders günstige Temperaturverhältnisse aufweisen. Bei Einstrahlung erwärmt sich die bodennahe Luftschicht über der Blockhalde sehr stark; die kalte Luft in der Blockhalde ist spezifisch schwerer und dürfte im unteren Teil der Blockhalde herausfließen, wodurch die warme Luft im oberen Teil hereingesaugt werden müßte. Für diese Erklärung spricht die Tatsache, daß der untere Teil der Blockhalde nicht bewaldet und oft ganz kahl ist. Genaue Temperaturmessungen an Blockhalden mexikanischer Gebirge haben das bewiesen.
Etwas weniger humid ist die Höhenstufenfolge bei den afrikanischen Vulkanen (Mt. Elgon, Mt. Kenya, Kilimandscharo, die sich aus einer Savannenzone erheben. Die Bodentemperatur an der Waldgrenze *(Hagenia, Podocarpus)* ist ähnlich wie in Venezuela. In der unteren alpinen Stufe spielt *Erica arborea* eine große Rolle.

6 Die Biogeozöne des Zonobioms I als Ökosysteme

Der tropische immergrüne Regenwald gehört zu den kompliziertesten Pflanzengemeinschaften. Die einzelnen Biogeozöne sind noch ganz unbekannt. In den am eingehendsten untersuchten Wäldern NE-Australiens ergaben 18 Bestandaufnahmen 818 Arten über 45 cm Höhe; davon waren 269 Bäume. Für die Feldarbeit wurde ein Jahr benötigt, ein weiteres für die Bestimmungen der Arten. Der Computer zeigte in 13 Minuten, daß die 18 Aufnahmen zu 6 floristischen Gruppen gehörten mit je 3 Aufnahmen. Die Gruppen sind auf klimatische Unterschiede zurückzuführen, doch spielen Wasserverhältnisse, der Nährstoffgehalt der Böden und die Höhenlage ebenfalls eine Rolle. Bei weiteren 70 Aufnahmen, die über 20 Breitengrade verstreut waren, wurden nur 24 Lebensform- und Strukturmerkmale berücksichtigt. Der Computer ergab eine Einteilung nach geographischen Regionen, die bereits bekannt waren, sowie, daß die Kombinationen sich ganz kontinuierlich ändern.
Die Schwierigkeit der Gliederung in Ökosysteme ist somit außerordentlich groß.
Die Üppigkeit der Vegetation verführt dazu, eine sehr große primäre Produktion anzunehmen. Die ersten Schätzungen lagen bei 100 t/ha an Trockensubstanz, waren aber viel zu hoch gegriffen. Man muß bedenken, daß die Phytomasse im tropischen Urwald sich durch einen sehr großen Wassergehalt auszeichnet (bei krautigen Teilen 75–90%). Die grünen Blätter können zwar das ganze Jahr hindurch CO_2 assimilieren, doch sind die Atmungsverluste nachts infolge der hohen Temperatur besonders groß. Die Holzerträge bei den Forstplantagen in den Tropen erreichen 13 t/ha und sind nur etwa doppelt so hoch wie

bei einem guten europäischen Buchenwald, was auf die doppelt so lange Vegetationszeit zurückzuführen ist. Von sehr großer Bedeutung für die Stoffproduktion eines Biogeozöns ist der Blattflächenindex (BFI), d. h. das Verhältnis der gesamten Blattfläche eines Bestandes zu der vom Bestand bedeckten Bodenoberfläche. Dieser BFI ist für einen tropischen Regenwald an der Elfenbeinküste bestimmt worden und ergab einen sehr niedrigen Wert von 3,16.

Doch kann diese Versuchsparzelle nicht als repräsentativ gelten. Die Brutto-Produktion ist zwar mit 52,5 t/ha sehr hoch; aber durch die Atmung gehen 75% der produzierten organischen Substanz wieder verloren: Atmungsverluste der Blätter = 16,9 t/ha, der Achsenorgane = 18,5 t/ha und der Wurzeln (geschätzt) = 3,7 t/ha, somit insgesamt 39,1 t/ha. Demgegenüber betragen die Atmungsverluste beim mitteleuropäischen Buchenwald nur 10,0 t/ha, d. h. 43% der Brutto-Produktion von 23,5 t/ha. Wir verstehen es deshalb, daß die primäre Produktion des tropischen Urwaldes in diesem Falle nicht höher war als die eines gut bewirtschafteten Buchenwaldes in Mitteleuropa:

Tropischer Urwald	52,5–39,1 = 13,4 t/ha
Buchenwald	23,5–10,0 = 13,5 t/ha

Man muß bei Urwäldern drei Phasen unterscheiden, die ein Kleinmosaik bilden: Eine Jugendphase mit Bestandsverjüngung und positivem Phytomassezuwachs, eine Optimalphase mit maximaler Phytomasse, die unverändert bleibt, und eine Alterungsphase mit abnehmender Phytomasse. Der Bestand an der Elfenbeinküste war wohl eine lichte Jugendphase.

Man kann nach den vorliegenden Daten für die Optimalphase eines üppigen tropischen Regenwaldes folgende Angaben machen:

Gesamte Phytomasse 350–450 t/ha und bei einem Blattflächenindex von 12–15 eine Bruttoproduktion von 120–150 t/ha im Jahr, was einer Primärproduktion von 30–35 t/ha entsprechen würde, wobei 10–12 t/ha auf den Streufall kämen.

Die Bodenatmung entspricht etwa der Streumenge, doch dürfte der größte Teil der Primärproduktion über dem Boden mineralisiert werden (stehende tote Bäume, Epiphyten). Durch die Streu erhält der Boden im Amazonasgebiet jährlich 106 kg/ha an Stickstoff zurück, aber nur 2,2 kg/ha an Phosphor. Die Verarmung der Sekundärwälder dürfte hauptsächlich ein Phosphorproblem sein. Stickstoff wird auch aus der Atmosphäre bei den häufigen starken Gewittern zugeführt.

Ein in Thailand untersuchter Wald bei 2700 mm Regen und einer Jahrestemperatur von 27,2° ergab eine oberirdische Phytomasse von 325 t/ha, was einer gesamten von 360 t/ha entsprechen dürfte. Sie nahm in den 3 Beobachtungsjahren noch um 5,3 t/ha pro Jahr zu. Es betrugen: BFI = 12,3, Bruttoproduktion = 124 t/ha, Atmungsverlust 95 t/ha (= 76%), somit Primärproduktion rund 30 t/ha im Jahr.

Für die Tierwelt ist bezeichnend, daß über die Hälfte der Säugetiere in den Baumkronen leben und einen Greifschwanz besitzen; sehr groß ist die Zahl der Vögel und insbesondere der Wirbellosen über und unter der Erde (Termiten), aber die Zoomasse ist, wie immer, nicht groß.
Typische Tiere der Baumkronen sind in der Neotropis die Faultiere *(Cholopus, Bradypus)*, deren Lebensweise eingehend untersucht wurde (MONTGOMERY et al. 1975). Die gesamte Zoomasse der Tiere war 23 kg/ha, die jährlich gefressene Blattmasse 53 kg/ha = 0,63% der Blattproduktion. Die Exkremente verwesen langsam und stellen eine Nährstoffreserve im Boden dar.
Auch die Blattschneide-Ameisen *(Atta)* üben durch selektiven Befall einen Einfluß auf das Ökosystem aus (HAINES 1975). Ihr Material von Baumarten des Sekundärwaldes schleppen sie bis 180 m zum unterirdischen Nest mit einem Durchmesser von 10 m, in dem sie die Pilzgärten anlegen. Die Pilze liefern ihnen die Nahrung.

Zono-Ökoton I/II – Halbimmergrüner Wald

Das Zono-Ökoton zwischen dem ZB I mit dem immergrünen Regenwald und dem ZB II des tropischen Sommerregengebiets mit laubabwerfenden Wäldern ist der halbimmergrüne tropische Regenwald, also eine Übergangszone mit diffuser Mischung der beiden Vegetationstypen.

Wir haben bei der Besprechung der Vegetation von Venezuela bei abnehmendem Jahresniederschlag und bei einer zunehmenden Dauer der Trockenzeit die Reihe genannt:

immergrüner Regenwald – halbimmergrüner Wald – laubabwerfender Wald.

Innerhalb der äquatorialen Klimazone ist diese Reihe selten zu beobachten, da eine solche Abstufung der Regenmengen wie in Venezuela eine Ausnahme bildet. Diese Reihe läßt sich jedoch allgemein beobachten, wenn man sich vom Äquator zu den Wendekreisen hin bewegt; denn wir gelangen dabei immer mehr in die tropische Klimazone der zenitalen Sommerregen, wobei die absolute Regenmenge ständig

Abb. 36. Klimadiagramme von indischen Stationen im Gebiet des immergrünen, des halbimmergrünen, des feuchten und des trockenen Monsunwaldes.

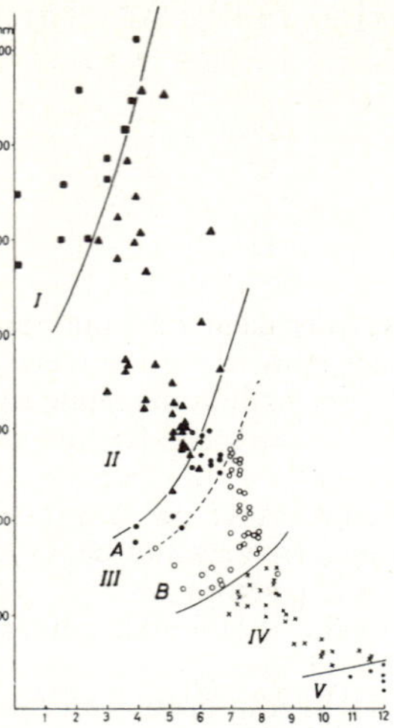

Abb. 37. Die Beziehungen zwischen der Waldvegetation und der Jahresniederschlagshöhe (Ordinate) sowie der Dauer der Dürrezeit in Monaten (Abszisse) in Indien.
I immergrüner und II halbimmergrüner tropischer Regenwald, III Monsunwald (A feuchter, B trockener), IV Savanne (Dornbuschwald), V Wüste. Näheres im Text (nach H. Walter aus einer Arbeit im Auftrag der UNESCO).

abnimmt und die Regenzeit sich verkürzt. Der Unterschied gegenüber Venezuela ist, daß dabei der Jahresgang der Temperatur immer ausgeprägter wird, wobei die Trockenzeit die kühle Jahreszeit ist. Da letztere jedoch für die Vegetation eine Ruhezeit bedeutet, spielen die Temperaturunterschiede für die Vegetation keine wesentliche Rolle.
Wir erwähnten bereits, daß im sehr feuchten tropischen Gebiet beim Auftreten einer kurzen Trockenzeit die endogene Rhythmik der Baumarten sich an die Klimarhythmik anpaßt. Der allgemeine Charakter des Waldes ändert sich zwar nicht, aber viele Baumarten verlieren die Blätter zur gleichen Zeit, bzw. treiben und blühen gleichzeitig. Die Vegetation weist dadurch eine gewisse jahreszeitliche Aspektfolge auf (Saison-Regenwald).
Nimmt die Dauer der Trockenzeit weiter zu, dann ändert sich der Waldtypus: Die oberste Baumschicht wird von laubabwerfenden Baumarten gebildet; in S-Amerika sind es die großen, dickstämmigen Bombacaceen und schönblühende *Erythrina*-Arten, während die unte-

ren Schichten noch immergrün bleiben. Wir sprechen deshalb vom halbimmergrünen tropischen Wald. Man erkennt diese Wälder vom Schiff aus bei der Fahrt durch den Panama-Kanal.
Verringern sich die Niederschläge und verlängert sich die Trockenzeit noch mehr, dann werfen alle Baumarten die Blätter ab, so daß der Wald kürzere oder längere Zeit kahl ist, d. h. es handelt sich um feuchte, bzw. trockene laubabwerfende tropische Wälder. Abb. 36 zeigt die Klimadiagramme für diese Waldtypen in Indien, wo im Bereich der Monsun-Niederschläge im Sommer dieser Übergang sich besonders gut beobachten läßt.
Es erhebt sich dabei die Frage, was die Struktur des Waldes bestimmt, die Höhe der Niederschläge oder die Dauer der Trockenzeit. Das Diagramm Abb. 37 zeigt, daß beides ökologisch von Bedeutung ist. Man darf nicht einen der beiden Faktoren allein berücksichtigen. Aus dem Verlauf der Grenzlinien sieht man, daß bei den feuchten Waldtypen die Dauer der Dürrezeit wichtiger ist, bei den trockenen Typen dagegen die Regenmenge.
In Afrika ist die erwähnte Reihe schwer zu beobachten. Durch die stärkere Besiedlung und die Ausübung des Wanderackerbaus (shifting cultivation) ist gerade das Gebiet der halbimmergrünen Wälder und der feuchten laubabwerfenden Wälder gerodet worden. Diese Wälder lassen sich leichter roden als die Regenwälder, weil man sie während der Trockenzeit abbrennen kann; die Niederschläge sind aber noch so hoch, daß man beim Ackerbau jährlich mit einer Ernte rechnen darf, was bei den trockenen Typen nicht mehr der Fall ist.

II Zonobiom des humido-ariden tropischen Sommerregengebietes mit laubabwerfenden Wäldern

1 Allgemeines

Das tropische und frostfreie Zonobiom II weist bereits einen deutlichen Jahresgang der Temperatur auf, wobei in der warmen perhumiden Jahreszeit starke zenitale Regen fallen, während die kühle Jahreszeit extrem dürr ist.

In Amerika nimmt dieses Zonobiom klimatisch eine große Fläche südlich vom Amazonasbecken ein, kleinere bis über den 20. Breitengrad hinaus in Mittelamerika und extrazonale in Venezuela. In Afrika findet man das ZB II zu beiden Seiten des Äquators, besonders ausgedehnt auf der Südhalbkugel; hier auf der Hochfläche vom Sambesi werden in kalten Jahren starke Frostschäden beobachtet, durch die die Verbreitung nach Süden begrenzt wird. Die kalte Hochebene um Johannesburg ist schon vorwiegend ein Grasland. In Asien sind Indien und SE-Asien die Hauptverbreitungsgebiete, während es sich in Australien auf den nördlichsten Teil beschränkt (vgl. Abb. 17–21).

Dem hydro-ariden Klima des ZB II entsprechen auf den Eu-Klimatopen die zonalen Böden. Diese speichern während der Regenzeit so viel Wasser, daß sie in der Dürrezeit nicht ganz austrocknen. Das ist eine Voraussetzung für das Wachstum der zonalen laubabwerfenden Wälder, die zwar in der Dürrezeit durch den Abwurf des Laubes die Transpirationsverluste stark herabsetzen, aber auch während der Dürrezeit eine gewisse Wassermenge aus dem Boden aufnehmen müssen. Denn selbst die blattlosen Zweige und Äste verlieren doch noch so viel Wasser, daß die im Stamm gespeicherten Wassermengen nicht für die ganze Dürrezeit ausreichen.

Eine Besonderheit des ZB II ist jedoch, daß die zonale Waldvegetation auf großen Teilen der Fläche fehlt und durch den Vegetationstyp der „Savannen" ersetzt wird. Die Ursachen dafür sind verschiedener Art (Seite 99). Eine besonders wichtige ist jedoch das Vorhandensein von wasserundurchlässigen Staukörpern (Lateritkrusten u. a.) im Boden in verschiedener Tiefenlage. Ihre Anwesenheit ist zwar bekannt, doch ihre außerordentlich weite Verbreitung wurde erst von Tinley (1982) auf einem 200 km langen Profil durch sehr genaue Bodenprofiluntersuchungen in Ostafrika nachgewiesen. Er stellte die Lage der Stauschichten in 7 m tiefen Gruben fest. *Diese wasserundruchlässigen Krusten verändern die Wasserbilanz des Bodens so stark, daß die Ausbil-*

dung der zonalen Waldvegetation verhindert wird (Abb. 43). *Die Savannen und Grasländer sind nicht klimatisch sondern edaphisch d. h. durch den Boden bedingt und somit als Pedobiome zu betrachten.*
Eine weitere edaphische Ursache ist die oft sehr große Nährstoffarmut der Böden im Bereich des ZB II. Die Landoberfläche in Afrika, aber ebenso in Australien, in Vorderindien, sowie vor allem die brasilianische Platte in Südamerika sind Teile des Gondwana-Schildes, also des Urfestlandes, das sich vor Jahrmillionen in die entsprechende Kontinente aufspaltete. Die Landoberfläche wurde nie vom Meere überdeckt; die Böden sind uralt und ihre Verjüngung durch Meeressedimente fand niemals statt. Die anstehenden Gesteine wurden dauernd abgetragen. Es entstand eine Stufenlandschaft mit verschieden alten Verebnungen. Die den Boden bildenden Verwitterungsprodukte sind deshalb überall, wo junge vulkanische Gesteine fehlen, stark ausgelaugt und an für Pflanzen wichtigen Nährstoffelementen (Phosphor, Spurenelemente) verarmt, so daß sich kein Wald entwickeln kann (Seite 113, Campos cerrados).
Auf den großen Verebnungen werden die kaum merklichen tieferen Reliefteile während der Regenzeit überschwemmt und die Böden sind staunaß. Waldinseln wachsen nur auf den etwas höheren nicht überschwemmten Flächen, während auf den nassen sich ein tropisches

Abb. 38. Zu Beginn der Regenzeit ergrünender *Colophospermum mopane*-Wald beim Victoria-Fall (Foto E. WALTER).

Grasland entwickelt. *Es entsteht somit eine mosaikartige Parklandschaft mit Waldparzellen und Grasflächen, die ökologisch keine Savannen sind.*
Denn unter Savannen verstehen wir *eine ökologisch homogene Pflanzengemeinschaft von zerstreut stehenden Holzpflanzen inmitten eines relativ trockenen Graslandes* (Seite 99). Die meisten Geographen fassen den Savannenbegriff viel weiter. Wir haben es somit im ZB II mit drei Vegetationstypen zu tun: 1. mit zonalen laubabwerfenden Wäldern, 2. mit relativ trockenen Savannen und 3. mit den in der Regenzeit nassen Parklandschaften. Viele Lateritkrusten sind fossil, d. h. sie entstanden im Pleistozän, der geologischen Periode, die der heutigen vorausging und sich durch mehrere Vergletscherungen um den Nordpol herum bis über den 50° N nach Süden hinaus auszeichnete. Diese Eiszeiten wirkten sich in der Wüstenzone der Sahara als Pluvialzeiten mit starken Regen aus, in der tropischen Zone dagegen, wie neuere pollenanalytische Untersuchungen beweisen, bis in das ZB I als Trockenperioden, die zur Ausbildung von Lateritkrusten und noch heute vorhandenen Reliktsavannen selbst inmitten von immergrünen Regenwäldern führten.

2 Zonale Vegetation

Das Zonobiom II wird nach der Dauer der Dürreperiode und der Höhe der Jahresniederschläge in 2 Subzonobiome eingeteilt, und zwar in ein feuchtes und in ein trockenes. Die entsprechenden Klimadiagramme für Indien wurden auf Abb. 36 gezeigt. Es ist nicht zweckmäßig, für alle Kontinente bestimmte klimatische Grenzwerte anzugeben, dazu sind die Verhältnisse im einzelnen zu verschieden.
Dem Klima entsprechend werden auch feuchte und trockene zonale tropische laubabwerfende Wälder unterschieden. Die zonalen Böden sind noch zu wenig untersucht, um allgemeingültige Unterscheidungsmerkmale für die feuchten und trockenen anzugeben. Sie gehören ebenso wie die von ZB I zur Gruppe der rotgefärbten ferrallitischen Böden, doch geht die SiO_2-Auswaschung in diesen nur während der warmen Regenzeit nassen Böden nicht so weit. Während das Verhältnis SiO_2/Al_2O_3 bei ZB I unter 1,3 liegt, beträgt es beim ZB II 1,7–2. Auch die Sorptionskraft der zonalen Böden ist etwas größer, d. h. sie halten die für die Ernährung der Pflanzen wichtigen Ionen durch Adsorption besser fest und sind deshalb nicht ganz so nährstoffarm.
Der auffallendste Unterschied der zonalen Vegetation des ZB II gegenüber der des ZB I ist der Laubabwurf. *Es zeigt sich, daß in allen Klimazonen von den Baumarten stets der Blatttypus ausgebildet wird, der die größte Produktion unter den jeweiligen Klimabedingungen gewährleistet.* Die Blattorgane sind immer kurzlebige Gebilde, denn sie altern sehr rasch, d. h. sie verlieren bald die Fähigkeit CO_2 zu

assimilieren – ihre Hauptaufgabe. Die Ursache dafür ist wahrscheinlich die Anhäufung von Ballaststoffen, die im Transpirationsstrom gelöst dem Blatt zugeführt werden, ebenso wie von Stoffwechselnebenprodukten (Gerbstoffe, Alkaloide, Terpene usw.).
Auch die immergrünen Bäume des ZB I werfen die alten Blätter bald ab, wenn die jungen funktionsfähig geworden sind. Bei einigen Arten des ZB I hat man beobachtet, daß sie in guten Regenjahren immergrün sind, dagegen beim Auftreten einer ungewöhnlichen Dürrezeit die Blätter bereits vor dem Austreiben der Blattknospen verlieren, also eine kurze Zeit kahl sind. Im Zonobiom II ist eine lange Dürrezeit normal, die Regenzeit dagegen sehr feucht. Entsprechend bilden die Baumarten erst zu Beginn der Regenzeit sehr dürreempfindliche große und dünne Blätter aus, für deren Aufbau sie weniger Baustoffe pro Blattflächeneinheit benötigen als für die dicken lederigen Blätter der Arten des ZB I, das sehr kurze Trockenperioden verträgt. Obgleich die dünnen Blätter nur während der feuchten Jahreszeit CO_2 assimilieren, ist doch durch das Einsparen von Baustoffmaterial die Jahresbilanz der Produktion günstiger. Für die CO_2-Assimilation, also die Produktion organischer Substanz, ist neben der Blattfläche die Assimilationsintensität ausschlaggebend. Letztere ist beim dünnen Blatt höher.
Der Wasserhaushalt der Bäume des ZB II ist während der Regenzeit sehr ausgeglichen. Denn der Tagesgang der Transpirationskurve verläuft parallel zur Evaporationskurve und weist kaum mittägliche Depressionen auf, die immer ein Anzeichen von beginnendem Wassermangel sind. Auch die osmotischen Zellsaftpotentiale der Blätter sind bei allen Arten hoch im Bereich von −7,5 bis −18,9 bar. Zu Beginn der Dürrezeit macht sich eine Zunahme der Zuckerkonzentration in den Zellen der Blätter auf das sechsfache bemerkbar (absolut um 2 bar). Bald darauf tritt Vergilben oder Austrocknen der Blätter ein.
Frostschäden wurden an der Südgrenze des ZB II im südlichen Afrika in ungünstigen Jahren beobachtet (Ernst und Walker 1973). Das Austreiben der Jahrestriebe und die Entfaltung der Blätter erfolgt erst nach dem Einsetzen der Regen (Abb. 38). Aber es ist auffallend, daß die Blütenknospen vieler Baumarten sich schon vor dem ersten Regen öffnen. Da die Blütenblätter nur eine kutikuläre, äußerst geringe Transpiration besitzen, so ist das mit einem kaum merkbaren größeren Wasserverlust verbunden, dagegen wird die Bestäubung der Blüten durch Insekten in dem noch kahlen Wald erleichtert.
Der auslösende Faktor für den Blühbeginn dürfte das Maximum der Temperaturkurve sein, das gegen Ende der Dürrezeit und vor Beginn des Regens eintritt.
Die ausgedehntesten Waldbestände des ZB II findet man in den wenig besiedelten Teilen Afrikas südlich des Äquators. Es sind die „Miombo“-Wälder auf der Wasserscheide zwischen Indischem und Atlantischem Ozean und auf der Lunda-Schwelle südlich vom Kongobecken,

wo es in der Dürrezeit kein für Siedlungen notwendiges Trinkwasser gibt. An der Trockengrenze des ZB II ist das Auftreten des Baobabs oder Affenbrotbaumes *(Adansonia digitata)* sehr auffallend, in dessen unförmigem Stamm, der einen Umfang von 20 m erreicht (Abb. 39), werden bis zu 120 000 Liter Wasser gespeichert. Man kann deshalb annehmen, daß er im blattlosen Zustand die Dürrezeit ohne Wasseraufnahme aus dem Boden überdauert. In Südamerika treten auch zur selben Familie der Bombaceae gehörende „Flaschenbäume“ auf.
Über die Produktion der lichten Miombo-Wälder mit einem Blattflächenindex von nur 3,5 findet man einige Angaben bei Cannel (1982):

1 Miombo-Wald in Zaire (11°37′S, 27°29′E, 1244 m NN)
Baumarten: *Brachystegia, Pterocarpus, Marquesia* u. a.
Böden: Latosole
Phytomassen oberirdisch: 144,8 t/ha (davon Blätter 2,6 t/ha)
Phytomassen unterirdisch: 25,5 t/ha (geschätzt)
Netto-Produktion: Streufall 4–6 t/ha pro Jahr.
Holzproduktion nicht bestimmt.

2 Trockener Monsunwald in Indien (24°54′N, 83°E, 140–180 m NN).
Baumarten: *Anogeissus, Diospyros, Budenania, Pterocarpus* u. a.
Boden: Rotbrauner, lessivierter sandiger Lehm
Phytomasse oberirdisch: 66,3 t/ha (davon Blätter 4,7 t/ha)
Phytomasse unterirdisch: 20,7 t/ha (geschätzt)
Netto-Produktion: Stämme und Zweige 4,40 t/ha pro Jahr
Blätter 4,75 t/ha pro Jahr
Unterwuchs 0,35 t/ha pro Jahr
Wurzeln (geschätzt) 3,40 t/ha pro Jahr

Medina (1968) hat in Venezuela in einem laubabwerfenden Wald in 100 m NN (Jahrestemperatur 27,1 °C, Jahresniederschlag 1334 mm) die Bodenatmung bestimmt. Sie war während der Regenzeit dreimal intensiver als in der Dürrezeit. Sie entsprach einer abgebauten organischen Substanzmenge von im Mittel 11,2 t/ha pro Jahr. Der jährliche Streufall betrug 8,2 t/ha. Die Differenz könnte der Wurzelatmung entsprechen.
In Thailand untersuchten Ogawa et al. (1971):

1. Einen lichten Dipterocarpaceen-Trockenwald in 300 m Höhe mit licht stehenden etwa 20 m hohen Bäumen und einer 20 bis 30 cm hohen Grasschicht.
2. Einen feuchten gemischten laubabwerfenden Wald mit 20 bis 25 m hohen Bäumen und spärlichem Graswuchs.

Es wurden folgende Werte für die Phytomasse und die Primärproduktion in t/ha erhalten (BFI = Blattflächenindex):

Abb. 39. Sehr großer Baobab *(Adansonia digitata)* im Krüger-Nationalpark, Südafrika (Foto E. WALTER).

Waldtypen	Phytomasse	BFI	Produktion
1	65,9	4,3	7,8
2	77,0	4,2	8,0

Die laubabwerfenden Wälder werden von der Bevölkerung für den Wanderackerbau (shifting cultivation) jeweils 3–5 Jahre lang genutzt. Auf den aufgelassenen Flächen wächst nach 10–20 Jahren ein Sekundärwald heran. Älter als 100 Jahre scheinen die Bäume nicht zu werden.

3 Das Savannenproblem

Wie bereits erwähnt, verstehen wir unter Savannen nur Ökosysteme, in denen in einem tropischen Grasland zerstreut stehende Holzarten im Wettbewerb mit den Gräsern stehen (Abb. 40).

Gräser und Holzarten sind zwei ökologisch antagonistische Pflanzentypen, die sich meistens gegenseitig ausschließen. Nur in den Tropen mit Sommerregen und auf tiefgründigen lehmigen Sanden stehen sie miteinander in einem ökologischen Gleichgewicht. Der Antagonismus wird durch die Verschiedenheit 1. des Wurzelsystems und 2. des Wasserhaushalts bedingt.

1. *Die Gräser besitzen ein sehr feinverzweigtes intensives Wurzelsystem,* das ein kleines Bodenvolumen sehr dicht durchwurzelt. Es ist besonders geeignet für feinsandige Böden mit einer genügenden Wasserkapazität in Sommerregengebieten, in denen der Boden während der Vegetationszeit viel Wasser enthält.

Abb. 40. *Acacia detinens*-Savanne in SW-Afrika, Grasschicht nach der Regenzeit bereits trocken (Foto E. Walter). Man hat den Eindruck, als ob in der Ferne ein Wald wächst, aber es ist immer dieselbe Savanne.

Die Holzarten haben dagegen ein *extensives Wurzelsystem*. Die groben Wurzeln streichen sehr weit horizontal sowie in die Tiefe und durchwurzeln ein großes Bodenvolumen, aber nicht so dicht. Dieses Wurzelsystem bewährt sich besonders in steinigen Böden, in denen das Wasser unregelmäßig verteilt ist, und nicht nur in Sommerregengebieten, sondern auch in Winterregengebieten, wenn das Wasser versickert und im Sommer aus größerer Bodentiefe durch die Wurzeln aufgenommen werden muß. In Winterregengebieten spielen die Gräser deshalb keine Rolle.

2. Hinsichtlich des Wasserhaushalts zeichnen sich die typischen Gräser dadurch aus, daß sie bei günstiger Wasserversorgung sehr stark transpirieren, eine intensive Photosynthese besitzen und viel organische Masse in kurzer Zeit produzieren. Wenn nach Abschluß der Regenzeit Wassermangel eintritt, wird die Transpiration nicht abgebremst, sondern sie geht weiter, bis die Blätter und meistens die ganzen oberirdischen Teile vertrocknen. Am Leben bleiben nur das Wurzelsystem und die Sproßvegetationskegel, wobei deren Meristemgewebe geschützt durch viele Hüllen von trockenen Blattscheiden eine lange Trockenzeit zu überdauern vermag. Der Boden kann dabei fast austrocknen. Erst nach den ersten Regen setzt neues Wachstum ein.

Die Holzpflanzen dagegen, die ein großes Sproßsystem mit vielen Blättern besitzen, haben einen ausgeglichenen Wasserhaushalt. Bei den ersten Anzeichen von Wassermangel werden die Stomata geschlossen und damit wird die Transpiration stark reduziert. Verschärft sich der Wassermangel, so findet ein Blattabwurf statt. Während der Trockenzeit bleibt nur das Achsengerüst mit den Knospen erhalten. Obgleich diese gegen Wasserverluste gut geschützt sind, haben Messungen doch ergeben, daß auch blattlose Zweige zwar eine sehr geringe, aber im Laufe von Stunden meßbare Wasserabgabe aufweisen. Die Wasservorräte im Holz reichen nicht aus, um die Wasserverluste während der längeren Trockenzeit auszugleichen, d. h. die Holzpflanzen sind auch während der letzteren darauf angewiesen, eine gewisse, wenn auch sehr geringe Wassermenge aufzunehmen. Sie vertrocknen deshalb und sterben ab, wenn der Boden kein aufnehmbares Wasser enthält.

Berücksichtigen wir diese Unterschiede, so können wir das ökologische Gleichgewicht in der Savanne verstehen. Wir wählen als Beispiel die Verhältnisse in SW-Afrika bei allmählich zunehmenden Sommerniederschlägen in einem Gebiet mit ausgeglichenem Relief und feinsandigen Böden, die alles Regenwasser aufnehmen und den größten Teil speichern (Abb. 41). Es handelt sich um das Zono-Ökoton II/III, d. h. um das Übergangsgebiet zwischen dem ZB II und den Wüsten mit Sommerregen. Hier treten klimatische Savannen auf bei Niederschlägen von 500 mm – 300 mm im Jahr und einer etwa 8 Monate langen Dürrezeit.

Wenn der Jahresniederschlag nur 100 mm beträgt (a), wird das Wasser nicht sehr tief in den Boden eindringen; in den durchfeuchteten Bodenschichten wurzeln die kleinen Horstgräser, die alles gespeicherte Wasser verbrauchen und dann nach der Regenzeit vertrocknen; am Leben bleibt nur das Wurzelsystem mit den Sproßvegetationskegeln; Holzpflanzen können sich nicht halten, weil während der Dürrezeit kein für die Pflanzen aufnehmbares Wasser im Boden vorhanden ist. Bei einer Regenmenge von 200 mm sind die Verhältnisse ähnlich (b); der Boden wird tiefer durchfeuchtet, die Horstgräser sind größer, aber auch sie verbrauchen alles Wasser. Erst wenn die Niederschlagsmenge auf 300 mm ansteigt (c), werden die Gräser am Ende der Regenzeit etwas Wasser im Boden übriglassen; diese kleine Wassermenge genügt nicht, um die Grasschicht grün zu erhalten, sie ermöglicht es jedoch kleinen Holzpflanzen die Dürrezeit zu überstehen, d. h. wir erhalten eine Strauch-Savanne. Beträgt der Jahresniederschlag 400 mm (d), dann sind die am Ende der Sommerregenzeit im Boden verbleibenden Wassermengen größer, so daß sich einzelne Bäume einstellen und eine Baum-Savanne zustande kommt. Aber auch in dieser sind die Gräser noch der überlegene Partner. Von ihnen hängt es ab, wieviel Wasser für die Holzpflanzen übrig bleibt.

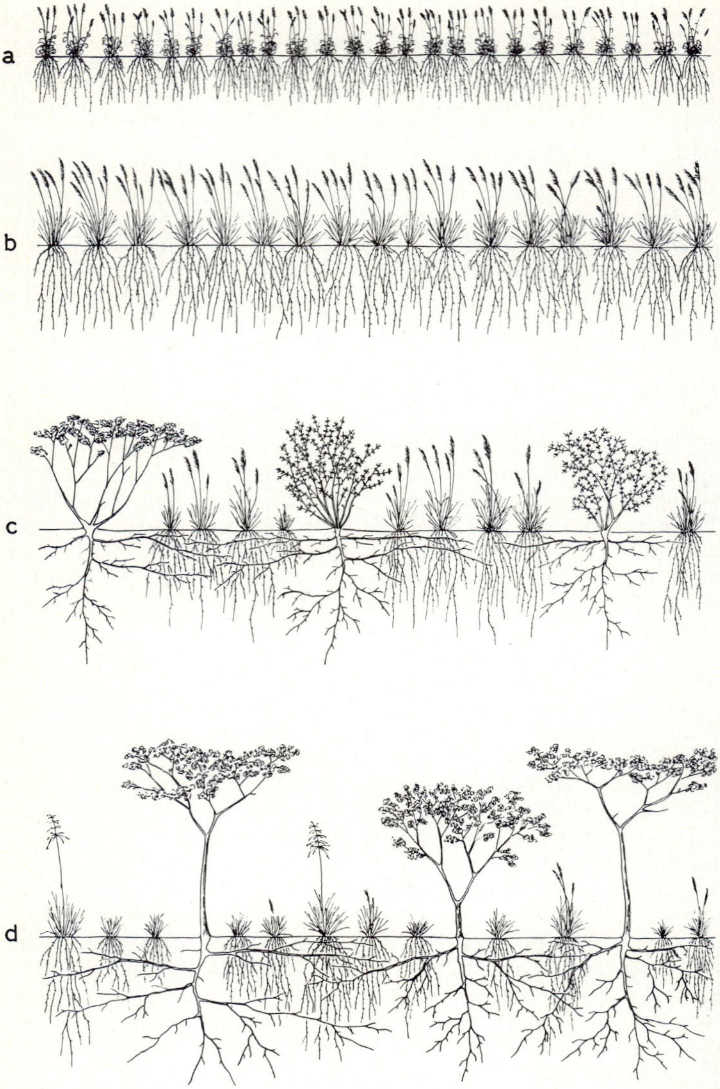

Abb. 41. Schematische Darstellung des Übergangs vom Grasland (a und b) zur Strauch- (c) und zur Baumsavanne (d). Erläuterung im Text.

Erst wenn die Niederschläge so hoch sind, daß die Baumkronen zusammenrücken und durch die Beschattung der Grasschicht diese an der vollen Entfaltung hindern, kehrt sich das Wettbewerbsverhältnis um. In den Savannenwäldern oder regengrünen tropischen Trockengehölzen werden die Holzpflanzen zum bestimmenden Wettbewerbspartner und die Gräser müssen sich an die Lichtverhältnisse am Boden anpassen.

Dieses labile Wettbwerbsgleichgewicht in der Savanne wird jedoch sehr leicht gestört, wenn der Mensch durch Beweidung in dasselbe eingreift. Die Gräser werden abgefressen, damit hören die Wasserverluste durch deren Transpiration auf, es verbleibt nach der Regenzeit mehr Wasser im Boden und dieses kommt den Holzpflanzen (meist *Acacia*-Arten) zugute, die sich üppig entwickeln und reich fruchten. Die Baumkeimlinge leiden nicht unter der Konkurrenz der Graswurzeln; die Baumsamen werden mit dem Kot des Viehs, das die Hülsen frißt, verbreitet und die meist dornigen Sträucher wachsen so dicht heran, daß eine *Verbuschung* eintritt, d. h. die Weide wird wertlos.

Die Verbuschung ist eine schwere Gefahr in allen nicht rationell beweideten Gebieten. Deswegen ist der Dornbusch als Ersatzgesellschaft heute weiter verbreitet als die klimatische Savanne, z. B. auch in den ariden Teilen Indiens, in N-Venezuela und auf den vorgelagerten Inseln (Curacao u. a.). Ist das Gebiet dichter besiedelt und werden die Holzpflanzen als Brennholz oder für dornige Umhegung der Krale gegen Raubwild verwendet, so entsteht meistens eine anthropogene Wüste, die sich nur während der Regenzeit mit annuellen Gräsern bedeckt. Während der Trockenzeit hungert das Vieh, denn es hat nur die strohigen Reste als schlechtes Futter zur Verfügung. Solche Verhältnisse herrschen z. B. im Sudan. Natürliche Savannen wurden von uns nur noch in Mittel-Argentinien mit *Prosopis* als Holzart beobachtet, ebenfalls bei 400–200 mm Regen (vgl. Seite 282).

Anders vollzieht sich der Übergang auf steinigen Böden. Auf diesen sind die Holzpflanzen den Gräsern absolut überlegen; Gräser fehlen ganz. Mit abnehmenden Niederschlägen werden die Holzpflanzen immer kleiner und rücken weiter auseinander, weil jeder Strauch mehr Wurzelraum benötigt und die Wurzeln flach verlaufen; denn nur die oberen Bodenschichten werden befeuchtet.

An der Grenze zum ZB III verbleiben nur wenige kleine Zwergsträucher mit xerophilen Anpassungen.

Besondere Verhältnisse herrschen auf zweitstöckigen Böden, wie z. B. in Südwestafrika, wo dann bei einem Jahresniederschlag von nur 185 mm noch eine Buschsavanne wächst (Abb. 42).

Bei dieser Regenmenge wäre auf tiefgründigem sandigem Boden reines Grasland zu erwarten; doch zeigt das Bodenprofil unter einer 10–20 cm mächtigen Sandschicht anstehenden Sandstein der Fischflußformation, der entweder feingeschichtet ist mit kleinen Spalten oder grobge-

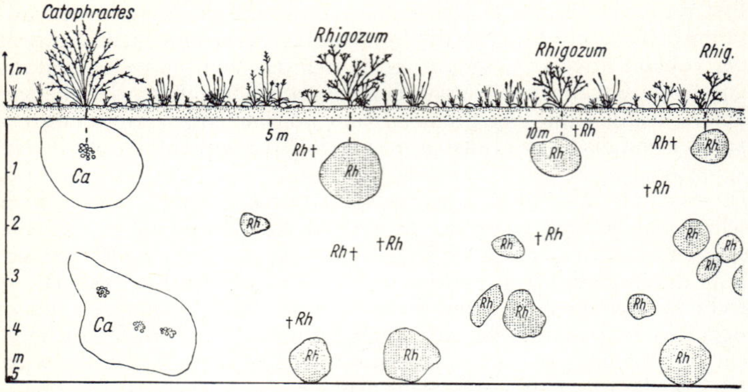

Abb. 42. Linienprofil (1 m breit) durch eine typische Vegetationsfläche bei Voigtsgrund (SW-Afrika). Gräser während der Trockenzeit dürr. Darunter Pflanzendecke im Grundriß (ohne Gräser): Ca Catophractes, Rh Rhigozum († abgestorben).

bankt mit größeren Spalten. Die obere Sandschicht hält nicht das ganze Regenwasser zurück, ein Teil versickert in die Spalten des Sandsteins. Die Gräser nutzen das Wasser in der Sandschicht aus, die Wurzeln der Büsche dringen dagegen in den Sandstein ein und verbrauchen das in den Spalten enthaltene Wasser. Die Wasservorräte in den Spalten des feinschichtigen Sandsteins reichen nur für den kleinen *Rhigozum*-Busch, in den Spalten des großgebankten Sandsteins kann der größere *Catophractes*-Strauch gedeihen; d. h. die Verteilung der Sträucher spiegelt die Struktur des Sandsteins wider und findet sich in ähnlicher Weise dort, wo die deckende Sandschicht fehlt. Zwischen den Büschen besteht ein Wettbewerb. In größeren Spalten können beide Arten keimen, aber die größere verdrängt mit der Zeit die kleinere, von der nur die toten Reste übrig bleiben. Ein Wettbewerb zwischen Gräsern und den Holzarten findet in diesem Falle nicht statt.

Im Zono-Ökoton II/III treten zonale Savannen an Stelle der laubabwerfenden Wälder auf, wenn die Jahresniederschläge für letztere zu gering sind, *im ZB II dagegen überall dort, wo trotz der genügend hohen Niederschläge der Boden zu wenig Wasser während der Dürrezeit für das Überleben eines Waldes enthält.* Andererseits *schließt auch ein Zuviel an Wasser während der Regenzeit, d. h. Staunässe ein Wachstum der Holzpflanzen aus. Es bildet sich dann ein reines Grasland, das in der Dürrezeit austrocknen kann und das für die Parklandschaften typisch ist.* Folgende Abb. 43 (a–d) sollen das erläutern:

Bei der Abb. 43a handelt es sich um ein leicht hügeliges Gebiet der nördlichen Kalahari mit tiefgründigem Sand. Das *Haft*wasser *bei* Feldkapazität ist relativ gering, so daß ein großer Teil des Regenwassers versickert und das Haftwasser nur für eine Savannenvegetation ausreicht. Aber stellenweise sind Lateritkrusten (schwarz) vorhanden, die als Staukörper ein Versickern des Wassers verhindern. Liegt die Kruste relativ tief (links), dann kann sich über dem feuchten Sand ein dichtes Gehölz oder ein Trockenwald entwickeln. Bei geringer Tiefenlage der Kruste in einer Niederung ist der Boden darüber staunaß und es wächst nur Gras mit Ausnahme eines verlassenen Termitenhügels (T), der besser dräniert ist und Baumwuchs ermöglicht.

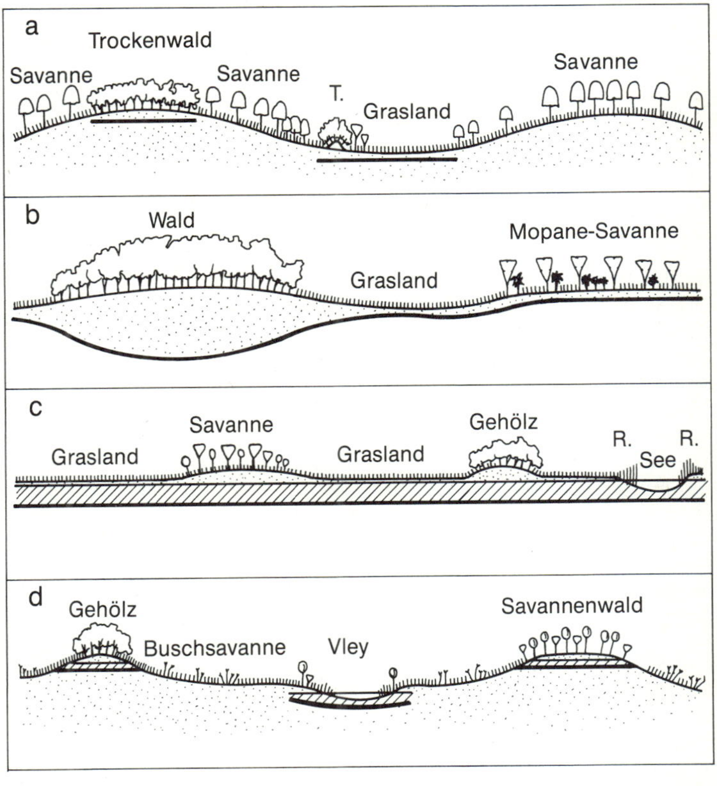

Abb. 43 a–d. Vegetation in Abhängigkeit von der Lage der Stauschicht (= schwarze Striche) im Boden. Schräg schraffiert = wassergesättigter Boden über Stauschicht. T = Termitenhaufen, R = Röhricht. Nähere Erläuterung im Text (nach K. L. Tinley aus Walter/Breckle 1984).

Auf Abb. 43 b ist eine durchgehende Lateritkruste im Sandboden vorhanden, die links eine Mulde bildet, über der sich auch seitlich zufließendes Sickerwasser sammelt. Der Boden ist gut durchlüftet und in der Tiefe feucht, so daß der zonale Laubwald günstige Verhältnisse vorfindet; in der Mitte ist eine Niederung mit Grasland, die während der Regenzeit überschwemmt wird, rechts auf etwas höheren Reliefteilen mit tonigen, basengesättigten Böden ist das Grasland mit einigen an schwere Böden angepaßten Holzarten (Mopane, *Balanites,* Flötenakazien) durchsetzt.

Im Gegensatz zu Abb. 43 b liegt die durchgehende Kruste bei Abb. 43 c überall gleich tief und der darüberliegende Boden ist in der Regenzeit wassergesättigt (schräg schraffiert) und mit Grasland bewachsen, nur auf kleinen Erhebungen ist der Boden besser dräniert und trägt eine Baumsavanne (links) oder bei größerem Wurzelraum ein Gehölz. Ganz rechts ist eine Vertiefung mit offenem Grundwasserspiegel; am Rand des Wasserbeckens entwickelt sich ein Röhricht.

Abb. 43 d zeigt die Vegetationsgliederung wieder in einem wenig Wasser haltenden Sandgebiet mit einer Savanne, in der die Holzpflanzen während der Dürre bis zum Boden abtrocknen und in der Regenzeit wieder von der Stammbasis oder als Wurzelschößlinge austreiben. Dort wo Lateritkrusten in verschiedener Tiefe liegen, entwickelt sich auf den Erhebungen je nach den Wasserverhältnissen ein Gehölz oder ein Savannwald bzw. in der Niederung ein Vley mit Sumpfvegetation, die während der Dürrezeit austrocknen kann, oder über seitlich abfließendem Überschußwasser am Rande der Kruste auch etwas Baumwuchs. *Man erkennt somit, wie je nach Lage der Krusten Wald und Savanne abwechseln oder bei staunassen Böden Parklandschaften entstehen.*

Auf die durch Nährstoffarmut der Böden bedingten Savannen kommen wir erst später zurück (Seite 113).

Aber es gibt noch weitere Faktoren, die eine Savannen-Vegetation begünstigen, wie z. B. Feuer, die Großwildherden und die verschiedenen Eingriffe des Menschen. Das Feuer ist im Klimagebiet des ZB II als ein natürlicher Faktor noch vor dem Erscheinen des Menschen wirksam gewesen. Gewitter leiten meistens die Regenzeit ein; da um diese Zeit viel trockenes Gras vorhanden ist, kann durch Blitzschlag leicht ein Brand entstehen. Die Häufigkeit solcher Brände beweisen die vielen *Pyrophyten,* d. h. Holzarten, die gegen Feuereinwirkung widerstandsfähig sind. Die Baum- oder Straucharten besitzen oft eine dicke Borke, die nur angekohlt wird und das Kambium schützt, oder die Sträucher haben über dem Wurzelhals im Boden schlafende Knospen, die austreiben, wenn die oberirdischen Sproßteile verbrennen; viele Arten haben unterirdische Speicherorgane, die verholzen können (Lignotuber) und eine rasche Regeneration ermöglichen.

Grasbrände hat schon der primitive Mensch der Urzeit angelegt, um sich und seine Siedlungsplätze vor der Gefahr überraschender durch Blitzschlag verursachter Feuer zu schützen. Denn bei dem hohen Wuchs der Gräser in den feuchteren Zonen breiten sich die Brände mit großer Geschwindigkeit und Gewalt aus. Heute ist das Abbrennen während der Trockenzeit zur allgemeinen Übung geworden, um die Jagd auf Großwild zu erleichtern, oder um Ungeziefer (Schlangen usw.) zu vernichten, oder weil es nachts ein schaurig-schönes Schauspiel ist. Nach einem Grasbrand treiben die Gräser früher aus, was für die Beweidung günstig ist.

Die Grasbrände können nur in Trockenwälder mit Grasunterwuchs eindringen, aber sie drängen auch den Feuchtwald am Rande zurück. Vor allem verhindern sie jedoch, daß der Wald verlorengegangenes Gelände wie auch die gerodeten und nachträglich vergrasten Flächen wieder zurückerobert.

Ein sehr wesentlicher Faktor für die Savannen ist die Beweidung durch Großwild (Anderson et al. 1973). Der Baumjungwuchs wird durch Verbiß und Tritt vernichtet. Ganz besonders waldfeindlich sind die Elefanten. Sie reißen Bäume aus oder entrinden die Stämme. Elefantenfährten lichten den Wald und erlauben den Grasbränden, in den Wald einzudringen. Ein Elefant kann im Mittel 4 Bäume pro Tag vernichten. Die Baumverluste in Miombo-Wäldern erreichen bis 12,5% pro Jahr. In den Naturschutzgebieten nimmt die Zahl der Elefanten rasch zu. Der Murchinson-Park am Albertsee wird durch Elefanten mit der Zeit immer mehr entwaldet. In der Serengeti scheint dagegen ein Gleichgewicht zwischen Wildschäden und Vegetations-Regeneration zu bestehen. Es ist auffallend, daß in dem wildreichen Afrika viele Holzpflanzen der Savannen dornig sind, während das in dem wildarmen Südamerika und Australien nicht der Fall ist. Das spricht für eine Auslese von vor Wildverbiß geschützten Arten.

Eine indirekte Beeinflussung der Vegetation kommt durch Wildpfade zustande, die leicht eine Furchenerosion einleiten. Das gilt vor allem für Nilpferde, die nachts aus dem Wasser die Flußufer hinaufklettern, um auf den Grasflächen zu weiden.

Durch die Erosionfurchen kann eine nasse Grasfläche dräniert werden, was wiederum ein Vordringen der Gehölze ermöglicht. Eine Zusammenfassung dieser vielfachen Einwirkungen des Großwildes findet man bei Cumming (1982).

Noch größer ist die Einwirkung des Menschen, sowohl der Tierzüchter als auch der Ackerbauer. Alle Eingriffe, wie Brand, Beweidung, Rodungen im Rahmen des Wanderackerbaues (shifting cultivation) oder Brennholzgewinnung richten sich gegen den Wald. Die Beweidung der Savannen nördlich vom Äquator begann mindestens vor 7000 Jahren. Wälder sind in diesem Gebiet nur noch in kleinen Resten vorhanden; ein großer Teil der Savannen dürfte deshalb sekundärer Natur sein (Hopkins 1974).

Zusammenfassend müssen wir folgende Savannentypen unterscheiden:

1. *Fossile Savannen,* die unter früher anderen Verhältnissen entstanden im Bereich des ZB I
2. *Klimatische Savannen* im Bereich des Zono-Ökotons II/III bei Jahresniederschlägen unter 500 mm
3. *Edapische Savannen,* d. h. durch die Bodeneigenschaften bedingte Savannen des ZB II
   a) Auf Böden, deren Wasserbilanz durch Staukörper (Lateritkrusten, Lehmschichten, verdichte Schluff- oder Sandschichten) ungünstiger ist als es der Regenmenge nach sein sollte
   b) Auf Böden, die primär so nährstoffarm sind, daß Wälder auf ihnen nicht wachsen können (vgl. Seite 113).
   c) Innerhalb von Parklandschaften mit vernässten Böden während der Regenzeit als besonderer Typus der Palmsavannen (vgl. Seite 109).
4. *Sekundäre Savannen* als Folge von Bränden, Einwirkung von Großwild und den verschiedenen Eingriffen des Menschen.

   Um was für einen Savannentypus es sich im Einzelfall handelt, läßt sich nicht durch Augenschein feststellen, sondern erfordert eine eingehende Untersuchung.

4 Parklandschaften

Bei sehr ebenem Gelände bilden sich im Zonobiom II meist Parklandschaften aus. Bedingt wird diese Landschaft durch im Gelände kaum auffallende Unterschiede des Reliefs, die man während der Dürrezeit nicht wahrnimmt. Bei den starken Regenfällen im Sommer werden alle tieferen Reliefteile überschwemmt, weil das Wasser erst nach Monaten abfließt. Diese Biotope werden von Grasland eingenommen; diese Böden sind grau, während auf den höheren nicht überschwemmten Teilen, auf denen die Gehölze stocken, die Böden tiefe, rote sandige Lehme sind. Das Flußsystem beginnt hier auf der Wasserscheide mit kaum eingesenkten und mit Rasen bewachsenen Streifen, die sich unterwärts vereinigen und allmählich bei stärkerem Gefälle in eingeschnittene Bach- und Flußbetten übergehen (vom Flugzeug gut zu erkennen).

Eine besondere Ausbildung ist die „Termitensavanne“, unter der man weite mit Gras bedeckte Senken versteht, aus denen als Inseln breite, verlassene Termitenhaufen herausragen, die nicht überschwemmt werden und sich deshalb mit Baumwuchs bedecken. Es handelt sich also um ein Mosaik von zwei verschiedenen Gesellschaften (Abb. 44), also keine eigentliche Savanne.

Die tieferen Senken mit schwarzen Tonen als „Mbuga“ bezeichnet, sind ein besonderes Amphibiom mit wechselfeuchten Böden und einer

Abb. 44. „Termiten-Savanne", zeitweise überschwemmtes Grasland mit Baumwuchs auf alten Termitenhaufen. NW-Kenya (Foto E. WALTER).

harten Eisenkonkretionsschicht in 50 cm Tiefe. Da die potentielle Evaporation die über 1000 mm betragende Regenmenge bei weitem übertrifft, trocknet der Tonboden im August–Dezember bis zu 50 cm tief aus und wird durch tiefe Spalten in Polygone zerteilt. Solche Biotope sind für Baumarten ungeeignet; sie wachsen dort, wo der Grundwasserspiegel stets unter 3 m liegt. In dieser Tiefe befindet sich auch die Lateritkruste und ebenso tief reichen die Wurzeln der Bäume.

Im Gegensatz zu der „Termitensavanne" ist die „Palmsavanne" eine homogene Pflanzengemeinschaft. Palmen besitzen als verholzende Monokotyledonen ein büscheliges Wurzelsystem aus gleichen, sich kaum verzweigenden Wurzeln, die sich radial weit ausbreiten, so daß die Palmen einzeln im Grasland stehen. Sie vertragen eine zweitweise Überschwemmung. Die Böden der Palmsavannen dürften während der Dürrezeit weniger stark austrocknen als die der reinen Graslandflächen, doch liegen keine Untersuchungen über die Wettbewerbsverhältnisse zwischen Psalmen und Gräsern vor (vgl. „Palmares" Seite 112).

5 Besondere, großflächige Savannengebiete

In Südamerika sind sehr weite savannenartige Vegetationstypen am Orinoko, in Zentralbrasilien und im Chaco-Gebiet verbreitet.

a Llanos am Orinoko

Die Llanos nehmen in Venezuela in 100 m NN die noch im Tertiär ein Meer gewesene Beckenlandschaft auf dem linken Ufer des unteren

Orinoko in einer Breite von 400 km ein und setzen sich noch 1000 km in Columbien fort. Dieses Becken wurde von den Flüssen mit den Verwitterungsprodukten der Anden zugeschüttet. Das Klima der zentralen Llanos um Calabozo (s. Diagramm auf Abb. 30) ist für das Zonobiom II sehr typisch: Jahresniederschlag über 1300 mm, Regenzeit 7 Monate, Dürrezeit 5 Monate. Es wäre somit ein feuchter laubabwerfender Wald in diesem Gebiet zu erwarten. Er ist auch in typischer Ausbildung vorhanden, aber nur in Form von vereinzelten sehr kleinen Wäldchen – den „Matas". Die tiefen Llanos, die an den Fluß grenzen und während der Regenzeit überschwemmt werden, sind, wie in ZB II üblich ein reines Grasland (Bäume nur auf den Uferwällen als Galeriewald). Sonst ist die Fläche von einem etwa 50 cm hohen Grasland bedeckt mit zerstreut stehenden kleinen Bäumchen *(Curatella, Byrsonima, Bowdichia),* d. h. wir haben eine typische Savanne vor uns (Abb. 45). Da diese nicht klimatisch bedingt sein kann (dazu sind die Niederschläge zu hoch), so kommen nur edaphische Ursachen, also die Bodenverhältnisse, in Frage.

Die oft geäußerte Annahme, daß es sich um eine durch Feuer aus Wald entstandene anthropogene Savanne handelt, ist die einfachste, aber auch unkritischste. Die Savanne bestand schon vor der Ankunft der Weißen. Die Indianer hatten sie weder als Acker- noch als Weideland genutzt. Brände kommen in Grasländern durch Blitzschlag immer vor. Sicher werden die Indianer das trockene Gras öfters angezündet haben, aber das konnten sie nur, weil natürliches Grasland schon vorhanden war. Das Feuer hat die Savanne mitgeformt, indem nur feuerresistente Holzarten im Grasland und am Rande der Matas wachsen, jedoch es war nicht die primäre Ursache für diese riesigen Grasflächen. In den zentralen Llanos wurde nachgewiesen, daß zu einer Zeit, als das Grundwasser in der Beckenlandschaft noch sehr hoch stand, eine Lateritkruste entstand, die durch Eisenhydroxid zementiert wurde. Man bezeichnet sie als „Arecife" (Abb. 46).

Abb. 45. Savanne mit *Curatella americana* in den Llanos bei der Estación Biologica Calabozo (Venezuela) während der Trockenzeit (Foto E. WALTER).

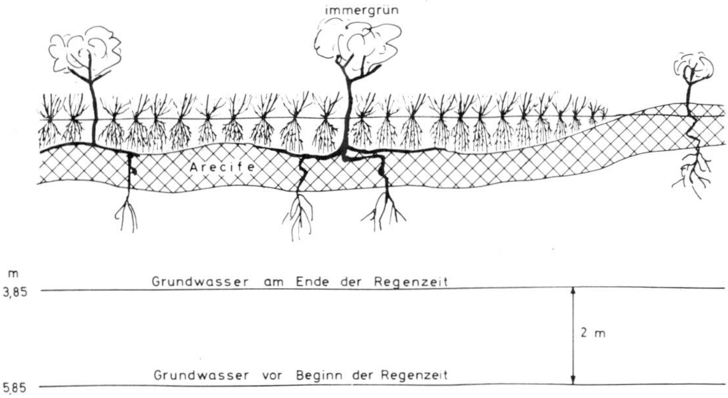

Abb. 46. Schema zur Deutung der Verhältnisse in den Llanos nördlich vom Orinoko. Nähere Erläuterung im Text.

Sie zieht sich in wechselnder, aber geringer Tiefe (am häufigsten 30 bis 80 cm tief) unter der Bodenoberfläche hin, sinkt selten unter 150 cm, tritt aber auch an die Oberfläche. Die Undurchlässigkeit der Arecife für Wasser stimmt in diesem Falle nicht; denn während der Sommerregenzeit fallen in 3 Monaten 750 mm Regen. Diese Mengen kann der Boden über der Arecife nicht aufnehmen; es müßte also eine Überschwemmung der tischebenen Fläche eintreten, was nicht der Fall ist. Auch die rote Färbung des Bodens spricht gegen lange Staunässe. Dafür wurde ein Grundwasseranstieg unter der Arecife von −575 cm bis auf −385 cm, also um fast 2 m, am Ende der Regenzeit festgestellt. Nehmen wir ein Porenvolumen der alluvialen Ablagerungen von etwa 50% an, so würde das bedeuten, daß etwa 300 mm vom Boden über der Arecife zurückgehalten werden und 1000 mm durchsickern. An durch Erosion am Flußufer freigelegter Arecife konnte man deutlich erkennen, daß ganz unregelmäßige Gänge an einzelnen Stellen durch die harte Kruste hindurchführen. Unsere Deutung geht somit dahin, daß die Gräser in dem feinkörnigen Boden über der Arecife wurzeln und etwa 300 mm Regen für ihre Entwicklung verbrauchen, daß aber die Holzpflanzen dort stehen, wo ihre an der Arecife-Oberfläche entlang wachsenden Wurzeln einen Gang durch die Arecife finden und durch diesen in darunterliegende feuchte Gesteinsschichten gelangen. Dort steht ihnen Wasser in genügender Menge zur Verfügung. Sind die Gänge sehr groß oder liegen sie dicht beieinander, so kann darüber eine Baumgruppe wachsen; kleine Waldbestände findet man dagegen nur dort, wo stellenweise die Arecife ganz fehlt oder sehr tief liegt, so daß die dem Klima entsprechende Vegetation sich entwickelt, d. h. ein laubabwerfender Wald. Man muß somit diese Savanne als eine stabile, natürliche Pflanzengemeinschaft betrachten, bei der die Baumverteilung die Arecife-Struktur widerspiegelt. Zugunsten unserer Ansicht sprechen folgende Tatsachen:

1. Dort, wo die Arecife oberflächlich ansteht, fehlt die Grasdecke, aber vereinzelte Bäumchen in größeren Abständen wachsen auf ihr; in diesem Falle müssen die Wurzeln durch die Arecife in den Boden darunter reichen.
2. *Curatella* bleibt während der Trockenzeit, im Gegensatz zu dem sonstigen Verhalten der Holzpflanzen in der typischen Savanne grün, ein Zeichen, daß ihre Wasserversorgung das ganze Jahr gut ist. Transpirationsmessungen ergaben, daß ein Bäumchen in der Dürrezeit etwa 10 Liter pro Tag transpiriert; da der Boden über der Arecife in dieser Zeit trocken ist, muß das Wasser aus den Bodenschichten unter der Arecife stammen. Dasselbe gilt auch für die anderen Holzarten.
3. Wo die Wäldchen (Matas) wachsen, fehlt lokal die Arecife, so daß die Baumwurzeln ungehindert tief in den Boden eindringen können.

Den endgültigen Beweis könnten nur Wurzelausgrabungen auf größeren Flächen erbringen, die jedoch sehr schwierig auszuführen sind. Ein Sprengen der Arecife mit Dynamit müßte zur Ausbreitung der Gehölze führen.

In den Savannen der Llanos sind leichte Senken eingestreut, in die das Wasser nach starken Regengüssen (1961 – 38 mm in 20 Minuten) abfließt und in denen graue Tone zur Ablagerung kommen, so daß das Wasser in den Senken während der Regenzeit etwa 30 cm tief steht. Gegen Ende der Dürrezeit trocknet der graue Boden völlig aus.

Diese Wechselfeuchtigkeit halten gewisse Gräser (*Leersia, Oryza, Paspalum* u. a.) gut aus, nicht dagegen die Baumarten, mit Ausnahme der Palmen. Es bilden sich die „Palmares", Grasland mit der Palme *Copernicia tectorum*, also *Palm-Savannen,* die auch im tropischen Afrika weit verbreitet sind. Auch diese Flächen brennen oft ab, aber Palmen halten das Feuer aus (ebenso wie Baumfarne), denn sie haben kein Kambium, das beschädigt werden könnte. Die toten, den Stamm umhüllenden Blätter der Palmen verbrennen, die äußeren Leitbündel verkohlen; diese Kohleschicht wirkt bei späteren Bränden isolierend. Der von jungen Blättern umgebene Vegetationskegel bleibt erhalten. Fehlen alte Blätter am Stamme ganz, so ist es ein Zeichen, daß erst vor kurzem die Palm-Savanne abbrannte; umhüllen sie den Stamm bis zum Boden, so war die Palme noch keinem Brand ausgesetzt gewesen; ist nur der untere Stammteil kahl, so ist die Palme seit dem letzten Brand eine Reihe von Jahren in die Höhe gewachsen.

Ein Teil des Wassers muß von den mit Palmen bestandenen Flächen abfließen; denn sonst würden die Böden verbracken, da einer Regenmenge von 1300–1500 mm eine potentielle Evaporation von 2428 mm gegenübersteht, d. h. die hydrologische Wasserbilanz ist negativ. Bei einer dauernden Vernässung der Böden tritt die *Mauritia minor*-Palme auf. Es bilden sich schwarze, saure torfige Böden mit einigen Gräsern, *Rhynchospora, Jussieua, Eriocaulon* und den insektivoren *Drosera*-Arten (Sonnentau) u. a. Auch diese Flächen ebenso, wie das bereits erwähnte wechselfeuchte Grasland, sind eine besondere Form der Helobiome und Amphibiome.
Weiter im Osten gehen die Llanos in eine Ebene über mit sandigen Ablagerungen des Orinokos, der früher hier nach Norden umbog und durch die Unare-Niederung ins Karibische Meer mündete.
Die oft ganz weißen Quarzsande sind Verwitterungsprodukte der quarzitischen Sandsteine der Guayana-Tafelberge, die denen des brasilianischen Schildes entsprechen und ebenso nährstoffarm sind.
Diese Savannen, z. T. auch reine Grasflächen dürften auf ähnliche Ursachen zurückzuführen sein, wie die Campos cerrados, zu deren Besprechung wir übergehen.

b Campos cerrados

Es handelt sich bei diesen um eine savannenähnliche Vegetation, die eine Fläche von 2 Millionen km^2 in Zentralbrasilien bedeckt (Eiten 1982). Die Deckung des 4–9 m hohen Baumbestandes schwankt von 3% bis zu 30%. Das Klima zeichnet sich durch eine fünfmonatige Dürrezeit aus bei Jahresniederschlägen von 1100–2000 mm. Rawitscher (1948) hat sich als erster mit dem Wasserhaushalt dieser Savannen befaßt und nachgewiesen, daß der tiefgründige Boden schon in 2 m Tiefe dauernd feucht bleibt, so daß die tiefer wurzelnden Holzarten stets genügend Wasser zur Verfügung haben, immergrün bleiben und auch während der Dürrezeit stark transpirieren. Nur die Gräser und flachwurzelnden Arten vertrocknen während der Dürre oder werfen die Blätter ab. Die Böden sind Verwitterungsprodukte der Granite und Sandsteine des brasilianischen Schildes und sehr nährstoffarm vor allem an Phosphor, aber auch an Kalium, Zink und Bor. Das ergaben Kulturen von Baumwolle, Mais und Soja mit verschiedenen Düngergaben. Daß *nicht der Wasserfaktor sondern die Nährstoffarmut die Ausbildung der zonalen laubabwerfenden Wälder verhindert,* zeigt die Tatsache, daß in der Nähe von São Pãulo auf Basaltböden ein zonaler halbimmergrüner Wald wächst. Die Campos cerrados wurden regelmäßig abgebrannt. Das Vorhandensein vieler Pyrophyten zeigt, daß Feuer auch hier ein natürlicher Faktor seit Urzeiten war. Brände verringern etwas die Dichte der Bestände, aber sie sind nicht die eigentliche Ursache für das Fehlen einer Waldvegetation (Coutinho 1982).

c Das Chaco-Gebiet

Es handelt sich um den westlichsten Teil des ZB II in Südamerika – eine riesige Ebene zwischen dem brasilianischen Schild im Osten und den vorandinen Gebirgsketten im Westen. Der zentrale Teil dieser Ebene liegt nur etwa 100 m über dem Meeresspiegel. Die Ebene erstreckt sich von S-Bolivien, den größten Teil von Paraguay und weit nach W-Argentinien hinein über 1500 km von Norden nach Süden bei einer mittleren Breite von 750 km (Hueck 1966).

Während der starken Sommerregen werden große Teile der Ebene namentlich im östlichen Teile überschwemmt (Jahresregenfall 900–1200 mm). Es handelt sich um eine Parklandschaft mit Wald, weiten periodisch überschwemmten Grasflächen, Palmsavannen oder Sümpfen. Im mittleren Teil treten neben der Parklandschaft auch trokkene Savannen auf. Der westliche Teil in Argentinien ist stark verbuscht und es kommen auch Salzpfannen mit den Halophyten *Allenrolfea* und *Heterostachys* vor. Der südliche Chaco leitet zur Pampa über. Das Relief ist sehr flach, im Boden kommen wasserundurchlässige Schichten vor; die Vegetation ist vorwiegend eine *Prosopis*-Savanne mit einer Grasschicht aus *Elionurus muticus* und *Spartina argentinensis*. Die Hauptbaumarten der Chaco-Wälder sind stark gerbstoffhaltige Quebracho-Arten *Aspidosperma quebracho-blanco* (*Schinopsis quebracho-colorado* und *S. balansae* u. a.). Von den Palmen ist *Trithrinax campestris* häufig, während für feuchte Senken *Copernicia alba* typisch ist.

Die Säugetierfauna ist nicht zahlreich. Termitenfresser sind *Myrmecophaga tridactyla* und *Tamandua tetradactyla*. Von Raubtieren sind der Jaguar *(Leo onca)*, Puma *(Felis concolor)* und viele kleinere Arten vertreten. Zahlreich sind die Nagetiere; auf Bäumen findet man das Faultier *Bradypus boliviensis,* 3 Affenarten *(Cebidea),* das Baum-Stachelschwein *(Coenda spinosus)* und die Mustelide *Eira barbara,* dazu kommen viele Insectivore oder sich von Früchten und Blüten ernährende Fledermäuse, sowie der blutsaugende Vampir *Desmodus rotundus.*

Von den Vögeln sei nur der große Laufvogel *Rhea americana* genannt, die Reptilien sind durch 2 selten gewordene Kaiman-Arten, 3 Schildkrötenarten, einige Giftschlagen (insgesamt 25 Schlangenarten) und verschiedene Eidechsen vertreten; von Anuren kennt man bisher 30 Arten.

Auf die zahllosen Wirbellosen können wir hier nicht eingehen. Ökosystemforschungen wurden noch nicht in Angriff genommen. Die Haupteingriffe des Menschen entstehen durch Abholzung und Beweidung, die zur Verbuschung führen kann.

Eine kurze Zusammenfassung mit Literaturangaben liegt von Bucher (1982) vor.

d Die Savannen und Parklandschaften Ostafrikas

Dieses am Fuße der großen Vulkane liegende Gebiet mit dem Riesenkrater Ngoro-Ngoro, dem ostafrikanischen Grabenbruch und der weiten Serengeti-Fläche ist in weiten Kreisen bekannt, vor allem durch den Wildreichtum, der vielleicht auch mit den nährstoffreichen vulkanischen Böden und damit besserem Pflanzenfutter zusammenhängt. Aber in diesen äquatorialen Gebiet mit Tageszeitenklima und einem Monsunklima treten zwei Regenzeiten auf, eine kleine und eine große. Meist sind diese nur durch eine kurze Dürrezeit getrennt und wirken sich ähnlich wie eine Sommerregenzeit aus, so daß man hier bei Jahresniederschlägen um 800 mm ähnliche Savannen und Parklandschaften antrifft wie im ZB II.
Rodung, jährliche Brände und Überweidung haben die Pflanzendecke stark beeinflußt; infolgedessen sind verschiedene Degradationsstadien verbreitet. Oft wird von einer „Obstgartensteppe" gesprochen, die aber eine typische Baumsavanne ist. Wenn das Klima trockener wird bzw. an trockenen Felsstandorten treten große Kandelaber-Euphorbien und Aloë-Arten auf.

e Vegetation des australischen ZB II

Mit Ausnahme von wenigen kleinen Relikten von laubabwerfenden Wäldern in NE Australien mit indomalaischen Florenelementen und einigen laubabwerfenden *Eucalyptus*-Arten in N-Australien, die jedoch fast bedeutungslos sind, gibt es diesen Vegetationstypus nicht. Aber Parklandschaften auch mit Palmen sind im Bereich des ZB II verbreitet, doch mit immergrünen *Eucalyptus*-Arten. Etwas südlicher kommen bei geringeren Jahresniederschlägen Savannen mit deckender Grasschicht aus *Heteropogon contortus*, (ebenfalls mit immergrünen Eukalypten) vor.
In der ausführlichen Vegetationsmonographie von Beadle (1981) kommt die Bezeichnung „Savanne" nicht vor. Im Gegensatz dazu rechnen die australischen Forscher Walker and Gillison (1982) zu „Savannen" alle lichten Wälder, wenn die Gräser der Krautschicht eine Deckung von über 2% haben, womit man praktisch die meisten lichten *Eucalyptus*-Wälder dazu rechnen müßte.

6 Ökosystemforschung

Zwei Savannen-Ökosysteme wurden ökologisch untersucht. Eines davon, die Lamto-Savanne, liegt in Westafrika und ist eine Reliktsavanne im Regenwaldgebiet, das andere, die Nylsvley-Savanne in Südafrika, grenzt im Westen an die Kalahari.

a Lamto-Savanne

Diese Reliktsavanne liegt in der Guinea-Waldzone (Gebiet Elfenbeinküste) bei 5°W und 6°N, also noch im ZB I. Sie wird jedes Jahr abgebrannt, so daß der an sie angrenzende Regenwald nicht vorrükken kann, selbst wenn die Bodenverhältnisse es erlauben würden. Der mittlere Jahresniederschlag beträgt 1300 mm und auf dem Klimadiagramm ist eine Dürrezeit von nur einem Monat – im August – zu erkennen, aber der Witterungsablauf schwankt von Jahr zu Jahr stark, und die Regenmenge liegt im Bereich von 900–1700 mm pro Jahr. Auf dem höheren Teil des Reliefs wächst eine Baum- oder Strauchsavanne auf roten Savannenböden mit Lateritkonkretionen; in tieferen Teilen des Reliefs dagegen wachsen Palm-Savannen auf in geringer Tiefe staunassen Böden. Die verschiedenen Pflanzengemeinschaften wurden von MENAUT and CESAR (1982) untersucht. Wir bringen nur die Extremwerte von einer niedrigen Strauchsavanne (erste Zahl) und einer dichten Baumsavanne (zweite Zahl):

Zahl der Holzpflanzen pro ha	120–800
Deckung der Holzpflanzen	7%–45%
Ihr Blattflächenindex	0,1–1
Phytomasse oberirdisch (t/ha)	7,4–54,2
Phytomasse unterirdisch	3,6–26,6
Netto-Holzproduktion pro Jahr (t/ha)	
„ oberirdisch	0,12–0,76
„ unterirdisch	0,05–0,37
Netto-Produktion der Blätter und grünen Sprosse	0,43–5,53
Netto-Produktion der Grasschicht pro Jahr (t/ha)	
„ oberirdisch	14,9–14,5
„ unterirdisch	19,0–12,2

Mit den Konsumenten und Destruenten dieser Savanne beschäftigte sich LAMOTTE (1975): Großwild kommt nur sporadisch vor; die Zoomasse der Vögel beträgt 0,2–0,5 kg/ha, die von 12 Nagetierarten 1,2 kg/ha, der Regenwürmer 0,4–0,6 kg/ha. Die Masse der Termiten (gras-, humus- oder holzfressende) konnte ebenso wie die anderer Wirbelloser nicht bestimmt werden. Die Bodenatmung, die als Maß der Mikroorganismen-Aktivität dient, wurde mit 8 t CO_2/ha im Jahr ermittelt. Der Versuch, den Energiefluß beim Abbau festzustellen (LAMOTTE 1982), ergab folgendes:

1. Durch das jährliche Feuer wird etwa ⅓ der Primärproduktion mineralisiert.

2. Von den Konsumenten gefressen wird wahrscheinlich weniger als 1% der Primärproduktion; auch der Abbau der Detritus-Fresser mit der Hauptgruppe der Regenwürmer ist wenig wirksam.
3. 80% der Primärproduktion wird durch Mikroorganismen abgebaut, so daß die Darstellung des Energieflusses als Pyramide sehr fraglich erscheint. Damit wird unsere Ansicht bestätigt, daß der lange Kreislauf über die Konsumenten quantitativ fast bedeutungslos ist (Seite 19).

Viele faunistische Angaben für die einzelnen in den Savannen vertretenen Tiergruppen findet man in dem von Bourlière (1983) herausgegebenen Band.

b Nylsvley-Savanne

Die Versuchsfläche liegt nördlich von Johannesburg (etwa auf dem 24°S) im „Nylsvley Nature Reserve" und umfaßt 745 ha; davon sind 130 ha steinige Böden (Huntley and Morris 1978, 1982).
Die Klimaverhältnisse gehen aus dem Klimadiagramm in Abb. 47 hervor. Es handelt sich um ein relativ trockenes tropisches Klima mit Sommerregen (ZB II), einem Jahresniederschlag von 610 mm und vereinzelten Frösten bis −6 °C in den Monaten Mai bis September.
Die nährstoffarmen Böden sind sandige Latosole (pH = 4) und durch Verwitterung aus Gesteinen der Waterberg-Serie entstanden (B-Horizont in 30–130 cm Tiefe, sein Tongehalt 6 bis 15%).
Die Vegetation ist eine bis 14 m hohen *Burkea africana-Eragrostis pallens*-Baumsavanne. Die laubabwerfenden dominanten Bäume sind außer *Burkea, Terminalia sericea* sowie *Combretum molle* und unter den Sträuchern *Ochna pulchra* und *Grewia flavescens*. Der Kronenschluß beträgt 27,5% (20–60%). Auf den Flächen, die bis vor 50 Jahren von Eingeborenen besiedelt waren, ist der Boden dichter, reicher an N, P sowie K und trägt eine sekundäre *Acacia tortilis* + *A. nilotica* + *Dichrostachys cinerea*-Dornsavanne (Kronenschluß 10%) mit vorwiegend *Eragrostis lehmanniana* in der Grasschicht.
Die oberirdische Phytomasse der holzigen Produzenten in der *Burkea*-Baumsavanne beträgt 16,3 t/ha und zwar 14,9 t/ha an Stämmen und Ästen 0,3 t/ha an Zweigen und 1,1 t/ha an Blättern; dazu kommen 1,9 t/ha an totem Holz. Der Blattflächenindex ist 0,8.
In der Grasschicht spielen die Kräuter keine wesentliche Rolle. Die Gräser stehen unter den Baumkronen lockerer als zwischen den Holzpflanzen. Die Phytomasse der Grasschicht schwankt kleinflächig sehr stark und ist auch in den einzelnen Jahren je nach dem Regenfall verschieden. Messungen in den drei Jahren haben Maximalwerte von 235 g/m^2 zwischen den Bäumen und von 62 g/m^2 unter den Kronen ergeben, die Minimalwerte waren 141 und 16 g/m^2.

Für die unterirdische Phytomasse werden 15,5 t/ha angegeben; zwischen den Bäumen entfällt davon die Hälfte auf die Wurzeln der Gräser. 75% der Wurzelmasse befinden sich in den oberen 20 cm des Bodensprofils. Von den Wurzeln sind im Sommer 13% und im Winter 30% tot. Der Streufall betrug in der *Burkea*-Savanne vom 7.4.1977 bis zum 14.11.1977 insgesamt 160 g/m² (davon waren 84,8% Blattstreu, 9,4% Zweige, 5,5% Früchte und Samen, 0,3% Borke und Knospenschuppen). Je 35% der Streu stammten von *Burkea* und *Ochna*. Die jährliche Streuproduktion wird mit 170 g/m² angegeben.

Am 18. 10. 1976 betrug die gesamte Streumenge auf dem Boden 1853 g/m² und nahm bis zum 12.7.1977 auf 1342 g/ha ab.

Die Fauna der *Burkea*-Baumsavanne und die der *Acacia*-Dornbuschsavanne weist sowohl für die Wirbeltiere als auch für die Wirbellosen auffallend große Unterschiede auf.

Im gesamten Schutzgebiet kommen 18 Amphibien-Arten vor (in der Nyl-Flußniederung), im Versuchsgelände sind es elf Arten; weit vom Wasser entfernt findet man sowohl die Kröte *Bufo garmani*, als auch die Frösche *Breviceps mosambicus* und *Kassina senegalensis*. An Reptilien wurden auf der Versuchsfläche 3 Schildkröten, 19 Eidechsen und 26 Schlangenarten festgestellt.

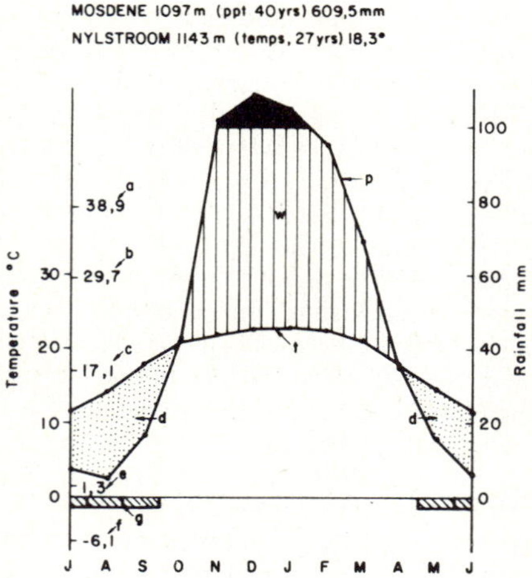

Abb. 47. Kombiniertes Klimadiagramm von Mosdene und Nylstrom unweit der Versuchsfläche (a = absol. Maximum, b = mittleres tägliches Maximum des wärmsten Monats, c = mittlere tägliche Temperaturschwankung, e = mittleres tägliches Minimum des kältesten Monats (+1,3 °C), f = abs. Minimum, sonst wie üblich (nach Huntley and Morris).

Die Zahl der Vogelarten im gesamten Schutzgebiet ist 325, davon 197 ständige. Im Versuchsgebiet sind es 120 Arten (14 Raubvögel, 71 Insektenfresser, 4 Beerenfresser, 10 Körnerfresser und 26 omnivore). Von den 62 Säugetierarten des Schutzgebietes wurden 46 auf der Versuchsfläche registriert. Am zahlreichsten sind die Nagetierarten, dazu kommen je eine Art der Stachelschweine, der Warzenschweine, sowie der Schakale und zwei Affenarten.

Von den besonders wichtigen Paarhufern seien genannt: Kudu *(Tragelaphus strepsiceros)*, *Impala (Aepyceros melampus)*, Deuker *(Sylvicapra grimmia)* und Steinbock *(Raphicerus campestris)*.

Die Bestimmung der Individuenzahl bzw. der lebenden Zoomasse ist schwierig und gelang nur in wenigen Fällen annähernd. An Schlangen werden 3 Tiere pro ha angegeben, das häufigste Reptil, der Gecko *(Lygodactylus capensis)*, ist mit 195–262 Tieren/ha vertreten, die gemeine Eidechse *(Ichnotropis capensis)* mit 7–11 Tieren/ha.

Die lebende Zoomasse der Vögel beträgt auf 100 ha in der *Burkea*-Savanne 40 kg, doch nimmt die Zahl der Vögel im Winter, wenn die Zugvögel das Gebiet verlassen, um 25–30% ab.

Bei Säugetieren waren die Fangergebnisse so gering und schwankend, daß die Angaben wenig besagen. Z. B. ergaben die monatlichen Fänge bei *Dendromys melantois* etwa 5 (0–15) Tiere/ha, für andere Nager nur 2 Tiere/ha.

Für die Paarhufer werden folgende Mittelzahlen der Tiere angegeben: Pro 100 ha – Impala 13, Kudu 2, Warzenschwein 1, Deuker 2 und Steinbock 1–2 (Riedbock selten).

Der frühere Besitzer von Nylsvely gab an, daß er in den letzten 40 Jahren das Gebiet nur in den Monaten Januar bis April beweiden ließ, weil sonst Verluste durch die giftige Art *Dichapetalum cymosum*, einem den Euphorbiaceen nahe stehenden Geophyten eintraten. Die Rinder-Biomasse betrug in den 4 Monaten etwa 150 kg/ha, doch machte sich 1975 Überweidung bemerkbar, so daß der Viehbestand in den nächsten Jahren auf die Hälfte reduziert wurde.

Die Zahl der Wirbellosen ist so groß, daß eine Beschränkung auf bestimmte, für das Ökosystem wichtige Arthropoden-Gruppen notwendig war: Holzfressende Coleopteren, Lepidopteren, soziale Insekten, Wurzelfresser und Spinnen.

Die Zoomasse der Wirbellosen als Trockenmasse betrug auf den Holzpflanzen im Mittel 135 g/ha (Minimum im August = 60 g/ha, Maximum im März = 300 g/ha). Die Trockenmasse der Insekten in der Grasschicht ist größer. Folgende Zahlen bedeuten die Trockenmasse in kg/ha für die *Burkea*-Savanne und in Klammern für die *Acacia*-Dornsavanne:

Acridoidea 0,76 (2,32), andere Orthopteren 0,06 (0,02), Lepidopteren 0,05 (0,03), Hemipteren 0,08 (0,08), sonstige 0,05 (0,05), also insgesamt 1,00 (2,50) kg/ha.

Vereinzelt traten auf der Grasart *Cenchrus ciliaris* Raupenherde *(Spodoptera exempla)* oder Käferlarven auf *(Astylus atromaculatus)*.
Der Dung wird in der warmen Jahreszeit zu 77% in einem Tage durch Mistkäfer (Coprinae, Aphodiinae) entfernt, indem sie ihn direkt unter der Ablagestelle vergraben, während die Pillendreher (*Pachilomera* spp.) ihn über eine größere Fläche ausbreiten. Diese Koprophagen leiten bereits zu der nächsten Gruppe über.
Zu den Destruenten werden die saprophagen Kleintiere im Boden und in der Streuschicht gerechnet, die tote Pflanzenteile und Tierreste fressen und sie gleichzeitig zerkleinern, sowie die Protozoen, Pilze und Bakterien, durch die schließlich eine vollständige Mineralisation erfolgt.
Die wichtigsten Saprophagen sind die Termiten. Oligochaeten, Myriapoden und Isopoden sind von geringer Bedeutung. Acarinen und Collembolen ernähren sich von Bakterien und Pilzen.
Termiten sind durch 15 Arten vertreten, die häufigsten Arten sind *Aganotermes oryctes, Microtermes albopartitus, Cubitermes pretorianus* und *Microcerotermes parvum*. Von den 15 Arten sind 4 Humusfresser, die übrigen ernähren sich von totem Holz oder Blattstreu. Genauere Untersuchungen der Termiten stehen noch aus. Im Boden fand man unter 1 m^2-Oberfläche im Mittel 2540 Termiten (Maximum im November 8204, Minimum im Juli 596).
Von Mikroorganismen wurden die üblichen Keimzählungen auf Platten gemacht, wobei die Zahl der Actinomyceten auffallend hoch war. Die Aktivität der Bodenorganismen wurde durch ATP-Bestimmungen und Bodenatmungsmessungen ermittelt. Gefunden wurden im Mittel $2{,}33 \times 10^6$ fg ATP pro g Boden und eine Tagesausscheidung von CO_2 von 1866 mg CO_2/m^2 in 24 Stunden (Minimum im August 226 mg und Maximum im Januar 4367 mg). Die angewandte Methode wird jedoch nicht angegeben. Parallel dazu wurde die CO_2-Bildung von Bodenproben im Laboratorium bestimmt.
Weitere Angaben findet man in 8 Beiträgen zur südafrikanischen Savanne bei HUNTLEY and WALKER (eds.) 1982, pp. 431–609. In diesen werden methodische Fragen zur Berechnung des Energieflusses behandelt, sowie Probleme der Photosynthese, des Stickstoffkreislaufes, der Zoomasse-Bildung, des Streu-Abbaus und der Ökosystem-Stabilität. Die endgültigen Ergebnisse stehen noch aus. Die Holzmasse in den verschiedenen *Burkea*-Savannen ermittelte RUTHERFORD (1982).

7 Tropische Hydrobiome im ZB I und ZB II

Die hohen Niederschläge bei einer relativ geringen potentiellen Verdunstung führen in den feuchten Tropen zu großen Wasserüberschüssen. Als Beispiel nennen wir San Carlos de Rio Negro in S-Venezuela

mit einem Niederschlag von 3521 mm und einer potentiellen Verdunstung von nur 520 mm. Sofern bei ebenem Gelände der Abfluß erschwert ist, entstehen ausgedehnte Sumpfgebiete.
In Uganda nehmen sie 12 800 km^2 ein, etwa 6% der gesamten Fläche. Die Einzugsgebiete der Flußsysteme sind dort nicht durch Wasserscheiden voneinander getrennt, sondern netzartig durch Sümpfe miteinander verbunden. Auf dem Flug von Livingstone nach Nairobi sieht man die großen Lukango-Sümpfe und weiterhin die um den Kampolombo- und Bangweulu-See. Aber das größte Sumpfgebiet bildet der Weiße Nil im S-Sudan. Mit seinem linken Nebenfluß dem Bar-el-Ghasal, füllt er das große 400 m über dem Meer gelegene Becken mit Wasser aus. Es ist das als „Sudd" bezeichnete Sumpfgebiet, dessen größte Erstreckung von Nord nach Süd und von West nach Ost 600 km erreicht; die Gesamtfläche wird auf 150 000 km^2 geschätzt; sie schwankt je nachdem, ob Hoch- oder Niedrigwasser ist. Durch die Verdunstung im Suddgebiet verliert der Nil die Hälfte seines Wassers. Es handelt sich nicht um eine freie Wasserfläche mit kleinen, kaum über das Wasser herausragenden Inseln, sondern um einen grünen Teppich aus Schwingrasen und schwimmenden Inseln, die durch an der Wasseroberfläche liegende Sprosse des Grases *Vossia* sowie *Papyrus* gebildet werden.
Auch Rasen von schwimmende Pflanzen, der aus Südamerika eingeschleppten *Eichhornia* sowie *Pistia* spielen eine Rolle. Dazwischen erkennt man vom Flugzeug aus einzelne freie Wasserläufe und kleinere Wasserflächen. Ein Teil des Landes taucht bei Niedrigwasser auf und bildet ein Grasland mit der hohen *Hyparrhenia rufa* und *Setaria incrassata*. Die feuchtesten Teile sind mit *Echinochloa*-Arten, *Vetiveria* und Schilf *(Phragmites)* bedeckt.
Man nahm früher an, daß das „Große Pantanal" im Mato Grosso (Brasilien) an der Grenze von Bolivien und Paraguay ein ähnliches großes Sumpfgebiet ist, von dem aus die südlichen Nebenflüsse des Amazonas und die rechten Nebenflüsse des oberen Paraná entspringen, aber dieses Gebiet wird nur während der Regenzeit überschwemmt, während der Trockenzeit jedoch als Weideland genutzt, wobei viele ringförmige Seen mit Uferwäldern verbleiben.
Sumpfgebiete und Wasserbecken sind auch in den übrigen feuchten Tropen verbreitet. Die Wasservegetation besteht aus einigen Kosmopoliten und pantropischen Arten mit für jedes Gebiet eigentümlichen floristischen Besonderheiten.

8 Mangroven als Halo-Helobiome in ZB I und ZB II

Wer sich einer durch Korallenriffe geschützten tropischen Küste vom Meer aus nähert, dem fallen die Mangroven auf, deren Baumkronen bei Hochwasser kaum aus dem Meerwasser herausragen. Nur bei

Niedrigwasser werden die unteren Teile der Stämme mit den Atemwurzeln sichtbar. Diese Wälder wachsen in der Gezeitenzone im Salzwasser, dessen Konzentration etwa 35‰ beträgt, was einem potentiellen osmotischen Druck von 25 atm oder bar entspricht. Sie bestehen aus insgesamt 20 Holzarten. Man unterscheidet die artenreichere östliche Mangrove an den Küsten des Indischen sowie den Westküsten des Pazifischen Ozeans und die artenärmere westliche Mangrove an den Küsten Amerikas und der Ostküste des Atlantischen Ozeans. Die optimale Entwicklung erreicht die Mangrove um den Äquator in Indonesien, Neu-Guinea und auf den Philippinen. Mit zunehmender Breite verarmt sie immer mehr, bis schließlich nur eine *Avicennia*-Art verbleibt. Die äußersten Vorposten findet man bei 30°N und 33°S (E-Afrika), bei 37–78°S (Australien und Neuseeland) und bei 29°S in Brasilien, sowie 32°N auf den Bermuda-Inseln. Wir sehen somit, daß die Mangrove in der äquatorialen Zone zwar am besten entwickelt ist, sich aber durch die tropische und subtropische Zone bis fast an das Winterregengebiet oder die warm-gemäßigte Zone erstreckt (Chapman 1976).

Es handelt sich somit um eine azonale Vegetation, die an das Salzwasser im Gezeitenbereich gebunden ist. Die wichtigsten Gattungen der

Abb. 48. Äußere Mangroven-Zone mit *Rhizophora mangle* bei Marina/Bahia de Buche (Venezuela) (Foto E. Walter).

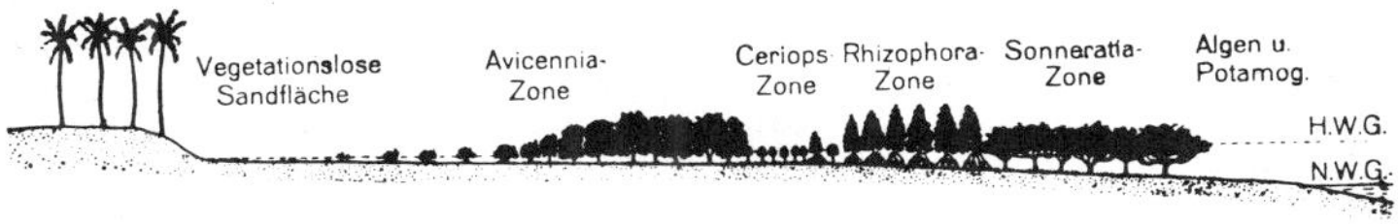

Abb. 49. Zonation der ostafrikanischen Küstenmangrove (nach WALTER und STEINER). H.W.G. = Hochwassergrenze, N.W.G. = Niedrigwassergrenze.

Mangroven sind *Rhizophora* mit Stelzwurzeln (Abb. 48) und viviparen Keimlingen und *Avicennia* mit dünnen, aus dem Boden herauswachsenden Atemwurzeln (nicht vivipar). Zur westlichen Mangrove gehört noch *Laguncularia,* während *Conocarpus* nur bei geringer Salzkonzentration wächst. In der östlichen Mangrove kommen außerdem Arten der Gattungen *Bruguiera* und *Ceriops* (beide vivipar und mit Kniewurzeln), *Sonneratia* (nicht vivipar mit dicken Atemwurzeln) vor, dazu *Xylocarpus-, Aegiceras-, Lumnitzera*-Arten u. a. Die einzelnen Mangroven-Arten wachsen meistens in deutlichen Zonen, seltener in Mischbeständen. Die Zonation hängt mit den Gezeiten zusammen. Je näher zum Außenrand der Mangroven eine Art wächst, desto länger und desto tiefer steht sie im Salzwasser (Abb. 49).
Die Gezeiten oder Tiden haben an den einzelnen Küsten einen verschiedenen Tidenhub (Höhenunterschiede zwischen Niedrig- und Hochwasser); dieser ändert sich periodisch mit dem Mond und dem Sonnenstand. Er ist am größten jeweils zur Zeit des Neu- und Vollmonds (Springtiden) und am kleinsten dazwischen (Nipptiden). Am allerhöchsten sind die Springtiden 2mal im Jahr bei der Tagundnachtgleiche (aequinoctiale Springtiden).
Man unterscheidet *Küstenmangroven,* die an flachen Küsten ohne Wasserzufuhr vom Lande wachsen und oft viele Kilometer breit sind, die *Flußmündungsmangroven,* die namentlich im Deltabereich der Flüsse sehr ausgedehnt sein können, und *Riffmangroven* auf aus dem Wasser tauchenden toten Korallenriffen, die eine geringere Rolle spielen. Am genauesten untersucht sind die Salzverhältnisse bei der Küstenmangrove E-Afrikas (Abb. 50).
Die Küste von E-Afrika bei Tanga hat ein relativ trockenes Monsunklima. Die potentielle Verdunstung dürfte gleich oder höher sein als die Jahresregenmenge. Neben einer kleinen Trockenzeit ist eine ausgeprägte Dürrezeit vorhanden. Das hat zur Folge, daß die Salzkonzentration des Bodens im Gezeitenbereich landeinwärts um so stärker ansteigt, je kürzere Zeit der Boden überschwemmt wird. Am extremsten sind die Verhältnisse am Innenrand der Mangrovenzone, bis zu dem nur die aequinoctialen Springtiden reichen. Das in den Boden eindringende Salzwasser wird hier während der Dürrezeit durch die

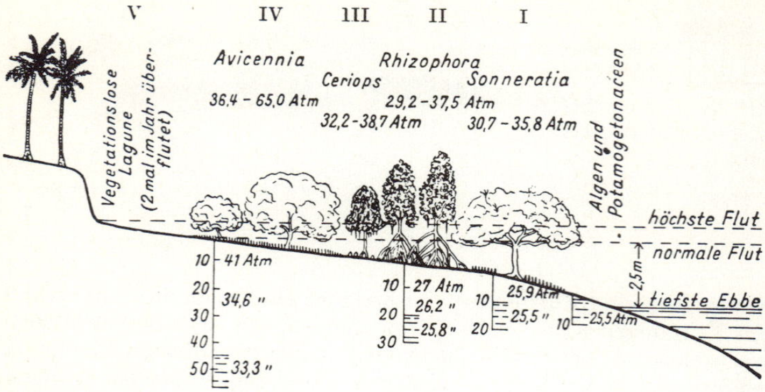

Abb. 50. Konzentration des Zellsaftes in atm (geringste und höchste) der Blätter von Mangroven-Arten und der Bodenlösungen in verschiedener Tiefe (in cm). Küstenmangrove E-Afrikas (arider Typus).

Verdunstung stark konzentriert, während der Regenzeit kann dagegen der Boden völlig ausgelaugt werden. Diesen starken Konzentrationsschwankungen ist keine Pflanzenart gewachsen, so daß diese Flächen vegetationslos sind. Solche Flächen findet man überall am Innenrand der Küstenmangroven, wenn das Klima sich durch eine Dürrezeit auszeichnet. In N-Venezuela treten auf ihnen jedoch stellenweise kleine Bestände von Säulenkakteen und Opuntien oder Bromelien auf, obgleich es sich um sehr salzempfindliche Pflanzen handelt. Aber wir wissen, daß die Bromelien das Wasser durch die Blätter aufnehmen und hier dem Boden ganz locker aufsitzen. Die Kakteen dagegen nehmen das Wasser durch flachstreichende Wurzeln auf. Sie wachsen hier immer auf kleinen Sandanhäufungen, wurzeln also in diesen, aus denen das Salz während der Regenzeit ausgewaschen wird. Der darunter liegende Salzboden stört sie also nicht. Weder die Kakteen noch die Bromelien enthalten in ihren Geweben Salze; sie sind also keine Halophyten – wieder ein Beispiel dafür, daß man die ökologischen Eigenschaften der Pflanzen nicht nach den Bodenverhältnissen beurteilen darf.

Anders liegen die Verhältnisse im stark humiden Gebiet. Hier werden die freiliegenden Flächen dauernd vom Regenwasser ausgelaugt, d. h. die Konzentration des Bodenwassers muß landeinwärts abnehmen, was auch für die Flußmündungsmangroven flußaufwärts gilt. Die Mangroven gehen somit über eine Brackwasserzone mit dem Farn *Acrostichum,* der *Nipa*-Palme, *Acanthus ilicifolius* und vielen anderen Arten in die Süßwassergemeinschaften über, ohne daß eine vegetat-

ionslose Zone sich dazwischen schiebt (Abb. 51). Obgleich die Mangroven eine azonale Vegetation sind, so wird ihre Zonation doch vom Klima bestimmt. Sie ist im humiden ZB I anders als in einem Klima mit einer ausgesprochenen Dürrezeit.
Alle in Salzböden wurzelnden Pflanzen nehmen eine gewisse Menge an Salzen auf, die im Zellsaft gespeichert werden. Das gilt auch für die Mangroven mit ihren stark sukkulenten Blättern, in deren Zellsaft die Salzkonzentration etwa der im Boden entspricht; dazu kommen noch die Nichtelektrolyten in einer bei tropischen Arten üblichen Konzentration. Die typische Zonierung und den potentiellen osmotischen Druck im Boden sowie in den Blättern der Mangroven zeigt Abb. 50 während das Schema auf Abb. 51 die Unterschiede zwischen den Mangroven im ariden und im humiden Gebiet hervorhebt.
Die Zonierung kommt durch den Wettbwerb der einzelnen Mangrovenarten zustande, für den in E-Afrika der Salzfaktor ausschlaggebend ist. *Avicennia* als wettbewerbsschwächste Art besitzt zugleich die höchste Salzresistenz; Kümmerexemplare dieser Art bilden deshalb die Innengrenze. *Sonneratia* dürfte die wettbewerbsstärkste Art sein, jedoch eine Zunahme der Salzkonzentration über die des Meerwassers am wenigsten vertragen. Sie kann sich infolgedessen nur am Außenrande halten. Bei der Mangrove dauernd humider Gebiete ist die Zonation komplizierter, *Avicennia* scheint an Sandboden gebunden zu sein, während *Sonneratia* Schlickboden bevorzugt. Hier dürften die Bodenart, die Überschwemmungsdauer, die Wasserbewegung und der Grad der Aussüßung bzw. die Konzentrationsschwankungen von größerer Bedeutung sein.

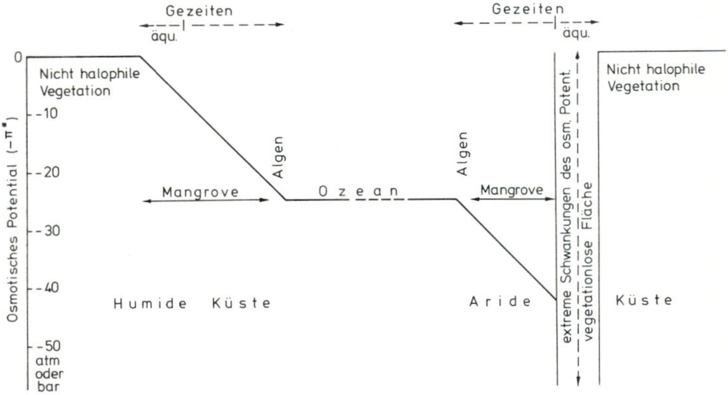

Abb. 51. Schema der Salzkonzentration im Boden und der Mangrovengliederung an humiden und ariden Küsten. äqu = äquinoctiale.

Ein interessantes Problem ist der *Salzhaushalt der Mangroven*. Sie können nicht einfach das Meerwasser als solches aufnehmen, denn es würde sich in kürzester Zeit eine gesättigte Salzlösung in den Blättern bilden, da die Pflanzen bei der Transpiration nur Wasser abgeben, jedoch die Salze zurückbleiben. In neuester Zeit ist der direkte Nachweis gelungen, daß in den Blättern der Mangroven Saugkräfte von 35–55 atm oder bar entstehen, die höher sind als der potentielle osmotische Druck der Bodenlösung. Diese Saugkräfte werden durch die Kohäsionsspannung in den Gefäßen auf die Wurzeln übertragen, die zugleich einen Ultrafilter darstellen, d. h. praktisch reines Wasser durchlassen und dieses den Blättern zuführen. Nur eine sehr kleine Salzmenge dringt in die Pflanze ein und wird in den Vakuolen der Blattzellen in gelöster Form gespeichert. Sie ist notwendig, um die Saugkräfte zu erzeugen.

Wie die Regulierung der Salzkonzentration erfolgt, ist noch nicht ganz klar. Den jungen heranwachsenden Blättern kann ein Teil der Salze aus den alten vergilbenden Blättern zugeleitet werden. Ein Überschuß an Salzen ließe sich beim Abfallen der alten Blätter aus der Pflanze ausscheiden. Bei *Avicennia* ist eine Regulierung durch auf der Blattunterseite befindliche Salzdrüsen möglich. Die Konzentration der ausgeschiedenen Salzlösung erreicht bei *Avicennia* 4,1% und ist somit höher als die des Meerwassers. Die ausgeschiedenen Salze sind zu 90% NaCl und zu 4% KCl, was dem Verhältnis im Meerwasser entspricht. Die Ausscheidung unterbleibt im Dunkeln und ist mittags am intensivsten. Sie erreicht in 24 Stunden 0,2–0,35 mg pro 10 cm^2 Blattfläche. In Trockenzeiten reichert sich das Salz auf der Blattunterseite in Form von Kochsalzkristallen an, die bei hoher Luftfeuchtigkeit in der Nacht zerfließen und abtropfen.

Es ist interessant, daß die viviparen Keimlinge fast salzfrei sind und einen potentiellen osmotischen Druck von nur 13–18 atm besitzen. Ihnen muß somit das Wasser durch ein Drüsengewebe im Kotyledonarkörper zugeführt werden. Sobald die Keimlinge abfallen und sich im Salzboden bewurzeln, nimmt der Salzgehalt zu und der potentielle osmotische Druck steigt auf die normale Höhe an. Die Keimwurzel scheint zunächst für Salz permeabel zu sein.

Auch die Funktion der Atemwurzeln (Pneumatophoren) konnte aufgeklärt werden. Sie besitzen Lentizellen mit feinen Öffnungen, die unbenetzbar und deshalb zwar für Luft, nicht jedoch für Wasser durchlässig sind. Wenn die Atemwurzeln ganz ins Wasser tauchen, wird der Sauerstoff in ihren Interzellularen durch die Atmung verbraucht und es entsteht ein Unterdruck, weil das leicht lösliche CO_2 ins Wasser entweicht. Sobald die Atemwurzeln aus dem Wasser auftauchen, tritt ein Druckausgleich ein und Luft mit Sauerstoff wird eingesaugt. Der O_2-Gehalt in den Interzellularen der Atemwurzeln schwankt deshalb periodisch zwischen 10–20%.

Die Mangroven sind zusammen mit ihrer Tierwelt, den vielen Winkerkrabben und mit dem auf die Bäume kriechenden Mangrovenfisch *(Periophthalmus)* ein besonders interessantes Ökosystem, das weder zum Meere noch zum Festland gehört.

9 Strandformationen – Psammobiome

Die Strandformation der tropischen Küsten bietet geringere Besonderheiten. Hinter der vegetationslosen, dem Wellenschlag ausgesetzten Zone folgen auf dem Sande Pflanzen mit langen Ausläufern, von denen *Ipomoea pes-caprae* weit verbreitet ist, ebenso die Halophyten *Sesuvium portulacastrum* und *Sporobolus virginicus*. Landeinwärts, außerhalb des Salzwassereinflusses, wird der Sand in den Tropen sehr rasch durch Sträucher und Bäume festgelegt. Es sind Arten, deren schwimmfähige Früchte im Driftauswurf aller tropischen Küsten zu finden sind. *Terminalia catappa* ist ein typischer Vertreter; auch die Kokospalme könnte man hinzurechnen, allerdings sind heute die Palmen fast alle gepflanzt. *Barringtonia, Calophyllum, Hibiscus tiliaceus* sowie *Pandanus* sind für die östlichen Weltmeere typisch, *Coccoloba uvifera* (Polygon.), *Chrysobalanus icaco* und die giftige *Hippomane manicinella* (Euphorb.) für die westlichen.
Große Dünengebiete fehlen den Tropen. Eine Ausnahme bildet die Nordküste von Venezuela. Hier wird bei Coro in einem Halbwüstenklima durch den ständig aus Nordost bis Ostnordost wehenden Passat viel Sand vom Strande angeweht, der von *Prosopis juliflora* aufgefangen wird. Es kommt zur Bildung von Dünen, die in der Windrichtung weiterwachsen und immer wieder von dem *Prosopis*-Busch bedeckt werden. Auf diese Weise entsteht eine Reihe von Dünenrücken, die alle nebeneinander parallel zur Windrichtung verlaufen und eine beträchtliche Höhe erreichen. In einem Teil des Dünengebietes sind, wahrscheinlich infolge von Holznutzung Wanderdünen entstanden (Barchane), die sich wieder zu Dünenrücken zusammenschließen, wobei diese jedoch senkrecht zur Windrichtung orientiert sind.

10 Orobiom II – tropische Gebirge mit einem Jahresgang der Temperatur

Während beim Orobiom I eine kurze regenlose Periode in der alpinen Stufe die Wasserversorgung der Pflanze noch nicht beeinflußt, wirkt sich die Dürrezeit des ZB II je nach der Dauer selbst in großen Höhen deutlich aus.
Erst nimmt in der montanen Stufe die Niederschlagshöhe so stark zu und die Sonnenscheindauer infolge der Bewölkung ab, daß ein immergrüner montaner Wald auftritt; es kann sich darüber im Passat- oder Monsungebiet sogar ein Nebelwald entwickeln (Abb. 31, Seite 129).

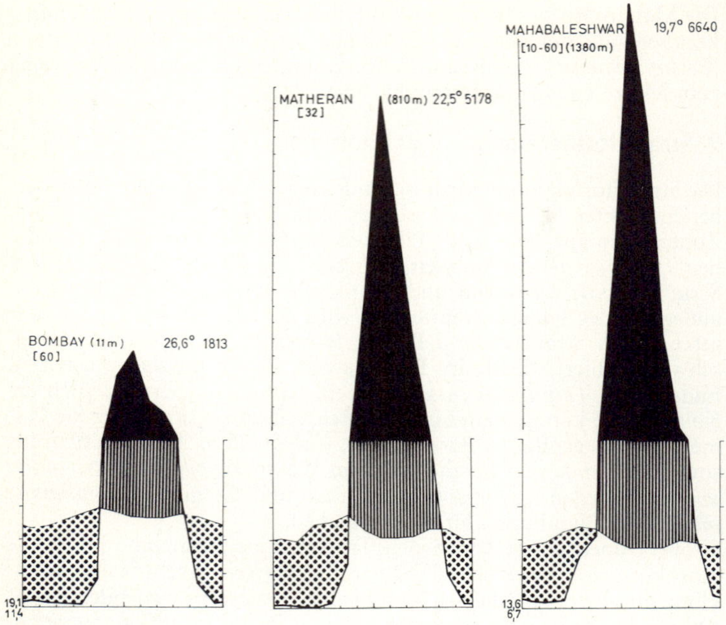

Abb. 52. Zunahme der Niederschlagsmenge mit der Höhe im Monsungebiet Indiens: Klimadiagramm von Bombay und zwei Stationen darüber im Gebirge. Bei der obersten Station in 1380 m NN fallen im Juli fast 3000 mm Regen. Die Dauer der Regenzeit ist jedoch nur um einen Monat verlängert, obgleich die jährliche Niederschlagsmenge 6000 mm übersteigt.

Die ganze Höhenstufenfolge des Orobioms II kann man am besten am Südhang des östlichen Himalaja, am sehr feuchten Sikkim-Profil von Darjeeling nach Norden verfolgen, wobei die Waldstufen sich nur schwer unterscheiden lassen. Es wird noch dadurch kompliziert, daß in den höheren Stufen die paläotropischen Florenelemente immer mehr durch holarktische verdrängt werden.

Am Gebirgsfuß herrscht ein feuchter laubabwerfender Wald mit *Shorea robusta* vor und auf nassen Boden ein solcher mit Bambus sowie Palmen. In etwa 900 m NN beginnt ein immergrüner tropischer montaner Wald *(Schima, Castanopsis)* mit Baumfarnen, wobei im oberen Teil bereits holarktische Baumgattungen (*Quercus, Acer, Juglans)*, auch *Vaccinium* u. a. stark vertreten sind.

Darüber kommt ein Nebelwald mit Hymenophyllaceen und Moosen. Je höher man steigt, desto mehr überwiegen holarktische Gattungen (*Betula, Alnus, Prunus, Sorbus* u. a.).
Die Frostgrenze wird in 1800–2000 m NN erreicht.
In der nächst höheren Stufe findet man viele hohe *Rhododendron*- und *Arundinaria*-Arten, die noch höher durch Nadelhölzer (*Tsuga, Taxus* u. a.) abgelöst werden.
In 3000–3900 m NN wächst ein *Abies densa*-Tannenwald mit Laubhölzern. Die Waldgrenze wird von *Abies* und *Juniperus* gebildet. Die subalpine Stufe zeichnet sich wieder durch hohe *Rhododendren* aus, die in den alpinen Stufen mit blütenreichen Matten immer niedriger werden, bis *Rhododendron nivale* in 5400 m NN nur ein winziges Sträuchlein ist.
Dieses Orobiom-System der Himalaja-Gebirgsketten ist besonders kompliziert (TROLL 1967, MEUSEL, SCHUBERT et al. 1977).
Ab 5100 m NN treten vorwiegend Halbkugelpolster auf (*Arenaria, Saussurea, Astragalus, Saxifraga* u. a.); die Schneegrenze liegt bei 5700 m NN.
In den Anden sind die Höhenstufenfolgen des West- und Osthanges verschieden, ebenso in den inneren Gebirgstälern. Eine kurze schematische Übersicht hat neuerdings ELLENBERG (1975) gegeben. Die Hochebene des Altiplano ist besiedelt und wird von Lamaherden beweidet, ist somit anthropogen verändert. Dem Klima entsprechend werden am Westhang die Stufenfolgen nach Süden zu immer xerophytischer. Die regengrünen laubabwerfenden Waldstufen reichen immer höher hinauf und die immergrünen werden hartlaubiger und kleinblättriger.
Das Vorhandensein einer warmen Jahreszeit hat eine Hebung der Waldgrenze bis auf 4000 m NN zur Folge; einzelne *Polylepis*-Bestände reichen bis auf 4500 (4900) m NN hinauf. Anstelle der Páramos tritt die Puna, zunächst die feuchte Puna mit Polsterpflanzen, südlicher die trockene Puna mit xerophytischen Graspolstern (*Festuca orthophylla, Stipa ichu* u. a.), bis im Bereich vom Orobiom III eine Wüstenpuna mit Salares (Salzpfannen) vorherrscht. Entsprechend ändern sich die Böden der alpinen Stufe in südlicher Richtung von torfigen Böden zu Kastanienerden und Serosemen bis zu Solonez und Solontschak.
Sehr genau, auch mikroklimatisch wurde die Puna in NW-Argentinien zwischen 22–24 ½°S untersucht (RUTHSATZ 1977).

Zono-Ökoton II/III. Thar- oder Sind-Wüste

Zu diesem Zono-Ökoton gehören die klimatischen Savannen, von denen wir die in Südwestafrika bereits besprochen haben. Ähnliche Verhältnisse finden wir südlich der Sahara in der Sahel-Zone, die den Übergang zu dem Sommerregengebiet des Sudan bildet (ZB II). Aber die Sahelzone ist durch die zu starke Besiedlung und Überweidung als Folge der für diese Zone typischen und immer wiederkehrenden Dürrejahre vollkommen degradiert worden. Sie verträgt nur eine sehr dünne Besiedlung und entsprechend geringe Viehzahl, die durch die wenigen natürlichen Wasserstellen in diesem Gebiet früher erzwungen wurde. Im Rahmen der Entwicklungshilfe wollte man jedoch das Land erschließen und erbohrte viele Brunnen. Dadurch konnten größere Herden getränkt werden, und entsprechend stieg auch die Bevölkerungszahl, solange die Jahresregenmengen über dem langjährigen Mittel lagen. Dann folgten jedoch mehrere Dürrejahre, die zur Katastrophe führten. Wasser für Menschen und Tiere war vorhanden, aber keine Weide, denn die Gräser verdorrten. Das hungernde Vieh verendete, und die Menschen mußten fluchtartig das Land verlassen oder sie wurden durch Hilfsmaßnahmen von außen unterstützt. Doch erlitt die Weide irreparable Schäden und wurde zu einer „man made desert".

In Südwestafrika mit einem ähnlichen Klima wirken sich mehrere Dürrejahre hintereinander ebenfalls verheerend aus, aber die geringe Zahl der Farmer kann diese Jahre durch rechtzeitige Verringerung der Viehbestände überstehen, und die Wirtschaft erholt sich nach einigen guten Regenjahren rasch wieder. Die Eingeborenen in den Reservaten erhalten die notwendige Hilfe.

Ein weiteres Zono-Ökoton II/III befindet sich im Grenzgebiet zwischen Indien und Pakistan – die *Thar- oder Sind-Wüste.*

Es handelt sich um ein einheitliches arides Gebiet zwischen dem Aravalli-Gebirge im Osten und den Höhen von Baluchistan im Westen, das auch als „Great Indian Desert" bezeichnet wird (Abb. 53). Die Aridität nimmt dabei von Osten nach Westen zu.

Wenn in der Literatur oft von einer Saharo-Sindischen Wüstenzone gesprochen wird, so ist das nicht richtig. Denn die Sahara gehört zum größten Teil als regenloses Gebiet oder eines mit geringen Winterregen floristisch zur Holarctis und setzt sich nach Osten in die ägyptisch-arabische Wüste bis nach Mesopotamien fort. Die Sind-Wüste dagegen ist der letzte arideste Ausläufer des indischen Monsungebietes und muß floristisch zur Paläotropis gerechnet werden. Die indische Wüste Thar ist klimatisch schon ein Zono-Ökoton II/III, das man mit dem Übergangsgebiet vom Sudan zur südlichen Sahara, dem „Sahel“, vergleichen kann. Beide erhalten leichte Sommerregen, aber das indische Gebiet liegt schon nördlich vom Wendekreis, die Jahrestemperaturen sind deshalb um 2–3 °C tiefer als im Sahel und Fröste können in den Monaten Dezember bis Februar auftreten (Abb. 53). Nur das Gebiet

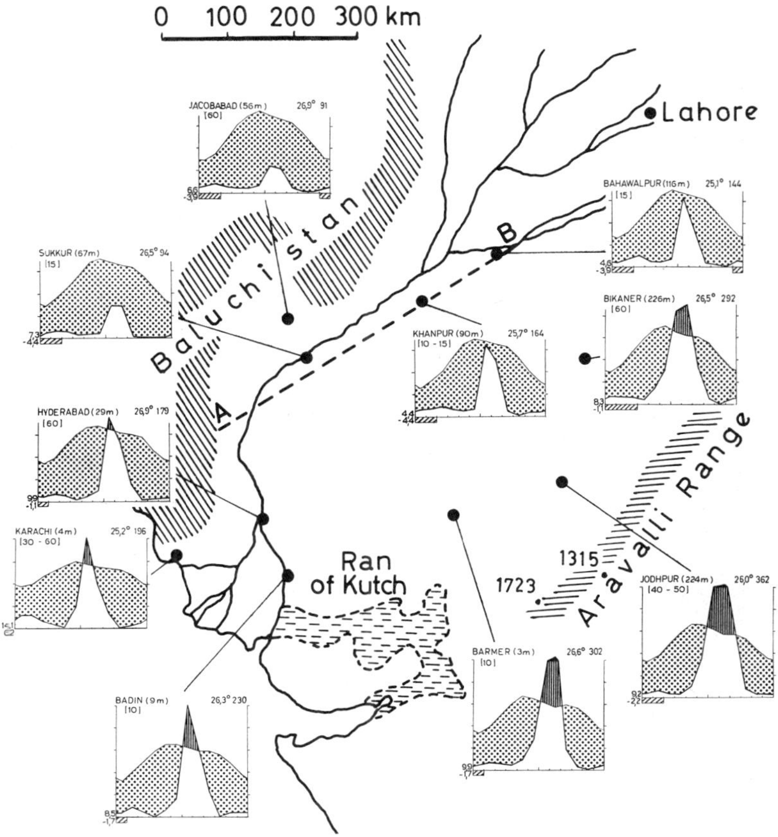

Abb. 53. Klimadiagrammkarte der Sind-Thar-Wüste. Nordwestlich der Linie A–B das extrem aride Gebiet.

in der Indus-Niederung erhält im Mittel weniger als 100 mm Regen im Jahr, wäre also klimatisch eine Wüste; doch ist es durch den Indus und seine Zuflüsse ein wasserreiches Bewässerungsgebiet.
Die „Great Indien Desert" dagegen ist eine „man made desert". Das Gebiet war schon vor viertausend Jahren bewohnt, wurde seit dem Zuge Alexanders des Großen immer dichter besiedelt und ist heute infolge von Überweidung, Holznutzung und teilweiser Beackerung völlig degradiert (MANN 1977). Von Natur aus war das Gebiet mit 400–150 mm Regen im Jahr eine *Prosopis*-Savanne auf tiefgründigen sandigen rötlichbraunen Savannenböden, wie eine seit mehreren Jahrzehnten geschützte Fläche unweit von Jodhpur beweist (RODIN et al. 1977):
Die Dornsträucher sind dort: *Prosopis cineraria (= specigera), Ziziphus nummularia, Capparis decidua (= C. aphylla)* u. a. *Prosopis* wird bei einer Jahresregenmenge von 500 bis 600 mm bis 8 m hoch und bildet Bestände mit 150–200 Exemplaren pro Hektar, bei 300–400 mm nur 5–6 m hoch (Bestände mit 50–100 Expl./ha) und bei 200 mm nur noch 3–4 hoch (Bestände mit 25–30 Expl./ha). Ebenso

Abb. 54. Vor kurzem in Bewegung geratenes Sandgebiet zwischen Jaisalmer und Jodhpur mit einzelnen *Prosopis*-, *Acacia*- und *Calotropis*-Sträuchern (Foto M. P. PETROV).

werden bei abnehmenden Regenmengen in der Grasschicht die hohen Gräser *(Lasiurus, Desmostachys)* durch niedrige *(Aristida)* ersetzt (Gaussen et al. 1972). Es sind somit Verhältnisse wie in Südwestafrika (vgl. Seite 101 und Abb. 41).
Im Gebiet mit über 250 mm Regen werden die Savannen beweidet und sind infolge zu starker Bestockung mit Vieh degradiert, wobei die einjährige Grasart *Aristida adscensionis* als Weideunkraut überhand nimmt.
Im Bikaner-Distrikt sind die Böden sehr sandig. In der Nähe von Ortschaften bilden sich als Folge von Beweidung bewegliche Barchane, also vegetationslose Dünen, die den Eindruck einer extremen Wüste machen (Abb. 54). Tatsächlich ist jedoch der Wassergehalt des Sandes von solchen unbewachsenen Dünen viel höher als der von bewachsenen, wie folgende Zahlen aus einem Gebiet mit 260 mm Regen im Jahr zeigen:

Wassergehalt (in mm) des Sandes von unbewachsenen (I) und bewachsenen (II) Dünen nach Mann 1976)

	im März		im Juni		im Sept.		im Januar	
Tiefe (in cm)	1	II	I	II	I	II	I	II
0–105	41	10	33	17	45	10	34	7
0–210	106	39	94	48	120	33	105	28

Dieser Unterschied ist verständlich, weil ein *Prosopis*-Bestand im Jahr etwa 220 mm Wasser für die Transpiration dem Boden entnimmt und das oft angepflanzte Gras *Pennisetum typhoides* auch etwa 160–180 mm.
Die Bevölkerung nutzt den Wassergehalt im Sand der unbewachsenen Dünen aus, indem sie Wassermelonen in 2 × 2 m Entfernung auspflanzt und das Verwehen des Sandes durch Reisig verhindert. Über die natürliche Vegetation des trockensten Teiles, der Sind-Wüste in der Indus-Niederung lassen sich keine Angaben machen. Dieses Bewässerungsgebiet ist dicht besiedelt; Flächen mit natürlicher Vegetation gibt es nicht. Durch unrationelle Bewässerung ist der Grundwasserspiegel stark gestiegen, so daß die feuchten Böden sekundär versalzen. Dadurch sollen jährlich 40 000 Hektar an Kulturland verloren gehen, wodurch die Steigerung der Nahrungsmittelproduktion stark hinter dem Bevölkerungszuwachs zurückbleibt. Eine Wiederinstandsetzung der verbrackten Böden ist in dem ebenen Gelände mit sehr großen Kosten verbunden.
Natürliche Salzböden sind im Süden der Thar-Wüste am Golf of Kutch sehr verbreitet. Im Gezeitenbereich wachsen Mangroven, dahinter folgen Salzmarschen mit *Salicornia, Suaeda, Atriplex* und dem

Abb. 55. Knollenförmiger Stamm von *Adenia globosa* (Passifloraceae), von dessen Kuppe die hier abgeschlagenen nur mit grünen Dornen besetzten Zweige bogenförmig entspringen, die Knolle umhüllend; vorne abgeschlagene sukkulente Blätter der *Sansevieria* mit stacheliger Spitze. Dornbusch am Südfuß des Pare-Gebirges, Ostafrika (Foto H. WINKLER).

Abb. 56. *Adenium socotranum* (Apocynaceae) mit einem Stammdurchmesser von 2 m auf West-Sokotra (Foto F. KOSSMAT).

Salzgras *Urochondra*. Im Gebiet des Ran of Kutch mit hohem Grundwasserbestand breiten sich fast sterile tonige Salzböden aus mit Halophyten *(Haloxylon salicornicum, Aeluropus, Sporobulus)* bzw. *Cenchrus* spp., *Cyperus rotundus* u. a. oder wenigen Holzpflanzen an günstigen Stellen (Blasco 1977).
Sehr schwer ökologisch einzureihen ist die *Caatinga* NE-Brasiliens, das aride Gebiet, „Polygono da Sêca“. Es zeichnet sich durch extreme Niederschlagsschwankungen von Jahr zu Jahr aus. Bei dem trockensten Ort Cabaceiras folgten z.B. nach den guten Regenjahren 1940–1946 mit Niederschlägen von 664–150 mm die Dürreperioden 1948–1958 mit Niederschlägen unter 80 mm (1952 nur 24 mm, 1958 nur 22 mm) mit Ausnahme von 1954 mit 170 mm und 1955 mit 187 mm. Ein solch unzuverlässiges Klima überstehen am besten große sukkulente Säulenkakteen und große am Boden wachsende stachelige Bromeliaceen, sowie viel Wasser speichernde Flaschenbäume (*Ceiba* u. a.) oder laubabwerfende Sträucher, die lange Zeit blattlos sind. Das Gebiet läßt sich schwer nutzen und ist schwach besiedelt, denn die Dürreperioden lassen sich nicht voraussehen und zwingen die Bevölkerung, das Land zu verlassen. Ähnliche Verhältnisse findet man auch in der Passatwüste an der Nordküste Südamerikas im Grenzgebiet Venezuela-Kolumbien oder auf den Galapagos-Inseln. Auch in diesem Trockengebiet kommen Jahre mit sehr hohen Niederschlägen vor.
Schließlich seien noch die ausgedehnten zur Paläotropis gehörenden ariden Gebiete im tropischen Bereich E-Afrikas erwähnt sowie ein kleines im Regenschatten zwischen Pare- und W-Usambara-Gebirge mit sehr merkwürdigen Sukkulenten (*Adenia globosa* (Abb. 55), Felsblockähnliche *Pyrenacantha, Euphorbia tirucalli, Caralluma, Cissus quadrangularis, Sansevieria* u. a.); bei einer Jahrestemperatur von 28 °C und nur 100–200 mm Regen dürfte es das trockenste Gebiet am Äquator sein. Viel ausgedehnter sind die ariden Gebiete im N-Kenya, W-Äthiopien, Somali und auf Sokotra mit dem *Adenium socotranum* (Apocyn), das unförmige sukkulente Stämme von 2 m Durchmesser besitzt (Abb. 56) und *Dracaena cinnabari* mit einem Stammdurchmesser von 1,6 m.
Die trockenste SE-Ecke von Madagaskar zeichnet sich neben Baobab-Bäumen durch die nur hier vorkommenden und an Säulenkakteen erinnernde Familie der Didiereaceae aus.

III Zonobiom des subtropischen ariden Klimas mit Wüsten

1 Klimatische Subzonobiome

Wüsten sind aride Gebiete. In diesen ist die potentielle Evaporation sehr viel höher, als die jährliche Niderschlagsmenge. Man kann semiaride, aride und extrem aride Gebiete unterscheiden, auf die zusammen 35% der Erdoberfläche entfallen. In der subtropischen Wüstenzone fehlt eine kalte Winterzeit, die für die ariden Gebiete der gemäßigten Zone bezeichnend ist (vgl. Kap. VII).

Der Begriff Wüste (desert) ist ein relativer. Für den aus dem humiden Osten Nordamerikas Kommenden ist der Südwesten des Landes schon eine Wüste, obwohl Tuscon (Arizona) einen Jahresniederschlag von fast 300 m hat, während der Ägypter, der in Kairo wohnt, die Mittelmeerküste nicht mehr als Wüste betrachtet, obgleich die Regenmenge dort kaum 150 mm erreicht.

Im allgemeinen wird man ein heißes Gebiet als Wüste bezeichnen, wenn der Jahresniederschlag unter 200 mm und die potent. Verdunstung über 2000 mm (bis 5000 mm in der Zentral-Sahara) liegt. Die

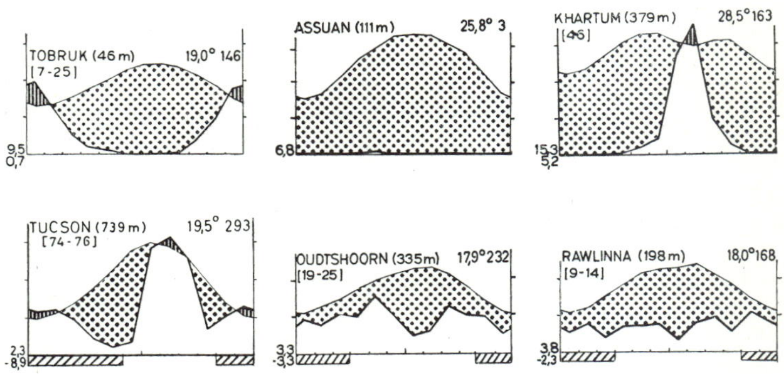

Abb. 57. Klimadiagramme von Wüstenstationen. Oben aus Nordafrika mit Winterregen, ohne Regen und mit Sommerregen; unten mit 2 Regenzeiten (Sonora-Wüste und Karroo) und zu jeder Jahreszeit mögliche Regen (Rawlinna, Australien). Vgl. dazu auch Abb. 79.

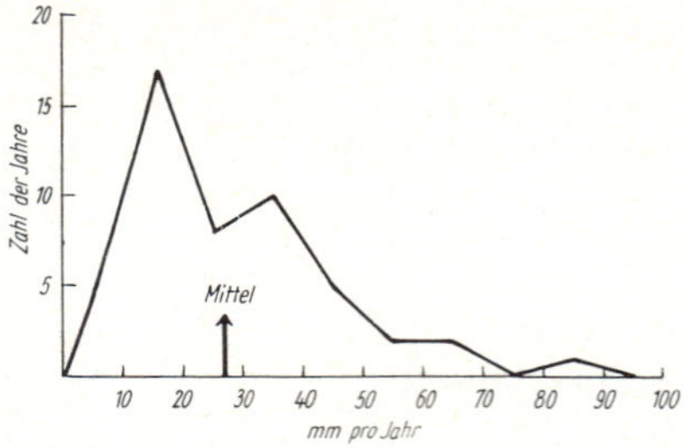

Abb. 58. Variationskurve der Jahresniederschläge bei Kairo in den Jahren 1906 bis 1953 (aus WALTER 1973).

spärlichen Niederschläge fallen in ariden Gebieten zu verschiedenen Jahreszeiten. Dementsprechend wird das Zonobiom III in folgende Subzonobiome (sZB) unterteilt:

1. ZB mit 2 Regenzeiten (Sonora-Wüste, Karoo),
2. sZB mit einer Winterregenzeit (nördliche Sahara, Mohave Desert, Vorderasiatische Wüsten,
3. sZB mit einer Sommerregenzeit (südliche Sahara, Innere Namib),
4. sZB mit spärlichen zu jeder Jahreszeit möglichen Regen (Zentral Australien),
5. sZB der Küstenwüsten fast ohne Regen, aber mit viel Nebel (nordchilenisch-peruanische Wüste, Äußere Namib),
6. sZB der regenlosen vegetationslosen Wüsten (Zentrale Sahara).

Auf Abb. 57 sind die Klimadiagramme der verschiedenen sZB gezeigt mit Ausnahme von sZB 5, weil die Nebel als nicht meßbare Niederschläge aus den Diagrammen nicht ersichtlich sind (Abb. 79). Eine sehr wichtige Besonderheit aller ariden Gebiete ist die große Variabilität der Regenmenge in den einzelnen Jahren.

Die mittleren Werte besagen deshalb nicht viel. Jahre mit Regen unter dem Mittel sind am häufigsten; es kommen aber wenige Jahre mit sehr hohen Niederschlägen vor, welche die Wasserreserven im Boden für Jahrzehnte wieder auffüllen.

Die Variationskurve für Kairo (Winterregengebiet) zeigt Abb. 58. Eine ähnliche Form hat auch die von Mulka, der aridesten Station in Zentral-Australien, nur ist der Mittelwert 100 mm und die Extremwerte 18 und 344 mm, in Swakopmund (Äußere Namib) entsprechender Mittelwert 15, Extremwerte Null und 140 mm.

Die ökologischen Verhältnisse in den einzelnen Jahren sind so verschieden, daß nur langjährige Beobachtungen ein richtiges Bild von den Ökosystemen in Wüsten vermitteln. Jede Wüste muß dabei für sich betrachtet werden, doch wollen wir zunächst die wenigen Gemeinsamkeiten besprechen.

In allen Wüsten ist die Luft sehr trocken (Ausnahme Nebelwüsten), entsprechend stark sind die Ein- und Ausstrahlung und damit auch die Tagesschwankungen der Temperatur. Während der Regenzeit sind jedoch die Extreme stark gemildert.

2 Die Böden und ihr Wassergehalt

Von Böden im eigentlichen Sinne kann man in den Wüsten kaum sprechen, denn es sind Rohböden (Syroseme), die aus dem Verwitterungsschutt der anstehenden Gesteine bestehen, z. T. durch Wind oder Wasser verändert. Deswegen sind die Eigenschaften der oft lockeren Muttergesteine ausschlaggebend, d. h. wir können nicht von klimatischen Böden, sondern nur von *Bodenarten* sprechen. Es gibt auch keine klimatische zonale Vegetation auf Eu-Klimatopen, sondern nur Pedobiome (Lithobiome, Psammobiome, Halobiome u. a.).
Auch die Wasserversorgung der Pflanzen hängt von der Bodenart ab. Für die Pflanzen in ariden Gebieten ist die Niederschlagshöhe nur indirekt von Bedeutung. Ausschlaggebend ist vielmehr die Haftwassermenge im Boden, die ihnen zur Verfügung steht. Sie bildet nur einen Teil des Wassers, das als Regen auf den Boden fällt, weil ein Teil abfließt und ein anderer Teil wieder verdunstet (Abb. 59). Der Anteil des Haftwassers hängt von der Bodenart ab. Im humiden Gebiet gelten die Sandböden als trocken, weil sie wenig Haftwasser zurückhalten, die Tonböden dagegen als feucht. In ariden Gebieten müssen wir umlernen; dort ist es gerade umgekehrt.
Eine Versickerung in größere Tiefen bis zum Grundwasser findet bei ebenem Gelände im ariden Gebiet nicht statt. Es werden nur die oberen Bodenschichten befeuchtet. Dabei hängt die Tiefe, bis zu der das Wasser eindringt, von der Feldkapazität des Bodens ab. Nehmen wir an, daß auf einen trockenen Wüstenboden 50 mm Regen fallen und daß er vollständig in den Boden eindringt. Bei einem sandigen Boden

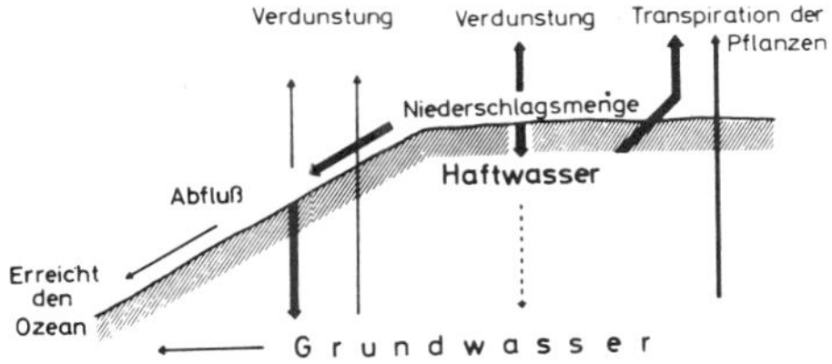

Abb. 59. Schema des Schicksals der Niederschlagsmenge in ariden Gebieten. Für die Pflanzen ist das Haftwasser von Bedeutung. Das abfließende Wasser versickert in den Trockentälern und speist das Grundwasser, das nur selten von den Pflanzenwurzeln erreicht wird.

werden in diesem Falle die oberen 50 cm bis zur Feldkapazität befeuchtet. Bei einem feinkörnigen tonigen Boden mit einer 5mal so hohen Feldkapazität wird das Wasser nur 10 cm tief eindringen, bei einem Felsboden mit nur kleinen Spalten dagegen sehr viel tiefer, vielleicht 100 cm (Abb. 60).

Nach dem Regen setzt die Verdunstung ein. Wenn dabei beim tonigen Boden die oberen 5 cm austrocknen, so gehen 50% des eingedrungenen Regenwassers verloren. Der sandige Boden trocknet weniger stark aus. Aber selbst wenn auch hierbei die oberen 5 cm ihr Wasser verlieren, so würden nur 10% des Wassers verdunsten. Beim Felsboden findet praktisch überhaupt keine Verdunstung statt, d. h. alles Wasser wird gespeichert. Daraus folgt, daß im Gegensatz zu den Verhältnissen im humiden Gebiet *die Tonböden für die Pflanzen im ariden Gebiet die trockensten Standorte sind, die Sandböden dagegen eine bessere Wasserversorgung gewährleisten.* Zerklüftete Felsböden sind die feuchtesten Standorte, sofern der Regen in sie ungehindert eindringt und in den Felsspalten so viel Feinerde vorhanden ist, daß das Wasser gespeichert wird.

Die Überlegungen werden durch Messungen in der Negev-Wüste bestätigt. Bei gleichem Jahresniederschlag fand man eine im Lößboden für Pflanzen ausnutzbare Wassermenge von 35 mm, an felsigen Standorten mit einem relativ beträchtlichen Abfluß 50 mm, im Sandboden 90 mm und in Trockentälern mit starkem Zufluß 250–500 mm.

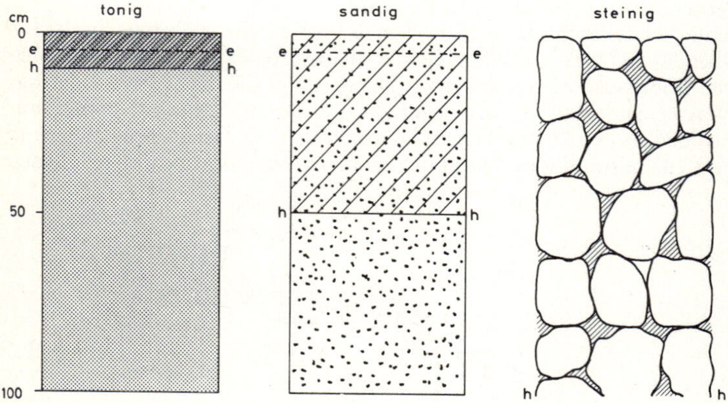

Abb. 60. Schematische Darstellung der Wasserspeicherung bei verschiedenen Bodenarten nach einem Regen von 50 mm in ariden Gebieten h–h = untere Grenze der Bodendurchfeuchtung; e–e = untere Grenze bis zu der der Boden wieder austrocknet. Der tonige Boden speichert 50% der sandige 90% und der steinige 100%.

Daß die Sandböden in ariden Gebieten für die Pflanzen günstiger sind, erkennt man daran, daß derselbe Vegetationstypus auf Sand bei geringeren Niederschlägen vorkommt als auf tonigen Böden. Im Sudan findet man die *Acacia tortilis*-Halbwüste auf Sandböden in einer Zone mit 50–250 mm Regen, auf Tonböden dagegen erst bei 400 mm, oder die *Acacia mellifera*-Savanne auf Sandböden bei 250–400 mm, auf Tonböden erst bei 400–600 mm. Im Kurzgras-Präriegebiet der Great Plains findet man auf Sandböden in W-Nebraska eine Langgras-Prärie, die sonst nur weiter östlich bei höheren Niederschlägen vorkommt. Die günstigeren Wasserverhältnisse von Felsböden fallen in ariden Gebieten oft durch ihren Baumbestand auf inmitten einer niedrigen Vegetation auf feinkörnigen Böden.
Wird bei Sandböden oder in Felsspalten der Boden bis zum Grundwasser durchfeuchtet, dann können die Wurzeln so tief wachsen, daß sie das Grundwasser erreichen; die Wasserversorgung der Pflanzen ist dann gesichert. Folgendes Beispiel sei hier erwähnt:
Nördlich von Basrah in Mesopotamien ist in 15 m Tiefe Grundwasser vorhanden, das durch Kiesschichten vom Euphrat und Tigris ständig gespeist wird. Da jedoch die Regenmenge nur 120 mm im Jahr beträgt, werden nur die oberen Bodenschichten befeuchtet, die Wurzeln der Pflanzen können das Grundwasser nicht erreichen; der Boden bedeckt sich nach dem im Winter fallenden Regen mit einer dürftigen ephemeren Vegetation. Die einheimische Bevölkerung hat jedoch Brunnen gegraben und benutzt das Wasser, um Gemüse zu ziehen, wobei die Pflanzen in Furchen gepflanzt und bei Tagesmaxima bis zu 50 °C mehrmals am Tage bewässert werden. Infolge der stärkeren Verdunstung verbrackt der Boden rasch, so daß das Gemüse nur ein Jahr angebaut werden kann.
Aber zwischen die Gemüsepflanzen werden salztolerante *Tamarix*-Stecklinge gesteckt, die sich leicht bewurzeln. Wenn im zweiten Jahr die Furche kein Wasser erhält, so ist der Boden doch durch die starke Bewässerung im vorhergehenden Jahr bis zum Grundwasser durchfeuchtet. Infolgedessen wachsen die Wurzeln von *Tamarix* in den nächsten Jahren immer tiefer, bis sie das Grundwasser erreichen. Es entwickeln sich dann Bäume, die alle 25 Jahre für Brennholz geschlagen werden, aber wieder vom Stumpf als Stockausschläge austreiben. Alles frühere Gemüseland verwandelt sich auf diese Weise in einen *Tamarix*-Wald. Man kann somit Wüsten mit Grundwasser in größeren Tiefen aufforsten, wenn man die ersten Jahre nach dem Pflanzen der Bäume so stark bewässert, daß der ganze Boden bis zum Grundwasser durchfeuchtet wird.
Dieses Beispiel gibt uns die Erklärung dafür, daß Phreatophyten, die an Grundwasser gebunden sind, dieses mit den Wurzeln erreichen, obgleich darüber viele Meter an trockenem Boden liegen. Sie können das nur nach sehr günstigen Regenjahren tun, wenn der Boden von der

Abb. 61. Großes Fischfluß-Canyon in der Wüste im Süden von SW-Afrika (Foto E. WALTER).

Oberfläche bis zum Grundwasser durchfeuchtet ist, halten sich dann aber so lange, bis die Holzpflanzen ihre Altersgrenze erreichen. Es braucht sich dabei nicht immer um Grundwasser zu handeln. Oft ist es nur Grundfeuchtigkeit, d.h. Haftwasser, das im Boden gespeichert wird. Sobald es tiefer als 1 m liegt, bleibt es sehr lange erhalten, sofern keine oder nur sehr wenige Pflanzen es mit ihren Wurzeln erreichen und verbrauchen.

Die verborgenen Wasserreserven in Wüstenböden sind größer, als es der oberflächliche Beobachter glaubt.

Sehr häufig und vor allem in den Depressionen treten in den Wüsten Salzböden auf. Wir wollen sie gesondert besprechen (Seite 151). Die Wüstenbiome kann man nach der Bodenbeschaffenheit in folgende Biogezön-Komplexe unterteilen, die in der Sahara zuerst studiert wurden und die dortigen lokalen Bezeichnungen tragen.

1. Die *Steinwüste oder Hamada* ist insbesondere auf den Erhebungen der Tafelberge zu finden, von denen alle feinen Verwitterungsprodukte abgeweht worden sind, wobei durch das Sandgebläse eine starke Winderosion an allen herausragenden Felsen erfolgt. An der Oberfläche reichern sich ein Steinpflaster bildende, handgroße Gesteinsstücke an, die von dunklem Wüstenlack überzogen sind und der Landschaft einen düsteren Eindruck verleihen. Unter dem Steinpflaster kann eine wasserabstoßende Stauberde vorhanden sein, die bei anstehenden

Meeressedimenten reich an Gips und Salz ist, wodurch Pflanzenwuchs verhindert wird. Die Hamadaflächen sind durch tiefe Erosionstäler mit steilen, von Schutt überdeckten Hängen zerklüftet (Abb. 61). In den Felsspalten und Felsklüften können sich einige Pflanzen halten, es sind Xero-Halophyten.

2. *Die Kieswüste oder Serir bzw. Reg* entsteht, wenn das Muttergestein heterogen, z.B. ein Konglomerat ist. Die leichter verwitternde Kittsubstanz zerfällt und wird durch Wind entfernt. Die harten Kiesel reichern sich an der Oberfläche an. Diesen autochthonen Kieswüsten stehen die allochthonen gegenüber, bei denen es sich um alluviale Ablagerung früherer Regenzeiten handelt, aus denen das feine Material ausgeblasen wurde. Unter der durch Wüstenlack dunkel gefärbten Kiesschicht kann eine durch Gips verbackene, harte Kruste vorhanden sein. Die besonders eintönige Kieswüste ist nur leicht gewellt. Die flachen, breiten Täler sind mit Sand gefüllt und bieten den Pflanzen eher die Möglichkeit, Fuß zu fassen. Unter diesen findet man Pflanzen des Sandbodens, aber auch Xero-Halophyten.

3. *Die Sandwüsten oder Erg bzw. Areg* entstehen in den großen Beckenlandschaften, in denen der von den Erhebungen abgeblasene Sand zur Ablagerung kommt und zur Dünenbildung beiträgt. Überwiegt eine Windrichtung, dann bilden sich Sicheldünen oder Barchane aus, die auf der Luvseite flach und auf der Leeseite steil abfallen. Sie bewegen sich in der Windrichtung fort. Ändert sich die Windrichtung periodisch, so wird nur der Kamm der Düne jeweils umgebaut, während die Basis festliegt. Die Sandkörner sind an der Oberfläche mit einem Eisenoxid-Häutchen überzogen, wodurch die Dünen in trockenen heißen Gegenden leuchtend rot gefärbt erscheinen. In Küstennähe, bei höherer Luftfeuchtigkeit ist die Färbung dagegen gelbbräunlich.

Bewegliche und deshalb vegetationslose Dünen sind Wasserspeicher, da der Regen leicht eindringt und nur zum geringsten Teil verdunstet. Selbst bei nur 100 mm Jahresregenmenge entsteht ein Grundwasserhorizont, so daß die Wassergewinnung aus Brunnen möglich ist.

Ist die Sanddecke nicht sehr mächtig, so kann eine Besiedlung durch Pflanzen (Nicht-Halophyten, wie Dünengräser, *Ziziphus* u.a.) erfolgen. Perennierende Arten oder Sträucher dienen dann als Sandfänger. Aus dem um sie abgelagerten Sand wachsen die Pflanzen wieder heraus, so daß immer neuer Sand angelagert wird. Auf diese Weise bildet jede Pflanze eine Haufendüne (von mehreren Metern Höhe), *Nebka* genannt. Die ganze Landschaft erhält durch diese Miniaturdünen ein sehr charakteristisches Gepräge.

4. *Die Trockentäler* oder *Wadis* bzw. *Queds,* in S-Afrika als Riviere, in Amerika auch als Washes oder Arroyos bezeichnet, sind ein wichtiges Landschaftselement aller Wüsten. Ihre Entstehung ist meistens in der Vergangenheit zu suchen, als die Regenmengen noch höher waren (Pluvialzeiten). Die Trockentäler beginnen als kaum merkliche Ero-

sionsrinnen, die sich zu tieferen Gräben oder Tälchen vereinigen, bis sie oft in tiefe Canyons einmünden. Das nach einem Regen abfließende Wasser lagert Kies und Sand ab. Die Salze werden teilweise ausgewaschen und der Boden tief durchfeuchtet; es entstehen insbesondere für halophytische Pflanzen *(Tamarix, Nitraria)* günstige Wuchsverhältnisse. In den großen Trockentälern ist das Bett vegetationslos, weil der Boden von den seltenen Wasserfluten umgelagert wird. Die Vegetation beschränkt sich auf die vor den Fluten geschützten Ränder und ist um so üppiger, je mehr Wasser in den alluvialen Ablagerungen gespeichert wird. Oft ist ein ständiger Grundwasserstrom vorhanden, dann findet man als extrazonale Vegetation dichte nichthalophytische Gehölze.

5. *Die Pfannen, Dayas sowie Sebchas oder Schotts* sind die Mulden oder großen Depressionen, in denen die vom Wasser mitgeführten Schluff- oder Tonteilchen abgelagert werden. Haben diese Pfannen einen unterirdischen Abfluß (in verkarsteten Gebieten), dann tritt keine Verbrackung ein. Dasselbe gilt für die *Takyre,* den Delta-ähnlichen Bildungen am Ausgang der Täler, von denen ein Teil des Wassers nach besonders starken Niederschlägen abfließt. Ihre schweren Tonböden sind jedoch ungünstige Standorte; meist dringt das Wasser kaum in den Boden ein, der nach einer Überschwemmung bald wieder austrocknet. Deshalb wachsen auf den Takyrböden vorwiegend nur Algen, Flechten oder ephemere Arten.

Findet kein Abfluß statt und verdunstet alles Wasser, so ist eine Salzanreicherung die Folge. In solchen *Salzpfannen,* also Halobiomen kommt es auf den tiefsten Stellen zur Ausbildung von festen Salzschichten. Am Rande, wo die Salzkonzentration niedriger ist, stellen sich Hygro-Halophyten ein. Oft ist das Grundwasser weniger salzhaltig und nur an der Oberfläche bilden sich Salzkrusten. Wird auf die Oberfläche einer solchen Salzpfanne eine dünne Sandschicht lokal abgelagert, so unterbleibt der kapillare Aufstieg und damit die Salzanreicherung. Auf diesen Sandablagerungen siedeln sich Pflanzen an, die dann als Sandfänger dienen, wodurch eine Haufendünen(Nebka)-Landschaft um die Pfanne herum entsteht.

6. *Als Oasen* bezeichnet man die mit dichtem Pflanzenwuchs ausgestatteten Stellen in der Wüste, wo salzarmes Wasser in Form von gewöhnlichen oder artesischen Quellen an die Oberfläche tritt. Hier können hygrophile Arten wachsen. Heute sind solche Oasen alle dicht besiedelt und die natürliche Vegetation ist durch Kulturpflanzen oder Unkräuter ersetzt.

An die Oasen mit starken Quellen schließen sich oft Salzpfannen (Schotts) an, in denen sich das überschüssige Wasser ansammelt und verdunstet (Südtunesien, Algerien).

3 Die Wasserversorgung der Wüstenpflanzen

Die große Trockenheit der ariden Gebiete verleitet Forscher, die die Wüste nicht aus eigener Erfahrung kennen, zu der Annahme, daß die Wüstenpflanzen besondere physiologische Eigenschaften – eine physiologische Dürreresistenz – besitzen, die es ihnen ermöglicht, unter ariden Verhältnissen zu wachsen. Insbesondere werden immer wieder die angeblich hohen Zellsaftkonzentrationen hervorgehoben, welche die Pflanzen befähigen, selbst aus fast trockenem Boden Wasser aufzunehmen. Eingehende öko-physiologische Untersuchungen in den letzten Jahrzehnten haben jedoch gezeigt, daß diese Ansichten nicht richtig sind. Die Wasserversorgung der Wüstenpflanzen ist nicht so schlecht, wie man auf Grund der geringen Niederschlagshöhe anzunehmen geneigt ist. Denn die Niederschläge in mm bedeuten Liter Wasser pro m^2 Bodenoberfläche; man muß deshalb für die Beurteilung der Wasserversorgung der Pflanze auch die transpirierende Oberfläche pro m^2 Bodenoberfläche berechnen.

So verschiedenartig die einzelnen Wüsten der Erde sind, eines haben alle gemeinsam: die geringe Dichte der Pflanzendecke. Das Landschaftsbild in den Wüsten wird deshalb nicht von den Pflanzen, sondern vom nackten Gestein geprägt. Will man die genaue Beziehung zwischen der Regenmenge und der Vegetationsdichte bestimmen, so muß man Pflanzen gleicher Lebensform vergleichen (z. B. Gräser oder Bäume mit ähnlichem Laub) und ein Gebiet auswählen, in dem zwar der Niederschlag sich auf relativ kurze Entfernung ändert, aber die Temperaturverhältnisse annähernd gleich bleiben; es soll sich dabei um Eu-Klimatope mit ähnlichem Boden handeln und die Vegetation darf nicht durch menschliche Eingriffe gestört sein.

Geeignete Gebiete sind SW-Afrika mit einer Grasdecke bei Niederschlägen von 100–500 mm im Jahre und SW-Australien mit *Eucalyptus*-Wäldern bei Regenmengen von 500–1500 mm. Das Ergebnis der entsprechenden Untersuchungen war eine lineare Funktion zwischen der Niederschlagshöhe und der Produktion an Pflanzenmasse, bzw. der Größe der transpirierenden Fläche (Abb. 62). Sie gilt auch für Kreosotbuschbestände *(Larrea divaricata)* in SE-Kalifornien ebenso wie für die ephemere Vegetation der ariden Gebiete mit Jahresniederschlägen bis 100 mm. Nur verbrauchen zunächst die Graskeimlinge 16–17 mm für den Keimungsvorgang und nutzen das Wasser weniger gut aus als die mehrjährigen Gräser, so daß die Gerade flacher ansteigt.

Daraus folgt, daß *die Wasserversorgung in bezug auf die Einheit der transpirierenden Fläche in ariden und humiden Gebieten* (Niederschlag 100–1500 mm/Jahr) *mehr oder weniger gleich bleibt.*

Je trockener ein Gebiet ist, desto weiter rücken die Pflanzen auseinander, desto mehr Bodenraum braucht die einzelne Pflanze für die Wasseraufnahme.

Diese Regel wird in Nordafrika für Ölbaumkulturen bestätigt: Die Zahl der Bäume pro ha wird proportional zur Abnahme der Regenmenge verringert, bis schließlich nur noch 25 Bäume je ha stehen. Dabei bleibt der Ertrag pro Baum im wesentlichen gleich, ein Zeichen, daß sich seine Wasserversorgung nicht ändert. Auch für den Getreideanbau gilt, daß die Saatdichte mit abnehmenden Niederschlägen geringer sein muß. Um das Wasser aus einem größeren Bodenraum entnehmen zu können, muß die Pflanze ein größeres Wurzelsystem besitzen.

Das zweite wesentliche Merkmal ist deshalb, daß die Pflanzen mit zunehmender Aridität ihre *transpirierende Oberfläche immer mehr reduzieren, aber das Wurzelsystem stärker entwickeln*. Es zeigt sich nämlich, daß bei einer Erhöhung der Zellsaftkonzentration das Sproßwachstum sofort stark gehemmt wird, während das Wurzellängenwachstum anfangs sogar eine Förderung erfährt. Während in humiden Gebieten der größere Teil der Phytomasse sich über dem Boden befindet, gilt das im ariden Gebiet für den unterirdischen Teil. Dabei dringen die Wurzeln in Trockengebieten nicht tiefer in den Boden ein, wie es meist dargestellt wird, sondern das Wurzelsystem wird immer flacher. Denn je spärlicher der Regen ist, desto weniger tief durchfeuchtet er den Boden. Unter der oberen wasserhaltigen Bodenschicht ist überhaupt kein Wasser vorhanden, das die Pflanzen aufnehmen könnten. Nur bei Pflanzen, die an Grundwasser gebunden sind oder deren Wurzeln in Felsspalten eindringen, hat man sehr tiefgehende Pfahlwurzeln beobachtet. Aber das darf man nicht verallgemeinern.

Kommen wir in extrem aride Gebiete mit Niederschlägen unter 100 mm, so ändert sich die Pflanzendecke: Die *diffuse Vegetation* mit einer gleichmäßigen Verteilung der ausdauernden Pflanzen über eine fast ebene Fläche geht in extrem ariden Gebieten in eine *kontrahierte Vegetation* über, d. h. die ausdauernden Pflanzen wachsen nur noch in oft kaum merklichen Erosionsrinnen oder Senken, während die höheren Flächen vegetationslos bleiben. Das hängt mit der Wasserverteilung im Boden zusammen.

In den extremen Wüsten haben die Böden, mit Ausnahme von beweglichem Sand, an der Oberfläche meistens eine schwer benetzbare Kruste. Infolgedessen dringt der zwar seltene, aber meist in Güssen fallende Regen kaum in den Boden ein, sondern fließt zum größten Teil oberflächlich ab. Die sandigen Erosionsrinnen und die Senken erhalten deshalb viel mehr Wasser, als dem Niederschlag entspricht, und dieses dringt tief in den Boden ein. Infolgedessen wurzeln hier die Pflanzen so tief, wie der Boden durchfeuchtet wird, oft mehrere Meter tief. Es kann sich sogar stellenweise in den Tälern Grundwasser ansammeln. Selbst in der Wüste bei Kairo-Heluan mit 25 mm/Jahr Regen ist in allen Tälern eine Vegetation vorhanden. Nimmt man an, daß 40% des Regenwassers in die tiefen Teile des Reliefs abfließen und

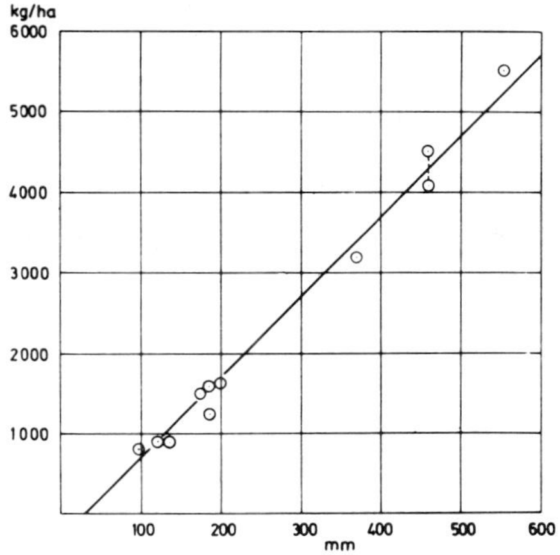

Abb. 62. Stoffproduktion (oberirdische Trockenmasse in kg/ha) des Graslandes in SW-Afrika in Abhängigkeit von der Jahresregenmenge in mm.

daß auf die letzteren nur 2% der gesamten Fläche entfallen, so steht den Pflanzen bei 25 mm Regen durch Zufluß an diesen Wuchsorten dieselbe Wassermenge zur Verfügung wie auf einer Ebene bei einem Niederschlag von 500 mm. Tatsächlich wurde gemessen, daß die Wasserabgabe der Pflanzendecke an einem solchen Standort bei Heluan durch Transpiration 400 mm beträgt; die Zellsaftkonzentration der Pflanzen steigt auch im regenlosen Sommer nicht an, was ein Zeichen für die gute Wasserversorgung ist. Die sandigen Depressionen in der Kieswüste an der Kairo-Suez-Straße enthalten schon in 75 cm Tiefe ständig 2,4% Wasser (Welkepunkt 0,8%), trocknen also niemals aus und tragen eine spärliche ausdauernde Vegetation. In einzelnen Erosionsrinnen können die Wurzeln der Pflanzen über 5 m in die Tiefe gehen. Das hängt von der Durchfeuchtung ab. Ungeachtet der extremen Aridität weist die Flora in der Umgebung von Kairo noch 200 Arten auf.

Somit ist die Wasserversorgung der Pflanzen in den extremen Wüsten ebenfalls nicht so schlecht, wie meisten angenommen wird. Wo Pflanzen in der Wüste wachsen, ist wenigstens zu bestimmten Zeiten immer etwas Wasser vorhanden, selbst wenn der Boden oberflächlich noch so trocken aussieht. Die Pflanzen müssen nur die Fähigkeit besitzen, lange Dürrezeiten durchzuhalten. Das wird vor allem durch besondere morphologische Anpassungen ermöglicht. Eine wesentliche plasmatische Dürreresistenz besteht nicht. Die Zellsaftkonzentration ist im allgemeinen niedrig (die Halophyten ausgenommen).

Dieses Prinzip der kontrahierten Vegetation wird von der Berberbevölkerung in S-Tunesien seit undenklicher Zeit für Kulturen bei 200 mm Regen im Jahr und weniger verwendet: Jede kleine Rinne ist mit einem das abfließende Wasser stauenden Damm versehen und in dem vor dem Damm angeschwemmten feuchten Boden werden Dattelpalmen oder Getreide bzw. Ackerbohnen kultiviert.
Einen ähnlichen *Ackerbau auf Abfluß* in vorarabischer Zeit hat man auch in der Negev-Wüste festgestellt. Die alten Dämme wurden jetzt wieder erneuert und der versuchsweise Anbau von verschiedenen Kulturpflanzen führte zum Erfolg (Evenari at al. 1982).

4 Die ökologischen Typen der Wüstenpflanzen

Man hat alle Pflanzen, die in Trockengebieten wachsen, als „Xerophyten" bezeichnet. Das ist nicht zweckmäßig. Denn in jedem ariden Gebiet gibt es Standorte, die den Pflanzen eine dauernd sehr gute Wasserversorgung gewährleisten, z.B. in den Oasen. An solchen Standorten können Arten selbst der feuchten Tropen wachsen. In der

Abb. 63. *Myrothamnus flabellifolia* im latenten Lebenszustand (Zweige zusammengelegt, Blätter gefaltet) auf Glimmerschiefer am Steilabfall zur Namib-Wüste (Südwestafrika), Foto E. Walter.

regenlosen Wüste bei Assuan kultiviert man auf einer Insel im Nil mit künstlicher Bewässerung z. B. Kokospalmen, Mango, Mate, Papaya, Bataten, Maniok, Kampferbaum, Mahagonibaum, Kaffee, Granatapfel und viele Arten der indischen Monsunwälder. In dem dichten Bestand ist das Mikroklima weniger extrem als in der offenen Wüste. Auch unter natürlichen Verhältnissen können in grundwasserführenden Trockentälern Pflanzen wachsen, die keinem Wassermangel ausgesetzt sind und deshalb keine Anpassungen an die Trockenheit aufweisen. Außerdem gibt es in den meisten Wüsten wenigstens kurz vorübergehend eine feuchte Jahreszeit. Sie fehlt nur der Zentralen Sahara, der Namib und der peruanisch-chilenischen Wüste. Arten, die sich in diesen feuchten Perioden entwickeln *(Ephemere)* und die übrige Zeit als Samen *(Therophyten)* oder im Boden *(Geophyten = Ephemeroide)* überdauern, weisen ebenfalls keine besonderen Anpassungen an Wassermangel auf.

Eine Unterscheidung von dürreausweichenden und dürreertragenden Arten ist ökologisch unlogisch. Alle ertragen die Dürre, die einen als Samen (Ephemere) oder Knollen, bzw. Zwiebeln (Ephemeroiden), die anderen im latenten Lebenszustand wie die poikilohydren niedrigen Pflanzen (Algen, Flechten), aber auch eine Reihe von Farnen oder *Selaginella*-Arten und sogar Blütenpflanzen, von denen *Myrothamnus flabellifolia* (Rosales) die bekannteste ist (Abb. 63), die dritten im reduziert-aktiven Zustand (Xerophyten und Sukkulenten).

Als *Xerophyten* wollen wir die ökologischen Gruppen bezeichnen, die während der Dürrezeit eine gewisse, wenn auch minimale Wasseraufnahme benötigen, da sie über keine großen Wasserspeicher verfügen. Es sind 3 durch Übergänge miteinander verbundene Untergruppen:

1. *Malakophylle Xerophyten,* die mehr für semiaride Gebiete charakteristisch sind. Sie besitzen weiche Blätter, die bei Trockenheit welken, wobei die Zellsaftkonzentration sich stark erhöht; bei länger andauernder Dürre werfen sie die Blätter ab, so daß nur die jüngsten Blattanlagen in den dicht behaarten Knospen erhalten bleiben. Typische Beispiele sind viele Labiaten und Compositen arider Gebiete, Cistrosen u. a.
2. *Sklerophylle Xerophyten* mit kleinen, harten durch mechanische Gewebe ausgesteiften Blättern. Man findet sie insbesondere in Gebieten mit einer langen Sommerdürre. Sie können bei Wassermangel ihre Transpiration auf ein Minimum reduzieren; die Zellsaftkonzentration steigt nur unter extremen Verhältnissen an. Beispiele sind die immergrünen Eichen, der Ölbaum u. a.
3. *Stenohydre Xerophyten,* die bei Wassermangel sofort ihre Stomata schließen und dadurch einen Anstieg der Zellsaftkonzentration verhindern; doch kommen dadurch der Gaswechsel und somit die Photosynthese zum Stillstand, d. h. die Pflanzen geraten in einen Hungerzustand. Bei lange anhaltender Dürre vertrocknen die Blät-

ter dieser Arten nicht, sondern sie vergilben und fallen schließlich ab. Als Beispiel können einige nicht sukkulente Wolfsmilchgewächse dienen, doch gehören die meisten extremen Wüstenpflanzen gerade zu dieser Gruppe. Es kommt den Pflanzen weniger auf eine große Stoffproduktion an, denn ein Wettbewerb zwischen den oberirdischen Teilen besteht nicht, sondern vielmehr darauf, die Dürrezeiten zu überleben. Sie erreichen das mit unglaublicher Zähigkeit oft nur als elende Krüppel und können dabei sehr alt werden, oft hundert Jahre und mehr. Viele Äste sterben ab, aber es genügt wenn einige überleben und nach Regen wieder auswachsen.

Eine Gruppe für sich bilden die *Sukkulenten,* die Wasser speichern und während der Dürre dieses Wasser sehr sparsam verbrauchen; ihre kleinen Saugwurzeln sterben ab, so daß während der Dürre keinerlei Wasseraufnahme aus dem Boden erfolgt. Je nach den Organen, in denen das während der Regenzeit aufgenommene Wasser gespeichert wird, unterscheidet man:

1. *Blattsukkulenten, wie Agave und Aloë oder Cotyledon, Crassula, Sansevieria* u. a.
2. *Stammsukkulenten,* wie die *Kakteen,* viele *Euphorbia*-Arten, Stapelien u. a.
3. *Wurzelsukkulenten* mit nicht sichtbaren unterirdischen Speichern, wie *Asparagus*-Arten, *Pachypodium* u. a., aber auch einige Leguminosen u. a. mit riesigen Knollen in den Sandgebieten der Kalahari.

Die Zellsaftkonzentration aller Sukkulenten ist sehr niedrig und steigt auch bei großen Wasserverlusten während langer Trockenzeit nicht an. Denn die Sukkulenten verlieren gleichzeitig organische Verbindungen (Zucker, Säuren u. a.) infolge der Atmung, so daß der Wassergehalt auf Trockensubstanz berechnet unverändert bleiben kann. Viele Sukkulenten vermögen über ein Jahr ohne Wasseraufnahme am Leben zu bleiben. Bei vielen wurde der diurnale Säurestoffwechsel (CAM = Crassulacean Acid Metabolism) nachgewiesen, d. h. sie öffnen ihre Stomata nur nachts, wenn die Transpirationsverluste gering sind, nehmen CO_2 auf, wobei diese zur Bildung von organischen Säuren führt, so daß die Azidität des Zellsaftes stark ansteigt. Am Tage werden die Stomata geschlossen und bei Licht das nachts gebundene CO_2 assimiliert, wodurch der Säuregrad wieder abnimmt. Der notwendige Gaswechsel erfolgt auf diese Weise unter minimalen Wasserverlusten (Dinger and Patten 1974).

Eine in vielen Wüsten sehr wichtige Gruppe sind die Salzpflanzen oder *Halophyten.* Sie ist aber mehr an das Auftreten von Salzböden als an das Klima gebunden. Deshalb muß zunächst der Salzfaktor besprochen werden. Halophyten sind meistens sukkulent, trotzdem dürfen sie nicht mit den echten Sukkulenten zusammengefaßt werden. Ihre Sukkulenz ist die Folge einer starken Kochsalz-, d. h. Chloridspeicherung; aus diesem Grunde ist ihre Zellsaftkonzentration oft sehr hoch und kann 50 atm überschreiten. Einen gewissen Übergang von den echten Sukkulenten mit niedriger Zellsaftkonzentration zu den Halophyten bilden die Mesembryanthemen, die extrem sukkulent sein können, auch auf nicht salzigen Böden vorkommen, aber trotzdem im Zellsaft stets eine gewisse Menge an Chloriden enthalten.

5 Die Salzböden – Halobiome

Die langen Dürrezeiten in ariden Gebieten führen dazu, daß die Flüsse nur periodisch oder sogar episodisch fließen. Da die potentielle Evaporation vielmals höher ist als der Jahresniederschlag, sind in ariden Gebieten abflußlose Senken vorhanden, in denen alles Wasser verdunstet, das durch die Zuflüsse in dieselben gelangt; die im Wasser gelösten Salze reichern sich im Laufe der Zeit immer mehr an. Es kann eine gesättigte Lösung entstehen und das Salz auskristallisieren. Der größte Teil der löslichen Salze besteht aus NaCl, denn die Sulfate werden frühzeitig als Gips (= $CaSO_4$) ausgefällt und die Hydrocarbonate noch eher nach Verlust von CO_2 als $CaCO_3$.
Natriumionen werden bei der Tonbildung durch Verwitterung der Silikate frei, dagegen sind Chlorionen zwar im Meerwasser in einer Menge von fast 20 g/Liter (Sulfat nur 2,7 g) enthalten, aber chlorhaltige Mineralien sind eine große Seltenheit. Durch Verwitterung von Mineralien können somit keine Chlorionen frei werden. Trotzdem läßt sich NaCl im Flußwasser stets nachweisen.
Das NaCl der Salzböden arider Gebiete kann verschiedenen Ursprungs sein:
1. Es handelt sich um Meersalz, das in Gesteinen eingeschlossen ist, die Meeressedimente darstellen. Bei der Verwitterung dieser Gesteine wird das Salz vom Regenwasser gelöst und in die abflußlosen Senken transportiert. Stark verbrackt sind deshalb die Wüsten mit anstehenden Meeressediment-Gesteinen (jurassische, kretazische, tertiäre) z. B. die nördliche Sahara und die Ägyptische Wüste, während aride Gebiete mit anstehenden magmatischen Gesteinen oder terrestrischen Sandsteinen kaum Salzböden aufweisen.
2. Verbrackt sind ebenfalls die ariden Gebiete, die in jüngster geologischer Vergangenheit See- oder Meeresbecken waren, die langsam austrockneten, z. B. die Gebiete um den Great Salt Lake (Utah), um den Kaspi- und Aral-See (Mittelasien), um den Tuz Gölü (Zentral-Anatolien) u. a.
3. Wenn an ariden Meeresküsten eine starke Brandung herrscht, so wird Meerwasser fein zerstäubt, die Salzwassertröpfchen trocknen aus und der Salzstaub wird verweht. Er kommt entweder als solcher zur Ablagerung oder wird dem Boden durch Regen oder Nebel zugeführt. Dieser Vorgang findet auch in humiden Gebieten statt, aber in diesen wird das abgelagerte Salz ständig ausgewaschen und durch die Flüsse

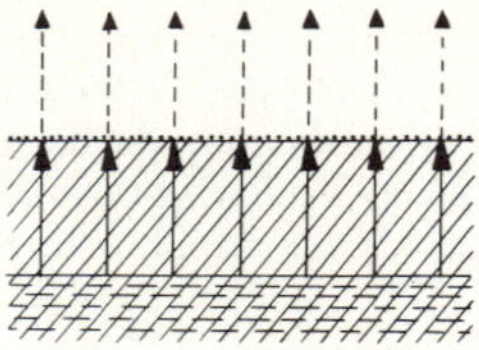

Abb. 64. Bildung einer Salzkruste durch kapillaren Aufstieg (ausgezogene Pfeile) des Grundwassers (horizontal gestrichelt) und Verdunstung des Wassers (gestrichelte Pfeile) Salzanreicherung an der Bodenoberfläche.

wieder dem Meer zugeführt (zyklisches Salz). In ariden Gebieten ohne Abfluß reichert sich dagegen das Salz an. Auf diese Ursache ist die Verbrackung der äußeren Namibwüste und der ariden Teile W-Australiens zurückzuführen. Sind in den Senken Salzflächen entstanden, so kann der Wind Salzstaub von diesen weiter verwehen.

4. Eine Verbrackung kann auch eintreten, wenn mit Salz beladenes Quellwasser an die Oberfläche tritt, z. B. in der nördlichen Kaspi-Niederung. In diesem Falle handelt es sich um Salz von in früheren geologischen Zeiten ausgetrockneten Meeresbecken (Perm, Muschelkalk), das in größeren Tiefen Lagerstätten bildet.

Letzten Endes stammt somit alles Chlor der Wüstensalze aus Meeren, in die es vorwiegend durch HCl-haltige Exhalationen der Vulkane im Laufe der Erdgeschichte gelangte.

In den Wüsten findet nach jedem Regen eine Verlagerung des Salzes von den höheren Stellen des Reliefs zu den tieferen statt, so daß die

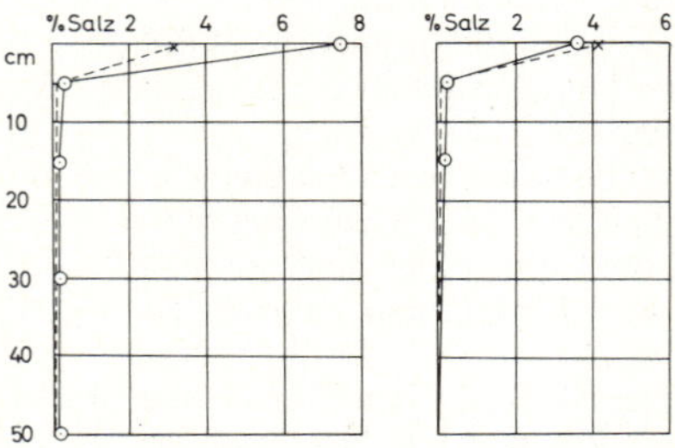

Abb. 65. Salzgehalt in verschiedener Bodentiefe bei einem bewässerten Beet (links) mit Grundwasseranstieg und einem unbewässerten im Swakoptal (SW-Afrika). NaCl = ausgezogene, Na_2SO_4 = gestrichelte Linie. Die Salze reichern sich nur an der Oberfläche an.

Senken verbracken. Sind die anstehenden Sediment-Gesteine sehr salzhaltig und die Niederschläge sehr gering, wie z. B. um Kairo-Heluan, so kann auch der Boden der Plateaustandorte Salz enthalten. In der regenlosen Zentral-Sahara findet keine Salzverlagerung statt, somit fehlt eine Salzanreicherung in Senken ganz. Für die Pflanzen ist nicht der Salzgehalt des Bodens auf das Trockengewicht berechnet von Bedeutung, sondern die Salzkonzentration der Bodenlösung in der Wurzelregion. In schwach salzigen Böden, die zugleich trocken sind, ist die Konzentration oft höher als in stark verbrackten, aber nassen Böden. Eine Salzverlagerung wird auch durch Verdunstung von der Bodenoberfläche herbeigeführt, wenn das Grundwasser weniger als 1 m unter der Oberfläche steht, so daß es kapillar bis zur Bodenoberfläche aufsteigt; es bildet sich an der Oberfläche eine Salzkruste (Abb. 64), selbst wenn das Grundwasser nur sehr geringe Salzmengen enthält (Abb. 65). Das Salz scheidet sich immer dort aus, wo der kapillare Wasserstrom sein Ende findet; das sind die höchsten Stellen des Mikroreliefs (Abb. 66). Das Auftreten einer Salzkruste in den Dürrezeiten behindert das Wachstum der Pflanzen nicht, wenn diese in dem nicht brackigen Grundwasser wurzeln.

Jeder Acker, der in ariden Gebieten bewässert wird, ohne daß eine gewisse Entwässerung erfolgt, stellt ein abflußloses Becken dar und muß mit der Zeit auch dann verbracken, wenn das zur Bewässerung verwendete Wasser nur sehr kleine Salzmengen enthält. Auf diese Weise sind weite Kulturflächen in Mesopotamien und im Indus-Gebiet zur Salzwüste geworden. Bei den nicht dränierten Baumwollfeldern der Gezira im Sudan ist das bis jetzt nicht der Fall, weil das zum Bewässern benutzte Wasser des Blauen Nils besonders salzarm ist. Kleine Salzmengen werden vom Acker jedesmal mit der geernteten Pflanzenmenge entfernt. Für die Bewässerungskulturen gilt deshalb die Regel: Keine Bewässerung ohne Entwässerung (um die sich anreichernden Salze zu entfernen).

Abb. 66. Salzanreicherung im Swakoptal (Namib, SW-Afrika). Die Pfeile geben Richtung und Stärke der Wasserströmung im Boden an, die gestrichelten Pfeile die Verdunstung. Die Salzkonzentration steigt zum Rande des Tales an; das Salz blüht bei S am Fuße der Terrasse aus, wo der Wasserstrom aufhört.

6 Salzhaushalt der Halophyten

Pflanzen, die auf salzhaltigen Böden (Halobiomen) wachsen, bezeichnet man als Halophyten. Besser ist es, die Definition von den Pflanzen selbst ausgehend zu geben: *Echte Halophyten sind Pflanzen, die in ihren Organen größere Mengen von Salzen anreichern und durch diese nicht geschädigt, sondern bei nicht extrem hohen Konzentrationen sogar gefördert werden;* die entsprechenden Salze sind meistens NaCl, zuweilen auch Na_2SO_4 oder organische Na-Salze.
Was wir für die Mangroven ausführten, gilt für alle Halophyten. Die osmotische Wirkung der Salzkonzentration des Bodens muß durch eine gleich hohe Salzkonzentration im Zellsaft kompensiert werden. Da außerdem noch andere osmotische Stoffe im Zellsaft vorhanden sind, können die Zellen der transpirierenden Organe genügend hohe Saugspannungen erzeugen, um salzhaltigen Boden Wasser zu entziehen. Die Salze in den Zellen üben eine Wirkung auf das Plasma aus. Sie sind für salzempfindliche Arten toxisch. Diese können deshalb nicht auf Salzböden wachsen. Salztolerante Pflanzen halten eine nicht zu hohe Salzkonzentration aus, entwickeln sich jedoch besser auf nicht salzigen Böden. Die echten Halophyten *(Eu-Halophyten)* werden dagegen durch eine gewisse Salzanreicherung im Wachstum stimuliert. Auf gewöhnlichen Böden, die nur Spuren von NaCl enthalten, reißen sie diese an sich, so daß ihr Salzgehalt auch dann relativ hoch ist. Diese Stimulation kommt durch das Chlorion zustande, das auf Eiweißkörper quellend wirkt und beim Protoplasma eine zusätzliche „Elektrolytquellung“ bedingt. Die Folge davon ist eine Hypertrophie der Zellen durch starke Wasseraufnahme, d. h. eine Sukkulenz der Organe. Die Sukkulenz ist um so ausgeprägter, je höher der Chloridgehalt des Zellsaftes ist. Diese Wirkung hat nur das Chlorion, nicht dagegen das auf Eiweißstoffe entquellend wirkende Sulfation. Es gibt Halophyten, die neben Chloriden auch größere Mengen an Sulfaten im Zellsaft speichern; diese Halophyten sind nicht oder nur schwach sukkulent. Man muß also zwischen *Chlorid-Halophyten* und *Sulfat-Halophyten* unterscheiden. Sie können nebeneinander auf ein und demselben Boden wachsen. Die Salzaufnahme kann somit artspezifisch sein (BRECKLE 1976). Bei den Untersuchungen über das Halophytenproblem genügt es deshalb nicht, die Böden auf ihren Salzgehalt zu untersuchen; denn für die Pflanze sind nur die Salze von Bedeutung, mit denen das Protoplasma in Berührung kommt. Man muß dabei stets die Konzentration und die Zusammensetzung der Salze im Zellsaft kennen.
Auch für die *Eu-Halophyten* besteht eine obere, von Art zu Art verschiedene Grenze der Salzkonzentration im Zellsaft. Wird diese zu hoch, so kümmern die Pflanzen, was bei den Chenopodiaceen meistens durch eine Rotfärbung (N-haltige Farbstoffe) angezeigt wird, bis sie schließlich absterben. Es gibt noch eine weitere Gruppe von Halo-

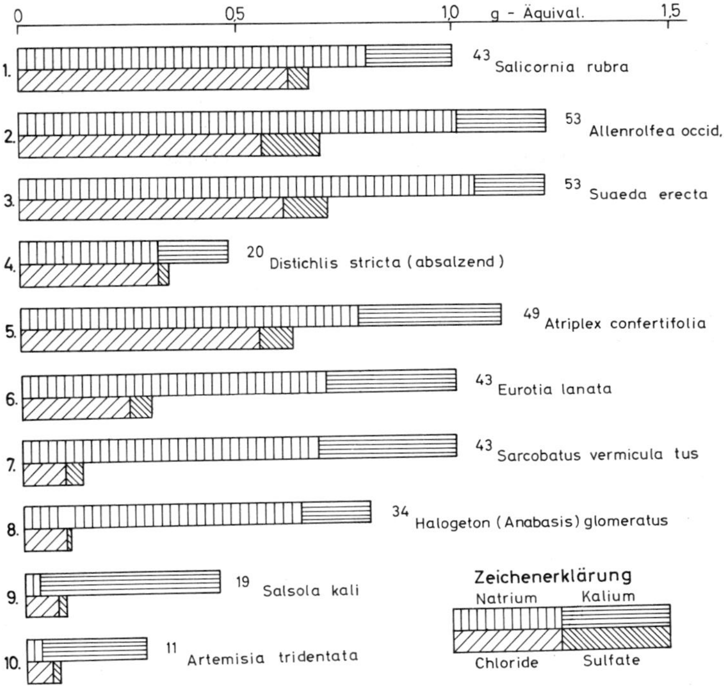

Abb. 67. Konzentration der anorganischen Salze im Zellsaft der transpirierenden Organe von Halophyten. Zahlen rechts = Konzentration in atm entsprechend den Kationen-Äquivalenten als NaCl berechnet. 1–5 Chlorid-Halophyten (alle sukkulent bis auf das absalzende Gras *Distichlis*); 6–8 Alkali-Halophyten (Kationen an organische Säuren, oft Oxalsäure, gebunden); 9 leitet zu dem Nichthalophyt 10 über (als Kationen fast ausschließlich Kalium).

phyten, in deren Zellsaft Na in einer bedeutend höheren Äquivalentkonzentration vorkommt, als Cl und SO_4 zusammengenommen. Es müssen also Na-Ionen durch Anionen der organischen Säuren äquilibriert werden. Nach dem Absterben dieser Pflanzen werden bei der Verwesung die organischen Säuren zu Kohlensäure abgebaut. Das Natrium gelangt als Na_2CO_3 (Soda) in den Boden, wodurch dieser alkalisch wird. Wir bezeichnen diese Halophyten als *Alkali-Halophyten*. Unter den Halophyten gibt es auch salzabscheidende, mit Salzdrüsen versehene, meist nicht sukkulente Arten, wie *Limonium, Frankenia, Reaumuria,* halophile Gräser u. a., Salzdrüsen hat auch ein wichtiger

Baum die Tamariske *(Tamarix)*, die in ariden Gebieten durch viele Arten vertreten ist. Wenn man die Zweige dieses Baumes schüttelt, dann fällt Salzstaub von ihnen ab. Da *Tamarix* vorwiegend NaCl ausscheidet, überwiegen im Zellsaft die Sulfate und die Blattorgane sind nicht sukkulent.

Für die meisten Halophyten der ariden Gebiete ist nicht das Wasser das Problem, weil sie auf nassen Salzböden der Salzpfannen *(Hygro-Halophyten)* wachsen, sondern der Salzhaushalt.

Aber es gibt auch solche, die auf trockenen Salzböden wachsen und oft unter Wassermangel leiden, ungeachtet einer starken Salzspeicherung *(Xero-Halophyten)*; zu diesen gehören *Atriplex-*, *Haloxylon-*, *Zygophyllum*-Arten u. a., bei denen man oft eine Reduktion der transpirierenden Oberfläche während der Dürrezeit beobachten kann; z. B. wirft *Zygophyllum* die Blättchen ab, andere die jungen Endsprosse oder sogar die grüne Rinde der blattlosen vorjährigen Triebe.

Wie verschieden die Zusammensetzung des Zellsaftes von Halophyten und Nichthalophyten ist, soll Abb. 67 zeigen.

Für alle Halophyten gilt, worauf bei den Mangroven (Seite 126) hingewiesen wurde, daß die Wurzeln wie ein Ultrafilter wirken, also aus der salzigen Bodenlösung praktisch nur fast reines Wasser aufnehmen und dieses durch die Leitbahnen den Blättern zuführen. In den Gefäßen der Halophyten wurden hohe Kohäsionsspannungen nachgewiesen.

7 Die Wüstenvegetation in den verschiedenen Florenreichen

Die Eroberung der Wüsten durch die Pflanzen erfolgte in der Vorzeit, als sich bereits die verschiedenen Florenreiche differenziert hatten. Die Pflanzenfamilien oder allgemein die Taxa der einzelnene Florenreiche besitzen einen unterschiedlichen Genbestand; infolgedessen haben sich die Anpassungen an die Lebensweise unter ariden Bedingungen bei den Pflanzen der einzelnen Florenreiche in verschiedener Richtung entwickelt. Die Wüsten sind nicht nur floristisch verschieden, sondern auch die Lebensformen brauchen nicht die gleichen zu sein, wenn auch Konvergenzen vorkommen (Seite 34). Diese Tatsachen darf der Ökologe nicht unbeachtet lassen.

Zur Holarktis gehört nur der nördliche Teil der größten subtropischen Wüste – die nördliche saharo-arabische Wüste, die im Osten direkt in die irano-turanischen und zentralasiatischen Wüsten mit kalten Wintern übergeht. Als Grenze zwischen beiden dient die nördliche Verbreitungsgrenze der produktiven Dattelkultur. In dieser Wüste sind die Chenopodiaceen besonders stark vertreten, was zum Teil mit der starken Verbreitung der Salzböden zusammenhängt. Sukkulente *Euphorbia*-Arten findet man nur in W-Marokko. Die meisten Arten sind xerophytische Zwergsträucher, z. T. Rutensträucher. Gräser sind nur durch xeromorphe Formen mit harten Blättern vertreten: *Stipa tena-*

Abb. 68. Große Karroo bei Laingsburg (Südafrika) mit sukkulenten Euphorbien, *Rhigozum obovatum, Rhus burchellii* und Zwergsträuchern (Foto E. WALTER).

cissima und *Lygeum spartum* (Übergangszone), *Panicum turgidum, Aristida pungens* u. a. Nach guten Winterregen treten viele ephemere Arten auf.

Als Sträucher, die an feuchte Standorte gebunden sind, wären *Tamarix, Nitraria* und *Ziziphus* zu nennen. Es sind schon mehr paläotropische Elemente, wie auch die *Acacia*-Arten in den Grundwasserführenden Trockentälern.

In N-Amerika kann man nur die in S-Kalifornien und S-Arizona zu den subtropischen Wüsten rechnen. Die ariden Gebiete in N-Arizona, Utah und Nevada haben schon sehr kalte Winter.

Zur Paläotropis gehört die südliche Sahara mit dem Sahel, als Übergang zu dem sudanischen Sommerregengebiet. Hier spielen Gräser (*Aristida, Eragrostis,* Paniceen) mit weniger harten Blättern eine viel größere Rolle. Auch die Sträucher sind zahlreicher *(Acacia, Commiphora, Maerua, Grewia)* oder auch Kräuter *(Calotropis, Crotalaria, Aerva)* u. a., die man auch in der Wüste Thar oder Sind findet (Seite 130).

Ebenfalls paläotropisch sind die südafrikanischen Wüsten: die Namib und die Karoo (bereits mit capensischen Elementen). Die Namib erstreckt sich entlang der Küste von SW-Afrika. Wir kommen auf sie noch zurück (Seite 171).

Die Karoo reicht bis in den Oranje-Freistaat hinein. Die zwei Regenzeiten begünstigen die Entwicklung unzähliger Sukkulenten, an Felsstandorten mit den größeren *Euphorbia-*, *Portulacaria-* und *Cotyledon-*Arten sowie vielen kleinen Crassulaceen und Mesembyanthemen auf Quarzitgängen. Die weiten Flächen sind mit Zwergsträuchern (hauptsächlich Compositen) bedeckt (Abb. 68). In den Trockentälern findet man Holzpflanzen, wie *Acacia, Rhus, Euclea, Olea, Diospyros,* aber auch *Salix capensis.* Im Übergangsgebiet der Oberen Karoo wächst auf tiefgründigen feinkörnigen Böden schon das Grasland des Sommerregengebietes, während man auf den flachgründigen Felsflächen noch Karoo-Sukkulenten findet (Abb. 69). Auch in der Neotropis findet man mehrere Halbwüsten bis Wüstengebiete: Die Sonora-Wüste (N-Mexiko und S-Arizona) liegt zwar in N-Amerika, aber floristisch gehört sie schon zur Neotropis. Über diese Wüste (vielleicht besser Halbwüste) liegen sehr ausgedehnte Untersuchungen vor, die am Desert Laboratory in Tucson (Arizona) ausgeführt wurden. Die Bestände mit hohen Kandelaberkakteen werden als „Cacti forest" bezeichnet (Abb. 70). Durch einen blasebalgartigen Mechanismus können diese Sukkulenten so viel Wasser speichern, daß sie ohne Wasseraufnahme über ein Jahr durchzuhalten vermögen. Die Kakteen wurzeln sehr flach. Sobald die oberen Bodenschichten befeuchtet werden, bilden sie innerhalb von 24 Stunden feine Saugwurzeln aus und füllen ihre Wasserspeicher auf. Aber außer den sukkulenten Kakteen sind hier auch die anderen ökologischen Typen vertreten: Winter- und Sommerephemere, poikilohydre Farngewächse, malakophylle Halbsträucher *(Encelia),* sklerophylle Arten, stenohydre und die regengrüne *Fouquieria,* die nach jedem stärkeren Regen neue Blätter bildet; doch vergilben diese bei Wassermangel nach kurzer Zeit. Weite trokkene Flächen werden vom Kreosotbusch *(Larrea divaricata)* bedeckt, der beim Befeuchten der Blätter durch Regen nach Kreosot riecht und besonders dürreresistent ist. Er ist auch für die Mohave-Wüste charakteristisch, die nur Winterregen erhält und arm an Sukkulenten ist.

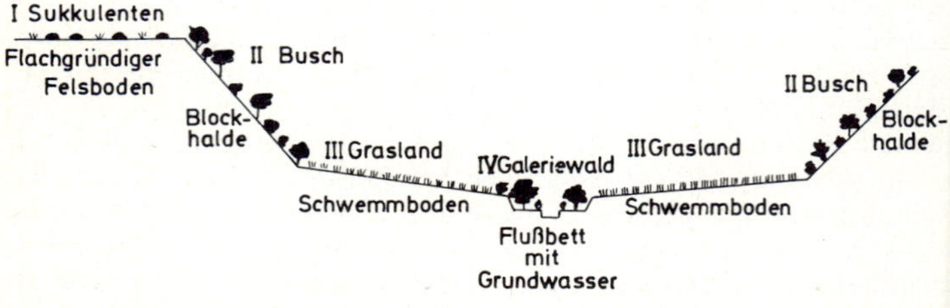

Abb. 69. Vegetationsprofil durch ein Tal der Upper Karroo bei Fauresmith (Südafrika). Gliederung der Pflanzendecke bedingt durch Unterschiede des Bodens. Busch mit *Olea, Rhus* und *Euclea.*

Abb. 70. Sonora Desert bei Tucson, Arizona. Hang mit Riesenkakteen *(Carnegiea gigantea)*, Erosionsrinne mit einer *Fouquieria splendens* und *Acacia-Sträuchern;* ganz vorn *Cercidium microphyllum.*

Eine *Larrea-Wüste* zieht sich im Windschatten der Hochanden an deren Ostfuß über 2000 km von N-Argentinien bis zum kalten Patagonien hin. Die Hauptart *Larrea divaricata* dürfte mit der in Arizona identisch sein (Böcher et al. 1972).

Die peruanisch-chilenische Küstenwüste ist in ihrem extremsten Teil ebenso regenlos wie die Namib, aber der Nebel wirkt sich hier stärker aus, weil die Küste z. T. steil ansteigt. Hier kommen als einzige bekannte echte Nebelpflanzen unter den Blütenpflanzen Tillandsien (Bromeliaceae) vor, die zwar das Wasser nicht aus feuchter Luft aufnehmen können wie die Flechten, aber doch die Kondensationströpfchen bei Nebel direkt mit besonderen Schuppen auf den Blättern einsaugen. Die Rosetten dieser Arten sitzen locker auf dem Sandboden. In 600 m Höhe liegt die in Peru als „Garua" bezeichnete Nebeldecke monatelang während der kühleren Jahreszeit. Der Boden der Hänge wird so stark benetzt, daß sich ein Kräuterteppich, die „Loma-Vegetation" entwickelt, die beweidet wird. Holzpflanzen fehlen, waren jedoch früher vorhanden. Unter angepflanzten Eucalypten konnten durch Abtropfen des kondensierten Nebels Wassermengen gesammelt werden, die einem Niederschlag von 600 mm entsprachen. In N-Chile entwickeln sich an den dem Nebel ausgesetzten Hängen dichte Kakteenbestände, die mit Flechten behangen sind, weiter südlich bei Fray Jorge kommt sogar ein echter Nebelwald vor, unweit der Kakteenhalbwüste an nicht dem Nebel ausgesetzten Hängen. In N-Chile im Gebiet der großen Salpeterlager ist die Wüste vegetationslos. Pflanzenbestände und Kulturen findet man nur längs der Flußläufe, die von den Schneefeldern der Hochanden gespeist werden.

Sehr abweichende Verhältnisse weisen die ariden Gebiete in der Australis auf.

Ganz Zentral-Australien ist arid, aber klimatische Wüsten fehlen. Wüstencharakter tragen Sanddünengebiete (Gibson desert, Simpson desert), die aber nicht die klimatisch trockensten Teile Australiens sind, und die „Gibber plains", kahle, durch starke Überweidung entstandene Flächen mit Steinpflaster.

Die Vegetation der trockensten Teile mit seltenen Niederschlägen zu jeder Jahreszeit sind der „Saltbush" *(Atriplex vesicaria)* und der „Blue bush" *Maireana (Kochia) sedifolia*, beides Chenopodiaceen. Sie kommen in Reinbeständen vor, aber auch gemischt.

Die Böden unter *Atriplex* enthalten nur wenig Chlorid, etwa 0,1% des Trockengewichtes; da jedoch die lehmigen Böden stark austrocknen, kann die Konzentration hoch sein. Dem entsprechen die hohen Zellsaftkonzentrationen von *Atriplex* (meist 40–50 bar), wobei der Anteil der Chloride 60–70% erreicht. *Atriplex vesicaria* ist somit ein Eu-Halophyt; das Wachstum wird durch Salz gefördert. Eine gewisse Salzausscheidung ist durch die kurzlebigen und immer wieder neu gebildeten Blasenhaare möglich. Dieser Halbstrauch wird etwa 12 Jahre alt; er besitzt wie die meisten Halophyten schwach sukkulente Blätter und ein Wurzelsystem, das in etwa 10–20 cm Tiefe sich über einer Kalkkruste weit seitlich erstreckt. Die Büsche stehen deshalb zeimlich weit auseinander.

Im Gegensatz dazu soll *Maireana sedifolia* sehr alt werden und ein tiefgehendes Wurzelsystem besitzen, das in den Spalten der Kalkkruste 3–4 m herunter, aber auch etwa ebenso weit seitlich reicht. Die Art wächst dort, wo das Regenwasser tiefer einsickert (leichtere oder steinige Böden). Die Zellsaftkonzentration dieser Art ist nur halb so hoch wie bei *Atripex* und der Chloridanteil ebenfalls viel geringer (etwa 20–40%). Es ist deshalb möglich, daß sie ein fakultativer Halophyt ist und bei zunehmender Feuchtigkeit des Klimas zur Vorherrschaft gelangt.

Im Salzbusch-Gebiet kommen zerstreut Sanddünen oder Sandflächen vor mit günstigeren Wasserverhältnissen; der Boden ist frei von Chloriden. Hier wachsen Sträucher *(Acacia, Casuarina, Eremophila)*.

Die baumförmigen *Heterodendron*- und *Myoporum*-Arten zusammen mit *Eremophila*- und *Cassia*-Arten sind an schluffige Böden gebunden.

Die wichtigste Art Zentral-Australiens ist die als „Mulga" bezeichnete *Acacia aneura*. Sie dominiert auf weiten Flächen, die vom Flugzeug

Abb. 71. Mulga-Vegetation im Inneren Australiens bei Wiluna nach Regen. Große Sträucher-*Acacia aneura,* kleiner Busch-*Eremophila* spec., Boden dicht mit kurzlebigen Immortellen bedeckt, wie *Waitzia aurea* und weiße *Helipterum*-Arten (Foto E. WALTER).

aus wie ein graues Meer aussehen. Der Strauch erreicht 4–6 m Höhe und besitzt mit Harz überzogene Phyllodien, die dünn zylindrisch oder etwas abgeflacht sind. Das Wurzelsystem ist stark ausgebildet und dringt durch die harten Bodenschichten ca. 2 m tief ein. Bei der Unregelmäßigkeit der Niederschläge (Seite 138) ist die Blüte an keine Jahreszeit gebunden, sondern nur an Regen. Nach starken Niederschlägen reifen die Früchte und Samen. Zugleich entwickelt sich dann am Boden ein blühender Teppich von weißen, gelben und rosafarbigen Immortellen, die zu den Compositen gehören (siehe Abb. 71).

Acacia aneura ist gegen Salz empfindlich, kann aber lange Dürrezeiten vertragen. An trockenen Standorten stehen die Büsche weit voneinander entfernt, während sie in feuchten Senken ein Dickicht bilden.

Diese Art sowie *Rhagodia baccata* und *Acacia craspedocarpa* wurden öko-physiologisch untersucht.

Eine weitere wichtige Gruppe sind die Igelgräser *(Triodia, Plectrachne),* die als „Spinifex-Grasland“ zusammengefaßt werden. Sie besitzen zusammengerollte, ausdauernde und sehr harte Blätter mit Harzüberzug, die in eine scharfe Spitze auslaufen, und bilden große runde Polster, bei *Triodia pungens* bis 2 m hohe Halbkugeln. Wir können diese Arten zu den Sklerophyllen rechnen.

Triodia basedowii herrscht auf Sandflächen im aridesten Teil von Westaustralien vor. Ihr dichtes Wurzelsystem geht 3 m senkrecht in die Tiefe. Ältere Polster lösen sich in einzelne Girlanden auf. Andere charakteristische Gattungen, durch viele Arten vertreten, sind *Eremophila, Dodonaea, Hakea, Grevillea* u. a. Die Gliederung der Vegetation wird durch die Bodenbeschaffenheit und durch Schichtfluten nach starken Regen bedingt, wodurch ein kompliziertes Vegetationsmosaik entsteht.

8 Anpassungen an Wassermangel in kybernetischer Betrachtung

Die bisher besprochenen ökologischen Typen sind genetisch festgelegt. Die Arten werden beim Experiment als stabile Einheiten betrachtet, aber sie sind bei längerer Beobachtung sehr veränderlich, indem sich jede Pflanze dauernd auch morphologisch an die jeweiligen Umweltbedingungen anpaßt. Das ist notwendig, um zu überleben. Diese Erscheinungen werden von der Physiologie nicht berücksichtigt, weil sie mit Wachstum verbunden sind und sich erst nach Wochen oder Monaten bei einer Änderung der Außenbedingungen bemerkbar machen. Ökologisch sind sie besonders bedeutsam und in ariden Gebieten sehr auffallend, wenn man eine Pflanze nach einer Regenzeit während der Dürrezeit bis zum Beginn der nächsten Regenzeit untersucht.
Bei den Anpassungen an Wassermangel sind die verschiedenen osmotischen Zustandsgrößen der Pflanzenteile zu berücksichtigen:
Die Saugspannung (S) = –Wasserpotential (ψ),
der potentielle osmotische Druck (π^*) = –osmotisches Potential (ψ_s)
der Turgordruck (P).
Es gelten die Gleichungen: $S = \pi^* - P$ oder $\psi = \psi_s + P$. Die Zustandsgrößen werden in atm oder neuerdings in bar gemessen. Da 1 atm = 1,013 bar ist, der Unterschied somit kleiner ist, als die Versuchsfehler bei ökologischen Versuchen, so ist die Maßeinheit nicht von Bedeutung. S und ψ sowie π^* und ψ_s sind numerisch immer gleich und unterscheiden sich nur durch das Vorzeichen (ψ und ψ_s immer negativ).
Wichtig ist, daß man sich über die Bedeutung der verschiedenen Größen für den Wasserhaushalt der Pflanzen im klaren ist: Wenn man sich nur mit dem mehr physikalischen Vorgang der Wasserdurchströmung der Pflanze vom Boden bis zur Atmosphäre beschäftigt, dann muß man stets S bzw. ψ messen. Hat man es dagegen mit den biologischen Vorgängen der Anpassungen, die mit Wachstum verbunden sind, zu tun, wie es hier der Fall ist, dann ist π^* bzw. ψ_s die maßgebende Größe, weil sie in direkter Beziehung zur Hydratur des Protoplasmas, also dessen Hydratationszustand (Seite 52) steht und von letzterem die Lebensvorgänge der Pflanzen gesteuert werden.

Abb. 72. Verschieden gestaltete Blätter von *Encelia:* oben wenig behaarte hygromorphe Blätter, unten rechts mesomorphe, unten links xeromorphe, in der Mitte Zweige mit Endknospen (Blätter alle abgefallen).

Die erst nach einem längeren Zeitraum erkennbaren Anpassungen der Pflanzen kann man trotzdem kybernetisch als *Regelkreise mit Rückkoppelung betrachten,* die für die Aufrechterhaltung eines bestimmten Gleichgewichts unter veränderten Bedinungen, in unserem Falle einer ausgeglichenen Wasserbilanz, notwendig sind. Diese ist die *Regelgröße,* die *Störgröße* ist die zunehmende Trockenheit während der Dürre, der *Sollwert* ist eine ausgeglichene Wasserbilanz (also Wasseraufnahme = Wasserabgabe), als *Fühler* haben wir das lebende Protoplasma zu betrachten, denn bei einer Störung der Wasserbilanz tritt eine Erhöhúng von π^* (Abnahme von ψ_s) infolge Zunahme der Zellsaftkonzentration ein, und das zieht eine Abnahme der Hydratur des Plasmas nach sich, auch der Hydratur des Protoplasmas der meristematischen Zellen am Sproß- und Wurzelscheitel, die man als *Stellgröße* ansehen muß. Denn ihre Veränderung hat zur Folge, daß die neugebildeten Organe morphologisch besser angepaßt sind: Die Internodien werden kürzer, die Blätter kleiner und xeromorpher, was eine reduzierte Transpiration bedingt und den Ausgleich der Wasserbilanz ermöglicht (WALTER/KREEB 1970).

Ein Beispiel aus der Sonora-Wüste soll das Gesagte erläutern: Der etwa 50 cm hohe Compositen-Halbstrauch *Encelia farinosa* hat während der Regenzeit große weiche, hygromorphe Blätter, die grünlich und schwach behaart sind; ihr π^* beträgt 22–23 atm. In der Dürrezeit wird die Wasserversorgung erschwert, wobei π^* auf 28 atm ansteigt und eine leichte Hydraturabnahme des Protoplasmas von den Meristemzellen bewirkt; die vom Meristem neugebildeten Blätter sind kleiner, mesomorpher sowie stärker behaart und lösen die hygromorphen ab. Bei Fortdauer der Dürre steigt π^* auf 32 atm und die nächsten Blätter sind noch kleiner, dicklich und dicht weiß behaart (Abb. 72), was eine weitere Transpirationsreduktion ermöglicht. Bei extrem langer Dürrezeit werden sämtliche Blätter abgeworfen, sobald π^* 40 atm erreicht. Es verbleiben nur die Endknospen mit sich nicht weiter entwickelnden kleinen Blattanlagen. Die Wasserabgabe von der Pflanze ist dann so gering, daß selbst bei minimaler Wasseraufnahme aus dem Boden die Wasserbilanz ausgeglichen bleibt.

Sobald die nächste Regenzeit einsetzt, sinkt der potentielle osmotische Druck (π^*) wieder auf den Ausgangswert von wenig über 20 atm, die Hydratur der Meristemzellen steigt und die neugebildeten Blätter werden groß und hygromorph; infolge der intensiven Photosynthese setzt ein starkes Wachstum bei starker Transpiration, aber ausgeglichener Wasserbilanz ein. Dieser Zyklus wiederholt sich immer wieder.

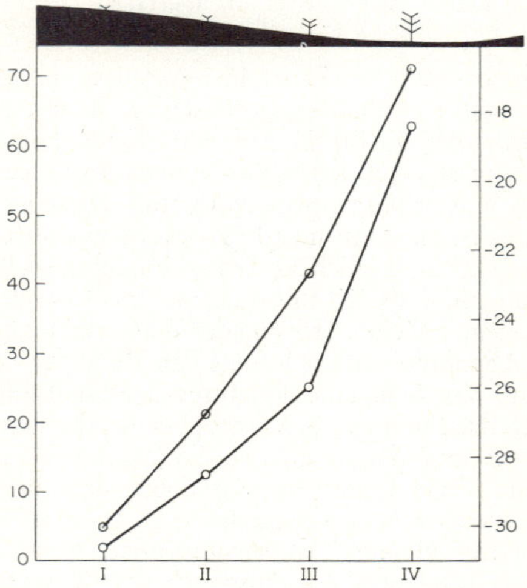

Abb. 73. Beziehungen zwischen osmotischen Potential ($-\pi^*$) in bar (rechts) und dem Höhenwachstum bei *Solanum elaeagnifolium* in cm (links). I–IV Probenentnahme von den oben angegebenen Pflanzen.

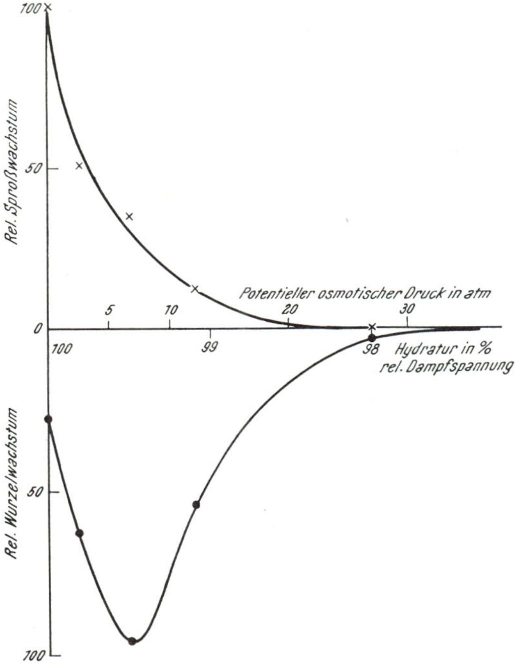

Abb. 74. Wachstum von Erbsenkeimlingen bei verschieden hoher, jedoch konstanter Hydratur bzw. potent. osmot. Druck (π^*).

Wie eng die Beziehungen zwischen Wuchsgröße und π^* ($-\psi_s$) sind, zeigt Abb. 73 für *Solanum elaeagnifolium*. Diese annuelle Art der Sonora-Wüste entwickelt sich auf Lehmboden nach guten Regen. In kleinen Senken, wo Wasser steht und der Boden tief durchfeuchtet wird, werden die Pflanzen 60 cm hoch; zum Rande zu wird der Boden immer trockener, und entsprechend bleiben die Pflänzchen immer kleiner bis zu Zwergen von wenig über 1 cm. Die verschiedene Wasserversorgung wird durch die ψ_s-Werte angezeigt. Beide Kurven laufen fast parallel (Abb. 73). Solche Zwergephemeren sieht man überall nach schlechten Regenzeiten.

Interessant ist, daß die Wurzel auf eine Hydraturabnahme der Meristemzellen anders reagiert als der Sproß: Sie wird dünner, aber länger und bildet keine Seitenwurzeln; erst bei stärkerer Hydraturabnahme erfolgt eine Wachstumshemmung, die beim Sproß sofort einsetzt (Abb. 74). *Brassica*-Keimlinge, die im Sand mit verschiedenem Was-

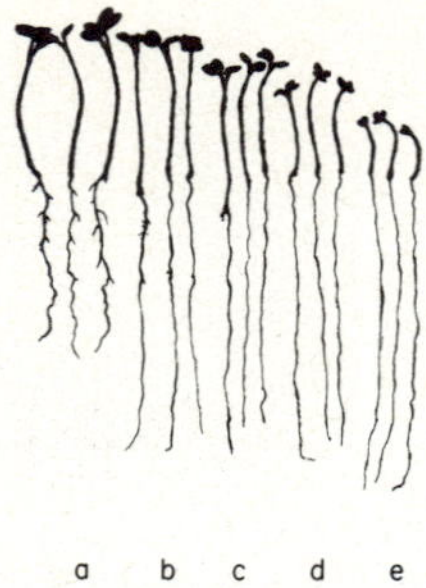

Abb. 75. *Brassica*-Keimlinge in verschieden feuchtem Sand gewachsen (5 Tage nach der Keimung). Wassergehalt des Sandes: a = 15,5%·, b = 6,7%, c = 4,3%, d = 2,5%, e = 1,3% (aus jeder Gruppe je 3 Keimlinge gezeigt).

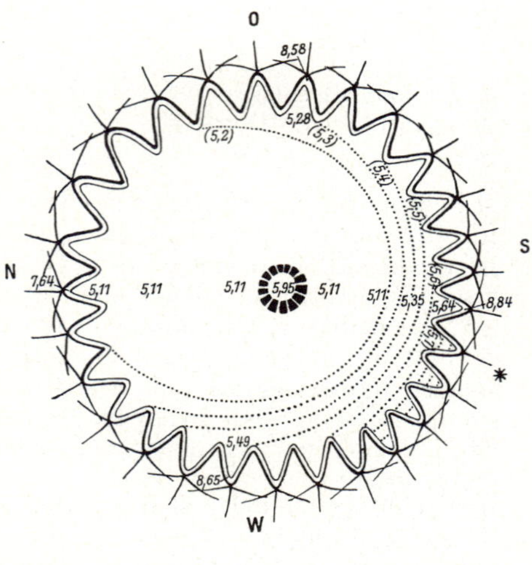

Abb. 76. Verteilung des potent. osmot. Druckes (π^*) auf dem Querschnitt von *Ferocactus wislizenii*. Isosmosen = Linien gleichen Druckes (Zellsaftkonzentration, Zahlen in atm. Höchster Druck bei * im Südwesten).

Abb. 77. *Ferocactus wislizenii* in der Sonora-Wüste nach SW geneigt (Foto E. WALTER).

Abb. 78. *Pachycereus pringlei* auf der SW-Seite mit Blütenknospen (eine Blüte bereits geöffnet) (Foto E. WALTER).

sergehalt aufgezogen wurden, zeigen dieses Verhalten sehr deutlich (Abb. 75). Auch diese Reaktion erleichtert den Ephemeren den Ausgleich der Wasserbilanz und damit das Überleben: Der kleinere Sproß bedingt eine geringere Wasserabgabe, die Verlängerung der Wurzeln ermöglicht ihr das Erreichen der tieferen Bodenschichten, die länger feucht bleiben, wenn die Regenzeit ungünstig ist.

Besonders eindrucksvoll ist, daß bei Säulenkakteen die verschiedenen Seiten unterschiedlich reagieren, weil die SW-Seite am stärksten erwärmt wird und am meisten transpiriert, während das auf der NE-Seite am wenigsten der Fall ist. Als Beispiel wählen wir den in der Sonora-Wüste verbreiteten *Ferocactus wislizenii:* Ein Querschnitt zeigt, daß die Isosmosen (Linien mit gleichem π^*) die Asymmetrie der verschiedenen Wasserbeanspruchung deutlich wiedergeben. π^* ist am höchsten im Südwesten und am niedrigsten im Nordosten, entsprechend ist die SW-Seite xeromorpher ausgebildet (schmälere, dichter stehende Rippen, Holzkörper auf SW-Seite stärker – vgl. Abb. 76). Auch das Höhenwachstum ist auf der Südwestseite reduziert, so daß der Kaktus sich nach Südwesten neigt (Abb. 77) und im hohen Alter sogar umkippen kann.

Weiter ist auffallend, daß bei den Säulenkakteen die ersten Blütenknospen auf der SW-Seite gebildet werden und auf der NE-Seite überhaupt keine (Abb. 78). Man muß daraus schleißen, daß höherer π^*, also geringeres osmotisches Potential, den Übergang von dem vegetativen Wachstum zum generativen fördert, was auch bei den Ephemeren der Fall ist; denn Zwergpflanzen mit höherem π^* blühen immer zuerst. Das bestätigt die Erfahrung der Gärtner, daß bei erschwerter Wasserversorgung die Pflanzen stärker blühen, während sie bei guter Wasserversorgung hauptsächlich vegetativ wachsen.

9 Produktivität der Wüstenvegetation

Wenn die Einzelpflanzen in Dürrezeiten ihre transpirierende und zugleich photosynthetisch wirksame Oberfläche einschränken, so nimmt die Produktion ab. Bei lange andauernder Dürre kommt sie zum Stillstand. Andererseits entwickeln sich die Pflanzen in guten Regenjahren zwar üppiger, aber alles zur Verfügung stehende Wasser können sie doch nicht ausnutzen. Der Überschuß kommt den Ephemeren zugute, die sich besonders stark entwickeln und gewissermaßen einen „Vegetationspuffer" darstellen, durch den die große Schwankungen der Jahresniederschläge ausgeglichen werden.

In schlechten Regenjahren entwickeln sich die Ephemeren fast nicht oder sie sind nur durch Zwergpflanzen vertreten. Genügt die Reduktion der Oberfläche bei den ausdauernden Arten nicht, um einen Ausgleich ihrer Wasserbilanz zu erreichen, so sterben große Teile der

Pflanzen ab, weil der maximale π^* überschritten wird. Zum Überleben genügt es, wenn das Sproßmeristem eines Zweiges am Leben bleibt und nach Regen wieder austreibt. Bei allen holzigen Pflanzen der Wüsten sieht man viele tote Äste als Zeichen früherer Dürrejahre. Eine Vermehrung durch Samen erfolgt auch nur nach einem guten Regenjahr, oder wenn mehrere aufeinander folgen, was selten mehr als einmal im Jahrhundert der Fall ist. Jungwuchs fehlt daher meist ganz. Unter diesen Umständen ist es kaum möglich, mittlere Werte der Produktion anzugeben. Der Blattflächenindex der ausdauernden Arten liegt selbst in günstigen Jahren sehr weit unter 1. Nur eine sehr üppige Ephemerenvegetation kann in guten Jahren eine gewisse Produktion erzielen.

In der extremen Wüste bei Kairo ist die Produktion der ephemeren Vegetation bestimmt worden, und zwar nach einem Winterregen von 23,4 mm, der die oberen 25 cm des Bodens durchfeuchtete. Von dieser Wassermenge gingen 68% durch Verdunstung unproduktiv verloren; die Transpiration der Ephemeren während der Wintermonate entsprach 7,3 mm, also 32% der Regenmenge, das sind auf 100 m^2 Bodenfläche berechnet 730 kg Wasser. Erzeugt wurden von den Ephemeren auf derselben Fläche 9,834 kg an Frischmasse oder 0,518 kg an Trockensubstanz. Daraus ergibt sich ein Transpirationskoeffizient von 730 : 0,518 = 1409, der gegenüber den Werten von unseren Feldfrüchten in Mitteleuropa (400–600) sehr hoch ist. Das ist auf die sehr geringe Luftfeuchtigkeit in der Wüste zurückzuführen.

Ähnliche Werte erhielt Seely (1978) für annuelle Gräser in der Namib bei sehr geringen Niederschlägen. Verschwindend gering ist die Zoomasse in der Wüste und somit die sekundäre Produktion; doch sind die Nahrungsketten als Regelkreise für das Ökosystem auch in der Wüste nicht ohne Bedeutung (Seite 175).

Zum Schluß bringen wir noch die speziellen Produktionsuntersuchungen an Agaven und Kugelkakteen. Sie wurden im westlichsten Teil der Sonora-Wüste bereits in Kalifornien mit einer Sommerdürrezeit durchgeführt.

a) Genaue quantitative Angaben (alles Mittelwerte) macht Nobel (1976) für *Agave deserti*, die auch in der östlichen Sonora-Wüste vorkommt. Für Pflanzen mit im Mittel 29 Blättern wird angegeben: Länge der Blätter 30 cm, Fläche 380 cm^2, Gewicht eines Blattes frisch 348 g, trocken 47 g. Stomata, d. h. Spaltöffnungen 30 pro mm^2. Zahl der Wurzeln pro Pflanze 88, ihre Länge 46 cm, radial ganz flach streichend, so daß jeder Regenfall zur Wasseraufnahme genutzt werden kann.

Das Öffnen der Stomata erfolgt während der Regenzeit (November–Mai) bei einem Boden-Wasserpotential von −0,1 bar an 154–175 Tagen. Fällt dieses Potential zu Beginn der Dürre auf −3 bar ab, dann findet keine Wasseraufnahme mehr statt, aber die Stomata öffnen sich nachts an weiteren 8 Tagen. Dann bleiben sie geschlossen; ein diurnaler Säurestoffwechsel (CAM) findet erst wieder nach einem Regenfall statt.

Die Transpirationsverluste betrugen 1975 pro Pflanze 20,3 kg, was auf die durchwurzelte Bodenfläche umgerechnet einem Regenfall von 26,9 mm entspricht = 35% der Jahresniederschlagsmenge. Der Transpirationskoeffizient, d. h. das Verhältnis von transpirierter Wassermenge zu der erzeugten Trockensubstanzmenge (beide in kg), war 25 also sehr niedrig, was eine sehr sparsame Wassernutzung bedeutet.

Pro Pflanze wurden 0,8 kg Trockensubstanz im Jahr erzeugt. Das Wachstum erfolgt also sehr langsam und nur ältere Pflanzen blühen einmal und sterben dann ab, weil zur Erzeugung des großen Blütenstandes alle Stoff- und Wasserreserven der Pflanze verbraucht werden. Folgende Bestimmungen bestätigen das (Nobel 1977 a): Die blühende alte Pflanze hatte 68 Blätter, die 4,1 cm dick waren, als der Blütenstand gerade sichtbar wurde. Nach Ausbildung des Blütenstandes waren sie zusammengeschrumpft, ausgeblichen und nur noch 1,4 cm dick.

Die gesamten Blätter verlieren während der Blüte 24,9 kg an Frischgewicht und 1,84 kg an Trockengewicht. Die Wasseraufnahme aus dem Boden genügte nicht; 17,8 kg erhielt der Blütenstand aus den Blättern. Das Trockengewicht des Blütenstands betrug 1,25 kg und 0,59 kg an Trockengewicht veratmete er. Eine blühende Pflanze produziert 65 000 Samen, 85% derselben wurden durch Tiere vernichtet. Auf einer Fläche von 400 m^2, auf der 300 Agavenpflanzen standen, fand man keine einzige Jungpflanze. Vermehrung durch Samen findet nur in günstigen Jahren statt, sonst nur eine vegetative durch Ausläufer. Diese Zahlenwerte machen es verständlich, warum Agaven hapaxanthe (monokarpische) Arten sind, d. h. nur einmal zur Blüte und Frucht gelangen und dann absterben.

b) Eine ebenso eingehende Produktionsanalyse wurde in demselben Gebiet mit dem Kugelkaktus *Ferocatus acanthoides* durchgeführt (Nobel 1977 b). Es handelt sich ebenfalls um eine Art mit diurnalem Säurestoffwechsel (CAM), bei der jedoch der Aufwand für die Blütenorgane so gering ist, daß sie jedes Jahr blüht.

Die 34 cm hohe Pflanze mit einem Durchmesser von 26 cm wog 10,8 kg mit einem Wassergehalt von 8,9 kg. Die Transpirationsverluste betrugen in einem Jahr 14,8 kg; dazu kamen 0,6 kg für die Transpiration und den Aufbau der generativen Organe. Bei der CO_2-Assimilation wurde 1,6 kg in einem Jahr erzeugt, davon wurde ein Drittel veratmet. Das gemessene Jahreswachstum wurde mit 9% bestimmt. Der Transpirationskoeffizient betrug 70. Er lag somit höher als bei der Agave, war aber immer noch sehr niedrig. Das Öffnen der Stomata entsprach dem von Agaven.

10 Orobiom III – die Wüstengebirge der Subtropen

In extremen Wüsten enthält die Luft so wenig Wasserdampf, daß es selbst in großen Höhen zu keinen Steigungsregen kommt. Im Tibesti-Gebirge (3415 m NN) in der Zentralen Sahara wurden in 2450 m Höhe nur Jahresniederschläge von 9–190 mm gemessen (4 Jahre) bei häufiger Bewölkung in den Wintermonaten. Entsprechend bleiben die ariden Verhältnisse bis in große Höhen erhalten; doch deutet das Auftreten einer Reihe mediterraner Elemente etwas humidere Verhältnisse an. In Schluchten wurde in 2500–3000 m NN *Erica arborea* gefunden, im Hoggar in 2700 m als Relikt die dem Ölbaum nahe Verwandte *Olea laperrini*.
Für den Westhang der Anden in N-Chile gibt ELLENBERG (1975) bis in die montane Stufe eine peraride Vollwüste an, dann eine subalpine Zwergstrauch-Halbwüste und über 4500 m NN eine tropisch-alpine Gras-Halbwüste oder „Wüsten-Puna".
Bei der Stufenfolge in der weniger ariden Sonora-Wüste in S-Arizona findet man über der *Larrea*- oder Riesenkakteen-Wüste eine Stufe mit *Prosopis*-Grassavannen und vielen Blattsukkulenten *(Agave, Dasylirion, Nolina)*, dann mehrere Stufen mit immergrünen *Quercus*-Arten und *Arctostaphyllos-, Arbutus-* sowie *Juniperus*-Strauchschicht, worauf Nadelwaldstufen folgen: *Pinus ponderosa* ssp. *scopulorum* (höher mit *Pinus strobiformis*), *Pseudotsuga menziesii* mit *Abies concolor* und nur auf dem San-Francisco-Peak in N-Arizona an Nordhängen bis fast 3700 m NN *Picea engelmannii.* Hier nehmen die Jahresniederschläge mit der Höhe sehr rasch zu.

11 Das Biom der Namib-Nebelwüste

Als Beispiel eines Bioms des Zonobioms III und des Subzonobioms der Nebelwüsten wurde die Namib an der Küste Südwestafrikas ausgewählt, weil sie sich stark von den übrigen Wüsten unterscheidet. Obgleich es sich um eine subtropische und extrem regenlose Wüste handelt, zeichnet sich der Küstenstreifen durch hohe Luftfeuchtigkeit mit etwa 200 Nebeltagen im Jahr und geringe Temperaturschwankungen aus wie in ozeanischen Klimagebieten. Die Temperaturen sind immer kühl, heiße Tage gibt es nur wenige im Jahr. Diese merkwürdigen Verhältnisse werden durch den kalten Benguela-Strom (Wassertemperatur 12–16 °C) bedingt. Über ihm lagert eine 600 m hohe kalte Luftschicht mit einer Nebelbank, so daß infolge der Inversion die warme Ostströmung den Boden nicht erreicht. Vielmehr setzt täglich von Südwesten eine Seebrise ein, die den Nebel und die kühle Luft in die Wüste heranführt (LOGAN 1960).
Wenn die Inversionsschicht durchbrochen wird, kommt es zur Gewitterbildung und Regen. Das ist in den meisten Jahren mit kaum meßbaren Regen nicht der Fall. Ausnahmen sind selten, starke Regen nur 1

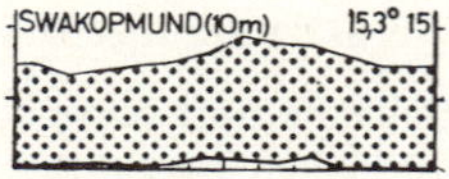

Abb. 79. Klimadiagramm von Swakopmund in der Namib. Fast regenloses Gebiet, aber mit 200 Nebeltagen im Jahr (nicht meßbare Niederschläge).

bis 2mal im Jahrhundert, wie 1934/35 mit 140 mm Regen und 1975/76 mit über 100 mm. Das langjährige Jahresmittel von 15 mm für Swakopmund besagt wenig (Abb. 79).
Die Befeuchtung des Bodens durch Tau oder Nebel ist minimal, im Mittel 0,2 mm, maximal 0,7 mm; die Jahressumme der Nebelniederschläge von etwa 40 mm bleibt wirkungslos, weil die einzelnen Nebelniederschläge wieder verdunsten, ohne vom Boden gespeichert zu werden. Sie kommen nur den poikilohydren Flechten zugute, die bei der hohen Luftfeuchtigkeit alle Steine in der Nebelzone mit bunten Farben bedecken, ebenso wie den „Fensteralgen", die man auf der Unterseite von durchsichtigen Quarzkieseln findet, wo sich die Nebelfeuchtigkeit länger hält. Echte Nebelpflanzen, wie die Tillandsien in der peruanischen Wüste (Seite 159), die dem Boden kein Wasser entnehmen, gibt es in der Namib nicht.
Nur dort, wo der Treibnebel gegen eine Felswand prallt, sich kondensiert, wobei das Wasser in die Felsspalten tief eindringt, können wurzelnde Pflanzen (meist Sukkulenten, Abb. 80) Fuß fassen. Das ist bei den Inselbergen der Fall, die sich über die fast ebene Rumpfplattform der Namib erheben.
Diese Rumpfebene steigt mit einem Gefälle 1 : 100 von der Küste nach Osten an und besitzt bis zum Fuß des Steilabfalls vom afrikanischen Hochland eine Breite von 100 km. Die Nebel machen sich bis zu einer Tiefe von 50 km bemerkbar. Sie enthalten auch von der Brandung versprühte Meerwassertröpfchen, die zur Ablagerung kommen, so daß die Böden der Äußeren Namib verbrackt sind.
Ausdauernde Pflanzen findet man in der Namib nur dort, wo der Boden in einer Tiefe unter 1 m Wasser enthält. Diese Wasservorräte stammen aus guten Regenjahren.
Nach den 140 mm des Jahres 1934/35 war die Wüste grün und mit Blüten übersät. Es waren vorwiegend Ephemere, darunter besonders viele sukkulente Mesembryanthemen. Diese speicherten im Sproß soviel Wasser, daß sie noch im nächsten Jahr blühten, obgleich die Wurzel und die Sproßbasis schon vertrocknet waren. Auch von den ausdauernden Arten wachsen in solchen Jahren viele Keimlinge heran, deren Wurzeln rasch in die Tiefe vordringen und die unteren, länger feucht bleibenden Bodenschichten erreichen. Sie können sich jedoch die nächsten Jahrzehnte nur dort halten, wo im Boden größere Wasservorräte gespeichert werden.

Nach starken Regen fließt das Wasser in tief mit Sand erfüllten Rinnen zum Meere, ohne es zu erreichen. Vielmehr versickert es in mit Schwemmboden ausgefüllten Senken und dringt tief in den Boden ein. Nur die oberen Bodenschichten trocknen bis zu einer Tiefe von 1 m (bei Sandboden weniger tief) aus. Darunter bleibt das Wasser Jahrzehnte erhalten und kann von tiefwurzelnden Pflanzen ausgenutzt werden. In den Rinnen ist der Sand durch das abfließende Regenwasser entsalzt; in die Senken wird dagegen das Salz hereingeschwemmt. So ergeben sich zwei verschiedene Standorte – in den kleinen und großen Erosionsrinnen mit nicht halophilen Biogeozönen (*Citrullus, Commiphora, Adenolobus* und, wo mehr Grundwasser vorhanden ist, die Sträucher *Euclea, Parkinsonia* und *Acacia* spp.), während auf den weiten ebenen Senken sich halophile Arten ansiedeln. Es sind vor allem *Arthraerua* (Amarantaceae), *Zygophyllum stapffii* und *Salsola* (Chenopodiaceae), wobei an jede Pflanze Sand angeweht wird, aus dem sie hinauswächst. Es entstehen niedrige Haufendünen, die eine typische Nebka-Landschaft bilden (Abb. 81). Anzunehmen ist, daß alle Pflanzen im selben Regenjahr keimten; sie sind auch ziemlich gleich groß und können sich solange halten, wie die Wasservorräte im Boden reichen; kommt lange Zeit kein neues Regenjahr, so sterben sie langsam ab und der Dünensand wird verweht. Wenn sie dagegen rechtzeitig wieder guten Regen erhalten, dann wachsen sie weiter.

Abb. 80. Zwischen weißen Marmorfelsen (Witportberge) vorn blühende *Hoodia currorii,* hinten links *Aloê asperifolia* und rechts *Arthraerua* fruchtend (Foto W. Giess).

Abb. 81. *Arthraerua leubnitziae* (Amarant.) im Rinnsal der äußeren Namib (Foto W. GIESS).

Für das Überleben dieser Pflanzen spielt der Nebel eine große Rolle; denn in wassergesättigter Luft können die Pflanzen CO_2 assimilieren, ohne daß Transpirationsverluste eintreten. Ihr Wasserverbrauch ist somit gering. Außer diesen drei Biogeozön-Komplexen mit salzfreiem Sandboden und den verbrackten Senken in Küstennähe sind noch die Oasen der großen Riviertäler (Trockentäler) zu nennen: Omaruru, Swakop und Kuiseb in der Zentralen Namib. Sie entspringen alle auf dem Hochland mit Sommerregen (im Mittel 300 mm) und sind z. T. tief in die Namib-Plattform eingeschnitten. Das Flußbett ist mit Sand ausgefüllt, in dem das Wasser nach Regen auf dem Hochland versikkert und nur nach sehr guten Regen bis in das Meer abfließt. Aber die übrige Zeit ist doch ein ständiger Grundwasserstrom im Sande vorhanden, so daß man aus Brunnen Wasser gewinnen kann. Z. T. ist es durch die Zuflüsse aus der Namib leicht brackig. Dieses Grundwasser schafft die Möglichkeit zur Entwicklung von Galeriewäldern (Abb. 82) aus *Acacia albida, A. erioloba, Euclea pseudebenus, Salvadora persica* oder an etwas brackigen Stellen *Tamarix*- und *Lycium*-Arten. Dort, wo die Holzpflanzen vor den Hochfluten geschützt sind, können die Wälder ein hohes Alter erreichen. Auf dem oft umgelagerten Sand wachsen *Ricinus, Nicotiana glauca, Argemone, Datura* u. a., auf Sanddünen die dornigen und blattlosen *Acanthosicyos* (Naras-Kürbis) und *Eragrostis spinosa* – ein verholztes dorniges Gras; wo das Grundwasser Tümpel bildet stehen *Phragmites, Diplachne, Sporobulus* und *Juncellus*.

Alle diese Pflanzen sind reichlich mit Wasser versorgt und besitzen eine hohe Produktionskraft. In diesen Oasen herrscht auch ein reiches Tierleben: Vögel, Nagetiere, Reptilien, Arthropoden u. a. Früher waren auch Elefant und Nashorn vertreten. Sie sind vom Menschen ausgerottet worden. Nur die Paviane haben sich in den Felsklüften gehalten.

Arm ist die Fauna der Nebka-Landschaft. Es kommen vor: Einige Nager, Reptilien und Skorpione, als Saprophagen Käferarten. Mehr Arten findet man in den Inselbergen, namentlich wenn sie weiter landeinwärts liegen und schon öfters Sommerregen erhalten, so daß zwischen den Felsen Wasserstellen vorhanden sind und in Felsspalten Sträucher wachsen können.

Die gegebene Darstellung bezog sich auf die *Äußere Namib*. Sobald man sich weiter als 50 km vom Meere entfernt, beginnt die *Innere Namib* mit spärlichen Sommerregen und wechselndem Graswuchs. Die Wüstenbedingungen sind nicht so extrem und geben dem beweglichen Wild die Möglichkeit, Nahrung zu finden und einzelne Wasserstellen aufzusuchen. Dieser Teil ist wildreich. Häufig sind: Zebra, Oryx-Antilope, Springbock, Hyäne, Schakal sowie Strauße und andere Vögel. Denn dieses unbesiedelte Gebiet ist in der Zentralen Namib zum Naturschutzpark erklärt worden; es wird von der Namib Desert Station Gobabeb aus erforscht.

In der Zentralen Namib kommt an der Grenze zwischen Äußerer und Innerer Namib die berühmte *Welwitschia mirabilis* in zahlreichen Exemplaren vor. Sie wächst in breiten und sehr flachen Erosionsrinnen

Abb. 82. Flußbett (trocken) des Kuiseb bei Gobabeb mit Baumbestand von *Acacia albida, A. erioloba, Tamarix usneoides* und *Salvadora persica*. Im Hintergrund nördlichste Sanddünen der Dünen-Namib (Foto W. GIESS).

Abb. 83. *Welwitschia mirabilis* am Rande eines breiten, flachen Rinnsals in den Messumbergen (Foto W. GIESS).

mit kaum merklichen Gefälle (Abb. 83), in denen die spärlichen Sommerregen zusammenfließen und tiefer in den Boden eindringen. Dieses Wasser nimmt *Welwitschia* mit ihren 1,5 m tief reichenden Wurzeln auf. Darunter ist eine harte Kalkkruste. Wenn diese Art den tieferen Erosionsrinnen fehlt, so ist wohl der Grund, daß die *Welwitschia*-Keimlinge sehr empfindlich gegen spülendes Wasser und gegen Zuschütten mit Sand sind.

Welwitschia besitzt nur zwei bandförmige Blätter, die von einem Meristem am rübenförmigen Stamm dauernd nachwachsen und an der Spitze vertrocknen. In guten Regenjahren ist der lebende Teil ziemlich lang, in schlechten trocknen die Blätter fast bis zum Meristem ab, so daß die transpirierende Fläche stark reduziert wird. Die Blätter sind sehr xeromorph gebaut und besitzen eingesenkte Spaltöffnungen. Eine Altersbestimmung mit der C14-Methode ergab beim ältesten gemessenen Exemplar ein Alter von etwa 2000 Jahren.

Die Transpiration und Photosynthese wurden von WILLERT et al. (1982) untersucht: *Welwitschia* ist eine C3-Pflanze; der Wasserverbrauch einer mittelgroßen Pflanze ist etwa 1 Liter pro Tag. Auf die durchwurzuelte Fläche berechnet, würde das einer Regenmenge von 2 mm pro Jahr entsprechen. Somit ist die Wasserversorgung selbst in diesem ariden Gebiet gewährleistet. Bei langer dürre stirbt die Blattfläche bis auf das basale Meristem ab, wodurch die Transpiration fast auf Null sinkt.

Einzigartig sind die besonderen Ökosysteme der Namib: 1. die vegetationslosen Dünen südlich vom Kuiseb, 2. die Guano-Inseln, 3. die Paarungsplätze der Robben und 4. die Lagunen hinter dem Strand.

In den Dünentälern findet man organischen Detritus aus hereingeweh-

ten Grasresten, eiweißreichen tierischen Resten und umgekommenen Insekten (Schmetterlingen). Der Detritus wird von psammophilen flügellosen Tenebrioniden gefressen, diese von kleinen Räubern (Spinnen, Solifugen) oder von größeren Eidechsen, im Sande lebenden Schlangen und Goldmullen (Kühnelt 1975).
Da der Sand sich am Tage bis über 60 °C erhitzt, verbergen sich fast alle Tiere im kühlen Sande und kommen erst nachts heraus. Als Wasserquelle dient der Nebel, den sie auf besondere Weise aufnehmen (Seely et al. 1976, Hamilton et al. 1976). Die Fauna ist reich an Endemiten.
Die Gunao-Inseln sind die Nistplätze der Kormorane, die ihre Nahrung in dem fischreichen kalten Meerwasser finden. Im regenlosen Klima häufen sich die Exkremente der Vögel an und verhindern jeden Pflanzenwuchs, aber sie werden als Guano (Phosphat-Dünger) abgebaut. Ähnliche Verhältnisse herrschen auf den Paarungsplätzen der Robben.
Die Lagunen sind vom Meer durch Sandbarren abgeschnitten, nur bei Sturm schlagen gelegentlich Wellen über. Das verdunstete Wasser wird durch Meerwasser ersetzt, das vom Meer durch den Sand sickert. Es sind deshalb aquatische Ökosysteme mit sehr hoher Salzkonzentration, auf die wir nicht näher eingehen.
Ebenso wie die Namib hat jede Wüste ihre ökologische Besonderheit und muß monographisch behandelt werden. Dazu fehlt hier der Raum (vgl. Walter 1973, S. 460–679 sowie Walter und Breckle, Bd. 2, 1984).

Das Zono-Ökoton III/IV – Halbwüste

Dort, wo am Rande der Wüsten infolge der zunehmenden Winterregen die kontrahierte Vegetation in eine diffuse übergeht, kann man die Grenze zwischen der eigentlichen Wüste und der Halbwüste ziehen. Sie ist jedoch nicht immer scharf markiert. Die Bodenbedeckung in der Halbwüste beträgt etwa 25% der Gesamtfläche. Die floristische Zusammensetzung dieser Vegetation ist in den einzelnen Florenreichen genau so verschieden wie die der Wüsten. Nördlich der Sahara sind die wichtigsten Arten die malakophylle *Artemisia herba-alba* und die sklerophyllen Gräser *Stipa tenacissima* (Halfagras) und *Lygeum spartum* (Espartogras). *Artemisia* wächst meist auf schweren Lößböden oder lehmigen Böden. In Tunis wurden in 10 cm Tiefe Kalkausscheidungen festgestellt. In 5–10 cm Tiefe war eine dichte Durchwurzelung vorhanden, wobei einzelne Wurzeln bis 60 cm tief gingen. *Stipa* wächst mehr auf mit Steinpflaster bedeckten Erhebungen. Ein Bodenprofil zeigt folgendes: 2–5 cm Steinpflaster, darunter bis 30 cm lehmiger Boden gut durchwurzelt, worauf ein fest verkrusteter Schotter folgte, der für die Wurzeln ein Hindernis zu sein scheint, aber wahrscheinlich auch einen Wasserspeicher darstellt (viel Kapillarwasser, das von Wurzeln durch engen Kontakt aufgenommen werden kann). Die büschelig von der Horstbasis ausgehenden Wurzeln streichen in 10–20 cm Tiefe weit horizontal, so daß die 0,5–1 m (2 m) voneinander entfernt stehenden Horste sich mit ihren Wurzelsystemen berühren. In beiden Fällen findet man vereinzelte *Arthrophytum*-Pflanzen dazwischen. Die Böden sind nicht verbrackt, *Lygeum spartum* dagegen ist für Gipsböden charakteristisch und verträgt auch etwas Salz.

Halfagras-Bestände werden geschnitten und liefern Material für Flechtarbeiten, zur Herstellung von groben Stricken oder zur Papierfabrikation. *Stipa tenacissima* ist von SE-Spanien und E-Marokko nur bis Homs in Libyen verbreitet; der natürliche Standort sind lichte Aleppo-Kieferwälder. *Artemisia herba-alba* kommt auch in Vorder-Asien vor; sie hat sich vielfach auf Kosten des früheren Graslandes infolge von Überweidung ausgebreitet.

Bei weiterer Zunahme der Niederschläge treten einzeln stehende Bäume auf, wie *Pistacia atlantica* im Westen und *P. mutica* im Osten oder *Juniperus phoenicea*. Die lichten Baumbestände leiten schließlich zu den Hartlaubgehölzen über.

In Californien tritt in der Übergangszone *Artemisia californica* auf zusammen mit halbstrauchigen *Salvia-* und *Eriogonum* (Polygon.)-Arten.
In N-Chile findet man in der Übergangszone eine Zwergstrauch-Halbwüste mit Compositen *(Haplopappus)* sowie Säulenkakteen mit *Puya* (große Bromeliacee), worauf eine Savanne mit *Acacia caven* beginnt, wobei heute die Grasschicht aus annuellen europäischen Gräsern gebildet wird.
In S-Afrika kann man die Renosterformation (*Elytropappus rhinocerotis,* Comp.) als typisch für das niederschlagsarme Winterregengebiet betrachten. In Australien, wo eigentliche Wüsten fehlen, bildet den Übergang die Mallee-Formation, bestehend aus strauchigen *Eucalyptus*-Arten, deren Zweige einem unterirdischen, knolligen Stamm (Lignotuber) entspringen. Es können aber auch lichte *Eucalyptus*-Bestände mit *Maireana (Kochia) sedoides*-Unterwuchs auftreten.

IV Zonobiom der Winterregengebiete mit arido-humidem Klima und Hartlaubgehölzen

1 Allgemeines

Wie wir bereits erwähnten, ist es zweckmäßig, dieses ZB nach den Florenreichen, die starke floristische Unterschiede bedingen, in fünf floristische Biomgruppen zu gliedern: 1. das mediterrane, 2. das californische, 3. das chilenische, 4. das capensische und 5. das australische. Von diesen ist das mediterrane das größte, denn die Winterregen reichen vom Atlantischen Ozean bis nach Afghanistan hinein. Die Klimadiagramme für die einzelnen Gruppen ähneln sich sehr, nur ist die Sommerdürre bald stärker, bald schwächer ausgeprägt. Deshalb wird dieser Klimatypus ganz allgemein als mediterraner bezeichnet. Die Vegetation bilden Hartlaubgehölze, die typisch für Winterregengebiete mit nur sporadischen Frösten sind. Länger anhaltende Kälte wird nicht vertragen. Die günstigste Wachstumszeit ist das Frühjahr, wenn der Boden feucht ist und die Temperaturen ansteigen, sowie der Herbst nach dem ersten Regen. Die Winterzeit ist bei Temperaturen um 10 °C oder darunter schon zu kühl.
Bei der Besprechung der klimatischen Sub-Zonobiome der einzelnen Biomgruppen sollen anschließend auch die Zono-Ökotone behandelt werden. Der Übergang kann sich vom ZB IV zu den ZB V, VI oder VII vollziehen.
Das heutige Klima von ZB IV war nicht immer so. Sowohl die weite Verbreitung der fossilen Böden als auch der Entwicklungsrhythmus der Hauptvertreter und andere Tatsachen (Fossilien) sprechen dafür, daß im Tertiär das Klima noch tropisch mit Sommerregen war. Erst kurz vor dem Pleistozän vollzog sich die Verlagerung des Regenmaximums auf die Wintermonate. Die Pflanzen mußten sich anpassen: Es fand eine scharfe Auslese statt und nur die Arten mit kleinen xeromorphen Blättern, die in der vorhergehenden Klima-Epoche an trockenen Standorten wuchsen, überlebten. Die heutige Reduktion der Aktivität im Sommer wird durch die Dürre aufgezwungen und fehlt, wenn die Pflanzen genügend Wasser zur Verfügung haben. Die als Vegetationspuffer dienenden Ephemeren und Ephemeroiden beschränken sich in ihrer Entwicklung auf das günstige Frühjahr oder den wieder feuchten Herbst.
Die Berücksichtigung dieser historischen Tatsachen erleichtert das Verständnis für das ökologische Verhalten der Vegetation (Specht

1973, Axelrod 1973). Zwischen vielen Taxa des ZB IV und ZB V oder ZB II bestehen enge verwandtschaftliche Beziehungen (z. B. Arten der Gattung *Olea, Eucalyptus* u. a.), *Quercus balout* (= *Q. ilex* s. l.) wächst in Afghanistan bei vorwiegend Sommerregen, die Encinal-Vegetation der Gebirge in Arizona mit Sommerregen entspricht dem Chaparral in Kalifornien mit nur Winterregen (s. ausführlicher auf Seite 213).

In 27 Beiträgen von 32 Mitarbeitern werden Probleme des gesamten ZB IV zusammenfassend mit zahlreichen Literaturhinweisen im Bd. 11, 643 pp. (1981) in der Reihe „Ecosystems of the World" behandelt. Man findet darin eine Fülle von wertvollen Angaben, doch eine Synthese der großen Zusammenhänge fehlt. Die Ökosystemforschung befindet sich gerade für dieses Zonobiom noch im vollen Fluß, wobei mehr die einzelnen Funktionen untersucht werden, und weniger eine Gesamtsynthese angestrebt wird (Miller, ed. 1981, Castri et al., eds. 1981).

2 Biomgruppe des mediterranen Gebiets

Die Klimaverhältnisse in dieser Zone gehen aus den Diagrammen hervor (Abb. 84). Im Winter bringen die Zyklonen Regen, während im Sommer das Azorenhoch heiße und trockene Sommer bedingt. Da das Mittelmeergebiet zu den ältesten Kulturländern gehört, mußte die zonale Vegetation den Kulturen weichen. Auch die Hanglagen wurden abgeholzt und beweidet, so daß eine starke Bodenerosion einsetzte und heute nur noch verschiedene Degradationsstadien vorhanden sind. Trotzdem kann kein Zweifel daran bestehen, daß die zonale Vegetation ein immergrüner Hartlaubwald mit *Quercus ilex* war. Auf Grund von kleinen Restbeständen kann man folgende Angaben über die ursprünglichen Wälder machen:

Quercetum ilicis

Baumschicht: 15–18 m hoch, geschlossen, durch *Quercus ilex* allein gebildet.

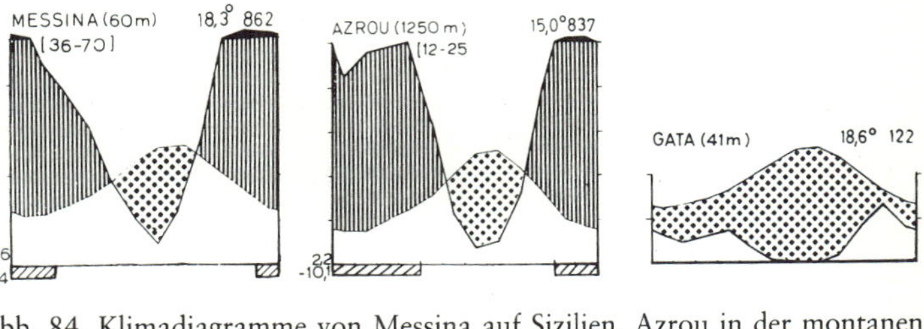

Abb. 84. Klimadiagramme von Messina auf Sizilien, Azrou in der montanen Stufe des Mittleren Atlas (Marokko) und Cabo de Gata (SE-Spanien) = die trockenste Stelle Europas (Wüste).

Strauchschicht: 3–5 (12) m hoch, *Buxus sempervirens, Viburnum tinus, Phillyrea media, Ph. angustifolia, Pistacia lentiscus, P. terebinthus, Rhamnus alaternus, Rosa sempervirens* u. a.; *Smilax, Lonicera* und *Clematis* als *Lianen*.
Krautschicht: etwa 50 cm, spärlich, *Ruscus aculeatus, Rubia peregrina, Asparagus acutifolius, Asplenium adiantum-nigrum, Carex distachya* u. a.
Moosschicht: sehr spärlich.
Unter diesen niedrigen Wäldern findet man in Kalkgebieten meist ein Terra rossa-Profil mit einer Streuschicht, einem schwärzlichen Humushorizont und darunter einem 1–2 cm mächtigen, tonigen, plastischen, roten Terra rossa-Horizont. Bei den Kulturböden fehlen die oberen Horizonte (Erosion), so daß die Farbe schon an der Bodenoberfläche sichtbar wird. Es sind meist fossile Böden einer mehr tropischen Klimaperiode. Heute bilden sich braune Lehme (Zinke 1973).
Die Aspektfolge beginnt im März mit der Blüte vieler Sträucher. Die Hauptblütezeit, auch für *Quercus ilex,* ist der Mai; im Juni blühen noch *Rosa, Clematis* und *Lonicera.* Das Zusammentreffen der höchsten Temperaturen mit der größten Trockenheit bedingt eine relative Ruhezeit. Erst mit den Herbstregen setzt neues Wachstum ein und zuweilen eine nochmalige Blüte der Hartlaubgehölze. Die Steineiche (*Quercus ilex*) ist im westlichen Mittelmeergebiet bis zum Peloponnes und Euböa verbreitet, ganz im Westen kommt auf kalkfreien Böden außerdem die Korkeiche (*Quercus suber*) vor. Im östlichen Mittelmeer löst die Kermeseiche (*Quercus coccifera*) die vorher genannten ab. In der heißen unteren Stufe Spaniens und Nordafrikas wachsen in der Baumschicht der wilde Ölbaum (*Olea oleaster*) und der Johannisbrotbaum (*Ceratonia siliqua*) mit *Pistacia lentiscus;* dazu kommt die einzige europäische Palme (*Chamaerops humilis*). Besonders interessant sind auf Kreta tertiäre Reliktstandorte einer Wildform der Dattelpalme, die schon Theophrast erwähnt. Ein großer Bestand wächst vor einer kleinen Lagune bei Vai (am Kap Sideron, NE-Ecke von Kreta) über Grundwasser.
Quercus ilex zeigt in N-Afrika von Marokko bis Tunis eine montane Verbreitung (siehe Abb. 85) über einer eingeschalteten Nadelwaldstufe mit *Tetraclinis (Callitris)* und *Pinus halepensis* (Aleppo-Kiefer). Die SE-Ecke von Spanien mit 130–200 mm Regen weist schon fast wüstenhafte Verhältnisse auf (Abb. 84, Gata).
Richtige *Quercus ilex*-Wälder sieht man heute nur noch an wenigen Stellen in den Gebirgen N-Afrikas. Sonst werden sie als Niederwald alle 20 Jahre geschlagen und durch Stockausschläge verjüngt. Es entsteht dann ein mannshohes Gebüsch mit lichten Stellen dazwischen, das man *Macchie* nennt. Macchien findet man auch an Hängen, wo der flachgründige Boden keinen hohen Wald aufkommen läßt. Die Sklerophyllen, die man nur als Sträucher kennt, können an günstigen

Abb. 85. *Quercus ilex*-Wald oberhalb von Azrou im Mittleren Atlas (Marokko). Im Unterwuchs *Rosa siculum, Lonicera etrusca* u. a.

Standorten richtige Bäume bilden, wenn sie ein höheres Alter erreichen; von *Quercus ilex* sieht man mächtige Bäume in alten Gärten oder Parkanlagen. Erfolgen die Schläge alle 6–8 Jahre und werden die Flächen regelmäßig gebrannt und beweidet, dann fehlen höhere Holzarten und wir erhalten offene Gesellschaften, die man als *Garigue* (in Griechenland Phrygana, in Spanien Tomillares, in Palästina Batha) bezeichnet.

Es herrschen oft einzelne Arten vor, wie ganz niedrige Polster von *Quercus coccifera, Juniperus oxycedrus* (im Osten auch *Sarcopoterium spinosum-Büsche*) oder *Cistus, Rosmarinus, Lavandula, Thymus* u.a. Die günstigsten Verhältnisse für die Beweidung bietet die *Brachypodium ramosum-Phlomis lychnites*-Gesellschaft in Südfrankreich auf Kalk. Im Frühjahr treten an nackten Stellen viele Therophyten (Ephemeren) auf. Auch Geophyten (Ephemeroiden) wie *Iris, Orchideen (Serapias, Ophrys)* und *Asphodelus*-Arten fehlen nicht. Auf sehr stark durch Feuer und Beweidung degradierten Stellen bleibt schließlich eine fast reine Asphodill-Flur übrig. Die Garigue ist im Frühjahr ein Blütenmeer, während sie im Spätsommer stark ausbrennt. Werden die Kulturen oder die Beweidung aufgegeben, so machen sich Sukzessionen bemerkbar, die in der Richtung zur zonalen Vegetation verlaufen, wie es das folgende Schema für S-Frankreich zeigt:

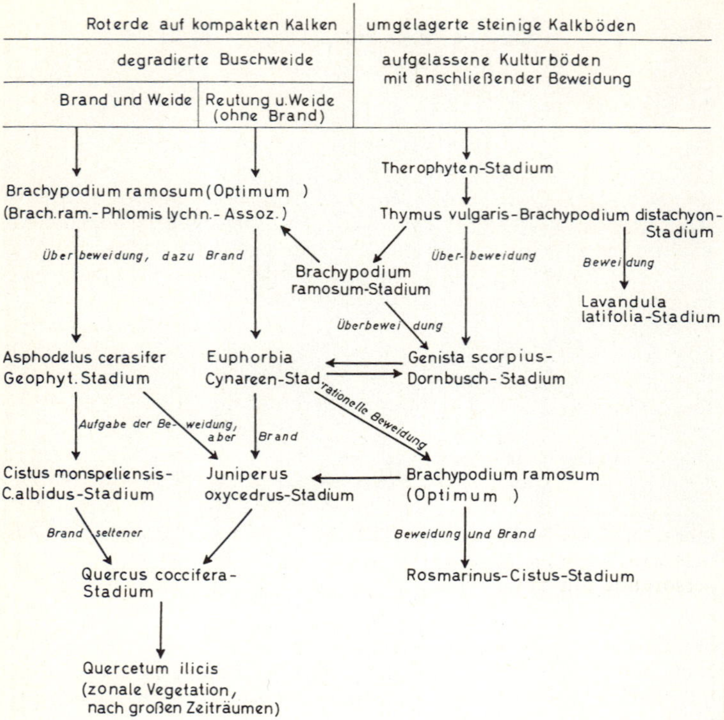

Auf Sandstein- oder sauren Kiesböden verläuft die Sukzession ähnlich, nur haben die einzelnen Stadien eine andere floristische Zusammensetzung; Charakterarten sind z. B. der Erdbeerbaum *(Arbutus)* und die Baumheide *(Erica arborea)*.

Im kontinentalen Mittelmeergebiet S-Anatoliens spielt die Kiefer *Pinus brutia* (nahe *P. halepensis*) eine größere Rolle. Oft bildet sie die Baumschicht, während die Hartlaubgewächse als Macchie in der Strauchschicht vorkommen. Da die Kiefer sich in der Macchie aus Lichtmangel nicht regeneriert, können sich diese Bestände erst nach Waldbränden verjüngen, was die Gleichaltrigkeit der Baumschicht erklärt. Die im Mittelmeergebiet häufig angepflanzte Pinie *(Pinus pinea)* hatte ihre natürlichen Standorte wahrscheinlich auf armen Sandflächen an der Küste.

3 Bedeutung der Sklerophyllie im Wettbewerb

Wenn man sich für die öko-physiologischen Verhältnisse im mediterranen Gebiet interessiert, so taucht sofort die Frage auf, in welchem Ausmaß die Pflanzen von der langen Sommerdürre betroffen werden. Wir unterscheiden zwischen den Sklerophyllen und den Malakophyllen, die durch *Cistus, Rosmarinus, Lavandula, Thymus* u.a. stark vertreten sind. Man muß dabei berücksichtigen, daß die günstigen Eu-Klimatope heute von Kulturen, z. B. Wein, eingenommen werden und die mediterranen Arten auf die flachgründigen Standorte zurückgedrängt sind, also unter relativ ungünstigen Verhältnissen wachsen.
Sofern das anstehende Gestein tief zerklüftet ist, dringen die reichlichen Winterregen tief ein und werden im Boden gespeichert. In den Felsspalten lassen sich die Wurzeln der Holzarten 5–10 m tief verfolgen, bis in Schichten, die auch im Sommer noch genügend ausnutzbares Wasser enthalten.
Zellsaftuntersuchungen im Laufe der ganzen Vegetationszeit ergaben bei den Sklerophyllen, daß der potentielle osmotische Druck während der Dürrezeit von etwa 21 atm um 4–5 atm ansteigt, d. h. die Wasserbilanz wird nicht wesentlich gestört und die Hydratur des Protoplasmas wird kaum verringert. Das kann jedoch bei erschwerter Wasserversorgung nur unter Einschränkung des Gaswechsels durch teilweisen Stomataschluß erreicht werden; denn Transpirationsmessungen ergaben, daß an trockenen Standorten die Wasserabgabe im Sommer etwa 3–6mal geringer ist als an feuchten. An extrem trockenen Standorten bei nur kümmerlich wachsenden Exemplaren steigt die Zellsaftkonzentration dagegen bis auf 30–50 atm an. Man muß jedoch bedenken, daß auf den Eu-Klimatopen, auf denen der Wein im Herbst hohe Erträge gibt, die Wasserverhältnisse viel günstiger sind. Eine durch Dürre verursachte Sommerruhe kam somit bei den ursprünglichen Hartlaubwäldern nicht in Frage.
Im Gegensatz zu den hydrostabilen Sklerophyllen sind die Malakophyllen sehr hydrolabil. *Cistus, Thymus* und *Viburnum tinus* zeigen im Sommer Anstiege der Zellsaftkonzentration bis auf 40 atm. Zugleich tritt bei ihnen eine starke Reduktion der transpirierenden Fläche ein, indem ein großer Teil der Blätter abgeworfen wird. Oft verbleiben nur die Knospen. Diese Arten wurzeln nicht so tief. Der Lorbeer *(Laurus nobilis)*, der nicht zu den Sklerophyllen gehört, hat im Mediterrangebiet seinen natürlichen Wuchsort stets im Schatten oder an Nordhängen und bildet heute Waldbestände nur in der Nebelstufe der Kanaren oder eine Macchie im Winterregengebiet ohne ausgesprochene Sommerdürre (N-Anatolien).
Die ökologische Bedeutung der Sklerophyllie ist somit darin zu sehen, daß die Hartlaubarten bei guter Wasserversorgung einen regen Gaswechsel besitzen (Zahl der Spaltöffnungen 400 bis 500/mm^2), aber bei

Wassermangel durch Verschluß der Stomata die Wasserverluste stark drosseln können. Sie haben dadurch die Fähigkeit, monatelang Dürrezeiten unter Aufrechterhaltung der Plasmahydratur und ohne Verluste an Blattfläche bis zur nächsten Regenzeit zu überdauern, um dann im Herbst sofort wieder die Stoffproduktion aufzunehmen. Die Sklerophyllen sind somit in den Winterregengebieten sowohl den nichtsklerophyllen immergrünen Arten, die gegen Dürre empfindlich sind (z. B. *Prunus laurocerasus*), als auch den laubabwerfenden Bäumen im Wettbewerb überlegen.
Aber die Verhältnisse ändern sich sofort, wenn in den feuchten Winterregengebieten die Sommer nicht ausgesprochen trocken sind oder wenn bei typisch mediterranem Klima der Standort dauernd feucht ist, z. B. an Nordhängen oder in Auenwäldern. An ersteren werden die Sklerophyllen zunächst von Lorbeer-ähnlichen immergrünen Arten und dann von laubabwerfenden Bäumen verdrängt. An Stelle von *Quercus ilex* tritt die sommergrüne Flaumeiche (*Qu. pubescens*) mit größerem Zuwachs.
In den Auenwäldern des Mittelmeergebietes wachsen laubabwerfende Baumarten, wie *Populus* und *Alnus*-Arten, *Ulmus campestris, Platanus orientalis* und in SW-Anatolien die tertiäre Reliktart *Liquidambar orientalis*. Sobald jedoch die Flüsse im Sommer versiegen, finden wir keine sommergrünen Holzarten, sondern den immergrünen sklerophyllen Oleander (*Nerium oleander*).
Die Stoffproduktion hängt hauptsächlich vom Assimilathaushalt der Pflanzen ab; sie ist um so größer:

1. ein je größerer Anteil der Assimilate für die Vergrößerung der produktiven Blattfläche verwendet wird,
2. je größer das Verhältnis Blattfläche/Blatttrockengewicht ist, d. h. mit je weniger Substanz die Blattfläche aufgebaut wird,
3. je höher die Intensität der Photosynthese ist,
4. je längere Zeit die Blattfläche CO_2 assimilieren kann.

Genauere Angaben zu 1 liegen nicht vor, doch ist anzunehmen, daß der Anteil der Blattmasse an der gesamten Phytomasse bei den laubabwerfenden Arten günstiger ist als bei den Sklerophyllen. Hinsichtlich 2 ist das Verhältnis bei den dünnen sommergrünen Blättern 2mal größer als bei den immergrünen, und für 3 zeigen die Messungen, daß die Intensität der Photosynthese bei sommergrünen und immergrünen Blättern pro Blattflächeneinheit berechnet keine großen Unterschiede aufweist. Was 4 anbelangt, so ist das immergrüne Blatt natürlich günstiger. 2 Punkte sind somit zugunsten der laubabwerfenden und 1 Punkt für die immergrünen Art.
Genauere Berechnungen ergaben für das feuchte, milde Klima am Gardasee, wo sowohl *Quercus ilex* als auch *Qu. pubsecens* wächst, eine Stoffausbeute in g/g Zweiggewicht von 22,9 für *Qu. pubescens* gegenüber nur 17,9 für *Qu. ilex*, was die Beobachtung der größeren

Konkurrenzkraft der laubabwerfenden Arten unter diesen Klima- und Standortbedingungen bestätigt. Im selben Klima, aber an steilen Felswänden, von denen ein großer Teil des Regenwassers abfließt, so daß der Standort im Sommer trocken ist, finden wir immergrüne *Qu. ilex*-Büsche. An solchen Wuchsorten ist *Qu. pubescens* nicht konkurrenzfähig.
Dazu kommt, daß an steilen Felshängen *Qu. ilex* im Winter vor Kaltluftstau geschützt ist. Denn seine Nordgrenze ist vor allem durch die Winterkälte bedingt.

4 Mediterranes Orobiom IV

In den Gebirgen des Mittelmeergebietes müssen wir unterscheiden (Walter 1975)

a) die humide Höhenstufenfolge der Gebirge am Nordrand der westlichen, maritimen mediterranen Zone, bei der mit zunehmender Höhe nicht nur die Temperatur abnimmt, sondern zugleich die Dürrezeit verschwindet.
b) die aride Höhenstufenfolge im kontinentalen Klimabereich mit einer Sommerdürre, die sich bis zur alpinen Stufe hinauf bemerkbar macht.

Bei a) folgt auf die immergrüne Hartlaubstufe eine sommergrüne submediterrane Laubwaldstufe mit Flaumeiche oder Edelkastanie *(Castanea)* und darüber in der Höhe der sommerlichen Wolkendecke als Nebelwald eine Buchen *(Fagus)*- und Tannen *(Abies)*-Stufe. Die Buche bildet die Baumgrenze im Apennin; sie kommt noch am Ätna vor und in N-Griechenland. In den Seealpen haben wir über der Buchenstufe eine subalpine Fichten *(Picea)*-Stufe, in den Pyrenäen eine solche mit *Pinus sylvestris* und *P. uncinata.*
Bei b) fehlt eine Laubwaldstufe; auf die mediterrane Hartlaubstufe folgen sofort eine Reihe verschiedener Nadelwaldstufen, z. B. am Südhang des Taurus in Anatolien eine obere mediterrane mit *Pinus brutia,* eine schwach ausgebildete montane mit *Pinus nigra ssp. pallasiana,* eine hochmontane mit *Cedrus libanotica* und *Abies cilicica* (feuchter) oder *Juniperus*-Arten (trockener) und eine subalpine mit *Juniperus excelsa* und *J. foetidissima.* Aber in der regenreichen Nordostecke des Mittelmeeres mit dem Amanus-Gebirge ist eine Wolkenstufe mit *Fagus orientalis* vorhanden. *Cedrus libanotica* kommt auch auf Zypern und als kleiner Restbestand im Libanon in 1400–1800 m NN vor. Auf Zypern und auf Kreta wie auch in der Cyrenaica tritt in der oberen mediterranen Stufe die Zypresse *(Cupressus sempervirens)* immer in ihrer natürlichen Form mit horizontalen Ästen auf. Die häufig angepflanzte säulenförmige Abart ist eine Mutation. Zedern *(Cedrus atlantica)* bilden auch in den Atlas-Gebirgen vom östlichen Hohen Atlas bis zur tunesischen Grenze die hochmontane Stufe (> 2300 m NN); doch

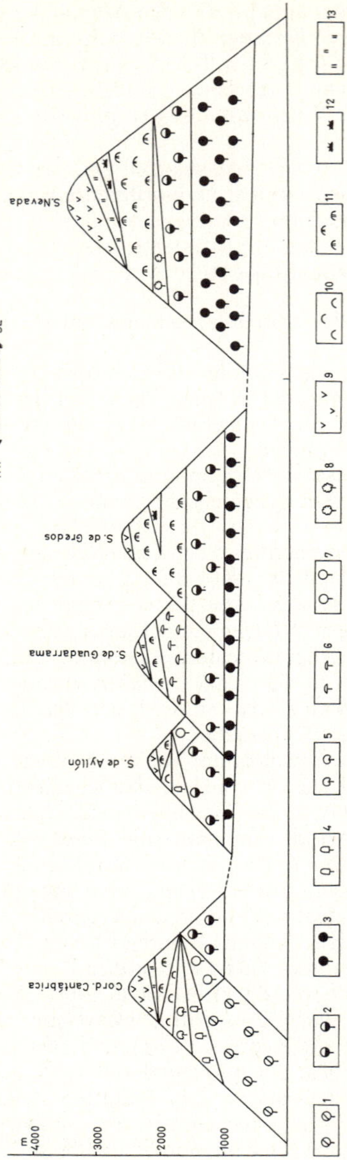
Cord. Cantábrica
S. de Ayllón
S. de Guadarrama
S. de Gredos
S. Nevada
NW
SE
m
4000
3000
2000
1000
1
2
3
4
5
6
7
8
9
10
11
12
13

wechseln die Höhenstufen je nach dem Verlauf des Gebirgszuges und der Hangexposition sehr stark. Die ebenfalls komplizierten Stufenfolgen der spanischen Gebirge sind auf Abb. 86 dargestellt. Der Unterschied zwischen arider und humider Stufenfolge ist selbst über der Baumgrenze in der alpinen Stufe erkennbar. Während bei der humiden Stufenfolge Verhältnisse wie in den Alpen anzutreffen sind, tritt bei der ariden eine Dorn-Kugelpolsterstufe auf mit vielen konvergenten Arten verschiedener Familien, die nur im blühenden Zustand leicht zu unterscheiden sind; darauf folgt eine Trockenrasenstufe, und nur an durch tauenden Schnee im Sommer feuchtgehaltenen Stellen findet man hygrophile, meist endemische Arten arktisch-alpiner Verwandtschaftskreise.

Eine Übersicht der Höhenstufen des Mittelmeerraumes gibt OZENDA (1975).

Besonders interessante Verhältnisse weisen die Orobiome Makaronesiens auf, vor allem die Kanaren, die dem NE-Passat ausgesetzt sind.

5 Klima und Vegetation der Kanarischen Inseln

Zu Makaronesien werden die Inselgruppen Azoren, Madeira, Kanaren und Kapverden gerechnet. Die drei ersteren zeichnen sich durch ein Klima mit Winterregen und Sommerdürre aus, gehören somit zum Zonobiom IV, während das Klima auf den Kapverden so trocken ist, daß man diese Inselgruppe südlich vom Wendekreis schon zum Zono-Ökoton II/III rechnen muß. Von diesen Inselgruppen sind die Kanaren und insbesondere die Inseln Tenerife und Gran Canaria die interessantesten sowie die botanisch am eingehendsten untersuchten. Seitdem Alexander von Humboldt 1799 seine Reise nach Venezuela auf Tenerife unterbrach und auf Grund eines kurzen Überblicks 5 Höhenstufen unterschied, haben sich in der Folgezeit zahlreiche Botaniker mit der Flora dieser Insel beschäftigt. Die entsprechende Bibliographie führt 1030 Titel an (SUNDING 1973). An neueren pflanzensoziologischen Arbeiten sind die von OBERDORFER (1965) und SUNDING (1972) zu

---

Abb. 86. Höhenstufen der kristallinen Hochgebirge der Iberischen Halbinsel auf einem NW-SE-Profil (nach H. ERN). 1 Fallaub-Eichenwald *(Quercus robur, Qu. petraea)*, 2 Filzeichenwald *(Qu. pyrenaica)*, 3 Steineichenwald *(Qu. ilex)*, 4 Buchenwald *(Fagus sylvatica)*, 5 Birkenwald *(Betula verrucosa)*, 6 Kiefernwald *(Pinus sylvestris)*, 7 Laubmischwald *(Quercus, Tilia, Acer)*, 8 Höhenwald der S. Nevada *(Sorbus, Prunus* usw.), 9 Hochalpine Gras- und Kräuterflur, 10 Zwergstrauchheide *(Calluna, Vaccinium, Juniperus)*, 11 Ginsterheide *(Cytisus, Genista, Erica)*, 12 Dornpolsterstufe, 13 *Festuca indigesta*-Trockenrasen.

nennen, während ökologische Untersuchungen noch in den Anfängen stecken (Voggenreiter 1974, Kunkel 1976). Wir können hier nur eine kurze Beschreibung geben.

Der Ursprung der vulkanischen Inseln reicht bis in die Kreidezeit zurück. Gran Canaria erhebt sich bis fast 2000 m über dem Meer, Tenerife sogar bis etwas über 3700 m. Es handelt sich um sehr steile Orobiome, die sich von denen der anderen des ZB IV dadurch unterscheiden, daß sie sich direkt aus dem Ozean erheben sowie um den 28. Breitengrad (Nord) liegen, somit den Passatwinden ausgesetzt sind. Dadurch weist ihr dem Wind ausgesetzter Nordhang andere klimatische Verhältnisse auf, als der im Windschatten liegenden Südhang.

Am Nordhang stauen sich die Passatwolken, sie bedingen Steigungsregen mit zusätzlichem Nebelniederschlag, so daß eine Sommerdürrezeit fehlt. Das warme, feuchte Klima der mittleren Lagen entspricht mehr dem des Zonobioms V mit immergrünen Lorbeerwäldern (Abb. 87). Demgegenüber ist der Südhang namentlich in den unteren Lagen besonders trocken und häufiger den heißen Saharawinden ausgesetzt. Infolgedessen findet man auf diesen Inseln Standortverhältnisse, die den Zonobiomen III–V entsprechen und in höheren Lagen noch solche unter zunehmender Frosteinwirkung. Auf Tenerife ist der Teide über 3000 m NN mit alpinen Schuttwüsten bedeckt, die für tropische Gebirge typisch sind.

Die vulkanischen Inseln wurden zu verschiedenen Zeiten, vor allem im Tertiär vom benachbarten Afrika aus mit Pflanzen besiedelt, als dort noch immergrüne tertiäre Wälder wuchsen; diese Baumarten blieben auf den feuchten und warmen Nordhängen der Inseln bis auf den heutigen Tag wie in einem lebenden Museum erhalten, während sie auf dem benachbarten Festland ausstarben.

Es ergeben sich daraus floristische Beziehungen zu heute weit entfernten Elementen an der feuchten Südspitze von Afrika *(Ocotea foetens)*, zu Indien *(Apollonias)*, zu anderen Tropen *(Persea, Visnea* – eine *Theaceae, Dracaena draco)* oder zum feuchten Mittelmeergebiet, wie *Laurus azorica, Laurocerasus (Prunus) lusitanica, Phoenix canariensis*. Andererseits sind auch Elemente der ariden Gebiete eingewandert, die in tiefen Lagen und an felsigen Standorten geeignete Nischen fanden *(Launaea, Zygophyllum,* sukkulente *Euphorbia* spp., *Kleinia spp.)* Viele Arten sind Endemiten, z. B. die zahlreichen sukkulenten Crassulaceen, die früher zu *Sempervivum* s. l. gestellt wurden, heute jedoch als endemische Gattungen gelten *(Aeonium* mit 33 spp., *Aichryson* mit 10 spp., *Greenovia* mit 4 spp., *Monanthes* mit 15 spp.). Dazu kamen wohl frühestens im Pleistozän eu-mediterrane Elemente.

Seitdem vor 500 Jahren die Inseln von Spanien besiedelt wurden, brachten sie weitere mediterrane Arten sowie die Ziegen mit und die Siedlungen mit den Kulturflächen breiteten sich immer mehr aus. Dadurch wurde die ursprüngliche Vegetation stark gefährdet und das gilt insbesondere für den einzigartigen feuchten immergrünen Lorbeerwald. Dieser Wald wird der wertvollen Hölzer wegen geschlagen,seine Streuschicht und der Humusboden werden zur Verbesserung der Kulturböden abgefahren, wodurch eine Regeneration des Waldes auf den Schlagflächen unmöglich ist. Es breiten sich anspruchslosere Holzarten aus *(Erica arborea, Myrica faya)*, oder es wird mit *Pinus* und sogar mit *Eucalyptus* aufgeforstet. Auf Gran Canaria findet man die Lorbeerwaldreste nur noch auf 2% der ursprünglichen Fläche (Abb. 91), und auf Tenerife schrumpfen die Wälder auch immer mehr zusammen. In neuester Zeit droht diesen schönen Inseln eine noch größere Gefahr durch den nur auf Profit ausgerichteten Massentourismus, so wie überall auf der Welt den eindrucksvollsten Landschaften. Man ist erschüttert, wenn man diese nach 40 Jahren wieder besucht und nur zubetonierte Rummelplätze mit Autostraßen vorfindet. Der Naturschutz wird meist erst wirksam, wenn es kaum noch etwas zu schützen gibt. Die heutige Jugend kennt die stille und doch so erhabene unberührte Natur nicht mehr.

Abb. 87. Lorbeerwald am Nordhang auf Tenerife von 350 m NN aus gesehen, links durch aufsteigenden Passat deformierte Baumkronen von *Laurus canariensis* (aus WALTER 1968).

Mit den klimatischen Verhältnissen auf Tenerife hat sich sehr eingehend Kämmer (1974) beschäftigt, insbesondere im Hinblick auf die Bedeutung des durch die Bäume in der Wolkenstufe ausgekämmten Nebelniederschlags. Auf Grund seiner über mehrere Jahre ausgedehnten Messungen kommt er zum Ergebnis, daß die in der Lorbeerwaldstufe stark erhöhten Steigungsregen von größerer Bedeutung sind als die relativ geringen zusätzlichen Nebelniederschläge. Die Angabe bei Sunding, daß ein im Lorbeerwald an einer offenen Stelle aufgestellter Regenmesser einen Jahresniederschlag von 956 mm ergab, während ein anderer, der unter Bäumen das abtropfende Wasser auffing, 3038 mm aufwies, darf wohl nicht verallgemeinert werden. Kämmer schätzt den Nebelniederschlag auf etwa 300 mm im Jahr. Für die Epiphyten kommt es, wie wir aus den Tropen wissen, weniger auf die Höhe der Niederschläge an, sondern auf die Häufigkeit der Benetzung und bei den epiphytischen Moosen auch auf die geringe Verdunstung. Die kurze Sonnenscheindauer und infolgedessen hohe Luftfeuchtigkeit in der Wolkenstufe, namentlich im Sommer, ist ebenfalls ein für den Lorbeerwald wichtiger Faktor.

Über den allgemeinen Klimacharakter auf Tenerife geben die Klimadiagramme auf Abb. 88 Auskunft. Das Klima von Sta. Cruz am Meeresufer entspricht einem Halbwüstenklima. An der Südküste dürfte die Regenmenge im Jahr 100 mm nur wenig überschreiten, so daß man von einem Wüstenklima sprechen kann. Das Klima von La Laguna noch unter der Wolkenstufe ist typisch mediterran und frostfrei (mit Ausnahme von 1869). Izaña in 2367 m NN an der oberen Wolkengrenze erhält wiederum etwas geringere Niederschläge, die in noch größeren Höhe weiter abnehmen, so daß die obere Waldgrenze ebenso wie in Mexiko eine Trockengrenze ist. Izaña hat noch keine kalte Jahreszeit, aber Fröste können in den Monaten Oktober bis April auftreten (genauere Angaben bei Kämmer 1982).

Die Klimadiagramme von Gran Canaria (Sunding 1972) weisen denselben Klimacharakter auf, die arideste Station an der Südostküste

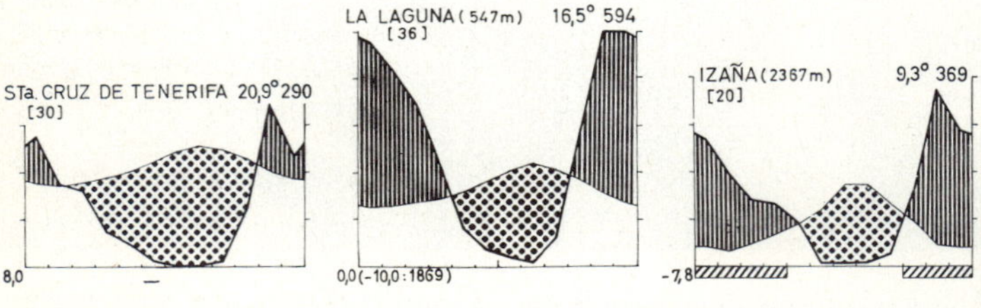

Abb. 88. Klimadiagramme: Sta. Cruz in Meereshöhe, La Laguna an unterer Wolkenstufengrenze, Izaña an oberer Waldgrenze (aus Walter 1968).

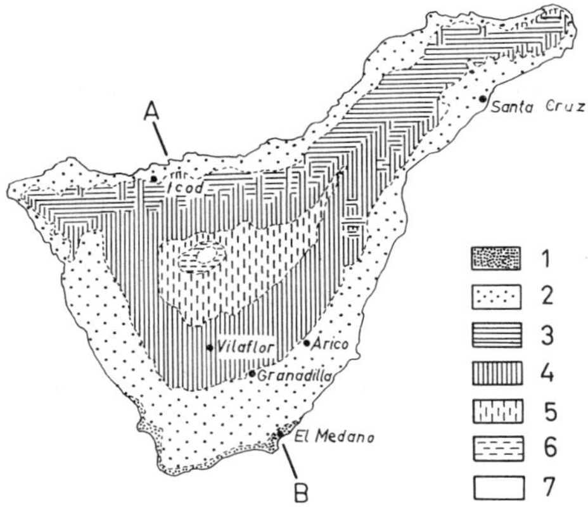

Abb. 89. Vegetationskarte von Tenerife: 1 *Zygophyllum-Launea*-Wüste, 2 *Kleinia-Euphorbia*-Stufe der Sukkulenten-Halbwüste, 3 Lorbeerwald- und Erica-Stufe im Norden (Passat-Windseite), 4 Kiefernwald-Ginsterheide-Stufe, 5 *Spartocytisus*-Gebirgshalbwüste (temperiert), 6 Steinschuttstufe mit *Viola* und *Silene*, 7 Gebirgswüste mit Kryptogamen (kalt). A–B Verlauf des Profils auf Abb. 90. (aus Walter 1968).

erhält nur 91 mm Regen im Jahr, Las Palmas 174 mm, die Stationen in über 1500 m NN über 900 mm Regen. Die Wolken hüllen hier den niedrigeren Gipfel oft ein.

Die Vegetationsgliederung von Tenerife geht aus der Vegetationskarte und dem -profil (A–B) auf Abb. 89 und 90 hervor. Man unterscheidet am Südufer im Passat-Schatten ein schmales wüstenhaftes Gebiet mit Saharo-arabischen Elementen, wie *Launaea (Zollikoferia) arborcescens, Zygophyllum fontanesii* (auf Gran Canaria auch *Suaeda vermiculata*) u. a.; darüber folgt an den Steilhängen die Halbwüste mit Sukkulenten, die namentlich am Südhang stark ausgebildet ist. Die montane Waldstufe besteht in der Wolkenstufe aus den Lorbeerwaldresten und darüber aus *Pinus canariensis*-Wäldern, die auf den trockenen Südhängen die ganze Waldstufe bilden. Diese dreinadelige Kiefernart ist mit *Pinus longifolia* im Himalaja verwandt.

Der Gipfel des Teide ragt meist ganz über die Wolkendecke hinaus. Er ist oberhalb der Waldgrenze mit strauchförmigen Ginsterarten *(Adenocarpus, Cytisus* spp.) bedeckt; darüber beginnt die alpine Stufe. In ihrem unteren Teil wachsen noch geschlossene Bestände des weißblühenden Ginsters *(Spartocytisus supranubium)*, während sich die Pflanzendecke mit zunehmender Höhe immer mehr auflockert und die Endemiten *Sisymbrium bourgaeanum*, der violettblühende *Cheiranthus*

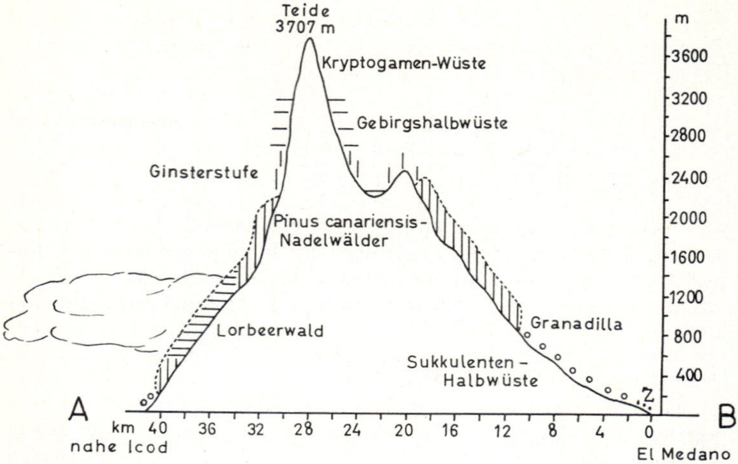

Abb. 90. NNW-SSE-Profil durch die Insel Tenerife (vgl. Abb. 89) mit Angabe der Höhenstufen. Z = *Zygophyllum-Launea*-Wüste bei El Medano am Meeresufer (aus WALTER 1968).

scoparius sowie der mehrere Meter, hohe Natterkopf *(Echium bourgaeanum)* mit rötlichen Blütenständen auftreten (Farbfoto bei WALTER 1968, Tafel II).

Über 2600 m NN beginnen die alpinen Schuttfluren, die infolge von Solifluktion an Frostwechseltagen ständig in Bewegung sind. Hier halten sich nur einzelne Schuttkriecher wie *Viola cheiranthifolia* und *Silene nucteolens*. Über 3100 bis 3200 m NN kommen nur noch Kryptogamen vor: einige Blaugrüne Algen *(Scytonema)*, Moose *(Weissia verticillata* und *Frullania nervosa)* sowie Flechten *(Cladonia* spp. u. a.).

Die Pflanzengesellschaften auf Gran Canaria sind eingehend von SUNDING 1972 untersucht worden. Die Höhenstufengliederung ist dieselbe wie auf Tenerife. Sie reicht aber nur bis 2000 m NN, also kaum über die Waldgrenze. Besonders interessant sind die zwei farbigen Übersichtskarten, die SUNDING beifügt: Eine mit der heutigen Vegetationsgliederung und eine zweite mit der potentiellen, die mehr das ursprüngliche Vegetationsbild wiedergibt, so weit man es heute rekonstruieren kann. Durch die Eingriffe des Menschen sind z. T. irreversible Veränderungen der Standorte eingetreten, z. B. eine starke Bodenerosion auf entwaldeten Flächen, die sich infolgedessen nicht wieder bewalden. Wir bringen diese Karten verkleinert und vereinfacht auf Abb. 91. Auf der Karte der potentiellen Vegetation ist die sehr schmale wüstenhafte Zone am Meeresufer vorwiegend an der Süd- und Ostküste nicht zu erkennen. Darüber folgt über die Hälfte der gesamten Fläche einnehmend die Sukkulenten-Halbwüstenstufe auf der Nordseite unterhalb von 400 m NN, auf der trockeneren Südseite unterhalb von 800 m NN. Der Rest wird von der Waldstufe eingenommen und zwar durch den *Pinus canariensis*-Nadelwald; nur im unteren Teil dieser Stufe, aber nur in Nordostexposition dürfte früher der immergrüne Lorbeerwald im weiteren Sinne (die trockenere Form mit *Myrica faya* und *Erica arborea* einbegriffen) vorgeherrscht haben. Der natürliche Bereich der Ginsterstufe über der Waldgrenze war nach Ansicht von Sunding auf die kleine Gipfelfläche beschränkt.

Wenn man diese Karte mit der heutigen Vegetation vergleicht und dabei von den Ortschaften mit den kultivierten Flächen auf den unteren flachen Hängen absieht, so erkennt man die gewaltige Veränderung: Die wüstenhafte Vegetation an den flachen Meeresufern dürfte bald ganz von Hotels oder Ferienhäusern mit Badeständen verdrängt werden. Die Sukkulenten-Halbwüste hat sich auf Kosten der Waldstufe enorm ausgedehnt und bedeckt heute 78% der gesamten Fläche. Im oberen Teil der Waldstufe ersetzen vor allem Ginsterheiden den ehemaligen Wald, die verbliebene Waldfläche ist sehr zusammengeschrumpft, wobei es heute fast nur noch Kiefernwälder gibt. Vom früher ausgedehnten immergrünen Lorbeerwald sind nur noch in eini-

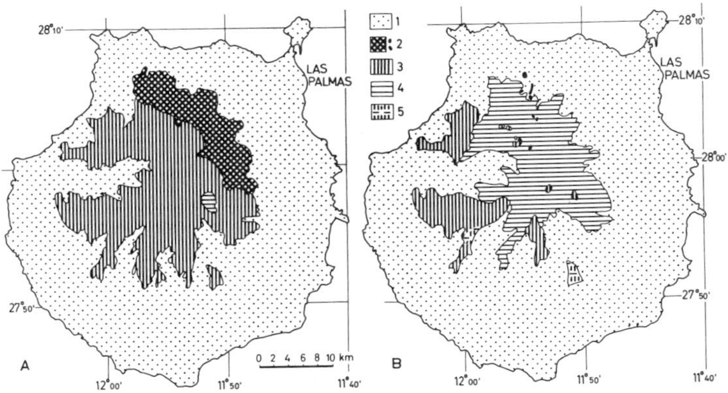

Abb. 91. Vergleich der ursprünglichen natürlichen Vegetationsgliederung auf der Insel Gran Canaria (A) mit der heutigen durch den Menschen veränderten (B). Stufen: 1 Sukkulenten-Halbwüste (heute in unteren, flachen Lagen meist Kulturland), 2 Lorbeerwald oder Myrico-Ericetum, 3 Kiefernwald (heute zum Teil *Cistus*-Heiden), 4 Ginsterheiden, 5 *Cistus*-Ginster-Mischbestände (nach Sunding, vereinfacht).

gen Schluchten auf der Nordseite so kleine Reste verblieben, daß sie auf der verkleinerten Karte nur als schwarze Punkte eingetragen werden konnten.

Eine natürliche Vegetation findet man deshalb heute nur noch an den steilen, oft schwer zugänglichen Felshängen der Sukkulenten-Halbwüstenstufe. Diese ist ökologisch betrachtet eine höchst heterogene Einheit fast mit Mikromosaik-Struktur von trockenen Felsflächen und flachgründigen Böden, über spaltenreiche Felsen und Schutthänge, auf denen tiefwurzelnde Arten relativ gut mit Wasser versorgt werden, bis zu grundwasserführenden Schluchten oder triefend nassen Felswänden. Deshalb finden hier die verschiedensten ökologischen Typen geeignete Nischen und kommen oft nebeneinander, aber unter ganz verschiedenen Bedingungen vor. Das eine Extrem bilden die stammsukkulenten Euphorbien, die lange Dürrezeiten vertragen, das andere der zarte Venusfarn *(Adiantum capillus-veneris),* der an dauernd nassen Felswänden im Schatten vorkommt. Unter ihm findet man Moospolster, die mit Kalk verkrustet sind, der nach Verdunstung des Wassers übrigbleibt. Auch die geringen Mengen an NaCl im Wasser können sich anreichern, so daß sich neben dem Farn sogar eine halophile Art, *Samolus valerandi,* einstellt. Selbst kleinflächige soziologische Bestandsaufnahmen ergeben zufällige Listen mit ganz heterogenen ökologischen Typen, flachwurzelnde und tiefwurzelnde, sukkulente und nicht sukkulente, die an ganz verschiedene Nischen gebunden sind. Annuelle Therophyten haben keinen Aussagewert; denn sie entwickeln sich während der kurzen Regenzeit, wenn alle Böden feucht sind, dort wo sie an einer offenen Stelle vor Konkurrenz geschützt sind.

Nur eine sorgfältige ökologische Analyse unter Berücksichtigung der Bewurzelung und der Wasserführung des Bodens in den verschiedenen Jahreszeiten kann das Vorkommen bestimmter ökologischer Typen klären. Eine solche Analyse ist sehr langwierig und setzt sehr sorgfältige Beobachtungen mit gezielten Experimenten im Gelände während eines langen Zeitraums zu allen Jahreszeiten voraus.

In dieser Höhenstufe der Sukkulenten-Halbwüsten wuchsen auch früher wohl die Palmen *(Phoenix canariensis),* von denen wilde Exemplare nicht mehr vorhanden sind. Es ist die Palme, die man in den Parkanlagen im Bereich des Zonobioms IV, z. T. auch V findet. Sie ist ornamentaler als die verwandte Dattelpalme *(Phoenix dactilifera),* hat jedoch ungenießbare Früchte. Sie war sicher an sonnige Standorte mit leicht erreichbarem Grundwasser gebunden, also in den wasserzügigen Schluchten.

Auch der berühmte Drachenbaum der Kanaren *(Dracaena draco)* kam wahrscheinlich auf ähnlichen Biotypen vor, heute jedoch nur angepflanzt in Gärten.

6 Arides mediterranes Subzonobiom

Kleine aride Gebiete findet man im Ebro-Becken in NE-Spanien (Walter 1973a) und noch extremer in SE-Spanien (Freitag 1971). Als Beispiel eines größeren Gebietes wählen wir Zentral-Anatolien, das noch ganz dem Winterregengebiet angehört und eine von hohen Randgebirgen umschlossene zentrale Beckenlandschaft in über 900 m NN darstellt. Die Gebirge halten einen großen Teil der Winterniederschläge ab. Im Mai führt die bereits erhitzte, aber noch feuchte aufsteigende Luft zu Gewitterbildungen und einem Regenmaximum (Abb. 92).

Die Gesamtniederschläge liegen unter 350 mm, die Sommerdürre ist sehr ausgeprägt, aber die Monate Dezember bis März sind kalt (bis –25 °C, wenn auch von Tauwetter unterbrochen. Unter diesen Verhältnissen kann kein Wald wachsen. Die *Pinus*-Wälder der Randgebirge (montan-mediterrane Stufe) gehen über eine Gebüschzone mit *Juniperus, Quercus pubescens, Cistus laurifolius, Pirus elaegrifolia, Colutea-, Crateagus-* und *Amygdalus* (Zwergmandel)-Arten in eine Steppe über. Diese ist heute zum größten Teil Ackerland geworden (Winterweizenanbau als „dry farming"), oder sie wird stark beweidet. Dadurch erfolgt eine Degradation zu einer *Artemisia fragrans-Poa bulbosa*-Halbwüste mit sehr vielen Frühlings-Therophyten und Geophyten.

In größeren Höhen treten als Dorn-Kugelpolster viele Arten von *Astragalus (Tragacantha)* und *Acantholimon* (Plumbag.) auf, die besonders für die kalten armenisch-iranischen Hochländer bezeichnend sind.

Ursprünglich herrschte in Zentral-Anatolien eine krautreiche Grassteppe *(Stipa-Bromus tomentellus-Festuca vallesiaca-Ges.)*, die schon an die osteuropäische Steppe (Seite 269) erinnert, nur daß die Arten mediterrane Elemente sind. Der Boden weist ein typisches Schwarzerde-Profil auf, aber mit einem nicht sehr humusreichen A-Horizont (Seite 265). Die Vegetationszeit in dieser Steppe wird durch die Winterkälte und Sommerdürre auf 4 Monate verkürzt. Sehr wichtig ist dabei das Regenmaximum im Mai.

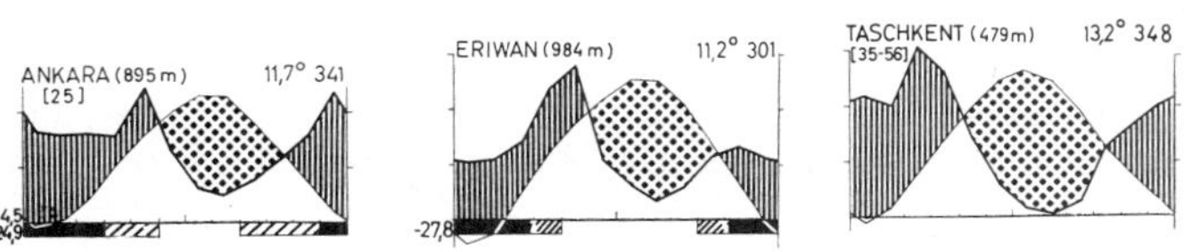

Abb. 92. Klimadiagramm von Ankara, arid-mediterran. Homoklimate sind Eriwan (Hocharmenien) und Taschkent (Mittelasien, etwas tiefer gelegen und wärmer).

Die günstigste Jahreszeit ist der Frühling. Bereits im Februar bis März blühen die ersten Geophyten (*Crocus, Ornithogalum, Gagea* u. a.). Auf sie folgen, namentlich bei Überweidung, die vielen kleinen Therophyten, die nur in den oberen 20 cm wurzeln und deswegen bereits bis Juni verschwinden. Die eigentlichen perennen Steppenarten erreichen ihr Entwicklungsmaximum im Mai und vertrocknen erst im Juli. Da der Boden im Frühjahr genügend Wasser enthält, ist die Zellsaftkonzentration dieser Arten niedrig (10 bis 15 atm) und steigt kurz vor dem Vertrocknen an. Eine Reihe von Arten, zu denen auch die Dorn-Kugelpolster gehören, blühen erst während der Hauptdürre. Diese Arten zeichnen sich durch eine tiefgehende Pfahlwurzel aus, so daß sie aus den tiefen, auch im Sommer noch feuchten Bodenhorizonten Wasser entnehmen können. Beim Kameldorn (*Alhagi*) wurde bei einer 30 Monate alten Pflanze schon eine Wurzeltiefe von 7,65 m gemessen. Die Zellsaftkonzentration liegt ebenfalls unter 15 atm.

Die Randzonen der mediterranen Steppengebiete gehören zu den besonders früh durch den Menschen besiedelten Gegenden und sind die Wiege der menschlichen Kultur. Das gilt nicht nur für die Hettiter in Anatolien, sondern auch für das Gebiet des „Fruchtbaren Halbmonds“, d. h. für die Gebirgshänge, die Mesopotamien von Westen, Norden und Osten umgeben. Hier (Jericho, Beidha, Jarmo) hat man die ältesten Spuren des Getreidebaus gefunden, für den die Steppe besonders günstig ist. Zugleich war in dieser eine Viehhaltung möglich. Der benachbarte Wald diente der Jagd und lieferte Holz. In diesen Ursiedlungsgebieten hat der Mensch in den verflossenen Jahrtausenden die natürliche Vegetation besonders gründlich zerstört und z. T. früher fruchtbare Gebiete in Wüsten umgewandelt. Durch die einsetzende Bodenerosion sind viele „bad lands“ entstanden, in denen jeder Pflanzenwuchs fehlt.

Auf die sehr verschiedenen Zono-Ökotone im Norden des sehr weit sich in West-Ost-Richtung erstreckenden mediterranen Gebiets kommen wir noch zurück.

7 Biomgruppe des kalifornischen Gebiets und der Nachbarländer

Dieses Gebiet wird im Westen von N-Amerika durch die Gebirgsketten (Kaskaden, Sierra Nevada) auf einen schmalen Streifen an der pazifischen Küste beschränkt. Das Winterregengebiet erstreckt sich an der Westküste von Brit. Kolumbien bis nach Nieder-Kalifornien, aber im Norden sind die Niederschläge so hoch und die Sommerdürre so kurz, daß es sich um artenreiche hygrophile bis mesophile Nadelwälder handelt, die schon als Zono-Ökoton IV/V zu betrachten sind (Barbour and Major 1977).

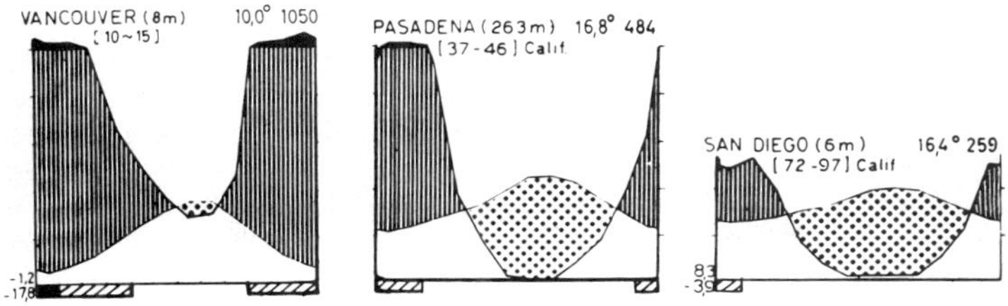

Abb. 93. Klimadiagramme von Stationen an der pazifischen Küste N-Amerikas (von N nach S) im Gebiet des Nadelwaldes, der Hartlaubvegetation und des Übergangebietes zur Wüste.

Nur Mittel- und S-Kalifornien sind ein Hartlaubgebiet, während Nieder-Kalifornien schon zu arid ist (Abb. 93). Das Nord-Süd-Gefälle bedingt, daß immergrüne sklerophylle Eichenwälder nur im nördlichen Teil des Hartlaubgebiets vorkommen, zum Teil sogar gemischt mit laubabwerfenden Arten, während im südlichsten Teil eine Gebüschformation vorherrscht, die als *Chaparral* bezeichnet wird und die der mediterranen Macchie entspricht. Da die heutige westamerikanische Flora noch weitgehend der pliozänen ähnelt, also keine Verarmung im Pleistozän eintrat, sind alle Pflanzengesellschaften sehr artenreich; Gattungen wie *Quercus, Arbutus* u. a. sind durch eine große Zahl von Arten vertreten, dazu kommen sehr viele Gattungen, die Europa ganz fehlen, z. B. die wichtige Gattung *Ceanothus* (Rhamn.) mit 40 Arten; von *Arctostaphylos* sind 45 strauchförmige Arten vorhanden. Eine Leitart ist die Rosacee *Adenostoma fasciculatum* („Chamise") mit nadelförmigen Blättern. Die Verbreitung dieses Strauches gibt die Ausdehnung des Hartlaubgebiets ziemlich genau wieder. Genauer ökologisch untersucht wurde eine seit 40 Jahren geschützte Fläche eines *Adenostoma*-Chapparals bei San Diego im Gebirge (458–1678 m NN) südlich von der Mojave-Wüste von Mooney und Parsons (in Castri and Mooney 1973). Die Klimadaten der Station in 815 m NN sind folgende: Mittlere Jahrestemperatur 14,3 °C, abs. Maximum 42,5 °C, abs. Minimum –7,8 °C, Frost kann vorkommen von Oktober bis Mai; Jahresregenmenge im Mittel 670 mm vorwiegend im Dezember bis März; Evaporation 1625 mm im Jahr, vorwiegend in den 4 heißen Sommermonaten. Der Boden kann in schlechten Regenjahren bis 1,2 m tief austrocknen, darunter ist er immer feucht.

Brände nach Blitzschlag sind häufig, dabei erreicht die Temperatur der Flamme 1100 °C, an der Bodenoberfläche 650 °C und in 5 cm Tiefe 180–290 °C. *Adenostoma* treibt zu über 50% selbst während der Dürrezeit, oft in 10 Tagen nach dem Brand aus und bildet in 30 Tagen

25 cm lange Triebe. Von *Quercus agrifolia* und *Rhus laurina* schlagen alle Pflanzen aus. *Adenostoma* erreicht die größte Deckung 22–40 Jahre nach einem Brand, nach 60 Jahren hört das Wachstum fast auf. Die Verjüngung des Bestandes erfolgt nach einem neuen Brand. Etwa 50% der Straucharten verjüngen sich durch Austreiben, die anderen durch Samen. Etwa 20 Jahre nach einem Brand ist der Bestand wieder geschlossen. Die ersten Jahre nach dem Brand erfolgt eine starke Bodenerosion an Steilhängen. Die oberirdische Phytomasse erreicht 50 t/ha, die unterirdische dürfte doppelt so groß sein. Die oberirdische Nettoproduktion beträgt in einem Jahr etwa 1 t/ha, in jungen Beständen und nimmt mit dem Alter ab. Die Sträucher sind normalerweise das ganze Jahr photosynthetisch aktiv.

Im Frühjahr entwickelt sich eine sehr reiche Ephemeren-Vegetation, einige von diesen Arten keimen nur nach einem Brand.

Adenostoma dominiert an Südhängen, dagegen wächst in den dichteren Beständen der Nordhänge *Quercus dumosa.*

Der unmittelbar an das Meer grenzende Küstenstreifen Kaliforniens nördlich des 36. Breitengrades gehört nicht zur Hartlaubzone, weil die durch den kalten Meeresstrom bedingten Nebel die Sommerzeit kühl und feucht gestalten und den hygrophilen nördlichen Baumarten das Wachstum ermöglichen.

Der *Chaparral* ist im Gegensatz zur Macchie eine natürliche zonale Vegetation, die den relativ geringen Winterniederschlägen von 500 mm entspricht. Zwar sind auch hier Brände sehr häufig; aber diese Brände waren bereits vor den Eingriffen des Menschen ein natürlicher Faktor. Genaue Statistiken der National-Forest-Verwaltung haben gezeigt, daß Brände durch Blitzschlag im Chaparral-Gebiet außerordentlich häufig entstehen, so daß bei Gewittern ein ständiger Brandwachdienst notwendig ist. Man hat festgestellt, daß Brände, die sich etwa alle 12 Jahre wiederholen, den Chaparral nicht verändern, da die Sträucher immer wieder ausschlagen. Bleiben die Brände sehr lange aus, dann dringen Arten wie *Prunus ilicifolia* und *Rhamnus crocea* ein. Folgt nach einem Brand in 2 Jahren erneut einer, so werden die Sämlinge der Straucharten, die nach Brand nicht ausschlagen, abgetötet und damit die Holzpflanzen zurückgedrängt.

Die Wurzelsysteme der Hartlaubarten dringen sehr tief in den Boden ein, weil dessen oberster Meter im Sommer meist ganz austrocknet. Die maximalen Tiefen der Wurzeln bis weit in die Felsspalten betragen 4–8,5 m (genauere Angaben mit Wurzelsystemprofilen findet man bei Kummerow 1981). Eine gewisse Wasseraufnahme ist deshalb im Sommer möglich.

Man erkennt das daran, daß nach einem Brand im Hochsommer die Sräucher sehr bald austreiben; nach dem Verlust der transpirierenden Oberfläche genügt schon eine geringe Wasseraufnahme, um die Knospen zum Wachsen zu bringen. Die Herbstregen wirken sich nicht di-

rekt aus. Es dauert über einen Monat, bis das Wasser in eine Tiefe von 1 Meter gelangt. Inzwischen fällt die Temperatur so stark, daß die Sprosse nicht mehr wachsen. Der Höhepunkt der Entwicklung ist April, wenn bei guter Wasserversorgung die Temperatur ansteigt. Die alten immergrünen Blätter assimilieren bis ins Frühjahr hinein und fallen erst im Juni ab, wenn die jungen voll funktionsfähig werden. Alle Arten des Chaparrals besitzen eine Mykorrhiza, die *Ceanothus*-Arten Knöllchen, die Stickstoff assimilieren.
Eine sehr ausführliche Vegetationsmonographie mit vielen ökologischen Angaben erschien 1977 (Barbour and Major.)
Immergrüne Eichenhartlaubwälder findet man in N-Amerika außerdem als montane Stufe in den Gebirgen Süd- und Mittelarizonas über der Kakteenwüste in 1200–1900 m Höhe. Es ist die *Encinal*-Stufe, die sich auf Grund der verschiedenen *Quercus*-Arten in eine untere und obere gliedert. Letztere wird von der *Pinus ponderosa*-Stufe abgelöst. Die Chaparral-Arten *(Arbutus, Arctostaphylos, Ceanothus)* kommen mehr als Strauchschicht unter der Baumschicht vor. Obgleich es in Arizona 2 Regenzeiten gibt, erinnert die Vegetation sehr stark an die in Kalifornien, doch sind die Hartlaubwälder in den Gebirgen viel besser ausgebildet und noch urwüchsig. Die Sommergewitter ergänzen die geringen Winterniederschläge.Trotzdem ist die Sommerdürre sehr ausgeprägt.
Östlich von der Sierra Nevada, im Staate Nevada, nehmen die Winterniederschläge bis auf 150–250 mm ab und die kalte Jahreszeit dauert in 1300 m Höhe 6–7 Monate. Das zeigt sehr deutlich das Klimadiagramm von Sagehen Creek (Abb. 94) auf der Passhöhe mit hohen Niederschlägen und einer Wald- sowie Moorvegetation und von Reno (Abb. 95) bereits im Windschatten mit einer *Artemisia tridentata*-

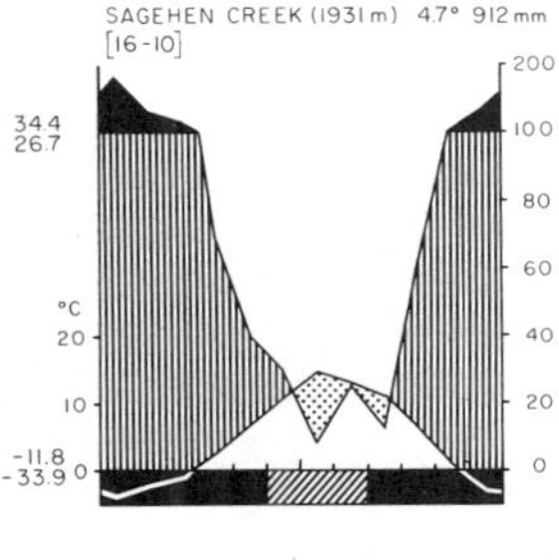

Abb. 94. Klimadiagramm von Sagehen auf der Passhöhe (1931 m NN) der Sierra Nevada vor Reno. Die Spitze der Regenkurve im August zeigt Sommergewitter an. Absolutes Temperaturmaximum 34,4 °C, -minimum 33,9 °C (aus Madroño 29. No 2, 1982, nach D. E. Johnson).

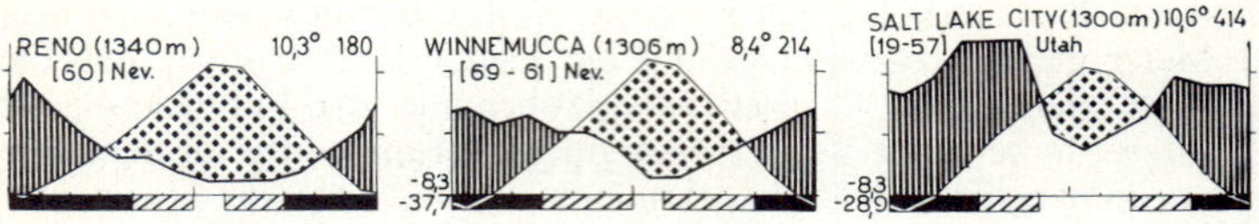

Abb. 95. Klimadiagramme aus dem Sage-brush-Gebiet (*Artemisia tridentata*-Halbwüste): Reno, Winnemuca und Salt Lake City (bereits Übergang zu Grasland).

Halbwüste als „Sagebrush" bezeichnet. Wie stark in diesem Gebiet die Niederschlagshöhe vom Relief abhängt, geht aus Abb. 96 hervor. Die *Artemisia*-Halbwüste nimmt riesige Flächen in Nevada und Utah sowie in den angrenzenden Staaten ein und löst die südliche *Coleogyne*- und *Larrea*-Halbwüste in dem kalten Klima ab. *Artemisia* bevorzugt die schweren Böden der Beckenlandschaften und wird auf den Erhebungen von dem „Pinyon" abgelöst. Das sind sehr lichte niedrige *Pinus monophylla*- oder *P. edulis*-*Juniperus*-Baumfluren, zu denen einige kälteresistente Chaparral-Arten gehören. In den Gebirgen bei etwa 2000 m Höhe beginnen die eigentlichen Nadelwälder mit *Pinus flexilis* und *P. albicaulis,* während weiter im Osten *Pinus ponderosa* auftritt, die höher von *Pseudotsuga* und *Abies concolor* abgelöst wird, wogegen *Picea engelmannii* und *Abies lasiocarpa* die Baumgrenze in über 3000 m Höhe bilden. Die trockenen Südhänge bleiben oft unbewaldet, so daß *Artemisia* bis zur alpinen Stufe hinaufreicht; doch kann die Höhenstufenfolge sehr stark wechseln. Auch spielt die Espe *(Populus tremuloides)* auf wasserzügigen Böden eine große Rolle.

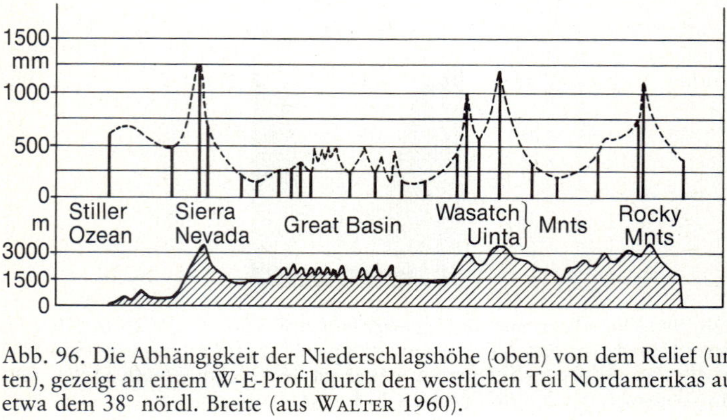

Abb. 96. Die Abhängigkeit der Niederschlagshöhe (oben) von dem Relief (unten), gezeigt an einem W-E-Profil durch den westlichen Teil Nordamerikas auf etwa dem 38° nördl. Breite (aus WALTER 1960).

Artemisia tridentata ist ein 1,5–2 m hoher Halbstrauch, der 25–50 Jahre alt wird. Die Pfahlwurzel dringt bis zu 3 m tief in den Boden ein; von ihr gehen flach- und weitstreichende Seitenwurzeln ab. Die Wasserversorgung ist im Frühjahr nach der Schneeschmelze gut und die Zellsaftkonzentration ist mit 10 bis 15 atm sehr niedrig. Sie steigt bald auf 20–35 atm an und kann bei akutem Wassermangel im Sommer 70 atm erreichen. In diesem Stadium werden, wie bei allen Malakophyllen, die älteren Blätter abgeworfen.

Die Sagebrush-Halbwüste ist an braune Halbwüstenböden, die frei von Salzen sind, gebunden; *Artemisia tridentata* ist die dominante Art; als Begleiter findet man häufig den Zwergstrauch *Chrysothamnus* (Comp.). Das Gebiet gehört zum ariden ZB VII a. In dem ariden Klima sind jedoch die abflußlosen Senken stets verbrackt. Es handelt sich um Salzpfannen und Salzseen als Reste sehr viel größerer pleistozäner Seen, z. B. des Lake Bonneville, dessen Spiegel 310 m über dem des heutigen Großen Salzsees und der anschließenden sehr ausgedehnten vegetationslosen Salzwüste in Utah lag. Die Fläche des Lake Bonneville betrug 32 000 km^2 bei einer maximalen Länge von 586 km und Breite von 233 km. Die heutige Salzwüste erstreckt sich über 161 km in die Länge und 80 km in die Breite. Beim Hochstand 1906 waren die entsprechenden Zahlen für den Salzsee 120 und 56 km. Seine Konturen schwanken stark, die mittlere Tiefe beträgt wenig über 5 m, der Salzgehalt liegt zwischen 13,7% und 27,7% bei Sättigung. Etwa 80% der Salze entfallen auf NaCl, die übrigen 20% auf $MgCl_2$, Na_2SO_4, K_2SO_4, $MgSO_4$ u. a. Um die Salzflächen herum treten Halophyten auf. Die Zonation ist sehr ausgeprägt:

Am äußeren Rand wachsen die Hygro-Halophyten *Allenrolfea* und *Salicornia,* es folgen *Suaeda* und *Distichlis;* weitere breite Zonen werden von dem an Grundwasser gebundenen *Sarcobatus* und dem Xero-Halophyten *Atriplex confertifolia* gebildet, während gewisse *Kochia*-Arten und *Ceratoides (Eurotia) lanata* schon zur nicht halophilen *Artemisia tridentata*-Zone überleiten. Die Halophyten sind mit Ausnahme des absalzenden Grases *(Distichlis)* alles Chenopodiaceen. Die Gesamtfläche ist ein riesiges Halobiom mit Biogeozön-Komplexen.

Das Klima von Utah erinnert an das von Ankara. Das starke Vorherrschen von *Artemisia* ist hier die Folge von Überweidung; früher waren Gräser (*Agropyron-*, *Stipa-* und *Festuca*-Arten) verbreitet.

8 Biomgruppe des mittelchilenischen Winterregengebiets mit den Zono-Ökotonen

Chile bildet einen etwa 200 km breiten Streifen, der sich am Westfuß der Hochanden von 18–57° S über 4300 km erstreckt und alle Übergänge zeigt, von der regenlosen subtropischen Wüste im Norden über ein Hartlaubgebiet zu den sehr feuchten temperierten und subarktischen Wäldern im Süden. Winterregen herrschen überall vor (Abb. 97). Der kalte Humboldt-Strom, der die ganze Küste bespült, mildert die Sommerdürre, so daß die Temperaturen gegenüber Californien niedriger sind; die Jahrestemperatur von Pasadena auf dem 34.° N ist z. B. 16,8 °C, von Santiago auf dem 33.° S dagegen nur 13,9 °C. Einen Vergleich des Klimas beider Gebiete hat CASTRI (1973) durchgeführt.

Da Chile zur Neotropis gehört, sind die floristischen Verhältnisse von denen im Mittelmeergebiet und in Californien völlig verschieden. Nur die Kulturlandschaft ist sehr ähnlich; denn es werden dieselben Arten angebaut und in den Gärten kultiviert. Das Hartlaubgebiet nimmt den mittleren Teil von Chile ein und schließt an die ariden Gebiete im Norden an. Es ist ebenfalls nur in Resten vorhanden und stellt ein 10–15 m hohes Gehölz dar mit xerophytischen Arten; es seien genannt die bei Berührung Hautausschlag und Fieber erzeugende *Lithraea caustica* (Anacard.), der Seifenrinden-Baum *(Quillaja saponaria* (Rosac.), *Peumus boldus* (Monimiac.) oder die feuchte Schluchten bevorzugenden Lauraceen *Cryptocarya* und *Beilschmiedia.* Dazu kommen eine Reihe strauchiger Arten. In einem eng begrenzten Gebiet nordöstlich von Valparaiso wächst die endemische Palme *Jubaea chilensis.* An trockenen felsigen Standorten findet man Säulenkakteen *(Trichocereus)* und die großen *Puya*-Arten (Bromel.) mit den dornigen Rhamnaceen *Colletia* und *Trevoa* (Abb. 98).

Die Anden fallen auf chilenischer Seite sehr steil ab. Der 7000 m hohe Aconcagua ist nur etwa 100 km von der Meeresküste entfernt. Schutt-Gesellschaften herrschen vor, die Höhenstufen sind schwer zu erkennen. Die Hartlaubvegetation geht bis etwa 1400 m hinauf, Strauchgesellschaften leiten zur alpinen Stufe über, wobei stellenweise die Nadelholzart *Austrocedrus (Libocedrus) chilensis* auftritt. Weit verbreitet sind alpine Schuttstauer, wie *Tropaeolum*-Arten, *Schizanthus* (eine

---

Abb. 97. Klimadiagrammkarte von Chile mit Vegetationszonen nach SCHMITHÜSEN:
N-Chile
1 nördliche Hochanden,
2 Wüstengebiet
3 Zwergstrauch- und xerophytisches Strauchgebiet
4 Hartlaubgebiet
5 sommergrüner Wald S-Chile
6 immergrüne Regenwälder der gemäßigten Zone
7 tundraähnliche Vegetation der kalten Zone
8 subantarktischer sommergrüner Wald
9 patagonische Steppe
10 südliche Anden

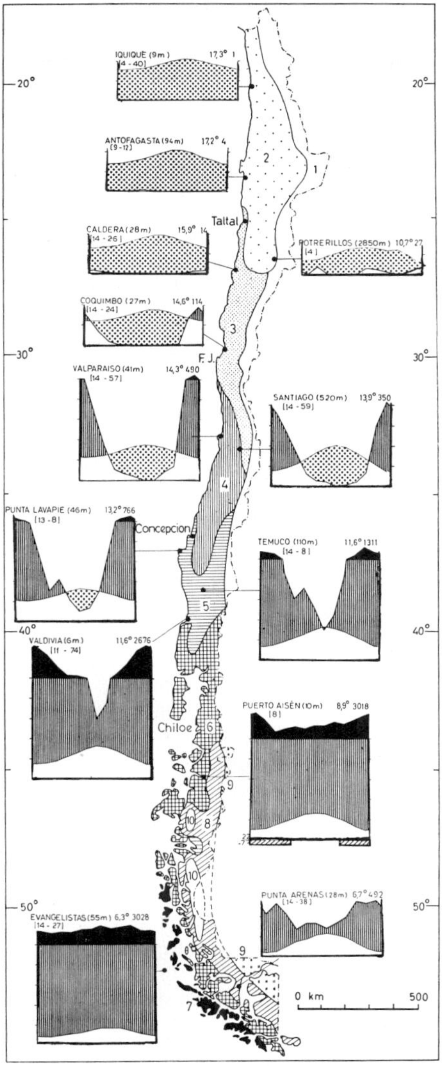
20°
20°
IQUIQUE (9m) 17,3° 1
[4 - 40]
ANTOFAGASTA (94m) 17,2° 4
(9 - 12)
2
1
Taltal
CALDERA (28m) 15,9° 14
[14 - 26]
POTRERILLOS (2850m) 10,7° 27
[4]
COQUIMBO (27m) 14,6° 114
[14 - 24]
3
30°
30°
F. J.
VALPARAISO (41m) 14,3° 490
[14 - 57]
SANTIAGO (520m) 13,9° 350
[14 - 59]
4
PUNTA LAVAPIE (46m) 13,2° 766
[13 - 8]
Concepcion
TEMUCO (110m) 11,6° 1311
[14 - 8]
5
40°
40°
VALDIVIA (6m) 11,6° 2676
[11 - 74]
PUERTO AISÉN (10m) 8,9° 3018
[8]
Chiloe
6
9
10
8
10
50°
50°
PUNTA ARENAS (28m) 6,7° 492
[14 - 38]
EVANGELISTAS (55m) 6,3° 3028
[14 - 27]
9
7
0 km 500

Abb. 98. Landschaft bei Santiago (Chile). Vorne auf felsigem Boden blühender *Trichocereus*. Im Tal Reste der Hartlaubvegetation. Die Gräser sind adventive annuelle mediterrane Arten *(Avena* u.a.) (Foto E. WALTER).

Solanacee mit zygomorphen Blüten), sowie *Amaryllidaceen (Alstroemeria, Hippeastrum)* und *Calceolaria*-Arten. Für die obere alpine Stufe sind Flachpolsterpflanzen *(Azorella* und andere Umbelliferen) bezeichnend.

Die Arten in diesen Höhenstufen des Orobioms, aber auch südlich von der Hartlaubzone sind schon antarktische Elemente, zu denen auch die baumförmigen *Nothofagus*-Arten gehören. Gleich südlich von Concepcion beginnt bei abnehmender Sommerdürre der in den kühlen Wintermonaten das Laub abwerfende Wald mit *Nothofagus obliqua* (Zono-Ökoton IV/V), der noch weiter südlich bei Niederschlägen über 2000–3000 mm in das ZB V des immergrünen valdivianischen temperierten Regenwalds übergeht (QUINTNILLA 1974). Er steht dem tropischen an Üppigkeit kaum nach und die stehende Holzmasse dürfte noch größer sein. Die Holzarten sind zum Teil neotropische Elemente, auch Bambuseen *(Chusquea)* spielen eine große Rolle; zum Teil sind es bereits antarktische Elemente wie der immergrüne *Nothofagus dombeyi*. Auch sehr altertümliche Coniferen sind stark vertreten, insbesondere in montanen Lagen. Außer *Austrocedrus* und *Podocarpus*-Arten wären zu nennen *Saxegothea, Fitzroya, Araucaria araucana* (= *A.*

imbricata) und *Pilgerodendron uviferum.* Bei dem sehr feuchten und kühlen, jedoch frostfreien Klima geht dieser immergrüne Wald in den magellanischen über, der sich fast bis zur Südspitze des Kontinents erstreckt; er wird dabei immer artenärmer und niedriger, schließlich nur noch 6–8 m hoch. Alle westlich vorgelagerten Inseln sind von Polstermooren überzogen *(Sphagnum* spielt keine Rolle). Diese Vegetation steht floristisch der auf den antarktischen Inseln nahe. Ähnliche antarktische Elemente findet man auf Neuseeland wie auch auf den Bergen Tasmaniens – ein Zeichen, daß diese Gebiete früher über den Antarktischen Kontinent in direkter Verbindung miteinander standen. Die Moore kann man als antarktische Tundra bezeichnen (ZB IX).

9 Biomgruppe des Kaplandes in Südafrika

Das südafrikanische Winterregengebiet ist auf die äußerste Südwestspitze von Afrika beschränkt, umfaßt aber trotzdem ein ganzes Florenreich – die Capensis. Der Artenreichtum in diesem kleinen Gebiet ist ganz außergewöhnlich. Allein im Jonkershoek-Schutzgebiet wurden auf 2000 ha etwa 2000 Arten festgestellt, ebenso auf der 50 km langen Strecke vom Tafelberg bis zum Kap der Guten Hoffnung. Die Gattung *Erica* umfaßt 600 Arten, *Restio* (Restionac.) 108 Arten, *Muraltia* (Polygal.) 115 Arten, *Cliffortia* (Rosaceae) 117 Arten, *Protea* etwa 100 Arten. Die Proteaceen spielen unter den Hartlaubgewächsen eine besonders wichtige Rolle. Diese Familie ist sonst nur noch in Australien stark vertreten, aber durch eine andere Unterfamilie; wenige Gattungen kommen außerdem noch in Südamerika vor.

Unter unseren Zimmerpflanzen stammen viele vom Kap *(Pelargonium, Zantedeschia = Calla, Amaryllis, Clivia* u.a.) Das Klimadiagramm von Kapstadt entspricht dem von Tanger; nur sind die Jahresniederschläge um 260 mm niedriger; der Sommer jedoch etwas weniger trocken (Abb. 99).

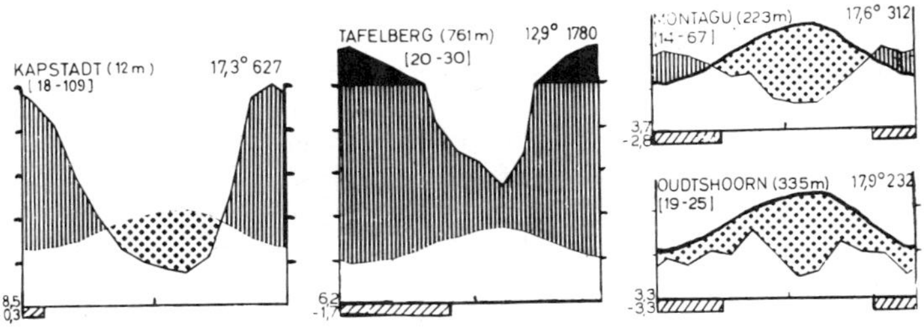

Abb. 99. Klimadiagramme aus Südafrika: Typisches Hartlaubgebiet, feuchtes montanes Klima (nebelreich), Übergangsgebiet und typische Karroo *(bei letzteren Temperaturkurve dicker gezeichnet).*

Die Hartlaubvegetation wird als *Fynbos* bezeichnet; sie ist ein 1–4 m hohes macchieähnliches Proteaceengebüsch. Die einzige Baumart *Leucadendron argenteum* (Silberbaum) hat ein sehr kleines Verbreitungsgebiet an den feuchten Hängen des Tafelberges unter 500 m NN. In feuchten Schluchten kommen waldartige Bestände vor; es handelt sich jedoch um die letzten Ausläufer der feuchten, temperierten Wälder an der Südostküste Afrikas (ZB V). Die Blätter von *Protea* sind z. T. sehr groß; sie haben wenig mechanisches Gewebe, aber eine dicke Kutikula und sind deshalb hart. Die Wasserbilanz der Proteaceen-Sträucher ist, wie bei allen Hartlaubgewächsen, ausgeglichem, d. h. die Zellsaftkonzentration zeigt im Laufe des Jahres nur geringe Schwankungen. Der Boden dürfte auch im Sommer in den durchwurzelten tieferen Schichten immer ausnutzbares Wasser enthalten. Die Böden im Kapland sind sauer und sehr arm, was den Proteaceen und Ericaceen besonders zusagt. Der wichtigste ökologische Faktor ist das Feuer. Nach einem Brand erscheinen im ersten Jahr unzählige Geophyten *(Gladiolus, Watsonia* u. a.), an denen die Kapflora besonders reich ist (etwa 350 Arten), dann folgen krautige Arten, zusammen mit Zwergsträuchern. Nach etwa 7 Jahren sind die Proteaceen-Sträucher wieder herangewachsen, entweder als Stockausschläge oder als Sämlinge. Sie können ein hohes Alter erreichen, werden dann aber holzig und blühen schwach, scheinen somit an periodisches Abbrennen angepaßt zu sein. Auch hier dürfte das Feuer durch Blitzschlag ein natürlicher Faktor sein; heute allerdings werden die Brände bewußt durch den Menschen verursacht. Interessant ist, daß die Zwiebelpflanzen nur nach einem Feuer zur Blüte gelangen, sonst aber vegetativ wachsen. Eine Düngung durch die Asche spielt dabei keine Rolle, vielmehr scheint die plötzlich fehlende Wurzelkonkurrenz der abgebrannten Sträucher die auslösende Ursache zu sein.

Mit zunehmender Höhe im Gebirge nehmen die Niederschläge namentlich auf den Südosthängen, an denen die feuchte warme Luft vom Indischen Ozean zum Aufstieg gezwungen wird, zu. Die Station Tafelberg, die 750 m über Kapstadt liegt, verzeichnet die dreifache Niederschlagshöhe (Abb. 99). Das Kapland ist ein gebirgiges Land mit einzelnen Becken zwischen den Gebirgszügen. Auf diesen lagert sehr oft das „Tafeltuch", d. h. eine Wolkendecke, die durch warme feuchte Winde vom Indischen Ozean erzeugt wird und am Südosthang hinaufkriecht, um sich am Nordwesthang wieder aufzulösen. Sie bildet auf den Hochflächen der Tafelberge einen nässenden Nebel, so daß diese feucht sind und zur Verheidung *(Restio, Erica)* oder sogar zur Vermoorung neigen (Moosmatten mit *Drosera*- und *Utricularia*-Arten). Zwischen trockenen Felsblöcken wachsen Sukkulenten *(Rochea coccinea* u. a.).

Landeinwärts nehmen die Winterniederschläge ab (Abb. 99, rechts), vor allen Dingen im Regenschatten der einzelnen Gebirgszüge. Die

Hartlaubvegetation rückt deshalb an den meerzugewandten Hängen immer höher hinauf. Im Regenschatten tritt zunächst die trockene Ausbildungsform der Kapvegetation, der Renosterbusch *(Elytropappus rhinocerotis*, Compos.), auf; dieser wird dann durch die Halbwüstenvegetationen der Karroo abgelöst (vgl. Seite 157).
Die Hartlaubvegetation, der Fynbos, hat sich seit der Besiedlung des Kaplandes, also nach 1400, stark ausgebreitet. Früher zog sich der immergrüne temperierte Wald mit paläotropischen Elementen an der ganzen Südostküste von Afrika bis über die Südspitze von Afrika (Kap Agulhas) hinaus (ZB V).

10 Biomgruppe SW- und S-Australiens mit Winterregen

Fast dieselbe Breitenlage wie Kapstadt nimmt in SW-Australien Perth ein. Auch das Klima ist sehr ähnlich (Abb. 100). Aber nicht nur die Südwestecke dieses Kontinents hat Winterregen, sondern auch das Gebiet um Adelaide in S-Australien. Die Hartlaubvegetation zeichnet sich infolge der besonderen floristischen Verhältnisse (Seite 34) durch einen anderen Charakter aus als in den übrigen Winterregengebieten der Erde. Dominant ist die Baumform *(Eucalyptus*-Arten), die Proteaceen bilden unter diesen die Strauchschicht oder herrschen auf den Sandheiden vor. Die Eucalypten haben nicht harte, sondern lederige Blätter. Eine Besonderheit von SW-Australien sind die Grasbäume *(Xanthorrhoea, Kingia)*, die Cycadee *Macrozamia* und die *Casuarina*-Arten. Die Ericaceen sind durch Epacridaceen ersetzt. Die Böden sind ebenso arm und sauer wie im Kapland, SiO_2-haltig mit Eisenkonkretionen, die Lateritkrusten aus einer früheren Zeit mit tropischem Klima darstellen. Die Muttergesteine gehören mit zu den ältesten geologischen Formationen der Erde. Ein Anzeichen der Bodenarmut ist die Tatsache, daß in der Krautschicht des Waldes um Perth 47 *Drosera*-Arten (Sonnentau) vorkommen. Auch der Adlerfarn ist bei genügender Feuchtigkeit weit verbreitet.

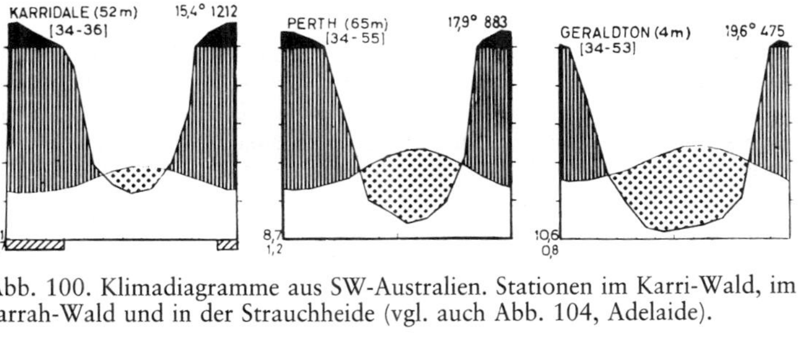

Abb. 100. Klimadiagramme aus SW-Australien. Stationen im Karri-Wald, im Jarrah-Wald und in der Strauchheide (vgl. auch Abb. 104, Adelaide).

Südlich von Perth nehmen die Niederschläge zu (bis über 1500 mm), nach Norden und landeinwärts dagegen ab. Bei jeder Klimaänderung gelangen andere *Eucalyptus*-Arten zur Vorherrschaft. Je feuchter das Klima ist, desto höher werden die Bäume, desto größer ist auch die Blattfläche pro ha, aber durch die vertikale Stellung der Blätter dringt doch viel Licht in den Stammraum ein, so daß die Strauchschicht meist gut entwickelt ist, wenn sie nicht durch die häufigen Brände reduziert wird.

Für das dem mediterranen entsprechende Klima mit 625 bis 1250 mm Regen und einer Sommerdürre ist der „Jarrah"-Wald bezeichnend, in dem *Eucalyptus marginata* absolut vorherrscht. Diese Art wird 200 Jahre alt und erreicht eine Höhe von 15–20 m (maximal 40 m). In dem feuchteren südlichen Teil findet man den „Karri"-Wald mit *Eucalyptus diversicolor,* der 60–75 m (maximal 85 m) hoch wird (Zono-Ökoton IV/V). Bei einem Kronenschluß von 65% ist eine Strauchschicht und eine dichte Krautschicht aus 1,5 m hohen Wedeln des Adlerfarns entwickelt (Abb. 101).

Die trockenere „Wandoo"-Zone mit *Eucalyptus redunca* erhält 500–625 mm Regen. Die Waldungen sind lichter und heute fast gänzlich in Schafweiden umgewandelt. Da geeignete einheimische Gräser fehlen, werden *Lolium rigidum* mit der mediterranen Klee-Art *Trifolium subterraneum,* die annuell ist, aber die Früchte im Boden vergräbt, als Stickstofflieferant angesät; eine vorherige Superphosphatdüngung ist bei der Armut der Böden unbedingt notwendig. Düngung und Aussaat erfolgen bei der großen Ausdehnung der Flächen vom Flugzeug aus.

In der Zone mit 300–500 mm Regen treten viele locker stehende *Eucalyptus*-Arten auf (Zono-Ökoton IV/III), doch ist dieses Gebiet heute die Winterweizenzone mit Farmen von mehreren 100 ha Größe, die bei der vollständigen Motorisierung der Betriebe von 2–3 Mann bewirtschaftet werden. Ein Anbau des Weizens in den feuchteren Zonen ist infolge des Auftretens von Rostschäden unrentabel.

Sinkt der mittlere Jahresniederschlag unter 300 mm, dann verschwinden die Eucalypten und es beginnt die ganz extensiv beweidete Strauch-Halbwüste (Seite 160). In S-Australien fehlen die feuchten Winterregengebiete. Die Verhältnisse sind sonst ähnlich wie in SW-Australien, aber komplizierter, weil man verschiedene Mischbestände aus jeweils mehreren *Eucalyptus*-Arten vorfindet. Auch ist das Gebiet gebirgig, was wiederum eine starke Differenzierung der Vegetation bedingt.

Außer den beschriebenen Wäldern sind auf weiten Flächen ½ bis 1 m hohe Proteaceen-Heiden verbreitet. Sie wachsen auf so armen Sanden, daß selbst die anspruchslosen *Eucalyptus*-Arten auf ihnen nicht wettbewerbsfähig sind (Peinobiom). Sie werden auch nicht kultiviert und kaum beweidet. Das Merkwürdige ist jedoch, daß der Artenreichtum

Abb. 101. *Eucalyptus diversicolor*-Wald in SW-Australien. Unterwuchs *Acacia pulchella* und Adlerfarn *(Pteridium esculentum)* (Foto E. WALTER).

auf diesen armen Sanden besonders groß ist; auf 100 m^2 konnten wir 90 Arten zählen, darunter 63 kleine Holzarten, meist Proteaceen oder Myrtaceen; *Drosera*-Arten und eine *Utricularia* mit Knollen fehlten nicht.

Für eine solche Heide mit 450 mm Regen und 7 Dürremonaten im Sommer in S-Australien liegt eine sehr gründliche öko-physiologische Untersuchung vor.

Die Bodentemperaturen in 15 bzw. 30 cm Tiefe schwanken zwischen 4,1 und 36,0 bzw. 5,8 und 29 °C. Von 91 Arten wurden die Wurzelsysteme ausgegraben. Die dominanten Sklerophyllen sind der strauchförmige *Eucalyptus bacteri, 9 Proteaceen, 2 Casuarina*-Arten, *Xanthorrhoea,* Leguminosen u. a.

Die Hauptwachstumszeit ist der trockene Sommer, da der Boden in größerer Tiefe feucht bleibt. Die kleineren perennen Arten (42%) wurzeln nur in den oberen 30–60 cm; sie entwickeln sich im Frühjahr. *Drosera* und Orchideen sind ephemere Arten; denn sie wurzeln nur 5–7 cm tief. Es zeigt sich, daß das Wasser im Sandboden mit einem Welkungspunkt von 0,7–1% sehr ungleichmäßig verteilt ist; denn die großen Arten leiten das Regenwasser zum Stamm. Die Zusammensetzung der Heide wird durch die Brände bestimmt. Nach einem Brand treibt zunächst der Grasbaum *Xanthorrhoea* aus; er blüht nur nach einem Feuer. Die Proteacee *Banksia* verjüngt sich nach dem Brand durch Sämlinge. Ihr Anteil an der oberirdischen Phytomasse steigt bis zum 15. Jahr auf 50% an. Die Hauptmasse der Trockensubstanz entfällt bei 25 Jahre alten Exemplaren auf die großen Fruchtstände, die sich erst nach einem Feuer öffnen.

Banksia gehört somit zu den in Australien sehr verbreiteten *Pyrophyten,* d. h. Arten, die sich nur nach Bränden verjüngen können, weil die holzigen Früchte sich sonst nicht öffnen. Diese Tatsache spricht dafür, daß auch in Australien die Brände durch Blitzschlag ein natürlicher Faktor waren. Heute werden Wald und Heide sehr oft gebrannt, weil die Holzpflanzen keinen Geldwert haben und die Beweidung behindern. „Ein Grashalm ist mehr wert als zwei Bäume", sagt der Farmer. Zu den Pyrophyten gehören sehr viele Proteaceen und Myrtaceen, die Conifere *Actinostrobus* u. a. Auch *Eucalyptus* spp. säen sich nach einem Brand besonders reichlich aus. Bei einer lange Zeit nicht abgebrannter Heide werden die Nährstoffe alle festgelegt, und zwar in den Früchten der *Banksia,* in den alten Blättern von *Xanthorrhoea* und in der sich anhäufenden Streu. Ein 50jähriger Bestand degeneriert deshalb. Erst durch das Feuer tritt eine Mineralisierung der Nährstoffe ein und die Sukzession beginnt von neuem.

Die öko-physiologischen Verhältnisse von *Eucalyptus marginata* entsprechen ziemlich den bei den Hartlaubhölzern. Die Wurzeln gehen z. T. durch die Lateritkruste bis über 2 m tief. Eine Sommerruhezeit besteht nicht, die Transpiration wird nur mittags von 10 h bis 15 h durch teilweisen Spaltenschluß eingeschränkt, so daß die Wasserbilanz aufrechterhalten werden kann. Die Zellsaftkonzentration betrug im Winter 16,3 atm und dürfte im Sommer nur wenig höher sein.

Nicht nur die Flora und damit auch die Vegetation von Australien weichen stark von denen anderer Kontinente ab, sondern auch die Fauna.

Nur in Australien kommen die primitivsten Säugetiere – die Kloakentiere (Monotremata) – vor, zu denen das Schnabeltier *(Ornithorhynchus anatinus)* gehört, das noch 1–3 Eier legt, die vom Muttertier bebrütet werden. Dagegen brütet der Schnabeligel *(Tachyglossus = Echidna)* nur 1 Ei im Brutbeutel aus und leitet zu den Beuteltieren *(Marsupialia)* über. Mit wenigen Ausnahmen sind auch diese auf Australien beschränkt. Unter ihnen sind herbivore und carnivore Vertreter. Die bekannteste Gruppe sind die Känguruhs *(Macropodidae)* mit dem Großkänguruh *(Macropus),* das als weidendes Wild sicher die Vegetation mit beeinflußt.

Doch sind uns genauere Angaben darüber nicht bekannt.

11 Über die Entstehung des Zonobioms IV und die Beziehungen zum Zonobiom V

In dem Sammelband CASTRI, D., und MONNEY, H. A., eds. 1973 werden neben verschiedenen Problemen des ZB IV auch historische Fragen der Entstehung dieses ZB IV besprochen, die eng mit denen des ZB V verbunden sind. Beide gehen auf eine gemeinsame Wurzel, der bis in höhere Breiten reichenden tropischen Vegetation des Tertiärs zurück.

Die weitere Entwicklung der Vegetation bis zur Gegenwart hat im oben zitierten Band AXELROD für Kalifornien zusammengefaßt und vergleichsweise auf das Mittelmeergebiet übertragen.

Fossilfunde beweisen, daß zu Beginn des Tertiärs im Eozän auf der Nordhemisphäre im Bereich des heutigen gemäßigten Klimas tropisch immergrüne, aber auch laubabwerfende Arten wuchsen, die auf damals tropisches Klima mit ausgesprochener Sommerregenzeit hinweisen. Untersuchungen fossiler Meeresmolusken erlaubten den Schluß, daß in Kalifornien das Minimum des Oberflächenwassers des Meeres um diese Zeit vor 50 Millionen Jahren etwa 25 °C betrug. Im Laufe des Oligozäns und Miozäns trat eine stete Abkühlung des Meeres ein und gegen Ende des Tertiärs im Pliozän lag das Minimum nur noch bei 15 °C. Entsprechend wurde auch das Klima auf dem Festland immer kühler und die Flora ärmer an Arten mit hohen Wärmeansprüchen. Zugleich änderte sich in Kalifornien aber auch die Regenverteilung. Das Sommermaximum wurde weniger ausgeprägt und gegen Ende des Miozäns verschwand es, im Pliozän machte sich im Sommer bereits ein flaches Minimum bemerkbar. Während des Pleistozäns mit den Eiszeiten entstanden an den Westseiten der Kontinente die kalten Meeresströmungen und zugleich ein Klima mit ausgesprochener Sommerdürre und Regen nur in den Wintermonaten, also der Typus des ZB IV.

Während desTertiärs wölbten sich auch im Westen Nordamerikas die immer höher werdenden Gebirge auf, in Europa die alpidischen Gebirgsketten.

Die Folge davon war, daß in der tertiären tropischen Zone der heutigen höheren Breitenlage aridere Klimagebiete und aride lokale Standorte in ungünstiger Exposition entstanden, so daß unter den immergrünen Arten eine Auslese stattfand in Arten mit dem typischen Lederblatt der humiden Tropen (häufig als Lorbeer-blättrige bezeichnet) und in dürreresistene sklerophylle Arten, die lange Dürrezeiten überdauerten (Hartlaubarten). Als dann im Pleistozän sich das sommerdürre (als mediterran bezeichnete) Klima auf der Westseite der Kontinente ausbildete, gewannen in diesem Klimagebiet die sklerophyllen Arten die Vorherrschaft und die Holzarten-Flora verarmte, während auf der Ostseite der Kontinente, die von warmen Meeresströmungen umspült wurden, das humide Klima mit Sommerregen bei etwas tieferen Jahrestemperaturen als Zonobiom V erhalten blieb. An den humiden Ostküsten der Kontinente von N- und S-Amerika, wie auch SE-Afrikas, sowie SE-Asiens und E-Australiens vollzieht sich der Übergang von der tropischen humiden zu einer subtropischen humiden und der warmtemperierten artenreichen Flora mit immergrünen Lederblättern ganz allmählich.

Die Hartlaubvegetation des ZB IV ist nicht durch Anpassung an die Sommerdürre entstanden, sondern die tertiären Arten waren bereits an trockene Standorte präadaptiert. Eine Artenneubildung fand nur in begrenztem Umfange statt, in Kalifornien z. B. bei der Gattung *Ceanothus* mit 40 Arten, *Arctostaphylos* mit 45 Arten, andere breiteten sich, wie erwähnt, stark aus *(Adenostoma)*. Ein mehr ledriges Blatt hat *Arbutus*.

Diese Entwicklungsgeschichte macht auch verständlich, daß zwischen dem ZB IV und ZB V oft die selben Gattungen, aber durch vikariierende Arten vertreten sind, z. B. sklerophylle *Quercus*-Arten in Californien und die immergrünen *Quercus virginiana* mit Lederblättern im Südosten von Nordamerika (ZB V). In Australien unterscheiden sich die lederblättrigen *Eucalyptus*-Arten des ZB IV in SW- und S-Australien nur wenig von denen im Sommerregengebiet des ZB V der Ostküste. Dort findet man auf trockenen Kalkböden ebenso wie im Westen auch eine reiche Proteaceen-Vegetation, nur die Arten sind andere. Auch das Vorkommen der fossilen „terra rossa"-Böden im Mittelmeergebiet wird verständlich. In diesen findet man Relikte der tropischen Boden-Kleintierfauna, die in größeren Tiefen die Sommerdürre nicht zu spüren bekommt. Die übrige Fauna des ZB IV bestätigt die hinsichtlich der Vegetation gemachten Ausführungen (vgl. mehrere Beiträge in Castri und Mooney eds. 1973).

Wie Axelrod betont, deuten auch die Fossilfunde in Nordafrika auf eine ähnliche Geschichte der Mittelmeervegetation. Allerdings sind die Verhältnisse in Europa komplizierter. Denn seit der Postglazialzeit wird das Klima Westeuropas vom warmen Golfstrom bestimmt.

Der kalte Kanarenstrom macht sich erst südlich von dieser Inselgruppe bis nach Senegal (Nebelküste) bemerkbar. Das ZB IV erstreckt sich von Westen an den Küsten des Mittelmeeres entlang weit nach Osten. Die letzten Eiszeiten haben sich in Europa besonders negativ ausgewirkt und die Flora praktisch vernichtet. Sie wanderte erst in der Postglazialzeit aus den wenigen Refugien wieder ein und blieb arm, so daß es an kontinuierlichen Fossilfunden seit dem Tertiär bis zur Gegenwart, wie in Kalifornien, fehlt. Aber es herrscht die Ansicht vor, daß die Geschichte des ZB IV im wesentlichen überall ähnlich verlief, und daß es in der Tertiärzeit ein dem ZB IV entsprechendes Klima mit zonaler Hartlaubvegetation noch nicht gab, wohl aber die Hartlaubarten auf trockenen lokalen Biotopen.

V Zonobiom des warmtemperierten humiden Klimas

1 Allgemeines

Dieses Zonobiom läßt sich nicht scharf abgrenzen, sondern ist eine Art Übergangszone zwischen den tropisch-subtropischen und den typisch gemäßigten Gebieten. Aber es nimmt doch eine zu große Fläche ein, um als Ökoton behandelt zu werden. Man kann zwei Subzonobiome unterscheiden:

1. Das sehr humide sZB mit Regen das ganze Jahr hindurch oder mit einem Minimum in der kühlen Jahreszeit. Die Hauptvegetationszeit ist immer feucht und wegen der hohen Temperatur schwül. Diese Gebiete liegen an den Ostseiten der Kontinente etwa zwischen dem 30. und 35. Grad auf der Süd- und Nordhemisphäre

Abb. 102. Feuchter, ozeanischer Nadelwald mit *Pseudotsuga menziesii, Tsuga heterophylla* und *Thuja plicata* am Hoh River (Olympic Nat. Park). Vgl. dazu Klimadiagramm Vancouver (Abb. 93).

und stehen unter der Einwirkung von Passat- oder Monsunwinden. Während der kühlen Jahreszeit sinken die Temperaturen schon ziemlich tief, es können Fröste auftreten, aber eine kalte Jahreszeit mit Temperaturen unter 0 °C fehlt; doch ist der Winter schon eine Ruhezeit für die Vegetation.

2. Das andere sZB ist an die Westseiten der Kontinente gebunden, etwas weiter polwärts gegenüber dem ersten sZB verschoben; denn es schließt sich an das feuchte Sub-Zonobiom des ZB IV mit Winterregen an. Auch bei diesem sZB überwiegen die Winterregen, aber die Sommerdürrezeit verschwindet auf den Klimadiagrammen.

In Nordamerika reicht dieses sZB von Nordkalifornien bis nach Süd-Kanada im Küstengebiet. Es ist die Zone der *Sequoia sempervirens*-Wälder, die 100 m hoch werden, an die sich nördlicher nicht ganz so hohe Wälder aus *Tsuga heterophylla, Thuja plicata* und *Pseudotsuga menziesii* anschließen (Abb. 102). *Prunus laurocerasus* und *Rhododendron ponticum,* aber auch *Araucaria excelsa* gedeihen hier üppig in den Gartenanlagen – ein Zeichen für die milden Winter. Weiter nach Norden sinken die Temperaturen langsam ab. Das Klima wird immer humider, die Tages- und Jahresschwankungen der Temperatur sind gering. Die maritim getönte und frostempfindliche Sitka-Fichte gelangt zur Vorherrschaft. In dieser meridional verlaufenden Zone, die sich bis in die Subarktis auf Alaska erstreckt, lassen sich Abschnitte, die dem ZB VI oder ZB VIII entsprechen, kaum erkennen. Es ist ein extrem humides ozeanisches Ökoton, in dem kein Ackerbau betrieben werden kann, das deshalb wenig besiedelt ist.

Im Rahmen des Internat. Biol. Progr. (IBP) wurden hier die wohl ertragreichsten Nadelwälder der Welt, vor allem Douglastannen-Ökosysteme *(Pseudotsuga),* untersucht. Ein Sammelband (Edmonds 1982) enthält in 11 Beiträgen die vorläufigen Ergebnisse der Arbeiten aus den Jahren 1971–78, doch steht eine eigentliche Synthese noch aus.

In Süd-Chile herrschen ganz analoge Verhältnisse. Das sZB mit Winterregen, aber ohne Sommerdürrezeit entspricht dem ebenfalls sehr üppigen valdivianischen immergrünen Regenwald (Seite 206). Der südlich anschließende magellanische Wald mit immergrünen, aber auch laubabwerfenden *Nothofagus*-Arten und der starken Ausbildung von Mooren bildet die perhumide Übergangszone zur Subantarktis des Feuerlandes und der Inseln.

In Westeuropa fehlen die frostempfindlichen großen Coniferen der pazifischen Küste Nordamerikas vollständig. Sie sind während den Eiszeiten des Pleistozäns ausgestorben. Dem sZB entspricht am ehesten die nordspanische und südwestfranzösische Küste mit Heideformationen (Landes). Die perhumide Übergangszone ist ebenso zersplittert wie das westeuropäische Küstengebiet. Sie verteilt sich auf Wales, West-Schottland, die Inselgruppen mit Island und die feuchte-

sten Teile der norwegischen Westküste mit den Lofoten, bis in die Subarktis. Heidemoore mit Birken und Weidenarten sind heute die vorherrschende Vegetation (Seite 226).
In Australien gehört die Südwestspitze zu diesem sZB mit Winterregen ohne Sommerdürre (Karri-Wald, Seite 210). Die besonders perhumide Übergangszone dagegen umfaßt nur W-Tasmanien mit kleinen *Eucalyptus*-Arten und Mooren, sowie den Südwesten von der neuseeländischen Südinsel mit der vorgelagerten Stewart-Insel. Damit ist der Übergang zu den subantarktischen Inseln gegeben (vgl. Seite. 340).
Ganz isoliert ist das ebenfalls zu diesem sZB gehörende Gebiet von Nordanatolien mit kolchischen Wäldern, in denen *Rhododendron ponticum* und *Prunus laurocerasus* beheimatet sind. Es ist ein Ausläufer der üppigen Wälder im Kolchischen Dreieck zwischen den kaukasischen Gebirgen und dem Schwarzen Meer mit gleichmäßig verteilten Niederschlägen bis 4000 mm. In diesem tertiären Reliktwald ist der immergrüne Unterwuchs erhalten geblieben, aber die Baumschicht mit den Reliktarten *Zelkowa* und *Pterocarya* sowie *Dolichos* und den Lianen *(Vitis, Periploca)* wirft das Laub ab. Einzelne Kälteeinbrüche kommen vor, doch sind *Citrus*-Kulturen vorhanden. Ähnlich ist der hyrkanische Reliktwald an der Südküste des Kaspischen Meeres ausgebildet mit der Reliktart *Parrotia* (Hamamel.) und *Albizzia julibrissin* (Mimos.) u. a.

2 Humides Subzonobiom an den Ostküsten der Kontinente

An den Ostseiten der Kontinente haben wir es infolge der Passat- oder Monsunwinde mit einer fast kontinuierlichen Reihe von Zonobiom II über ein humides subtropisches Zono-Ökoton II/V zum Zonobiom V und über ein Zono-Ökoton V/VI zum Zonobiom VI zu tun. Doch reichen auf der Südhemisphäre die Landmassen nicht soweit nach Süden und in Mittel- und Nordamerika tritt eine Störung durch das Karibische Meer ein. Die Abgrenzung der genannten Abschnitte ist schwierig. Man läßt die Tropen dort aufhören, wo Fröste sich bemerkbar machen oder die Jahrestemperatur bei Frostfreiheit unter 18,3 °C sinkt, so daß tropische Kulturen wie Kokos, Ananas, Kaffee u. a. nicht mehr rentabel sind und nur Tee, Citrus und einzelne Palmen verbleiben.
Im Bereich des Zonobioms V treten schon Fröste auf, aber die mittleren Tagesminima des kältesten Monats sind noch über 0°C, d. h. eine kalte Jahreszeit kommt auf dem Klimadiagramm nicht vor. Die Jahresmittel liegen etwas über oder unter 15 °C, die Baumarten der Wälder sind wenigstens zum Teil immergrün, während das im ZÖ V/VI nur noch für einige Straucharten gilt. Für das ZB VI ist schon eine kalte Jahreszeit von 2–5 Monaten typisch, die Holzarten werfen ihr Laub im Herbst ab.

In Ostasien, das dem ostasiatischen Monsun ausgesetzt ist und deshalb ein ZB II besitzt, nimmt dieses humide sZB des ZB V einen besonders großen Raum ein. Die Nordgrenze am 35.° N berührt gerade noch die Südspitze der koreanischen Halbinsel und verläuft durch den südlichen Teil der japanischen Hauptinsel Hondo. Hier kommen neben den immergrünen Fagaceen *Cyclobalanopsis (Quercus)* und *Castanopsis* die Myrsinacee *Ardisia* sowie die Lauracee *Macchilus* u.a. als waldbildende Baumarten vor. Aber auch die in Südmitteleuropa häufigen Ziersträucher *Aucuba japonica, Euonymus japonica, Ligustrum japonicum* und die frostempfindlichen *Camellia* stammen von da. Weiter nördlich gewinnen laubabwerfende Baumarten die Oberhand (NUMATA et al. 1972).

In China weicht die Nordgrenze landeinwärts etwas nach Süden zurück, soweit sich im Winter die Kälteeinbrüche vom sibirischen Hoch bemerkbar machen. Viel weniger scharf ist die Südgrenze gegen die immergrünen tropisch-subtropischen Wälder des südlichen China ausgeprägt. Kanton gehört noch zum ZB II. Wir bringen hier die Gliederung nach AHTI et al 1974 (Abb. 103). Dort wird auch auf das Orobiom in Japan eingegangen. Im Südosten Nordamerikas ist die Südspitze von Florida noch subtropisch, aber selbst in Miami und Palm Beach kommen leichte Fröste vor. Die immergrünen Eichenwälder mit *Quercus virginiana* reichen längs der Küste bis North Carolina hinein. Die Gesamtfläche des ZB V ist nicht sehr groß, weil im Inland die Kälteeinbrüche bis zum Golf von Mexico reichen. Außerdem sind auf weitverbreiteten Sandflächen Psammobiome vorhanden, und zwar Kiefernwälder aus *Pinus clausa, P. taeda, P. australis* u. a. zum Teil mit immergrünem Unterwuchs. Dazu kommen die ausgedehnten *Taxodium-Nyssa*-Sumpfwälder (Hydrobiome) und die immergrünen *Persea-Magnolia*-Moorwälder sowie Heidemoore mit der Venusfliegenfalle *(Dionaea muscipula)* als Helobiome. Direkt an der Küste nehmen Salzmarschen (Halobiome) große Flächen ein.

In Südamerika reichen in Ostbrasilien die immergrünen Wälder von den tropischen zu den subtropischen und warm temperierten weit nach Süden. Die Tropen hören an der Küste zwischen Porto Alegre und Rio Grande auf. Selbst in Nordargentinien, in Misiones und Corrientes spricht man von subtropischen Wäldern. Längs den großen Flußläufen des Paraná und Uruguay dringen sie als Galeriewälder in das Pampagebiet vor. An der Küste hört das ZB V bei la Plata auf, das ZB VI fehlt.

Auf der Hochfläche über 500 m NN ist namentlich in Süd-Brasilien das Gebiet der Coniferenwälder aus *Araucaria angustifolia.* Diese müßte man auf jeden Fall zum ZB V rechnen. Im allgemeinen ist gerade in diesem Teil die Waldfläche durch Rodung stark reduziert.

In Afrika, dessen Südostküste ebenfalls dem SE-Passat ausgesetzt ist und durch den Windstau vor den Drakensbergen sehr starke Nieder-

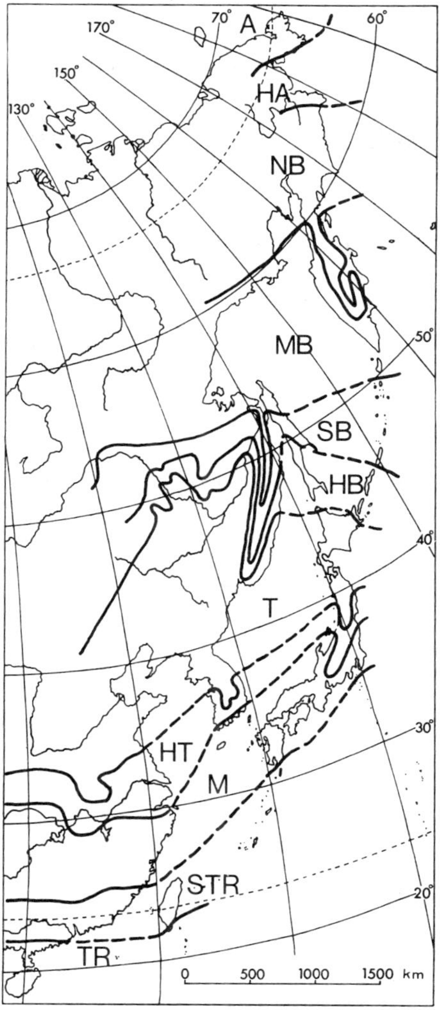

Abb. 103. Bioklimatische Gliederung von Ostasien (nach AHIT et al. 1974). TR = humide Tropen, STR = humide Subtropen. M = maritim-warmtemperiertes ZB V. HT = ZÖ V/VI und T = temperiertes ZB VI. HB = hemiboreale Mischwaldzone. SB, MB und NB = südliche, mittlere und nördliche, boreale Zone (= ZB VIII). HA und A = hemiarktische und arktische Zone (= ZB IX).

schläge erhält, sind immergrüne tropisch-subtropische Wälder in Küstennähe bis East London verbreitet. Den Abschnitt längs der Südküste kann man als warm-temperiert bezeichnen. Früher reichten die Wälder ohne Unterbrechung bis zum Osthang des Tafelberges bei Kapstadt. Der größte Teil ist jedoch gerodet oder sekundär von dem Fynbos des ZB IV eingenommen. Ein größeres Waldreservat ist nur bei Knyshna erhalten mit alten hohen *Podocarpus*-Bäumen und einer großen Zahl von immergrünen Laubbäumen, unter denen der „Stinkboom“ *(Ocotea foetens)* wertvolles Holz liefert.
Auf die Verhältnisse in Australien und Neuseeland kommen wir in den nächsten Abschnitten zurück.
Ökologisch ist das ZB V kaum untersucht worden und über die Ökosysteme lassen sich keine Einzelheiten angeben. Es ist auch besonders schwierig: Die meisten Wälder sind artenreich, die Wachstumsbedingungen sind günstig; der entscheidende Faktor ist sicher der Wettbewerb, und dieser ist schwer faßbar.

3 Biome der Eucalyptus-Nothofagus-Wälder SE-Australiens und Tasmaniens

Die feuchten tropisch-subtropischen immergrünen Wälder an der Ostküste Australiens, die sich auf nährstoffreichen meist vulkanischen Böden bis in das südliche New South Wales erstrecken, bestehen vorwiegend aus indomalaiischen Elementen, die der Australis fremd sind. Erst im südlichen Victoria und auf Tasmanien herrscht das australische Element mit der Gattung *Eucalyptus* vor. Zugleich mischen sich jedoch schon einige bedeutsame antarktische Elemente bei. Hier in dem feuchten Klima ohne Kältezeit (Abb. 104) erreicht *Eucalyptus regnans* eine Höhe bis 110 m (ältere Angaben von 145 m sind nicht nachprüfbar). Fast ebenso hoch werden *Eu. gigantea* und *Eu. obliqua*. Die wichtigsten antarktischen Arten sind die immergrüne *Nothofagus cunninghamii* und der Baumfarn *Dicksonia antarctica,* auf Tasmanien auch noch eine Reihe anderer Arten. Die Zusammensetzung dieser Wälder hängt von der Häufigkeit der Waldbrände ab.:

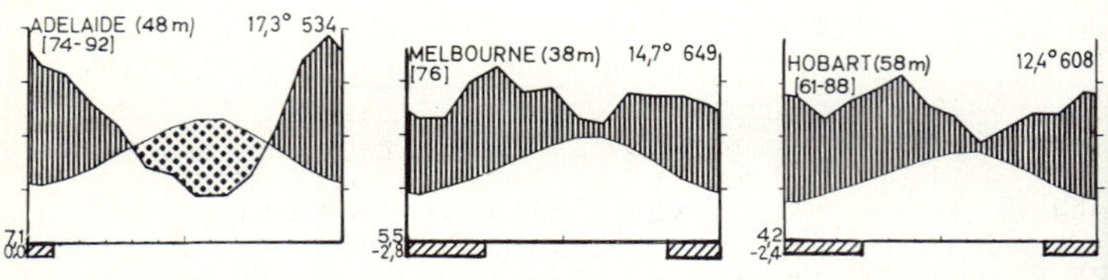

Abb. 104. Klimadiagramme aus dem Hartlaubgebiet S-Australiens und dem warmtemperierten Gebiet Viktorias und Tasmaniens.

1. In den feuchten Teilen des westlichen Tasmaniens, wo keine Waldbrände entstehen, entwickelt sich eine Baumschicht aus *Nothofagus* mit *Atherosperma moschata* (Monim.) von 40 m Höhe und darunter eine 3 m hohe Schicht mit dem Baumfarn *Dicksonia*, der noch bei einer Beleuchtung von 1% des Tageslichtes wachsen kann. In diesen feuchten Wäldern sind Hymenophyllaceen und Moose als Epiphyten sehr verbreitet.
2. Wiederholen sich Waldbrände etwa alle 200 bis 350 Jahre, dann bilden sich Mischwälder, die 3schichtig sind. Zu den obengenannten 2 Schichten kommt noch eine 75 m (bis 90 m) hohe aus den 3 größten *Eucalyptus*-Arten hinzu. Diese Schicht ist gleichaltrig, ein Zeichen, daß die Keimung der Bäume auf größeren Flächen nach einem Waldbrand erfolgt. Nach einem solchen Waldbrand wird zwar die Baumschicht aus *Eucalyptus* und *Nothofagus* vernichtet, aber die Früchte öffnen sich, die unversehrten Samen fallen aus und keimen. Da *Eucalyptus* rascher wächst, überholt er *Nothofagus*, so daß sich die zwei Baumschichten ausbilden. Die Baumfarne verlieren durch Brand ihre Blätter, aber bilden am Stammgipfel wieder neue aus. Eine Verjüngung von *Eucalyptus* unter *Nothofagus* ist wegen Lichtmangel nicht möglich. Sie tritt erst wieder nach einem erneuten Brand ein.
3. Kommen Waldbrände 1–2mal im Jahrhundert vor, dann wird *Nothofagus* durch andere rascherwüchsige niedrige Baumarten *(Pomaderris, Olearia, Acacia)* ersetzt.
4. Nach Waldbränden alle 10–20 Jahre entstehen reine niedrige *Eucalyptus*-Bestände.
5. Noch häufigere Brände verursachen eine Degradation der Wälder; es bildet sich eine offene Moorlandschaft mit dem „Knopfgras“ *Mesomelaena sphaerocephala* (Cyper.) aus, in der Myrtaceen-Büsche eingestreut sind und *Drosera* sowie *Utricularia* neben Restionaceen vorkommen.

4 Warmtemperierte Biome Neuseelands

Eine besondere Erwähnung verdienen die Wälder Neuseelands. Obgleich die beiden Inseln relativ nahe zum australischen Kontinent liegen und in der geologischen Vergangenheit wahrscheinlich eine direkte Verbindung bestand, muß sich diese gelöst haben, noch ehe sich die Flora der Australis entwickelt hatte. Auf Neuseeland gibt es keine einzige einheimische *Eucalyptus*- oder *Acacia*-Art. Auch die Proteaceen sind nur durch zwei Arten vertreten.

Im Norden der Nordinsel findet man noch subtropische Wälder mit der Conifere *Agathis australis* und Palmen; selbst Mangroven aus niedrigen *Avicennia*-Büschen wachsen an der Küste. Die Arten der Wälder sind melanesische Elemente der Paläotropis.

Wälder mit diesem Charakter greifen selbst auf die Südinsel über, obgleich das Klima dort ausgesprochen gemäßigt ist, aber in niedrigen Lagen ohne kalte Winterzeit. Eine große Rolle spielen die auf der ganzen Südhemisphäre verbreiteten Coniferen-Gattungen *Podocarpus* und *Dacrydium*. Zugleich ist jedoch das antarktische Element mit 5 immergrünen *Nothofagus*-Arten in den Wäldern von großer Bedeutung nicht nur auf der Südinsel, sondern auch auf der Nordinsel. Diese sich gegenseitig ausschließenden Waldtypen sind mosaikartig angeordnet, ohne daß man die Verbreitung eindeutig klimatisch oder ökologisch erklären kann. Man gewinnt den Eindruck, daß die Pflanzendecke sich nicht mit der heutigen Umwelt im Gleichgewicht befindet, sondern daß historische Faktoren eine sehr große Rolle spielen. Die Nordinsel wurde vor 1700 Jahren mit einer mächtigen Schicht von heißer vulkanischer Asche bedeckt. Als Pioniere traten zuerst die durch Vögel verbreiteten Podocarpaceen auf. Sie werden langsam durch die Wälder mit tropischen Elementen verdrängt, im Gebirge z. T. auch durch *Nothofagus*-Wälder. Die Südinsel war im Pleistozän von großen Gletschern bedeckt, so daß auch dort die Wiederbesiedlung noch im Gange ist, zumal *Nothofagus* sich nur langsam ausbreitet.

Im extremen feuchten südwestlichen Fjordland mit über 6000 mm Regen entsprechen die *Nothofagus*-Wälder schon ganz den südchilenischen. Eine Besonderheit sind hier die an Lawinen erinnernden *Waldsturzstreifen,* die jedoch mitten im Wald an Steilhängen beginnen und 2–6 m breit sind. Wenn das Gewicht des an Felswänden wachsenden Baumbestandes zu groß wird, erfolgt durch die Schwerkraft eine Abtragung der gesamten Vegetationsschicht, mit dem Wurzelwerk und der Bodenschicht. Der zurückbleibende nackte Fels wird wieder besiedelt mit Flechten, Moosen und Farngewächsen beginnend, bis sich Strauchwerk und schließlich ein Baumbestand entwickelt, worauf ein erneuter Absturz erfolgt.

Eine schwere Gefahr für die Wälder auf Neuseeland, wo ursprünglich außer Fledermäusen keine Säugetierart vorhanden war, bedeuten die ausgesetzten europäischen Rothirsche, deren Vermehrung sich jeder Kontrolle entzieht und die eine Verjüngung der oft unzugänglichen *Nothofagus*-Wälder verhindern, wodurch im Gebirge eine sehr große Gefahr durch Bodenerosion und Hochwasser entsteht. Ebenso gefährlich ist das als Pelztier eingeführte australische Opossum (Kuzu), das sich auf eine die Baumgrenze bildende Baumart spezialisiert hat, sie völlig entblättert und zum Absterben bringt, was ebenfalls die Gefahr der Bodenerosion an den Steilhängen erhöht.

Neuseeland ist ein Beispiel dafür, wie gefährlich es ist, wenn der Mensch in das natürliche Gleichgewicht durch die Einführung neuer Tiere oder Pflanzen eingreift. Die Schäden lassen sich oft nicht wieder beseitigen.

VI Zonobiom des gemäßigten nemoralen Klimas

1 Laubabwurf als Anpassung an die Winterkälte

Eine gemäßigte Klimazone mit einer deutlichen, aber nicht zu langen kalten Jahreszeit ist nur auf der Nordhemisphäre ausgebildet. Sie fehlt der südlichen Halbkugel mit Ausnahme von bestimmten Gebirgslagen der südlichsten Anden und Neuseelands. Wir hatten fakultativ laubabwerfende Baumarten in den Tropen kennen gelernt, deren Blätter bei gestörter Wasserbilanz während einer längeren Dürrezeit abfallen, wodurch die Wasserverluste der Bäume verringert werden (Seite 94). Der Blattabwurf in der gemäßigten Zone stellt eine Anpassung an die Kältezeit dar. Er ist jedoch nicht fakultativ, sondern obligat, tritt also auch dann ein, wenn man die Baumpflanzen in einem Gewächshaus vor der Winterkälte schützt. Der auslösende Faktor, der das Vergilben des Laubes im Herbst, vor den ersten Frösten verursacht, ist nicht genauer bekannt. Es dürfte z. T. die Verkürzung der Tageslänge sein; denn auffallenderweise vollzieht sich die Laubverfärbung der verschiedenen Baumarten in einer relativ kurzen Zeitspanne, in Mitteleuropa nach dem phänologischen Kalender zwischen dem 10. und 20. Oktober, wobei kein scharfer Unterschied zwischen Orten im Westen und im Osten festzustellen ist, ebenso nicht zwischen tiefen und hohen Gebirgslagen. Bäume in der Nähe von Straßenlaternen bleiben länger grün. Das immergrüne Laubblatt ist weder resistent gegen Kälte noch gegen Frosttrocknis,also länger anhaltende Temperaturen unter 0 °C. *Prunus laurocerasus* (Kirschlorbeer) friert in Mitteleuropa in den Anlagen bei strenger Kälte immer wieder zurück. Schon bei mäßigem Frost zeigen die Blätter bei Licht eine CO_2-Ausscheidung, d. h. die Atmung geht weiter, aber die Photosynthese wird blockiert. *Ilex aquifolium* (Stechpalme) besitzt eine atlantische Verbreitung. *Hedera helix* (Efeu) eine subatlantische, d. h. diese immergrünen Arten meiden die östlichen kontinentalen Gebiete mit kalten Wintern. Dasselbe gilt für die Ginsterarten *Ulex* und *Sarothamnus*. Die Alpenrosen *(Rhododendron)* und die Preiselbeere *(Vaccinium vitis-idaea)* halten nur unter Schneeschutz die Winterkälte aus.

Der Abwurf der dünnen, sommergrünen Blätter im Winter und der Schutz der Knospen vor Wasserverlusten bedeuten gegenüber dem Erfrieren von dicken immergrünen Blättern eine Stoffersparnis. Voraussetzung ist allerdings, daß die im Frühjahr neugebildeten Blätter

eine genügend lange und warme Sommerzeit von mindestens 4 Monaten zur Verfügung haben, um das Wachstum und das Ausreifen der verholzenden Achsenorgane und die Anlage von Stoffreserven für das Fruchten und für den Austrieb im nächsten Jahr zu gewährleisten. Aber auch im blattlosen Zustand verlieren die Zweige im Winter Wasser, und zwar bei den verschiedenen Laubholzarten in verschiedenem Ausmaße. Die mitteleuropäische Buche meidet deshalb die Zone der kalten osteuropäischen Winter. Die Eiche dagegen erreicht sogar den Ural. Im extrem kontinentalen Sibirien fehlen Laubbäume bis auf die kleinblättrigen Birken *(Betula)* und Zitterpappel *(Populus tremula)* sowie die Eberesche *(Sorbus aucuparia)* mit ihren kleinen Fiederblättchen.
Sind die Sommer zu kurz und zu kühl, so treten an die Stelle der Laubbäume die immergrünen Nadelhölzer. Ihre xeromorphen Nadeln erlangen im Winter eine höhere Kälteresistenz und sind bei Eintritt der warmen Witterung im Frühjahr wieder produktionsfähig. Die kurze Vegetationszeit wird dadurch besser ausgenutzt. Während Laubbäume eine Dauer der Vegetationszeit mit Tagesmitteln über 10 °C von mindestens 120 Tagen verlangen, kommen Nadelbäume bereits mit 30 Tagen aus. Aber auch bei ihnen ist die Resistenz der einzelnen Arten verschieden. Die Eibe *(Taxus)* geht in Europa nicht weiter nach Osten als der Efeu. *Pinus sylvestris* (Kiefer) und *Picea abies* (Fichte) sind sehr resistent. *Abies sibirica* und *Pinus sibirica (P. cembra)* halten in Sibirien durch, aber am weitesten in die kontinentale Arktis (bis 72° 40′ N) stößt der sommergrüne Nadelbaum, die Lärche *(Larix dahurica),* vor, die im kurzen Sommer eine sehr hohe Produktionskraft besitzt. Wir sehen somit, daß je nach den äußeren Verhältnissen und nach den ökophysiologischen Eigenschaften der Arten bald die mit immergrünen Assimilationsorganen, bald die mit kurzlebigen sommergrünen im Wettbewerb besser abschneiden und zur Vorherrschaft gelangen (vgl. dazu ZB II, 2).

2 Verbreitung des Zonobioms VI

Das Klima des ZB VI mit einer warmen Vegetationszeit von 4–6 Monaten, in denen genügend Regen fällt, und einer nicht zu langen und nicht extrem kalten Winterzeit von 3–4 Monaten ist für die laubabwerfenden Baumarten der gemäßigten Klimazone besonders geeignet. Diese Bäume meiden die extrem maritimen, wie auch die extrem kontinentalen Gebiete. Wir sprechen von der *nemoralen Zone*. Ein solches Klima mit einem Niederschlagsmaximum im Sommer findet man auf der Nordhemisphäre im Osten von N-Amerika und in E-Asien zwischen den warmtemperierten und den kalten oder ariden gemäßigten Klimazonen, aber auch in West- und Mitteleuropa nördlich von der mediterranen Zone, wo unter dem Einfluß des Golfstromes die Win-

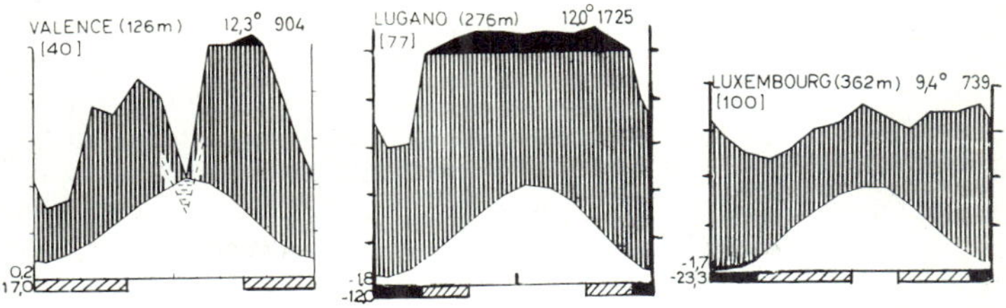

Abb. 105. Klimadiagramme aus der submediterranen Zone (noch keine Kältezeit), aus der warmen und feuchten Laubwaldzone sowie der mitteleuropäischen Buchenwaldzone.

terregen durch gleichmäßig verteilte Niederschläge bzw. solche mit Sommermaximum abgelöst werden und die kalte Jahreszeit relativ kurz ist.

Das mediterrane Winterregengebiet mit einer Hartlaubvegetation erstreckt sich sehr weit von Westen nach Osten und geht nach Norden in sehr verschiedene Vegetationszonen über. In dem sehr maritimen Gebiet an der atlantischen Küste findet man nordwestlich von Gibraltar Elemente der immergrünen warmtemperierten Lorbeerwälder, mit den immergrünen Arten *Prunus lusitanica* (verwandt mit *P. laurocerasus), Rhododendron ponticum* ssp. *baeticum.* Hier wachsen auch *Quercus lusitanica ssp. canariensis (Qu. mirbeckii)*, die interessanten Insektivoren *Drosophyllum lusitanicum* und die winzige *Utricularia lusitanica* sowie als Epiphyt der Farn *Davallia canaricum.* Diese Vegetation geht jedoch sehr rasch in die atlantischen Heiden über, die sich im Küstengebiet bis nach Skandinavien hinein ziehen und im Norden von Birkenwäldern abgelöst werden. Richtige Lorbeerwälder findet man nur auf der feuchten Luvseite der Kanarischen Inseln (Tenerife) oder in dem sehr ähnlichen Zono-Ökoton IV/V in Nordanatolien. Weiter östlich ist zwischen die mediterrane und nemorale Zone eine submediterrane Zone eingeschaltet. In ihr herrschen noch Winterregen vor, aber die Sommerdürre ist nicht mehr ausgeprägt und Fröste treten in allen Wintermonaten regelmäßig auf (Abb. 105 Valence).

Da in der submediterranen Zone die immergrünen Holzarten bis auf *Buxus* fehlen und die Baumarten wie Flaumeiche *(Quercus pubescens)*, Manna-Esche *(Fraxinus ornus), Acer monspesulanum, Ostrya carpinifolia* oder die häufig kultivierte Echte Kastanie *(Castanea sativa)* alle laubabwerfend sind, sollte man diese Zone zur Laubwaldzone und nicht zu der mediterranen rechnen oder sie als Zono-Ökoton IV/VI ausscheiden. Nordöstlich der submediterranen Zone schließt die Steppenzone an, die erst weiter nördlich von Wäldern verschiedener Art abgelöst wird. In Vorderasien schließlich leitet die mediterrane Hartlaubzone zu den mediterranen Steppen und Halbwüsten über.

3 Atlantische Heidegebiete

Die atlantischen Heidegebiete sind Degradationsstadien von Laubwäldern. Die Vernichtung der Wälder in diesem Gebiet reicht in die prähistorische Zeit zurück; sie ist heute so vollständig, daß man die Heiden lange Zeit für die zonale Vegetation hielt. Die Böden in diesem Gebiet sind äußerst arm und sauer und man nahm an, daß sie als Folge des humiden Klimas auf natürliche Weise ausgelaugt wurden und nur eine ärmliche Heidevegetation tragen können. Aber es gilt in diesem Falle dasselbe, was wir hinsichtlich des tropischen Regenwaldes ausführten (Seite 66). Solange die natürliche Waldvegetation nicht angetastet wird, findet eine Auswaschung der Nährstoffe aus dem Biogezön nicht statt; der Nährstoffvorrat bleibt zum größten Teil in der oberirdischen Phytomasse gespeichert. Sobald jedoch der Wald gerodet und gebrannt wird, geht der größte Teil der nunmehr mineralisierten Nährstoffe verloren und es bleibt nur der arme Boden. Wird die Heidevegetation anschließend genutzt oder immer wieder gebrannt, so kann die hier schon schwierige Wiederbewaldung nicht erfolgen. Wir kennen unbesiedelte sehr extrem ozeanische Klimagebiete mit ähnlichen Temperaturverhältnissen und sogar der doppelten bis vierfachen Niederschlagsmenge an der pazifischen Küste von NW-Nordamerika, im Südwesten von S-Amerika, auf Tasmanien und auf Neuseeland, wo die unberührten Wälder in großer Üppigkeit wachsen und keinerlei Anzeichen einer Degradation durch ein Auswaschen der Nährstoffe zeigen. Wie die ursprünglichen Wälder in W-Europa zusammengesetzt waren, ist nicht leicht zu sagen. Die in Frage kommenden ozeanisch getönten Coniferen fehlen der heutigen Flora von Europa. Es dürften Eichen *(Quercus petraea* und *Qu. robur)* die Hauptrolle gespielt haben, im Norden auch Birken *(Betula);* dazu kam als immergrüne Art *Ilex aquifolium.* Die Heide war früher als Unterwuchs in diesen Wäldern vorhanden und bildete nur an lichten Stellen auf flachgründigen oder torfigen Böden selbständige Gesellschaften. Nach der Vernichtung der Wälder hat sie dann Besitz von der Gesamtfläche ergriffen. Im südlichen Teil dieser Küstenzone spielen Ginsterarten *(Ulex-, Sarothamnus-* und *Genista-*Arten) die Hauptrolle, dazu kommen verschiedene *Erica-*Arten. Im mittleren Teil treten die Ginsterarten mehr zurück; es bleiben *Ulex europaeus, Sarothamnus scoparius* und *Genista anglica* als wichtigste Vertreter übrig; dafür treten mengenmäßig die Ericaceen stärker hervor, neben *Erica cinerea* und *E. tetralix* vor allem das Heidekraut *(Calluna vulgaris).* Im Norden dominieren *Empetrum, Vaccinium, Phyllodoce* und *Cassiope.*

Auf die *Calluna-*Heiden entfallen in Schottland ¼–½ der Gesamtfläche; der Bodentypus sind Eisenpodsole mit einem häufig als „Ortstein" ausgebildeten harten B-Horizont. Die Heide wird periodisch abgebrannt. *Calluna vulgaris* ist die absolut dominierende Art. Es ist ein

Zwergstrauch, der etwa 50 cm hoch wird, einen dichten Wurzelfilz in den oberen 10 cm des Bodens bildet, wobei einzelne Wurzeln 75–80 cm tief bis zum Ortstein hinuntergehen. Die sehr kleinen Blätter von *Calluna* sitzen dicht an Kurzsprossen, von denen ein großer Teil im Herbst abgeworfen wird, wodurch die Gefährdung durch Frosttrocknis während der Kälteperioden reduziert wird. Die jährliche Streuproduktion in einem dichten Bestand beträgt 421 kg/ha. Erfolgt das Abbrennen alle 30 Jahre, so lassen sich 3 Phasen (jede 10jährig) der Bestandsentwicklung unterscheiden:

1. die Aufbauphase der Zwergstrauchschicht nach dem Brande; ein Teil der Nährstoffe wird in der Streu festgelegt,
2. die Reifephase mit zunehmender Streuproduktion, aber einem sich verringernden Zuwachs der Phytomasse,
3. die Degenerationsphase, in der die Streuproduktion konstant bleibt und der Streuabbau ansteigt, bis ein Gleichgewichtszustand erreicht wird. Nach 35 Jahren beträgt die stehende Phytomasse 24 000 kg/ha und die Streumenge 17 000 kg/ha.

Meist wartet man die Degenerationsphase nicht ab, sondern brennt bereits nach 8–15 Jahren die Heide nieder. In diesem humiden Gebiet werden die Brände nur durch den Menschen verursacht. Natürliche Brände durch Blitzschlag kamen in den ursprünglichen Wäldern kaum vor, deshalb findet ohne menschliche Eingriffe keine Degradation des Waldes statt. Von der Heide zum Moor gibt es alle Übergänge. Wir führen 4 Stadien einer zunehmenden Vernässung an, wobei in jedem die Arten nach der abnehmenden Menge genannt werden:

1. *Erica cinerea – Calluna vulgaris – Deschampsia flexuosa – Vaccinium myrtillus,*
2. *Calluna vulgaris – Erica tetralix – Juncus squarrosus,*
3. *Erica tetralix – Molinia coerulea – Nardus stricta – Calluna vulgaris – Narthecium ossifragum,*
4. *Erica tetralix – Trichophorum caespitosum – Eriophorum vaginatum – Myrica gale – Carex echinata.*

In Schottland wird die Heide für die Jagd und als extensive Schafweide genutzt, wobei man für ein Schaf 1,2–2,8 ha an Weidefläche rechnet. In der Lüneburger Heide, die auch rein anthropogenen Ursprungs ist, wurde früher Ackerbau (Buchweizenanbau) getrieben; dabei wurde die Heide abgeplaggt, d. h. die oberen 10 cm der Rohhumusauflage wurden in viereckigen Stücken abgestochen, im Stall als Streu verwendet und dann als Stallmist zur Düngung auf den Acker gebracht. Der Plaggenhieb verhinderte die Wiederbewaldung. Heute, nachdem die Heide nicht mehr genutzt wird, bewaldet sie sich durch Anflug von Birken- und Kiefersamen, oder sie wird systematisch aufgeforstet.
Im extrem maritimen Gebiet spielen außer der Heide auch Decken-

moore eine große Rolle. Das Klima ist sehr ausgeglichen; auf Irland beträgt z. B. die Temperatur des Januars 3,5–3,7 °C, die des Julimonats 14–16 °C. Frost kann vorkommen, aber Schnee liegt nur an 3–10 Tagen im Jahr. Die Niederschläge betragen 350 bis 1000 mm im Jahr und sind sehr regelmäßig verteilt. Sie schwanken auch von Jahr zu Jahr um höchstens 25%. Bei der starken Bewölkung beträgt die Sonnenscheindauer nur 31% der maximal möglichen. Unter diesen Umständen ist die Gefahr der Vermoorung nach einer Waldvernichtung sehr groß. Der Wald gibt durch die Transpiration der Baumschicht mehr Wasser ab als eine niedrige krautige Vegetation. Deshalb kann man nach einem Kahlschlag im humiden Gebiet einen Anstieg des Grundwasserspiegels feststellen, was das Wachstum von Torfmoosen begünstigt. Neben *Sphagnum*-Arten spielt *Rhacomitrium lanuginosum* eine große Rolle. In Gebieten mit mehr als 235 Regentagen können die Moore auch in einem welligen Gelände die gesamte Fläche überdecken. Solche *Deckenmoore* findet man in W-Irland, Wales und Schottland, wo das größte Moor 2500 km^2 umfaßt.
In Gebieten, die von der atlantischen Küste weiter entfernt sind, ist die Verheidung keine Gefahr, weil alle Heide-Arten eine geringe Resistenz gegen Frosttrocknis besitzen, obgleich die Blätter von *Calluna* sehr klein sind und eine dicke Kutikula haben; die Spalten liegen in einer mit Haaren ausgekleideten Rinne. Von den eigentlichen xeromorphen Blättern unterscheiden sich jedoch die von *Calluna* durch die sehr lockere Struktur des Mesophylls. Die Transpiration kann bei guter Wasserversorgung im Sommer relativ lebhaft sein, an schattigen Standorten kommt sie bei Berechnung auf Frischgewicht der von Sauerklee *(Oxalis acetosella)* gleich; sie kann bei Wassermangel stark eingeschränkt werden. Doch genügen diese Eigenschaften nicht, um Wasserverluste bei langandauernden Frösten zu verhindern; Selbst im milden Winter von Heidelberg vertrocknet *Calluna* ohne Schneeschutz sehr oft. Auch im Norden trifft man sie nur dort an, wo eine Schneedecke jedes Jahr vorhanden ist.
Heide kommt im Inland an den Westhängen der Mittelgebirge mit ozeanischem Klima inselartig vor (Ardennen, Hohes Venn, Eifel, Vogesen und selbst im Schwarzwald am Feldberg). Sie zieht sich außerdem als schmaler Streifen an der Südküste der Ostsee entlang.

4 Der Laubwald als Ökosystem (Biogeozön)

Der Laubwald ist eine vielschichtige Pflanzengemeinschaft. Sie besteht oft aus einer oder zwei Baumschichten, einer Strauchschicht und einer Krautschicht. In letzterer findet man Hemikryptophyten, aber auch viele sich nur im Frühjahr entwickelnde Geophyten. Für Therophyten, also einjährige Pflanzen, sind die Entwicklungsbedingungen bei den schlechten Lichtverhältnissen am Waldboden zu ungünstig. Eine Bodenschicht aus Moosen fehlt; sie würde von den abfallenden Blättern zugedeckt werden. Moose wachsen deshalb nur auf über die Bodenoberfläche herausragenden Felsblöcken, Baumstümpfen usw. Diese Pflanzengruppen bilden Synusien (vgl. Seite 27).

Im europäischen Laubwaldgebiet kennen wir auf Eu-Klimatopen keinen Urwaldbestand. Die Struktur der Wälder wird deshalb durch die Art der Bewirtschaftung bestimmt. Für die Forstwirtschaft sind die Holzarten von Bedeutung; deshalb wird die Krautschicht von ihr nur indirekt beeinflußt. Bei der Waldweide dagegen ist gerade die Krautschicht dem selektiven Viehverbiß ausgesetzt, unter dem auch der Baumjungwuchs leidet. Rationell betriebene Hochwälder kommen den Urwäldern nahe, unterscheiden sich jedoch wesentlich durch die geringe Artenzahl der Baumschicht, deren Gleichaltrigkeit, das Fehlen von totem am Boden vermoderndem Holz und die homogene Struktur. Urwälder zeigen meistens einen mosaikartigen Aufbau.

Die bewirtschafteten Buchenwälder sind Reinbestände, die nur noch eine Krautschicht haben. Eichenwälder sind häufig Mischbestände aus verschiedenen Laubholzarten und besitzen eine Strauchschicht. Von den verschiedenen Laubwaldbiogeozönen wurden ein westlicher Mischwald in Belgien (Seite 20) und Eichenwälder im Osten an der Waldsteppengrenze genauer untersucht. Bei anderen liegen die Ergebnisse noch nicht vor (Projekte des Internationalen Biologischen Programms (= I.B.P.). Beim Laubwald ist das Kronendach die aktive Schicht, in der die direkte Sonnenstrahlung (auch die diffuse Strahlung) zum größten Teil in Wärme umgesetzt wird. Reflektiert werden im beblätterten Zustand 17%, im blattlosen nur etwa 11% der einfallenden Strahlung, also bedeutend weniger als bei Wiesen und Kulturen (25%). Nur ein kleiner Bruchteil des Tageslichtes dringt in den Waldbestand ein. Folgende Zahlenwerte gelten für die östlichen Eichenwälder (13–220jährige Bestände):

In halber Höhe des Bestandes bzw. am Boden finden wir im vollbelaubten Zustand bei jungen Beständen nur 1,2% bzw. 0,6% des Tageslichts, bei sehr alten dagegen etwa 20% bzw. 2%. Die mittlere Tagestemperatur ist am Kronendach im Sommer um 2 °C höher als am Boden, das mittlere Tagesmaximum sogar bis zu 11 °C höher, das mittlere Tagesminimum dagegen um etwa 2 bis 3 °C tiefer. Die mittlere Luftfeuchtigkeit ist am Boden 98% und sinkt mit der Höhe bis auf 77% ab. Die Windgeschwindigkeit ist im Walde gering. Da der Waldboden vor der direkten Strahlung geschützt ist, bleibt es im Wald tagsüber kühler als in offenen Beständen.

Von den auf den Wald fallenden Niederschlägen werden von den Kronen 11–12% zurückgehalten, der Rest tropft entweder ab oder läuft an den Stämmen herunter. Der im Winter am Waldboden angereicherte Schnee taut im Frühjahr langsam und das Schmelzwasser versickert fast vollständig in die Streuschicht, während es im freien

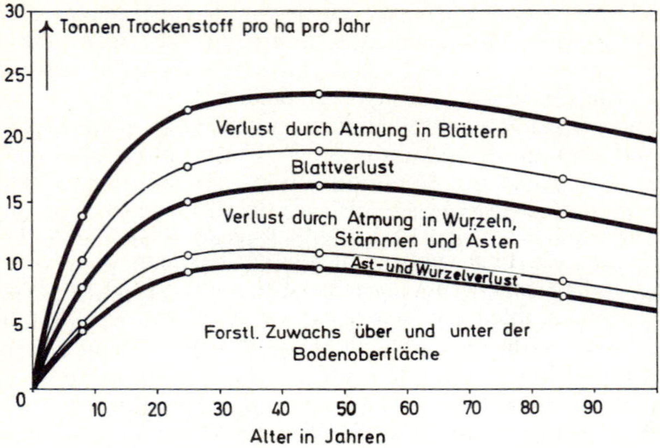

Abb. 106. Produktionskurven des Buchenwaldes (nach MÖLLER-MÜLLER-NIELSEN). Obere dicke Kurve = Bruttoproduktion, dünne Kurve darunter = Primärproduktion, mittlere dicke Kurve = von Blättern abgeleitete Assimilatmenge, dünne Kurve darunter = Brutto-Holzproduktion, unterste dicke Kurve = Netto-Holzproduktion.

Gelände bei noch gefrorenem Boden oberflächlich abfließt. Die Transpiration der Baumschicht ist so stark, daß im Sommer unter Wald kein Wasser dem Grundwasser zugeführt wird. Die Wasserabgabe der Krautschicht ist 5–6mal geringer. Ein gut ausgebildeter Laubwald verbraucht im Waldsteppengebiet praktisch alles durch die Niederschläge zugeführte Wasser, ein Buchenwald in Mitteleuropa dagegen nur 50–60% der Niederschläge, wobei in den Sommermonaten kein Überschuß vorhanden ist.
Sehr wichtig für die Produktivität der Wälder ist der Blattflächenindex (BFI), d. h. das Verhältnis der gesamten Blattfläche des Baumbestandes zu der von ihm bedeckten Bodenfläche. Er kann nur ein bestimmtes Maximum erreichen, weil sonst die unteren beschatteten Blätter keine positive Stoffbilanz aufweisen würden. Aber dieses Maximum hängt nicht nur von der Tageslichtintensität ab, sondern wird kleiner bei mangelhafter Wasserversorgung und bei Nährstoffmangel. Bei reinen Eichenbeständen ist BFI = 5 bis 6 (in feuchten Jahren höher), in frischen Mischbeständen kann er, alle Holzarten, auch Sträucher, eingeschlossen, 8 überschreiten.
Die Stoffproduktion der Baumschicht ist zuerst bei einem mitteleuropäischen Buchenwald genau untersucht worden. Die Angaben werden in Tonnen Trockensubstanz pro ha und Jahr für einen 40jährigen Buchenbestand in Dänemark gemacht:

Brutto-Produktion der assimilierenden Blätter	= 23,5 t/ha
Atmungsverluste: Blätter 4,6 t, Stengel 4,5 t und Wurzeln 0,9 t	= 10,0 t/ha
Jährliche Produktion an Blättern (2,7 t), Stengeln (1,0 t), Streu und Wurzeln (0,2 t)	= 3,9 t/ha
Holzproduktion oberirdisch 8,0 t und unterirdisch 1,6 t	= 9,6 t/ha

Von den maximal 8 t/ha an Stammholz sind forstlich ausnutzbar im Mittel 6 t/ha, was 11 m^3 entspricht. Bei der Fichte ist der Holzertrag gewichtsmäßig ebenso groß, aber räumlich im Mittel 17 m^3. Wie sich die Produktionszahlen mit dem Alter des Buchenbestandes ändern, zeigt Abb. 106. Die Biomasse eines Eichenwaldes in Belgien wurde bereits genannt (Seite 21).

a Ökosystem eines urwaldartigen Eichenmischwaldes

Von allen untersuchten Laubwäldern ist der Eichenmischwald an der Worskla, dem linken Nebenfluß des mittleren Dnjepr (I.B.P.-Projekt der Leningrader Universität) der natürlichste. Es handelt sich um ein 1000 ha großes Waldmassiv für Forstversuche, von dem 160 ha ein geschützter urwaldartiger 300jähriger Bestand sind. Hier an seiner SE-Grenze der Verbreitung erhält der Laubwald viel Sonne und gerade noch genug Regen. Die klimatischen Verhältnisse gehen aus Abb. 107 hervor. Über die Böden vgl. Seite 262. Der Wald bildet 3 nicht scharf geschiedene Baumschichten aus, fast keine Strauchschicht und eine Krautschicht (Abb. 108).

Die Phytomasse ist folgende (nach Goryschina 1974):

Oberirdische	306,7 t/ha	(Blätter 3,7, Zweige und Äste 71,2 und Stämme 230,8)
Unterirdische	124,9 t/ha	
Gesamte	431,6 t/ha,	dazu Krautschicht 0,7 t/ha

Die Masse des abgehenden toten Holzes ist kaum geringer als der Holzzuwachs im gleichen Zeitraum, d. h. daß der Netto-Phytomasse-Zuwachs fast Null ist, wie es beim Urwald in der Optimalphase sein muß.

Die Primärproduktion ist 8,9 t/ha, mit der Krautschicht 9,6 t/ha. Die unterirdische Produktion wurde nicht bestimmt. Dem semiariden Klima entsprechend ist die Primärproduktion niedriger als bei den westlichen Laubwäldern. Auf den Wasserhaushalt kommen wir zurück (Seite 261).

Setzt man die bei der Produktion festgelegte chemische Energie in Relation zu der auf einen Hektar Wald eingestrahlten Energie, so erhält man etwa 2% für die Brutto-Produktion und 1% für die primäre Produktion. Ein Drittel der eingestrahlten Energie wird für die

Transpiration verbraucht, der Rest in Wärme umgewandelt. Die jährlich gebildete Blattmasse und Blattfläche nimmt in den ersten 20 Jahren rasch zu. Sobald jedoch ein dichter Kronenschluß erreicht ist, bleiben die Blattmasse und der BFI nahezu konstant. Das Kronendach wird nur durch den Höhenzuwachs der Stämme immer mehr über den Erdboden emporgehoben. Die Blätter mit den abfallenden Zweigen bilden die Streu und mit den absterbenen Wurzeln zusammen den Gesamtabfall.

Nur die erzeugte Holzmasse wird gespeichert, so daß die stehende Phytomasse des Waldes bis ins hohe Alter ständig zunimmt und bei 50jährigen Beständen 200 t/ha, bei 200jährigen 400 t/ha überschreiten kann.

Bei östlichen Eichenwäldern wurde folgender mittlerer Holzzuwachs in Abhängigkeit vom Alter des Bestandes (in Klammern) gefunden:

3,8 t/ha (13), 3,6 t/ha (22), 4,3 t/ha (42),
4,7 t/ha (56), 0,4 t/ha (135), 0,0 t/ha (220).

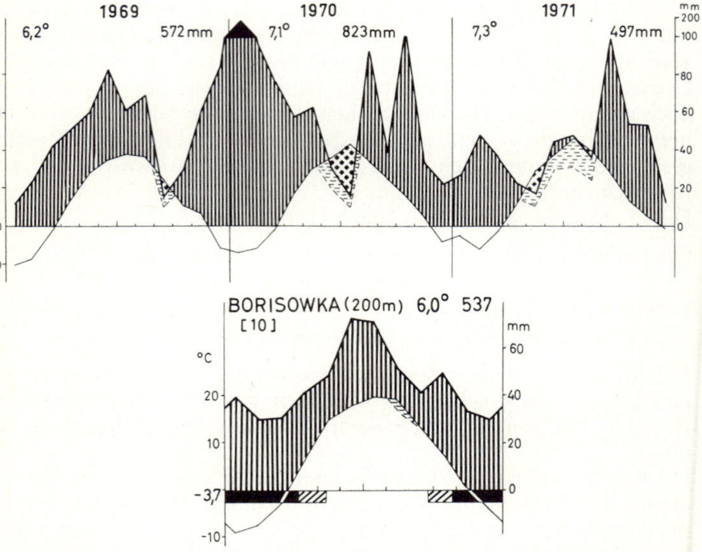

Abb. 107. Wald an der Worskla: Klimatogramm für die Jahre 1969 bis 1971. Es zeigt, daß im Steppenwald-Ökoton kurze Dürreperioden in einzelnen Jahren zu verschiedenen Jahreszeiten auftreten (das Klimadiagramm der nächstgelegenen Station Borisowka zeigt sie nicht). Der Winter 1968/69 war kalt und schneearm, der nächste wärmer und sehr schneereich. Das Regenminimum im Sommer 1970 ist anomal.

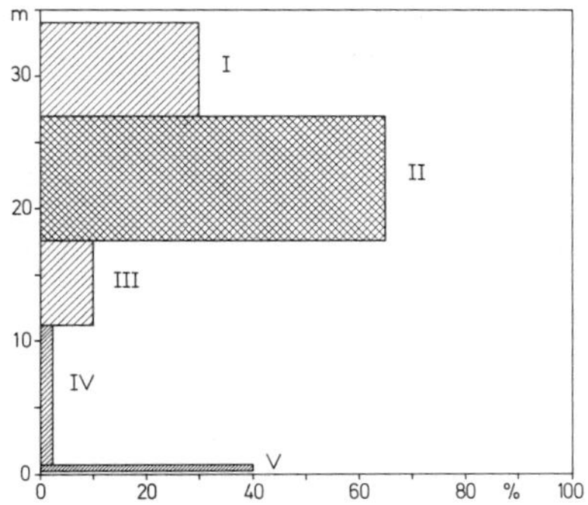

Abb. 108. Waldschichten-Diagramm des Tilieto-Quercetum aegopodiosum (300jähriger Bestand im Wald an der Worskla): I obere Baumschicht aus ältesten *Eichen (Quercus robur)*, II mittlere Baumschicht aus *Tilia cordata* (bis 200jährig), *Acer platanoides* und *Ulmus scabra (montana)*, III untere Baumschicht aus vorwiegend *Acer* mit *Ulmus* und *Quercus*, IV Strauchschicht mit Baumjungwuchs schwach ausgebildet und V Krautschicht. Moosschicht am Boden nicht vorhanden. Horizontalprojektion der einzelnen Schichten in % der Gesamtfläche, Ordinate: Höhe in Metern (nach Zahlenangaben aus GORYSCHINA 1974).

Auch die Streumenge reichert sich im Walde solange an, bis ein Gleichgewicht erreicht ist, d. h. jährlich ebenso viel von der Streu mineralisiert wird, wie neu hinzukommt. In der Streu wird ein Teil der wichtigsten Nährstoffelemente (N, P, K, Ca) festgelegt. Mächtige Rohhumusauflagen sind deshalb ungünstig. Besonders schädlich ist jedoch die Streunutzung; dabei werden die Nährstoffe ganz entfernt, insbesondere der Kalk, wodurch die Waldböden rasch verarmen und versauern, so daß die Holzerträge zurückgehen. Stickstoffverbindungen werden bei der Streuzersetzung mineralisiert. Den Baumwurzeln steht der größte Teil der Nährstoffe in der unteren sich zersetzenden Humusschicht zur Verfügung; diese ist deshalb stets sehr dicht durchwurzelt. Das Bodenleben ist für den Waldbestand neben der Wasserversorgung von besonderer Bedeutung. Dagegen ist der Anteil der tierischen Organismen über dem Boden nur sehr gering; selbst auf Insektenfraß entfallen normalerweise nur wenige Prozente (vgl. Seite 21).

b Ökophysiologie der Baumschicht

Ein Baum ist wegen seiner Größe kein günstiges Objekt zum Experimentieren. Seine Gestalt hängt sehr stark vom Stand ab. Ein freistehender Baum hat eine kuppelförmige bis kugelige Krone, während diese im dichten Bestand sehr klein ist. Da jedoch die Blätter sich in mehreren Schichten anordnen, sind die äußeren dem vollen Tageslicht ausgesetzt, während die inneren sich im Schatten entwickeln. Man unterscheidet deshalb Sonnenblätter und Schattenblätter, die durch Übergänge miteinander verbunden sind. Die anatomisch-morphologischen und öko-physiologischen Eigenschaften sind bei beiden verschieden.

Sonnenblätter sind kleiner, dicker, haben eine dichtere Nervatur und mehr Stomata auf der Blattunterseite pro mm^2, d. h. sie sind xeromorpher als die großen und dünnen Schattenblätter.

Die Strukturunterschiede werden durch die ungünstigere Wasserbilanz bei der Anlage der im nächsten Frühjahr austreibenden Knospen infolge der stärkeren Transpiration der Sonnenzweige bedingt, die durch die erhöhte Zellsaftkonzentration angezeigt wird; letztere beträgt z. B. bei einer Buche für Sonnenblätter 16,3 atm, für Schattenblätter 11,6 atm (vgl. dazu S. 162). Unterschiede machen sich ebenfalls hinsichtlich der CO_2-Assimilation bemerkbar. Bei Laboratoriumsversuchen wurde festgestellt, daß im Dunkeln die Schattenblätter pro dm^2 Oberfläche weniger intensiv atmen als die Sonnenblätter, z. B. scheiden Schattenblätter der Buche nur 0,2 mg CO_2 pro dm^2/h aus gegenüber 1,0 mg der Sonnenblätter. Deswegen liegt im Frühjahr der Kompensationspunkt (Atmung = Brutto-Photosynthese) der Schattenblätter schon bei 350 Lux, der von Sonnenblättern dagegen bei 1000 Lux. Bei steigender Beleuchtung nimmt die Photosynthese proportional mit der Lichtintensität zu, bis ein Maximum erreicht wird, das bei den Schattenblättern schon bei etwa 20% des maximalen Tageslichts, bei Sonnenblättern dagegen erst bei etwa 40% liegt. Schattenblätter nutzen somit geringe Lichtintensitäten besser aus, Sonnenblätter dagegen die höheren.

Bei den Sonnenblättern hat es merkwürdigerweise den Anschein, als ob sie das volle Tageslicht nicht genügend ausnutzen. Doch gelten diese Zahlen nur für senkrecht zum Licht orientierte Blätter, während die Sonnenblätter an der Baumkrone immer ziemlich steil aufgerichtet sind. Dadurch wird vermieden, daß sie sich in der Sonne zu stark überhitzen, d.h. zu große Wasserverluste erleiden, zugleich aber wird erreicht, daß mehr Licht durch die äußere Krone hindurchfällt, was den tiefer stehenden Blättern zugute kommt. Diese im tiefen Schatten stehenden Blätter sind stets senkrecht zu dem einfallenden Licht orientiert, wodurch selbst bei einem BFI = 5 oder mehr eine im Mittel positive Stoffbilanz möglich ist.

Eine genaue Produktionsanalyse durch direkte Messungen der CO_2-Assimilation der Buche am Standort wurde von SCHULZE (1970) durchgeführt. Es zeigte sich, daß die Produktion der Sonnen- und Schattenblätter pro Trockengewicht während der gesamten Vegetationszeit gleich ist, weil die Schattenblätter im Herbst länger tätig bleiben.

Sinkt die Beleuchtung dauernd unter ein bestimmtes Lichtminimum, so wird die Atmung des Blattes nicht mehr durch die Photosynthese kompensiert, es treten Stoffverluste ein, das Blatt vergilbt und wird abgeworfen. Dieses Lichtminimum, in % des vollen Tageslichtes ausgedrückt, ist bei den einzelnen Baumarten verschieden. Man unterscheidet Schattenhölzer mit sehr dichter Krone und niedrigem Lichtminimum (bei Buche 1,2%) und Lichthölzer mit lichter Krone und hohem Lichtminimum (Birke und Espe 11%).

Dazwischen stehen solche Arten wie Ahorn und Eiche. Dieses Lichtminimum in der Baumkrone braucht nicht genau mit dem Lichtminimum zusammenzufallen, das überschritten werden muß, damit die Baumsämlinge am Waldboden heranwachsen, aber die Werte gehen doch parallel. Buchenkeimlinge kommen mit wenig Licht aus, Birkenkeimlinge benötigen mindestens 12–15% des Tageslichts.

Die Lichtverhältnisse sind für die Wettbewerbsfähipkeit der Baumarten von ausschlaggebender Bedeutung. Auf einer Lichtung können die Lichthölzer in wenigen Jahren heranwachsen. Unter ihrem Schirm keimen die Schattenhölzer und wachsen langsam immer höher. Ihr Kronendach ist so dicht, daß die Lichthölzer darunter keinen Stoffgewinn erzielen und sich auch nicht verjüngen. Mit der Zeit gelangt die am meisten Schatten vertragende Art zur Vorherrschaft, wenn ihr die sonstigen Standortbedingungen zusagen.

In Mitteleuropa ist die Buche *(Fagus sylvativa)* die Art der zonalen Wälder. Nur auf sehr armen Böden oder bei hohem Grundwasserstand, bzw. in den trockensten Beckenlandschaften ist sie nicht konkurrenzfähig. Im westlichen Osteuropa ist das Klima für die Buche zu kontinental, an ihre Stelle tritt dann als Schattenholzart die Hainbuche *(Carpinus betulus)*, noch östlicher wird sie durch die Eiche abgelöst; an der östlichen Grenze der Laubholzverbreitung, im südlichen Uralgebiet, gelangt die Linde zur Vorherrschaft.

c **Ökophysiologie der Krautschicht** (Synusien)

Das Mikroklima am Waldboden unterscheidet sich sehr stark von dem an offenen Standorten: Nach der Belaubung des Waldes ist die Beleuchtungsstärke am Waldboden geringer, die Temperaturverhältnisse sind ausgeglichener, die Feuchtigkeit der Luft sowie der oberen Bodenschichten ist größer als außerhalb des Waldes. Die Kräuter im Wald sind deshalb Schattenpflanzen und Hygrophyten mit sehr niedriger Zellsaftkonzentration, also günstiger Hydratur des Plasmas.

Die Lichtverhältnisse am Boden eines Laubwaldes können an klaren Tagen sehr heterogen sein, weil einzelne Sonnenstrahlen, die durch die Baumkronen fallen, am Boden Lichtflecken erzeugen. Da die Sonne sich am Himmel bewegt und die Äste der Bäume vom Winde hin und

her gebogen werden, ändern die Lichtflecken dauernd ihre Lage und Intensität.
Wird ein Blatt von einem Lichtfleck getroffen, so kann die Beleuchtungsstärke auf das 10fache, ja das 30fache ansteigen, was für die Photosynthese der Kräuter von großer Bedeutung ist. Deswegen werden zur Bestimmung des Lichtgenusses der Krautpflanzen in % des vollen Tageslichts die Vergleichsmessungen am zweckmäßigsten an hellen, gleichmäßig bewölkten Tagen vorgenommen. Sie können nur einen gewissen Anhaltspunkt geben. Besser ist es, wenn man mit selbstregistrierenden Lichtmessern die Tageslichtsummen für bestimmte Stellen am Waldboden berechnet. Der Lichtgenuß der Krautschicht vor der Belaubung der Bäume ist sehr groß, er sinkt dann mit der Entwicklung des Laubes ab. In einem Eichen-Hainbuchenwald wurden folgende Werte von März bis Juni gemessen:

Am 12.3. – 52%, am 15.4. – 32%, am 10.5. – 6,4%, am 4.6. – 3,7%.
Für einen Buchenwald lauten die Werte:
Mitte Mai 6%, eine Woche später – 3%, am 7.6. – 1,5%.

Die günstigen Lichtverhältnisse vor der Belaubung nützen die Frühlingsgeophyten (*Galanthus, Leucojum, Scilla, Ficaria, Corydalis, Anemone* u.a.) aus. Es kommt ihnen zugute, daß die wenig geschwächte Sonnenstrahlung die Streuschicht, in der die Geophyten wurzeln, schon im April auf 25–30 °C erwärmt. Die lufthaltige Streuschicht hat eine geringe Wärmekapazität und infolgedessen eine sehr gute

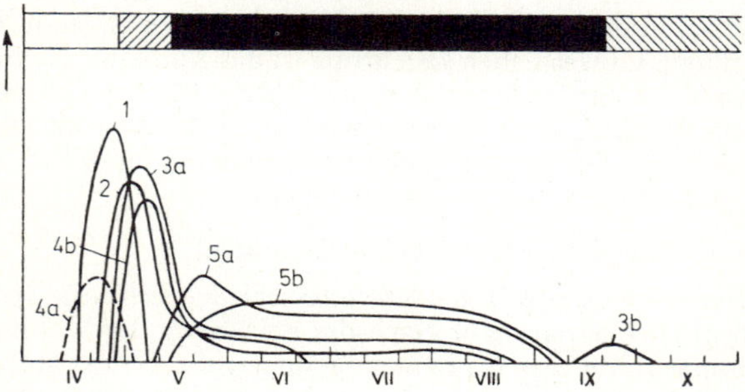

Abb. 109. Schema zum Vergleich des Photosyntheseverlaufs bei den verschiedenen Synusien in der Krautschicht des Eichenmischwaldes: 1 Ephemeroide, 2 Hemiephemeroide, 3 Frühsommerpflanzen (a Frühlingsblätter, b Herbstblätter) 4 immergrüne Arten (a vorjährig, b junge Blätter), 5 Spätsommerarten (a und b etwas verschiedene Typen). Ordinate: relative Photosynthese-Intensität. Oben die einzelnen Lichtphasen am Waldboden: weiß = Lichtphase, schraffiert = 2 Übergangsphasen, schwarz = Schattenphase (nach GORYSCHINA aus WALTER 1976, ebenso Abb. 85–86 und 89–90).

Temperaturleitfähigkeit. Die Bäume wurzeln in tieferen Schichten, die sich langsam erwärmen, wodurch die Belaubung verzögert wird.
In der kurzen Vorfrühlingszeit blühen und fruchten die Geophyten und füllen ihre Reserven in den unterirdischen Speicherorganen wieder für das nächste Jahr auf. Wenn die Belaubung einsetzt, vergilben die Blätter der Geophyten und es setzt eine Ruhepause ein. Aber dieses Vergilben ist nicht durch die zunehmende Beschattung bedingt, sondern entspricht einem endogenen Entwicklungsrhythmus. Am Licht ziehen die Geophyten noch früher ein. Es ist somit eine Pflanzengruppe, die befähigt war, gerade eine noch bestehende ökologische Lücke (Nische) im Entwicklungsablauf der Laubwälder auszufüllen.
Diese Frühlingsgeophyten werden auch als *Ephemeroide* bezeichnet ; denn sie zeichnen sich durch eine ebenso kurze Vegetationszeit aus wie die annuellen Ephemeren, sind jedoch ausdauernde Arten mit unterirdischen Speicherorganen. Sie verhalten sich ökologisch sehr ähnlich und besitzen fast denselben Entwicklungsrhythmus, bilden somit eine „Arbeitsgruppe", die man als *Synusie* bezeichnet. Synusien sind nur Teilsysteme innerhalb bestimmter Ökosysteme, weil sie keinen eigenen Stoffkreislauf besitzen (vgl. Seite 27).
Diese Laubwaldsynusien wurden in dem bereits genannten Eichenmischwald an der Worskla genauer untersucht (Goryschina, s. a. Walter 1976) und zwar folgende Vertreter von 5 Synusien:

1. Ephemeroide: *Scilla sibirica, Ficaria verna, Corydalis solida, Anemone ranunculoides.*
2. Hemi-Ephemeroide: *Dentaria bulbifera.*
3. Frühsommerarten: *Aegopodium podagraria, Pulmonaria obscura, Asperula (Galium) odorata, Stellaria holostea.*
4. Spätsommerarten: *Scrophularia nodosa, Stachys sylvatica, Campanula trachelium, Dactylis glomerata, Festuca gigantea.*
5. Immergrüne Arten: *Asarum europaeum, Carex pilosa.*

Es zeigt sich, daß die einzelnen Synusien während verschiedener Lichtphasen am Waldboden wachsen (Abb. 109) und damit unter verschiedenen Transpirationsbedingungen, an die sie sich ebenso anpassen wie die Wüstenpflanzen (Seite 162). So bildet *Aegopodium* zuerst kleine Lichtblätter aus, dann im Sommer große Schattenblätter und schließlich im Herbst bei tieferen Temperaturen sehr kleine xeromorphe, kälteresistente Blätter, die überwintern *(Aegopodium* hat keine Winterruhephase). Dasselbe findet auch bei *Stellaria* und *Asperula* statt, nur bilden sich die verschiedenen Blätter nacheinander an derselben vertikalen Sproßachse.
Sehr verschieden ist bei den einzelnen Synusien der Assimilathaushalt, d. h. die Art, wie sie die Assimilate verwenden:
Scilla verbraucht alle in der Zwiebel gespeicherten Assimilate zum Aufbau des Blütensprosses und der Blätter; erst gegen Ende der kurzen

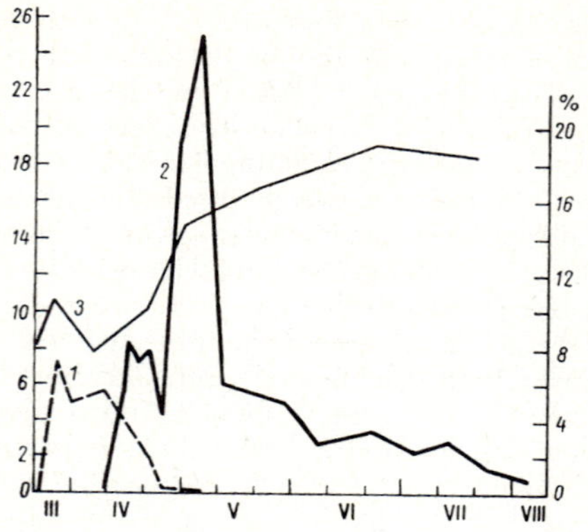

Abb. 110. *Asarum europaeum*. Photosynthesekurven von überwinterten Blättern (1) und von jungen Blättern (2), in mg CO_2 pro dm^2 und Stunde (s. links); dazu Stärkegehalt des Rhizoms (3) in % des Trockengewichts (s. rechts).

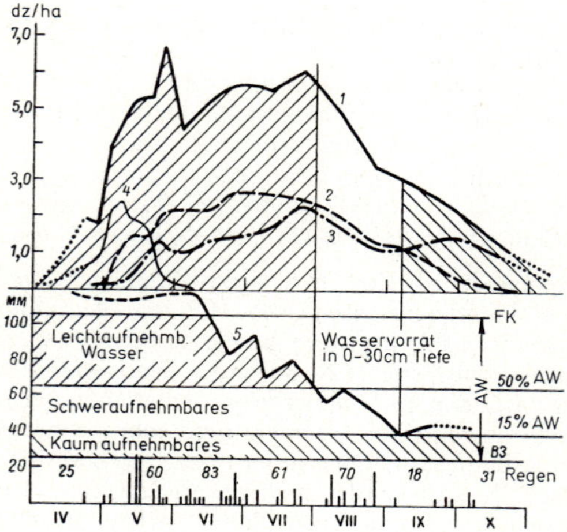

Abb. 111. Abhängigkeit der Krautschicht-Phytomasse vom Wasservorrat in der 0–30 cm Bodenschicht in mm (5) und von der Aufnehmbarkeit des Wassers; FK = Feldkapazität, B 3 = Welkepunkt, AW = Aufnehmbares Wasser Phytomasse: 1 von der Krautschicht, 2 von *Aegopodium podagraria*, 3 von *Carex pilosa*, 4 von Ephemeroiden; 5 s. oben = Wasservorrat.

Vegetationszeit werden die neugebildeten Assimilate in die junge Zwiebel geleitet für die Verwendung im nächsten Jahr.
Dentaria dagegen beginnt frühzeitig die Reserven im Rhizom aufzufüllen und braucht deshalb für das Blühen und Fruchten mehr Zeit.
Aegopodium verbraucht die spärlichen Reserven, um die Lichtblätter auszubilden, die intensiv CO_2 assimilieren und die Reserven schon Anfang Mai auffüllen und zugleich die Assimilate für den Aufbau der Schattenblätter liefern, worauf sie vergilben. Ähnlich verhalten sich die anderen Arten dieser Synusie.
Die Spätsommerpflanze *Scophularia* hat in der großen Knolle nur wenige Reserven zur Ausbildung der ersten Blätter, deren Assimilatausbeute im Schatten gering ist, so daß es bis zum Herbst dauert, bis der Sproß ausgewachsen ist und die Früchte reifen.
Den Assimilathaushalt von *Asarum* zeigt Abb. 110. Die vorjährigen Blätter sterben ab, sobald die Photosynthese der jungen voll einsetzt.

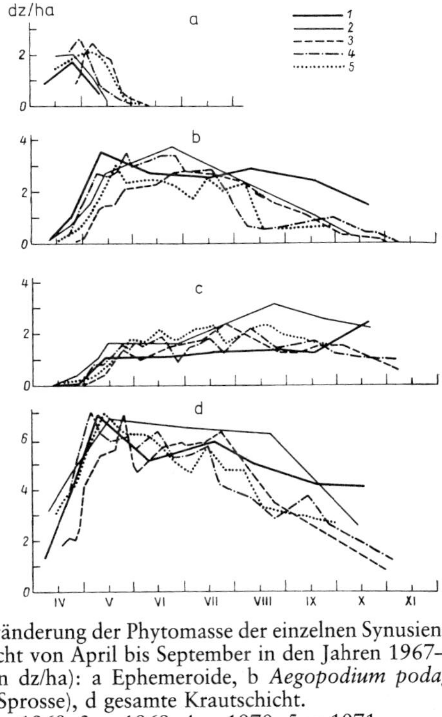

Abb. 112. Veränderung der Phytomasse der einzelnen Synusien und der gesamten Krautschicht von April bis September in den Jahren 1967–1971 (lufttrokkene Masse in dz/ha): a Ephemeroide, b *Aegopodium podagraria*, c *Carex pilosa* (junge Sprosse), d gesamte Krautschicht.
1 = 1967, 2 = 1968, 3 = 1969, 4 = 1970, 5 = 1971.

Die Phytomasse aller Synusien zusammen genommen paßt sich an den Wasserhaushalt der oberen Bodenschicht an, wie aus Abb. 111 zu erkennen ist. Die gesamte Phytomasse ist nicht groß, aber ihre Bedeutung für das Ökosystem besteht darin, daß sie rasch abgebaut wird und den Stoffumsatz im gesamten Ökosystem auf diese Weise fördert, während die Laubstreu sich langsam zersetzt; die in letzterer enthaltenen Nährstoffe stehen erst im nächsten Jahr zur Verfügung. Die Schwankungen der Krautschicht-Phytomasse in den einzelnen Jahren geht aus Abb. 112 hervor.
Die meisten Arten der Krautschicht sind Hemikryptophyten, d. h. ihre Erneuerungsknospen werden an der Basis der Sprosse angelegt und überwintern direkt unter der Bodenoberfläche, geschützt durch die im Herbst abgefallenen Laubblätter und eine evtl. Schneedecke.
Für viele Arten der Krautschicht im Walde wurde der Lichtgenuß festgestellt. Sie haben ein Lichtgenußmaximum (L_{max}), weil man sie nicht im vollen Tageslicht findet, und ein Lichtgenußminimum (L_{min}), denn sie meiden den tiefsten Waldschatten. Als Beispiel führen wir folgende Grenzwerte in % des Tageslichts an:

Lamium maculatum 67–12%, *Lathyrus vernus* 33–20%, *Geranium robertianum* 74–4%, *Prenanthes purpurea* 10–5% (steril bis 3%).

L_{max} wird durch den Wasserhaushalt bestimmt; denn die hygrophilen Arten verlangen einen feuchten Boden und vertragen keine hohen Sättigungsdefizite der Luft, wie sie bei voller Einstrahlung auftreten. Im Gebirge mit größerer Feuchtigkeit treten sie oft aus dem Wald auf die Wiesen heraus. Es kann aber auch L_{max} darauf beruhen, daß die Waldbodenarten nicht dem starken Wettbewerb der Sonnenpflanzen an den offenen Standorten gewachsen sind. Man kann im Wald vereinzelt Arten finden, die das volle Tageslicht vertragen. Sie wachsen zwar im Waldschatten, aber kümmern und bleiben meist steril, wie z. B. die Erdbeere *Fragaria vesca*. Wenn aber die Bäume geschlagen werden, entwickeln sich diese Pflanzen auf den Lichtungen sehr üppig, blühen und fruchten reichlich. L_{min} ist für die Pflanzen eine Hungergrenze. Die Lichtintensität reicht gerade noch aus, um die für die Entwicklung notwendige Stoffproduktion zu ermöglichen: Pflanzen, die steril bleiben, kommen mit besonders wenig Licht aus; das gilt auch für die Sporenpflanzen (Farne, Moose). Im allgemeinen beginnt bei uns bei 1% des Tageslichts der „tote Waldschatten", in dem nur die Fruchtkörper der heterotrophen Pilze anzutreffen sind, aber auch Holosaprophyten unter den Blütenpflanzen, z. B. die Vogelnestorchidee *(Neottia nidus-avis)*..
Wenn man sich dem Waldrand nähert und die Lichtverhältnisse günstiger werden, so entwickeln sich die Pflanzen besser. Die Stoffproduktion der Krautschicht nimmt linear mit der mittleren Lichtintensität am Waldboden zu.

Der Lichtgenuß in % des Tageslichts ist nicht das richtige Maß für die Photosynthese; denn das Tageslicht kann bei starker Bewölkung sehr schwach sein, bei klarem Himmel dagegen stark. Deshalb kommt es vor, daß die Waldbodenpflanzen an trüben Tagen eine negative Stoffbilanz aufweisen, d. h. in 24 Stunden mehr Kohlenhydrate veratmen, als sie bei der Photosynthese am Tage produzieren, während die Stoffbilanz an hellen Tagen positiv ausfällt. Entscheidend ist die Bilanz für die ganze Vegetationsperiode. Unter den Pflanzen am Waldboden gibt es solche, die sich an die ungünstigen Lichtverhältnisse nach der Belaubung anpassen, indem sie die Atmungsintensität beim Hungerzustand stark herabsetzen, wodurch der Lichtkompensationspunkt sinkt und die Bilanz günstiger wird. Zu diesen Pflanzen gehören die Baumsämlinge, *Oxalis, Asperula, Asarum, Viola* und die Farne.
Bei anderen Arten mit immergrünen Blättern ändert sich der Kompensationspunkt nicht. Sie zehren im Sommer von ihren Reserven und füllen diese erst im Herbst bzw. im Frühjahr auf, wenn der Wald unbelaubt ist (*Stellaria holostea, Hedera* u.a.).
Ein weiterer für die Krautschicht sehr wichtiger Faktor ist die Konkurrenz der Baumwurzeln. In den trockenen Waldgebieten an der Grenze zu den Waldsteppen ist der Wasserfaktor von Bedeutung. Die Bäume, deren Zellsaftkonzentration höher ist als die der Kräuter, vermögen hohe Saugspannungen in Saugwurzeln zu entwickeln und damit das Wasser dem Boden besser zu entziehen als die Kräuter. Die Folge davon ist, daß in solchen Buchenwäldern der Boden nackt ist (Fagetum nudum). Wenn man dagegen die Baumwurzeln durchschneidet und damit ihre Konkurrenz ausschaltet, stellen sich Kräuter am Waldboden ein, ein Zeichen, daß nicht die Lichtverhältnisse der begrenzende Faktor waren, sondern das Wasser.
Bei sehr flachgründigen Böden nehmen die Baumwurzeln auch die Nährstoffe für sich in Anspruch, insbesondere den Stickstoff. Die Kräuter müssen sich mit dem begnügen, was die Baumwurzeln übrig lassen. Infolgedessen findet man in solchen Wäldern nur anspruchslose Kräuter wie *Luzula luzuloides, Deschampsia flexuosa, Potentilla sterilis, Vaccinium myrtillus, Calluna vulgaris* u.a.

d Der lange Kreislauf (Konsumenten)

Die Mannigfaltigkeit der Nahrungsketten mit ihren Verflechtungen ist so groß, daß sie noch für kein Ökosystem vollständig erfaßt wurden.
Die Pflanzen werden von verschiedenen Parasiten, vorwiegend Pilzen, und einer großen Zahl von Insektenschädlingen befallen. Ihre einzelnen Organe dienen verschiedenen Phytophagen als Nahrung und diese bilden ihrerseits die Nahrung der Rauborganismen 1. Ordnung und zwar der großen (Vögel, Säugetiere) sowie der kleinen Räuber unter den Wirbellosen. Diese werden von Räubern 2. Ordnung gefressen,

z. B. Vögeln, die Raubinsekten fangen, und schließlich gibt es auch solche dritter Ordnung, z. B. Flöhe und Zecken auf Füchsen, die kleine Raubtiere fressen. Die chemische Energie in der Nahrung der tierischen Organismen wird nur zu einem sehr kleinen Teil in die sekundäre Produktion, d. h. tierische Körpersubstanz umgewandelt. Zum größten Teil wird sie mit den Exkrementen ausgeschieden oder veratmet.

Bisher wurden immer nur einzelne Glieder dieser komplizierten Nahrungsketten erforscht. Wenn man die Blätter oder andere Organe der Pflanzen genauer betrachtet, so erkennt man, wie häufig sie beschädigt sind. Schon allein bei der Eiche wird man leicht über 20 Insektenarten finden, die von den Blättern oder den Knospen, der Rinde oder dem Holz leben; bereits die Zahl der Gallen-erzeugenden Insekten ist bei der Eiche sehr groß.

Im Eichenwald an der Worskla wurde die wichtigste Gruppe der Phytophagen – die Nagetiere – genauer quantitativ untersucht. Ihre Zahl pro Hektar schwankte in den einzelnen Jahren zwischen 70–90 und 400–500. In den Jahren 1967–69 wurden 4283 Waldwühlmäuse *(Clethrionomys glareolus)* und 864 Gelbhalswaldmäuse *(Apodemus flavicollis)* markiert. Die Freßgewohnheiten wurden bestimmt, wobei die Berechnung ergab, daß der Konsum im Sommer etwa 1% der Krautschicht-Phytomasse entspricht; dazu werden Früchte und Pilze verzehrt. Aber der Schaden, den die Krautschicht erleidet, ist größer, weil viele angenagte Pflanzen welken oder eingehen. Außerdem werden Vorratshaufen mit 20–45 g an Trockenmasse angelegt, die zum Teil nicht verwendet werden. 1968 wurden pro Hektar 250 solcher Vorratsnester gezählt.

Im Spätherbst sammeln die Nager Wintervorräte an Eicheln, die 210 Tage im Jahr die Hauptnahrung bilden. Ein Nager schleppt 10–13 kg an Eicheln in eine Kammer, wobei wiederum ein Teil der Vorräte nicht genutzt wird. Außerdem macht sich ein Schaden durch Annagen der Sämlinge von Baumarten bemerkbar, wodurch 8–46% derselben absterben.

Wichtig und eher nützlich ist die wühlende Tätigkeit der Nager: 1967 zählte man pro Hektar 3350 Eingänge zu unterirdischen Bauen; die 2525 ausgeworfenen Haufen hatten ein Volumen von 2,84 m^3 und bedeckten 1,18% der Fläche. Die Gesamtlänge der oberirdischen Gänge erreichte 2,9 km, die der unterirdischen 7,9 km. Sie nahmen 3,4% der Fläche ein und hatten ein Volumen von 0,87% des Volumens einer 10 cm dicken Bodenschicht. Durch die Wühlarbeit wird die Struktur und der Chemismus des Bodens verändert; die ausgeworfene Erde ist reicher an Nährstoffen und an Humus, die Reaktion ist neutral und die Durchlüftung wird verbessert, was sich günstig auf die Waldvegetation auswirkt.

e Die Destruenten in der Streu und im Boden

Der größte Teil des jährlichen Abfalls eines Laubwaldes besteht aus toten, vergilbten Blättern der Streuschicht über dem Boden. Sie wird sofort von Mikroorganismen, Pilzen und Bakterien, befallen und abgebaut. Auch die Kleintierwelt der Saprophagen ernährt sich von der Streu, wobei sie dieselbe zerkleinert und damit den Mikroorganismen den Zutritt erleichtert. Es sind Insektenlarven und andere Arthropoden, vor allem jedoch Regenwürmer, in deren Kotklümpchen die Bakterien eine rege Tätigkeit entfalten. Genauer, auch qauntitativ, wurde die Tätigkeit dieser Tiere in 3 Laubwaldbeständen untersucht (Edwards et al. 1970).

Der Laubfall beginnt im Herbst, wenn die Tage kürzer werden und die Schattenblätter nicht mehr genügend assimilieren, und wird dann in wenigen Tagen um den 20. Oktober abgeschlossen. Aus der Streu werden zunächst die Zucker, organischen Säuren und Gerbstoffe durch Regen ausgelaugt, wobei die toten Blätter sich braun färben.

Der weitere Abbau erfolgt um so rascher, je kleiner das C/N-Verhältnis der Streu ist. Bis zum Juni verliert die Birkenstreu etwa ⁴⁄₅ ihres Trockengewichts, die Lindenstreu die Hälfte und die schwer zersetzbare Eichenstreu nur etwa ein Viertel.

Die Mineralisierung der Streu ist keine vollständige, vielmehr bilden sich auch Humusstoffe, die bei Absättigung mit Ca den Mull-Horizont ergeben, der reich an Lumbriciden (Regenwürmern) ist, bei saurer Reaktion den Moder-Horizont mit Oribatiden (Hornmilben) und Collembolen (Springschwänzen). Im extremen Fall bei stark saurer Reaktion entsteht eine schwer zersetzbare Rohhumusschicht fast ohne tierische Organismen, aber reich an Pilzhyphen.

Ein besonderes Problem sind die Wasserverhältnisse in der Streuschicht des Waldes an der Worskla unter einem semiariden Klima. Die Streu besteht hauptsächlich aus den schwer zersetzbaren Eichenblättern in verschiedenen Stadien des Abbaus, wobei sich eine untere stärker zersetzbare Schicht und eine obere weniger veränderte unterscheiden lassen. Der maximale Wassergehalt der Streuschicht entspricht 1 mm, doch wird die Streu in diesen Wäldern nicht durchwurzelt, denn sie trocknet immer wieder aus, unabhängig von dem Wassergehalt der obersten Bodenschicht. Als lockere Auflage, die keine kapillare Verbindung zum Boden besitzt, verhindert die Streu die Verdunstung von der Bodenoberfläche. Aber selbst wenn die Streu austrocknet, bleibt die Luft in der Streu wasserdampfgesättigt, so daß die poikilohydren Mikroorganismen die ganze Zeit aktiv sind.

Satchell (aus Duvigneaud 1974) gibt für einen englischen Eichenwald auf Kalkboden für die einzelnen Bodenorganismen-Gruppen die Aktivität, d. h. die Atmung in kcal/m^2 und pro Jahr an:

Larven von Dipteren 9, Collembolen (Springschwänze) 2, Oribatiden (Hornmilben)5, andere Arthropoden 24, Mollusken 3, Enchytraeiden

(Borstenwürmer) 167, Lumbriciden (Regenwürmer) 54, Nematoden (Fadenwürmer) 85, Protozoen 12; damit Wirbellose zusammen 361 kcal/m^2 und pro Jahr.
Dazu kommen Bakterien und Actinomyceten; auf Eichen-Streu 0,23, auf Eschen-Streu 1,68, im Humus 33, im A-Horizont 17 und im B-Horizont 25 kcal/m^2 und Jahr.
Am bedeutendsten ist die Tätigkeit der Pilze: in der Streuschicht 543, im Humus 220 und in den A- sowie B-Horizonten 380, also zusammen 1143 kcal/m^2 und Jahr. Dabei ist die Masse der Mikroorganismen im Vergleich zu der der Wirbellosen sehr gering.
Das auf dem Boden liegende tote Holz wird zu 90% durch Mikroorganismen, vor allem Pilze zerstört.
Auch im Boden gibt es viele und komplizierte Nahrungsketten, denn unter den Wirbellosen findet man zahlreiche Rauborganismen.

5 Bedeutung der Winterkälte für die Arten der nemoralen Zone

Die Schäden, die in kalten Wintern auftreten, können zweierlei Ursachen haben:

1. Es sind direkte Kälteschäden, die mit dem Gefrieren des Wassers in den Geweben zusammenhängen; man spricht dann von Frostschäden.
2. Es tritt ein Vertrocknen der oberirdischen Organe ein, die eine gewisse Transpiration auch bei tiefen Temperaturen aufweisen und die Wasserverluste aus dem gefrorenen Boden infolge Blockierung der Leitbahnen durch Eis nicht zu decken vermögen. Es handelt sich also in diesem Fall um eine *Frosttrocknis*.

Gegen die Einwirkung von tiefen Temperaturen gibt es für die Pflanzen keinen Schutz. Ihre Temperatur gleicht sich der jeweiligen Lufttemperatur an. Die einzige Anpassung, um die Schäden durch tiefe Temperaturen zu verhindern, ist die *Abhärtung*. Prüft man die Kälteresistenz von Pflanzenteilen im Sommer, indem man sie im Kühlschrank verschiedenen Temperaturen unter 0 °C z. B. 2 Stunden aussetzt, so zeigt es sich, daß bereits geringe Frosttemperaturen genügen, um irreversible Schäden hervorzurufen. Dieselben Pflanzenteile halten dagegen im Winter die Einwirkung von viel tieferen Temperaturen ohne Schädigung aus, weil sie abgehärtet sind. Die Abhärtung ist ein physiologischer Vorgang, der sich im Herbst vollzieht, wenn die ersten kalten Nächte beginnen. Er wird im warmen Frühjahr durch den entgegengesetzten Vorgang der *Enthärtung* abgelöst.
Die Abhärtung ist mit bestimmten, noch nicht im einzelnen bekannten physikalisch-chemischen Veränderungen im Protoplasma verbunden. Die Viskosität des Plasmas nimmt zu. Man erkennt es daran, daß beim

Plasmolisieren an Stelle der Konvexplasmolyse eine Konkavplasmolyse eintritt. Diese Veränderung wird durch einen plötzlichen Anstieg der Zellsaftkonzentration um einige Atmosphären infolge einer Zunahme der Zuckerkonzentration begleitet. Im abgehärteten Zustand ist das Protoplasma weitgehend inaktiviert. Die Kälteresistenz kann sich bei den überwinternden Knospen unserer Laubbäume von -5 °C im Herbst bis auf über –25 °C, ja selbst –35 °C im Januar bis Februar erhöhen. Die Erhöhung der Kälteresistenz ist in kalten Wintern größer als in milden, bei verwandten Arten einer Gattung um so größer, je weiter eine Art in das kontinentale Gebiet vorstößt.
Die Abhärtung ist ein sehr komplizierter Vorgang, der in mehreren Stufen verläuft. Die erste, die zu einem gewissen Ruhestand führt, wird im Herbst durch die kürzere Tageslänge eingeleitet. Eine weitere Abhärtung erfolgt, wenn die Temperatur auf wenige Grade über 0 °C absinkt, die stärkste bei Arten, die sehr tiefen Temperaturen ausgesetzt sind, beim Auftreten der ersten starken Fröste. Wenn man abgehärtete Pflanzenteile plötzlich extrem stark abkühlt, so daß eine „Verglasung“ des Protoplasmas eintritt (ohne Eiskristallbildung), gelingt sogar ein Einfrieren im flüssigen Stickstoff (bei –190 °C), ja sogar bei –238 °C. Man muß allerdings die Erwärmung in mehreren Stufen bis zum Auftauen durchführen, so daß keine protoplasmaschädigende Eiskristallbildung nachträglich eintritt. Dann bleiben die abhärtungsfähigen Arten der kalten Klimazonen am Leben. In Ostsibirien um den Kältepol herum ist die Waldvegetation normalerweise im Winter Temperaturen von –60 °C oder sogar tieferen ausgesetzt. Tropische Arten und selbst die des ZB IV oder V lassen sich nicht abhärten.
Die Abhärtung verhindert im allgemeinen Frostschäden an unseren einheimischen Bäumen selbst in strengen Wintern, während angepflanzte Exoten aus wärmeren Heimatgebieten ohne Abhärtungsfähigkeit solche oft erleiden. Frostschäden treten dagegen häufig auf, wenn Frühfröste einsetzen, bevor die Pflanzen abgehärtet sind, oder ein Spätfrost eintritt, nachdem die Enthärtung bereits erfolgte. Besonders häufig sieht man Spätfrostschäden an jungem ausgetriebenem Laub, das gegen Fröste sehr empfindlich ist. Auch Kambiumschäden kommen durch Spätfrost vor, wenn die Bäume bereits „im Saft“ sind, das Plasma sich also schon im aktiven Zustand befindet.
Die Ostgrenze des Buchenareals könnte durch häufige Spätfrostschäden, die die Wettberwerbsfähigkeit mindern, bedingt sein. Für die Kräuter des Waldes läßt sich ebenfalls eine Zunahme der Kälteresistenz im Winter durch Abhärtung feststellen. Sie sind allerdings unter einer Streu- und Schneedecke nicht so tiefen Temperaturen ausgesetzt. In Übereinstimmung damit steigt die Kälteresistenz (z. B. von *Anemone hepatica*) selbst bei den immergrünen Blättern nur bis –15 °C, bei den besser geschützten Blütenknospen bis –10 °C und bei den Rhizomen nur bis –7,5 °C.

Schwieriger ist die Feststellung von Schäden durch die Frosttrocknis. Durch den Abwurf der stark transpirierenden Blätter, den Schutz der Knospen durch harte Knospenschuppen und der Zweige durch Korkschichten werden größere Wasserverluste bei Laubbäumen im Winter vermieden. Trotzdem läßt sich eine gewisse Transpiration der unbelaubten Zweige im Winter nachweisen; sie ist höher als bei den immergrünen Nadelhölzern, bei den Laubholzarten mit südlicher Verbreitung höher als bei solchen, die weiter im Norden vorkommen. Diese Transpirationsverluste werden kritisch, wenn im Frühjahr die Intensität der Einstrahlung zunimmt und die Lufttemperatur ansteigt, aber der Boden noch fest gefroren ist. Es kann dann zu einem Vertrocknen von Knospen und Zweigen kommen. Besonders empfindlich sind in dieser Hinsicht immergrüne Arten, wie die Stechpalme *(Ilex)* oder Rutensträucher wie die Ginster-Arten.
Im allgemeinen treten Frostschäden während der kältesten Jahreszeit ein, Frosttrocknisschäden dagegen in der Übergangszeit zum Frühjahr und an warmen Südhängen. Man darf sie nicht mit Spätfrostschäden verwechseln.
Wir haben alle Beispiele dem europäischen Laubwald entnommen. Da die Zahl der Laubholzarten in diesem besonders gering ist, sind die Verhältnisse leichter zu überblicken. Oft wird die Baumschicht von einer einzigen Baumart gebildet.
Ausführlicher wurden die geobotanischen und ökologischen Probleme in Mitteleuropa im UTB 284, 2. Aufl., Walter 1979, behandelt.
Die für Europa dargestellten Verhältnisse gelten gleichermaßen für die Laubwälder im Osten Nordamerikas und Asiens. Aber der Artenreichtum auch der Baumschicht in diesen Wäldern erschwert die ökologischen Arbeiten ungemein, so daß zusammenfassende Darstellungen aus diesen Gebieten noch fehlen.
Auf die komplizierte floristische Gliederung dieser Wälder können wir hier nicht eingehen.

6 Orobiom VI – Nordalpen

Die Höähenstufen des Orobioms VI sind am Alpen-Nordrand gut ausgebildet. Mit zunehmender Höhe sinkt im Gebirge die mittlere Jahrestemperatur und verkürzt sich die Vegetationszeit . Die direkte Sonnenstrahlung nimmt mit der Höhe zu, aber die diffuse wird geringer; infolgedessen werden die Wärmeunterschiede zwischen S- und N-Hang immer schärfer. Durch den Windstau am Alpen-Nordrand steigen die Niederschläge mit der Höhe rasch an, z. B. München (569 m NN) 866 mm, Wendelstein (1727 m NN) 2869 mm.
Entsprechend ändert sich die Vegetation der einzelnen Höhenstufen am Nordrand der Alpen:

Stufe	Vegetation
Nivale	Polsterpflanzen, Moose und Flechten
Klimatische Schneegrenze bei 2400 m NN	
Alpine	Alpine Matten und Rasen
Subalpine	Krummholz und Zwergsträucher
Waldgrenze bei 1800 m NN	
Hochmontane	Fichtenwald
Montane	Buchen- und Tannenwald
Submontane	Buchenwald
Colline	Eichenmischwald

Da die Alpen ein interzonales Gebirge sind, haben wir es am Alpen-Südrand mit einer Höhenstufenfolge von Orobiom IV zu tun und die Baumgrenze wird von der Buche gebildet. Anders sind auch die Stufenfolgen in den kontinentalen inneralpinen Tälern; die Laubwaldstufen fehlen, unter der Fichtenstufe ist eine Kiefernstufe, über der Fichtenstufe folgt bis zur Waldgrenze eine Lärchen*(Larix)*-Arven *(Pinus cembra)*-Stufe. Die Waldgrenze liegt hier ebenso wie die Schneegrenze um 400–600 m höher infolge der stärkeren Einstrahlung bei geringerer Bewölkung. Wir unterscheiden eine helvetische (Nordrand), penninische (Zentralalpen) und insubrische (Südrand) Höhenstufenfolge:

Helvetische	*Penninische*	*Insubrische*
	alpin	
alpin	Lärchen-Arvenwald	alpin
Fichtenwald	Fichtenwald	Buchenwald
Buchenwald	Kiefernwald	Flaumeichenwald
Eichenwald	– – – – –	Hartlaub (angedeutet)
↑	↑	↑
(mitteleuropäisch)	(kontinental)	(submediterran)

Die oberste Waldstufe in den Zentralalpen bilden die europäische Lärche *(Larix decidua)* und die Arve oder Zirbe *(Pinus cembra)*, die mit der sibirischen Unterart nahe verwandt ist. Die Lärche ist dabei die lichtliebende Pionierart, die von der mehr schattenvertragenden fünfnadeligen Arve mit der Zeit verdrängt wird. Auf den Lawinenzügen geht die Lärche bis in tiefe Lagen hinunter.

Über der Waldgrenze findet man als Krummholz die zweinadelige Legföhre oder Latsche *(Pinus montana)*, die an feuchten Standorten von der strauchförmigen Grünerle *(Alnus viridis)* abgelöst wird.

Über die Ökologie der Fichten-Biogeozöne vgl. Seite 310.

Am Nordrand der Alpen hat man die für die Fichtenwaldgrenze maßgebenden Ursachen untersucht. Mit der Höhe verkürzt sich die Vegetationszeit, die Sommer werden kühler, die Winter kälter und länger. Diese klimatischen Veränderungen gehen stetig vor sich. Im Gegensatz dazu bildet die Waldgrenze im Hochgebirge eine ziemlich scharfe Linie. Die Wuchskraft der Bäume läßt plötzlich nach und eine nur sehr schmale Zone mit niedrigen Krüppelformen bildet den Übergang zu der waldlosen alpinen Stufe. Man hat sich die Frage vorgelegt, ob der kurze Sommer oder der lange Winter für das Aufhören des Baumwuchses verantwortlich ist. Es zeigte sich, daß beide von Bedeutung sind. Wenn die Vegetationszeit unter 3 Monaten liegt, können die jungen Nadeln nicht mehr richtig ausreifen; ihre Kutikula erreicht nicht die endgültige Dicke. Die Folge davon ist, daß während des langen Winters und insbesondere im Frühjahr bei schon starker Sonnenstrahlung, aber noch gefrorenem Boden hohe Wasserverluste eintreten, die durch das Ansteigen der Zellsaftkonzentration bis über 65 atm angezeigt werden. Schäden durch Frosttrocknis machen sich bemerkbar und die Nadeln fallen ab. Unter einer Schneedecke tritt das nicht ein; deshalb gehen die im Winter durch Schnee geschützten Krüppelformen noch etwas über die Waldgrenze hinaus. Durch das Zusammenwirken beider Faktoren, der sich verkürzenden Vegetationszeit und der gleichzeitig sich verschärfenden Frosttrocknisgefahr, kommt die scharfe Grenze in einer bestimmten Höhenlage zustande. Die Latschen, die über der Fichtenwaldgrenze wachsen, halten eine etwas kürzere Vegetationszeit aus, aber einige 100 m höher wiederholt sich für sie dasselbe Phänomen, die Nadeln reifen nicht mehr aus und erleiden Schäden durch Frosttrocknis, die obere Latschengrenze zeichnet sich deshalb ebenso scharf ab wie die Waldgrenze.

Die Ursachen der polaren Fichtenwaldgrenze sind nicht untersucht worden; sie könnten ähnlicher Natur sein, mit dem Unterschied, daß die Sonnenstrahlung dort während der Polarnacht im Winter keine Rolle für die Schäden durch Frosttrocknis spielt. An ihre Stelle dürften die starken und kalten austrocknenden Winde treten. Die Waldgrenze stößt dementsprechend in den windgeschützten Tälern weiter nach Norden vor als auf den Wasserscheiden. In den Alpen ist es umgekehrt, weil in den Tälern durch Kaltluftseen die Temperaturen tiefere Grade erreichen als auf dem Berggrat, von dem die Kaltluft abfließt. Am höchsten liegt die Waldgrenze in den Zentralalpen bei 2000 bis 2150 m. Sie wird hier, wie wir erwähnten, nicht von der Fichte gebildet, sondern von der nadelabwerfenden Lärche und der immergrünen, relativ zartnadeligen Arve. Hier wurden fortlaufende Messungen der klimatischen Faktoren und der Photosynthese im Laufe eines ganzen Jahres, also auch den ganzen Winter hindurch, ausgeführt. Dadurch läßt sich die Stoffproduktion der Lärche mit der von der Arve genau vergleichen. Im kalten Winter ruht die Photosynthese auch bei der

immergrünen Arve, aber im Frühjahr werden die Nadeln rasch aktiv, während die Lärche in dieser Höhe erst Mitte Juni ergrünt und bereits Ende September vergilbt. Während der Arve 181 Tage für die Stoffproduktion zur Verfügung stehen, sind es bei der Lärche 107 Tage. Bei jungen Lärchen ist jedoch die Nadelmasse etwa 3–6mal größer als bei jungen Arven; außerdem assimilieren sie trotz der kürzeren Vegetationszeit pro g Nadelmasse im Jahr 47% mehr an CO_2. Deswegen ist die Gesamtproduktion einer 4jährigen Lärche 4,5mal und die einer 12jährigen 8,5mal größer als die von gleichaltrigen Arven. Erst vom 25. Jahr ab ist die Nadelmenge der Lärchen geringer im Vergleich zu der von Arven, so daß sie im Wachstum zurückbleiben, namentlich auf Rohhumusböden. Mit der Zeit setzt sich somit die Arve auch als Schattenholzart durch. Das Lärchen-Arven-Verhältnis erinnert somit an das der Kiefer zur Fichte (vgl. Seite 310).
Alle Grenzen lagen während der Wärmezeit im Postglazial in den Alpen um 400 m höher, wie Holzfunde in subfossilen Torflagern in der subalpinen Stufe beweisen. Die Zwergsträucher, die unter Schnee überwintern, sind deshalb z. T. Überreste der früheren Bewaldung*.
Infolge der hohen Niederschläge, die im Winter als Schnee fallen, ist die Schneedecke in der alpinen Stufe sehr mächtig, so daß für die niedrige alpine Vegetation nicht die Lufttemperatur die Hauptrolle spielt, sondern die *Aperzeit* (lat. apertus = offen), d. h. die Zeit ohne Schneebedeckung. Diese wird sehr stark durch das Relief, die Windrichtung und die Exposition bestimmt: Der Schnee wird in den Mulden und als Wächten auf der Leeseite eines Grates abgelagert, dagegen auf dessen Luvseite abgeweht. Ist die Luvseite zugleich sonnenseitig, so taut der Schnee zusätzlich ab, so daß der Standort das ganze Jahr hindurch aper ist. Dort sind die Pflanzen (Loiseleurietum) extremer Frosttrocknis wie in der Gebirgstundra ausgesetzt und ebenso von den gleichen Flechten begleitet (Seite 321). Auf einem schattenseitigen Luvhang fehlt die Erwärmung durch die Einstrahlung. Bei starken Schneeablagerungen am Fuße eines nach Norden exponierten Hanges wird die Aperzeit auf ein Minimum verkürzt (Schneetälchen) oder fehlt dort, wo der Schnee den Sommer über liegenbleibt, ganz. Dabei kann die Aperzeit je nach dem Schneefall in den einzelnen Jahren an demselben Standort bald länger, bald kürzer sein. Mit der Höhe nimmt die Aperzeit im Mittel ab und ist, wenn man die klimatische Schneegrenze erreicht, theoretisch gleich Null. Im Einzelfall kann sie aber noch hoch über der Schneegrenze an Steilwänden sehr lang sein. Deshalb kommen in den Alpen Blütenpflanzen in der nivalen Stufe, d. h. über der klimatischen Schneegrenze, vor.

---

* Nach neueren Untersuchungen soll sie um die heutige Lage nur etwa 250 m geschwankt haben (FRENZEL, schriftl.).

Auf jeden Fall zeichnet sich das Mikroklima an Strahlungstagen selbst in großen Höhen durch günstige Temperaturverhältnisse aus. Die Lufttemperatur der Blätter kann in der Sonne bis zu 22 °C über der Lufttemperatur liegen. Es gibt überall warme Nischen, die der Bergsteiger kennt, und die insbesondere von den niedrig wachsenden Pflanzen in Bodennähe ausgenützt werden. Bei trübem Wetter gleichen sich die Unterschiede aus.
Aus dem Gesagten geht hervor, daß es in der steilen alpinen Stufe im Hinblick auf die Vegetation kein Standardklima gibt, sondern daß eine Aufgliederung in kleinste Klimaräume besteht; diese können sich auf kürzeste Entfernung, z. B. auf der Sonnen- und Schattenseite eines Felsblockes scharf unterscheiden. Von überragender Bedeutung ist die Schneeablagerung im Winter, die man kennen muß, um die Aperzeit beurteilen zu können; sonst bleibt einem die Vegetationsgliederung unverständlich.
Eine große Rolle spielen Temperaturinversionen und Kaltluftseen, die zu einer Umkehr der Stufenfolge führen (Buchen über Fichten). Selbst im Hochsommer kommen in Dolinen bei Ausstrahlung Nachtfröste vor, so daß am Boden der Doline kein Baumwuchs möglich ist.
Die Höhenstufen werden außerdem durch Lawinenzüge gestört; auf diesen geht die alpine Vegetation tief in die Waldstufe herunter, weil sie dort nicht dem Wettbewerb der Waldvegetation ausgesetzt ist. Auch auf schwerverwitterbarem Dolomit mit ganz flachgründigen, nährstoffarmen Böden findet man alpine Exklaven mitten im Wald. Bekannt sind auch die Reliktstandorte alpiner Arten auf Mooren im Alpenvorland. An solchen Standorten sind die anspruchslosen, aber langsamwüchsigen alpinen Arten vor dem Wettbewerb anderer weniger ausgesetzt.
Die Vegetation der Alpen wurde ökologisch gut untersucht. Bei den immergrünen Arten läßt sich derselbe Jahresgang der Frosthärte mit einer Abhärtung im Spätherbst und einer Enthärtung im Frühjahr beobachten wie bei den Laubwäldern. Während die Fichtennadeln im Sommer schon durch Fröste von –7 °C abgetötet werden, halten sie im Winter noch bei –40 °C aus. Obgleich die alpinen Arten viel höher hinaufgehen als die Fichte, ist ihre maximale Frosthärte meist geringer (unter –30 °C), denn sie überwintern unter Schnee und sind deshalb nicht den tiefen Wintertemperaturen ausgesetzt. Nur bei *Loiseleuria,* die an windexponierten, im Winter aperen Standorten wächst, ist die Frosthärte größer. Bei starkem Wind werden meist an solchen Standorten die tiefsten Temperaturen nicht erreicht, aber die Gefahr der Frosttrocknis ist erhöht. *Loiseleuria* vertrocknet ungeachtet ihres xeromorphen Baues im Winter innerhalb von 15 Tagen, wenn man sie frei aufhängt. Da sie jedoch am natürlichen aperen Standort dem Boden dicht angepreßt wächst, taut selbst im Winter bei Sonneneinstrahlung der zwischen ihren Sprossen festgehaltene Schnee auf, so daß

zwischendurch eine Wasseraufnahme möglich ist. Die unter Schnee überwinternden Zwergsträucher sind der Frosttrocknis nicht ausgesetzt.
Im Sommer ist bei den häufigen Niederschlägen die Wasserbilanz ziemlich ausgeglichen. Einer hohen Evaporation sind die Pflanzen nur für Stunden bei starker Einstrahlung oder starkem Wind ausgesetzt. Letzterer ist in Bodennähe abgebremst. Die Wasserführung des Bodens ist immer gut, selbst bei oberflächlich trocken aussehenden Schutthalden oder Felsstandorten. An solchen Standorten haben die Pflanzen ein ausgedehntes Wurzelsystem oder Pfahlwurzeln, die tief in die feuchten Felsspalten eindringen, während normalerweise das Wurzelsystem sehr flach in den oberen Bodenschichten ausgebreitet ist. Die günstige Wasserbilanz spiegelt sich in den niedrigen Zellsaftkonzentrationen von 8–12 atm wider. Selbst bei xeromorphen Arten wie *Dryas, Carex firma* und *Androsace helvetica* erreicht sie niemals 20 atm. Es ist vielleicht richtiger, von mit Stickstoffmangel in Beziehung stehenden Peinomorphosen (Seite 327) zu reden, da die N-Aufnahme bei tiefen Bodentemperaturen erschwert ist. An stickstoffreichen Standorten, wie Viehlägern, wachsen üppige hygromorphe Kräuter.
Berechnet man die gesamte Wasserabgabe der Pflanzendecke der alpinen Rasengemeinschaften, so kommt man auf 200 mm pro Jahr. Die Verdunstungsgröße hängt vor allem vom Wind ab, sie wird deshalb durch das Relief bedingt, aber im umgekehrten Sinne wie die Schneeablagerung.
In der alpinen Stufe stellt sich bei der Kürze der Vegetationszeit die Frage nach einer ausreichenden Stoffproduktion ebenso wie in der Arktis. Die Tageslänge ist kürzer als in der Arktis, dafür ist jedoch die Strahlung stärker und die Nachttemperatur niedriger. Unter günstigen Beleuchtungsverhältnissen werden 100–300 mg/dm^2 an CO_2 pro Tag assimiliert. Ein Monat mit guter Witterung würde genügen, um ausreichende Reserven für das nächste Jahr anzulegen und die Samen auszureifen. Da die Vegetationszeit 3 Monate dauert, ist eine genügende Produktion auf jeden Fall gesichert. Die primäre Produktion der Pflanzengemeinschaften hängt sehr stark von der Vegetationsdichte ab. Es wurden gefunden:

bei geschlossenen Matten	50–276 g/m^2
bei einem Dryadeto-Firmetum	91 g/m^2
bei einem Salicetum herbaceae	85 g/m^2
bei einem Oxyrietum	15 g/m^2
auf einer Kalkgeröllhalde	1 g/m^2

Die Photosynthese der Zwergsträucher ist weniger intensiv als bei den krautigen Arten; da jedoch ihre Gesamtblattfläche größer und die

Vegetationszeit in der unteren alpinen Stufe länger ist, kommt eine höhere primäre Produktion zustande.

Die ungünstigsten Verhältnisse findet man bei den *Schneetälchen,* d. h. dort, wo im Gebiet der Silikatgesteine der Schnee am Nordhang sehr langsam abtaut und die Fläche nach und nach vom Rande her freigibt. Es läßt sich deshalb auf kleinstem Raum eine Zonation mit abnehmender Aperzeit unterscheiden. Der Boden an solchen Standorten ist humusreich und schwach sauer, immer gut mit Schmelzwasser durchfeuchtet, aber deswegen auch relativ kühl. Bei einer Aperzeit von 3 Monaten bildet sich ein normaler *Carex curvula*-Rasen aus. Verkürzt sich die Vegetationszeit auf 2 Monate, so wird *Salix herbacea* vorherrschend, eine Weidenart, die nur die Sproßspitzen aus dem Boden herausstreckt, so daß ihre Blätter einen dichten Rasen bilden. Diese Weide fruchtet nur, wenn nach schneearmen Wintern die Aperzeit 3 Monate beträgt. Eine Reihe von sehr kleinen Arten, wie *Gnaphalium supinum*, *Alchemilla pentaphylla, Arenaria biflora, Soldanella pusilla, Sibbaldia procumbens* u. a., gesellen sich dazu. Bei noch kürzerer Vegetationszeit können Moose wachsen, die keine Blüten und Früchte auszubilden brauchen, und zwar vor allem *Polytrichum sexangulare (P. norvegicum).* Wird auch für diese grünen Moose die Aperzeit zu kurz, dann wächst nur noch *Anthelia juratzkana,* ein Lebermoos, das wie ein schimmeliger Überzug aussieht, weil das Moos in Symbiose mit einem Pilz wächst und sich z. T. saprophytisch ernährt. Nach schneereichen Wintern apert diese Zone überhaupt nicht aus.

Auf Firnflächen in der nivalen Stufe findet man als letztes Lebewesen die Alge *Chlamydomonas nivalis,* welche der Schneeoberfläche einen rosa Schimmer verleiht.

Da in den Alpen in der alpinen Stufe rohe Gesteinsböden vorherrschen, spielt die chemische Zusammensetzung des Gesteins für die Vegetation eine große Rolle; denn sie bestimmt die Bodenreaktion. Die floristischen Unterschiede zwischen den Kalkalpen und den Zentralalpen mit silikatischen Gesteinen sind sehr auffallend. Dementsprechend unterscheidet man kalkliebende oder basophile Arten und kalkfliehende oder acidophile Arten. Oft sind es vikariierende Arten, wie bei dem bekannten Beispiel der Alpenrosen: *Rhododendron hirsutum* auf Kalk, *Rh. ferrugineum* auf Silikatgestein oder saurem Humusboden.

In den Jahren 1969–1976 wurden im Rahmen des Internationalen Biologischen Programms (IBP) auf dem Patscherkofel bei Innsbruck die Ökosysteme der Zwergstrauchheiden auf folgenden drei Probeflächen über der heutigen Waldgrenze untersucht (Larcher 1979):

1. *Vaccinium*-Heide (1980 m NN), in einer windgeschützten Mulde mit winterlichem Schneeschutz: *Vaccinium myrtillus* 3, *V. uliginosum* 2, *V. vitis-idaea* 1, *Loiseleuria procumbens* 1, *Calluna vulgaris* 1, *Melampyrum alpestre* 1, Moose 1, Flechten 1.

2. *Loiseleuria-Heide* (2000 m NN), dichter Bestand, der in windexponierter Lage häufig schneefrei ist: *Loiseleuria* 5, *Vaccinium uliginosum* 1, *V. vitis-idaea* 1, andere nur +, Flechten (*Cetraria islandica* 1, *Alectoria ochroleuca* 1, andere nur +).
3. Offener, spalierwüchsiger und flechtenreicher *Loiseleuria*-Bestand (2175 m NN) in extrem windexponierter Lage: *Loiseleuria* 3, dazu kümmerlich *Vaccinium uliginosum* 2, *V. vitis-idaea* 1, *Calluna* 1, andere +, Moose +, Flechten (*Cetraria islandica* 2, *C. cuculata* 1, *Alectoria ochroleuca* 1, *Cladonia rangiferina* 1, *C. pyxidata* 1, *Thamnolia vermicularis* u. a. +).

Das Klima ist kalt mit einer Jahrestemperatur wenig über 0 °C, Fröste können in jedem Monat auftreten (abs. Minimum um –20 °C, doch erreichen die Tagesmaxima in den Sommermonaten 20 °C). Der Schnee liegt bei Probefläche 1 etwa 6 Monate, bei Probefläche 2 etwa 4–5 Monate, bei Probefläche 3 dagegen nur stellenweise und vorübergehend. Das Mikroklima in den Beständen 1 u. 2 ist etwas wärmer,

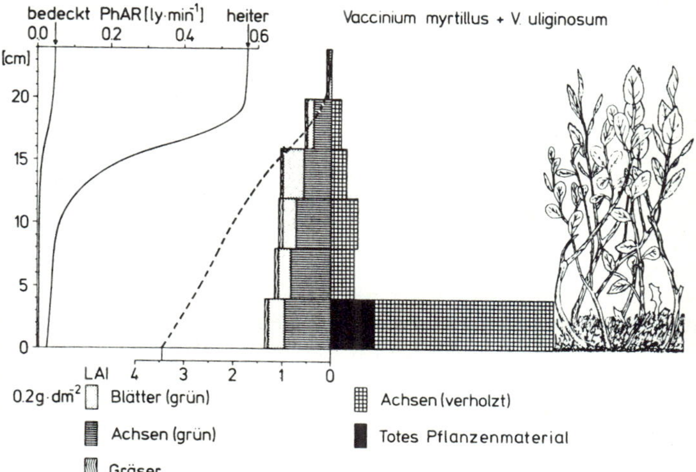

Abb. 113. Mitte: Phytomasseschichtung der *Vaccinium*- und der *Loiseleuria*-Heide (links assimilierende Teile, rechts nichtassimilierende und tote Teile). Linke Hälfte: Kummulativer Blattflächenindex (LAI, gestrichelt) und Abschwächung des Lichts (PhAR) im Bestand (nach CERNUSCA 1976, aus LARCHER 1977).

während bei 3 sehr scharfe Temperaturunterschiede vorkommen. Die CO_2-Assimilationsdauer beträgt bei den laubabwerfenden Arten etwa 100 Tage, bei den immergrünen etwa 140 Tage. Abbildung 113 zeigt den Aufbau der Bestände sowie die photosynthetisch aktive Strahlung (PhAR) in diesen, ebenso den kumulativen Blattflächenindex (BFI). Der Wind wird in Zwergstrauchheide-Beständen selbst bei Sturm stark abgebremst, so daß die Luftfeuchtigkeit in denselben hoch bleibt. Der Niederschlag im Gebiet, beträgt etwa 900 mm im Jahr, wobei jener Sommermonat im Mittel über 100 mm erhält.
Die Böden über schieferigen Biotitgneisen sind sandige, saure Eisenpodsole mit mächtiger Rohhumusauflage, die nur bei Bestand 3 schwach ausgebildet ist. Sie haben sich aus früherem Zirben-Waldboden entwickelt. Der Humus wird sehr langsam mineralisiert (Angebot an Stickstoff etwa 3–4 kg/ha, bei 3 nur ein Drittel davon).
Die produktionsökologischen Untersuchungen sind in folgender Tabelle zusammengefaßt:

Lebende stehende Phytomasse, tote Teile und Streu in g Trockensubstanz pro m^2 von der Zwergstrauchheide (1), der dichten *Loiseleuria-Heide* (2), und dem offenen *Loiseleruria-Bestand* (3).

Probefläche:	1	2	3
Lebende oberirdische Phytomasse (max.)	983	1105	748
Anhaftende tote Teile	263	123	72
Lebende unterirdische Phytomasse	2443	2200	803
Tote unterirdische Teile	1549	608	56
Gesamte lebende Phytomasse	3426	3305	1551
Zusammen mit toten Teilen	5238	4036	1679
Streu am Boden	819	1080	931

Das Verhältnis von lebender maximaler Phytomasse oberirdisch zu unterirdisch war bei 1 = 1:2,5, bei 2 = 1:2,0 und bei 3 = 1:1,1. Der Anteil der assimilierenden Teile an der lebenden Phytomasse war bei 1 = 55%, bei 2 = 68%, bei 3 nicht berechnet.
Die Bestimmung der Netto-Primärproduktion ist schwierig und gelang nur für die oberirdische. Sie wird für 1 mit 485 g/m^2 und Jahr angegeben, für 2 und 3 mit 317 bzw. 108. Auf den Hektar berechnet wären das 4,8 t, 3,2 t und 1,1 t pro Jahr.
Die Phytomasse dürfte bis auf gewisse Fluktuationen konstant bleiben, d. h. die Bestände stehen mit ihrer Umwelt in einem ökologischen Gleichgewicht, wobei eine Zunahme der Phytomasse auch durch Fraß (Wild, Schneehühner, Arthropoden) und durch gewisse Substanzverluste im Winter (Abfrieren und Vertrocknen der über den Schnee herausragenden Teile) verhindert wird.

Das Photosynthesevermögen ist pro Blattfläche bei den sommergrünen und immergrünen Zwergstraucharten gleich, bei Bezug auf das Trockengewicht der Blätter ist es bei den sommergrünen Zwergsträuchern ähnlich dem der weichblättrigen sommergrünen Holzarten, bei den immergrünen vergleichbar mit dem der Nadelholzarten.
Das flache Temperaturoptimum der Photosynthese liegt bei den Ericaceen zwischen 10 °C und 30 °C und entspricht den an trüben und klaren Tagen üblichen Temperaturen in den Beständen; das Temperaturminimum der CO_2-Assimilation ist bei unterkühlten Blättern –5 °C bis –6 °C. Überhitzung der Blätter kommt kaum vor, ebenso wie eine Einschränkung der Photosynthese infolge von Wassermangel. Zwar ist die Wasserversorgung während der Vegetationszeit ausreichend und die gesamte transpirierte Wassermenge entspricht 100–200 mm, aber während Föhnperioden wurde eine Transpirationseinschränkung beobachtet. Im Winter ist die kutikuläre Transpiration sehr niedrig.
Hitzeschäden während des Sommers werden höchstens bei einzelnen Sprossen über locker liegenden Steinen oder über vegetationslosen Rohhumusdecken beobachtet. Kälteschäden im Winter können nur im aperen Zustand eintreten. Die Abhärtung schützt die Pflanzen vor Frostschäden; Spätfröste nach der Enthärtung können dagegen gefährlich sein. Schäden durch Frosttrocknis sind schwer nachzuweisen; meist werden die Schäden durch das Zusammenwirken mehrerer Faktoren bewirkt. Völlig frosthart sind die arktisch-alpinen Arten *Loiseleuria procumbens* und *Vaccinium uliginosum.*
Die Atmung ist zur Zeit des Hauptwachstums deutlich überhöht. Um diese Zeit sinkt bei der fettspeichernden *Loiseleuria* der Atmungskoeffizient auf 0,8 bis 0,9 und steigt nach Abschluß des intensiven Wachstums wieder auf 1.
Der Wirkungsgrad der Netto-Primärproduktion ist während der Vegetationszeit bei der Zwergstrauchheide 0,9%, bei der dichten *Loiseleuria*-Heide 0,7% und bei dem offenen Bestand 0,3% der photosynthetisch aktiven Einstrahlung.
Die Ericaceen speichern neben Stärke reichlich Fett, doch wird letzteres nur teilweise mobilisiert; der größere Teil bleibt in den abgestorbenen Teilen. Auf die ersten Frostwechseltage reagieren die Zwergsträucher sofort mit der Umwandlung eines großen Teiles der Stärke in Zucker, wobei *Loiseleuria* sich durch Anthocyan rötlich färbt.
Genauere Angaben werden auch über den relativ geringen Mineralstoffumsatz dieser aschenarmen Pflanzengesellschaften gemacht.
Weitere Untersuchungen wurden in der nivalen Stufe, also über der klimatischen Schneegrenze, am Hohen Nebelkogel in den Stubaier Alpen unter besonders schwierigen Verhältnissen durchgeführt (MOSER et al. 1977). Eine Versuchshütte mußte mit einem Hubschrauber abgesetzt und sorgfältig isoliert sowie geerdet werden, da sie oft mitten in den Gewitterwolken stand.

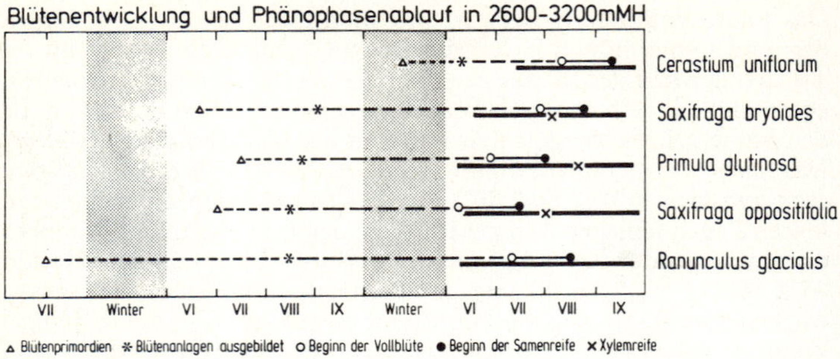

Abb. 114. Phänologie der Nivalpflanzen. Vegetative Teile = dicke Linie, reproduktive = dünne Linie, grün überwinternde = gestrichelt (aus MOSER et al. 1977).

In dieser Stufe gibt es keine geschlossene Pflanzendecke mehr. Auf der 0,5 ha großen Versuchsfläche wurde in 3184 m NN ein flaches Gratstück mit 7 Blütenpflanzen und mehreren Kryptogamen-Arten, ein Nordhang mit sehr dürftiger Vegetation und ein Südhang mit 11 Phanerogamenarten auf flachen Stufen ausgesucht.

Die klimatischen Verhältnisse entsprechen keineswegs denen in der Hocharktis, sondern *im Sommer mehr denen der Páramos in den Tropen*. An klaren Tagen beträgt die Blattemperatur oft über 15 °C, um in der Nacht unter Null zu sinken, ohne daß die Photosynthesetätigkeit darunter leidet. Der arktische 24stündige Sommertag mit niedrigstehender Sonne zeichnet sich demgegenüber durch eine ziemlich gleichmäßige Temperatur aus.

Von den drei ausgewählten Standorten hat der am Südhang die günstigsten Licht- und Temperaturverhältnisse. Die Phänologie der wichtigsten Arten geht aus Abb. 114 hervor. Während die Blütezeit bei *Saxifraga oppositifolia* vorgezogen ist (Blütenorgane frostresistent), wird sie bei *Cerastium uniflorum* am weitesten hinausgeschoben.

Die Assimilate werden bei *Primula* spp. und *Ranunculus glacialis* als Stärke gespeichert, die im Winter in Zucker umgewandelt wird, bei den *Saxifraga* spp. dagegen als Fett. Die Verlagerung der gespeicherten Vorräte geht aus Abb. 115 hervor. Auffallend ist, daß bei *Ranunculus* eine vorsorgliche Verlagerung aus den Blättern in die unterirdischen Speicherorgane schon bei vorübergehender Wetterverschlechterung stattfindet, die bei Wetterbesserung wieder rückgängig gemacht wird. Jede Schneebedeckung im Sommer könnte ja bis zum nächsten Frühjahr dauern. Im allgemeinen beträgt die Vegetationszeit am Südhang etwa 3 Monate, aber infolge der oft schlechten Witterung kommen für die Produktion nur 60–70 (15 bis 100) Tage in Frage. An den anderen

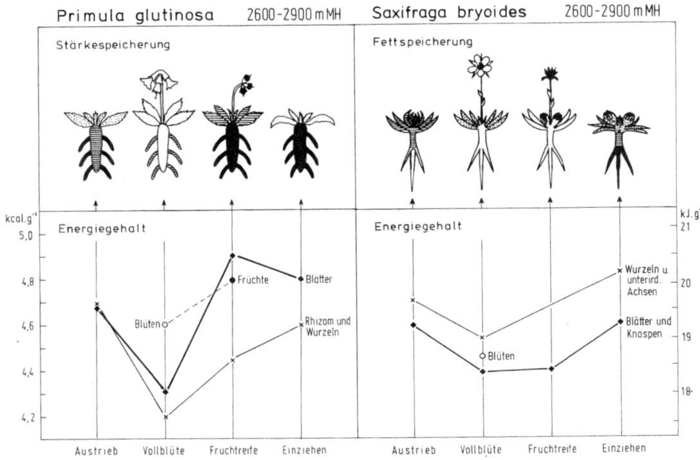

Abb. 115. Energiegehalt von 2 nivalen Arten und Speicherung der Reservestoffe: Schwarz = stark, schraffiert = mäßig, punktiert = Spuren, weiß = keine Speicherung (aus Moser et. al. 1977).

Standorten kann es vorkommen, *daß die Pflanzen in einem Jahr überhaupt nicht ausapern.*

Die Produktion wird bei *Ranunculus glacialis* zur Hälfte während der wenigen hellen und warmen Tage erzeugt, die andere Hälfte während der vielen kühlen Tage mit geringer Beleuchtung infolge von leichter Schneebedeckung oder Nebel. Die Photosynthese ist bei dieser Art im Bereich von –7 bis 38 °C möglich.

Die Assimilationsleistung ist zur Zeit der Vollblüte und Fruchtbildung am größten. Unter optimalen Bedingungen erreicht sie bei *Ranunculus glacialis* bis zu 0,056 g Trockensubstanz pro dm^2 Blattfläche und Tag, bei *Primula glutinosa* 0,063 g; unter ungünstigen Witterungsbedingungen liegen die Werte bei 0,015–0,020 g. Im Laufe einer Vegetationszeit nahm die Flächenausdehnung von *Androsace alpina*-Polstern um 13,5% zu; ihre durchschnittliche Nettoassimilationsrate während der Vegetationszeit betrug 0,058 g Trockensubstanz pro dm^2 Polsteroberfläche und Tag. Infolge der geringen Deckung der Pflanzen ist die Primärproduktion in der nivalen Stufe äußerst gering. Unter optimalen Bedingungen kann man bei einer Deckung von 10% die Produktion auf 0,66 g pro m^2 und Tag an Trockensubstanz veranschlagen.

Von allen Gebirgen der Erde ist keines ökologisch so eingehend untersucht worden wie das im Zentrum des westlichen Europas gelegene komplizierte Gebirgssystem der Alpen. Wir verweisen auf die grundle-

genden Werke: C. SCHROETER „Das Pflanzenleben der Alpen" (2. Aufl., 1288 Seiten, Zürich 1926); J. BRAUN-BLANQUET und H. JENNY „Vegetationsgliederung und Bodenbildung in der alpinen Stufe der Zentralalpen" (Denkschr. Schweiz. Naturf. Ges. **63**, 183–349, 1926); H. GAMS „Von den Follatères zur Dent de Morcles" (Beitr. Geobot. Landesaufn. Schweiz **15**, 760 Seiten, 1927), E. AICHINGER „Vegetationskunde der Karawanken" (Pflanzensoz. Bd. 2, 329 Seiten, Jena 1933) und R. SCHARFETTER „Das Pflanzenleben der Ostalpen" (419 Seiten, Wien 1938).
Sehr wichtig für das Verständnis der in den Alpen so verschiedenen Höhenstufenfolgen sind die zahlreichen Kartenwerke.
Das Netz der Wetterstationen ist in den Alpen dichter als in irgend einem anderen Gebirge, wobei auch eine Reihe hochgelegener Stationen vorhanden sind. Das gab H. REHDER die Möglichkeit, eine Klimadiagrammkarte der Alpen mit den Randgebieten zu entwerfen (Flora B, **156**, 78–93, 1966). Ökologisch sehr bedeutsam ist auch die Arbeit von K. F. SCHREIBER „Wärmegliederung der Schweiz aufgrund von phänologischen Geländeaufnahmen in den Jahren 1969–1973" (4 Kartenblätter 1:200 000, Eidgen. Drucks. Zentr. Bern, 1977), in der 18 Wärmehöhenstufen unterschieden werden (3 heiße am Alpensüdrand im Tessin, 3 warme, 3 milde, 3 kühle, 3 rauhe, 3 kalte und ungegliedert die alpine und nivale); auf einer beigefügten Karte 1:500 000 wurden die Föhngebiete der Schweiz herausgehoben, die eine Verfrühung der Vegetationsentwicklung bis zu drei Wochen aufweisen können.
Zahlreich sind die Vegetationskarten. Neben vielen speziellen gibt es auch Übersichtskarten mit den wichtigsten Höhenstufen. Wir nennen aus den Ostalpen: H. MAYER „Karte der natürlichen Wälder des Ostalpenraums" (Cbl. Ges. Forstwesen **94**, 147–153, Wien 1977) und sein Werk „Wälder des Ostalpenraums" (344 S., G. Fischer, Stuttgart 1974); H. WAGNER „Karte (1:1 000 000) der natürlichen Vegetation" im Österreich-Atlas (1971); P. SEIBERT „Übersichtskarte der natürlichen Vegetationsgebiete von Bayern 1:500 000 mit Erläuterungen" (Schriftenreihe f. Vegetationsk. H. 13, Bad Godesberg 1968), die den Alpennordrand mit einschließt und zum nächsten Alpenabschnitt überleitet.
Die mittleren Alpen umfaßt die Vegetationskarte in 4 Blättern (1:200 000) von E. SCHMID mit Erläuterungen (Geobot. Landesaufnahme Schweiz **39**, 52 Seiten, 1961). Es werden folgende Gürtel unterschieden, die den Höhenstufen entsprechen: 1. *Quercus pubescens-Gürtel* (auf Kalk) und *Quercus robur-Calluna*-Gürtel mit Kastanien (auf saurem Gestein) in der heißen Höhenstufe, 2. *Quercus-Tilia-Acer*-Laubmischwaldgürtel in der warmen und milden Wärmestufe, 3. *Fagus-Abies*-Gürtel in der kühlen Wärmestufe, 4. *Picea*-Nadelwaldgürtel in der rauhen und unteren kalten Wärmestufe, 5. *Vaccinium*

uliginosum-Loiseleuria-Gürtel, der schon ganz die alpine obere Kältestufe einnimmt. Dazu kommen in den kontinentalen inneren Alpentälern ein *Pulsatilla*-Steppengürtel mit *Pinus sylvestris* in den tiefen Lagen unter dem *Picea*-Gürtel und ein *Larix-Pinus cembra*-Gürtel über diesem bis zu der stark erhöhten Waldgrenze; die trockenen Föhntäler heben sich außerdem durch das Auftreten von *Pinus sylvestris* mit *Erica carnea* heraus.

Eine besonders große Zahl von ökologischen Vegetationskarten mit sehr eingehenden Erläuterungen im Maßstab 1:100 000 (bis zu 1:10 000) aus den Westalpen, aber auch aus anderen Teilen wird laufend herausgegeben von P. OZENDA in den „Document de Cartographie Écologique" (Grenoble).

In dieser Reihe findet man auch die Höhenstufen dargestellt, die im Süden von der Mittelmeerküste aufsteigen, also schon zum Orobiom IV gehören. Auf dieses einzigartige große kartographische Werk sei besonders hingewiesen. Die detaillierten farbigen Vegetationskarten geben genaue Auskunft über die Höhenstufen auch in ihrer Abhängigkeit von der Exposition und der Gesteinsart.

In dem Werk von I. HORVAT, V. GLAVAČ und H. ELLENBERG, „Vegetation Südosteuropas" (768 Seiten, Stuttgart 1974) wird die Vegetation der Dinarischen Alpen und die der anschließenden Gebirge der Balkan-Halbinsel behandelt.

Zono-Ökoton IV/VII – die Waldsteppe

Während die Laubwälder der gemäßigten Zone sich auf die ozeanisch getönten Klimagebiete mit nicht zu scharfen Temperaturextremen und gleichmäßig verteilten Niederschlägen meist mit einem Sommermaximum beschränken, werden die auf der Nordhemisphäre viel ausgedehnteren kontinentalen Teile von Grassteppen und Wüsten eingenommen. In diesem kontinentalen Klima nimmt die Temperaturamplitude zu, die Sommer werden heißer, aber die Winter in viel höherem Ausmaße kälter, so daß die Jahrestemperatur absinkt. Zugleich wird die jährliche Niederschlagsmenge geringer, die Sommer werden in zunehmendem Maße arid. Das Zono-Ökoton zwischen den Laubwäldern und den Grassteppen ist in Osteuropa die Waldsteppe. *Sie ist keine homogene Vegetationsformation wie die klimatische, tropische Savanne, sondern ein Makromosaik von Laubwaldbeständen und Wiesensteppen.* Zuerst überwiegen die ersteren und die Steppen treten inselförmig auf. Je arider jedoch das Klima wird, desto mehr kehrt sich das Verhältnis um, bis schließlich nur kleine Waldinseln in einem Steppenmeer übrig bleiben. In diesem Grenzgebiet mit einem Klima, das weder den Wald noch die Grassteppe einseitig begünstigt, gibt den Ausschlag das Relief oder die Bodenart (Abb. 116). Die Wälder findet man auf gut dränierten Standorten, auf den leichten Erhebungen, an den Hängen der Flußtäler, auf durchlässigen Böden, während die Wiesensteppen die schlecht dränierten ebenen Lagen auf relativ schweren Böden einnehmen. Es spielt auch hier der Wettbewerb zwischen der Grasnarbe und den Baumsämlingen eine Rolle. Werden die Baumpflanzen bei Aufforstungsversuchen die ersten Jahre vor dem Wettbewerb der Gräser geschützt, so können sie in der Steppe wachsen, aber sich nicht auf natürliche Weise verjüngen. Die Steppen wurden früher durch nach Blitzschlag entstehende Grasbrände und die Beweidung durch Großwild begünstigt. Heute ist die Steppe fast völlig in Ackerland umgewandelt worden.
Klimatisch kann man in E-Europa die Waldzone, die Waldsteppenzone und die Steppenzone gut unterscheiden. Die Klimadiagramme der Waldzone zeigen keine Dürrezeit, bei denen der Steppenzone ist dagegen eine Dürrezeit immer vorhanden. Den Diagrammen der Waldsteppenzone fehlt zwar eine Dürrezeit, man kann jedoch im Gegensatz zur Waldzone eine Trockenzeit zur Darstellung bringen (Abb. 117 und 107).

Die Grenze zwischen Wald und Steppe hat sich in der Postglazialzeit verschoben. Im Boden unter den heutigen Waldbeständen kann man „Krotowinen“ erkennen (Abb. 121), das sind die früheren Baue von Steppennagetieren (Zieseln), die niemals Wälder bewohnen. Man muß deshalb annehmen, daß der Wald in der Zeit vor der Besiedlung der Waldsteppe durch den Menschen im Vorrücken begriffen war, weil das Klima nach einem Wärmeoptimum etwas feuchter wurde. Durch die starken Eingriffe des Menschen lassen sich jedoch Grenzverschiebungen in der Folgezeit nicht mehr feststellen.
Die Ursache für die Ablösung der Waldzone im kontinentalen Gebiet durch die Steppenzone ist der Wasserfaktor.
Um das zu verstehen, kehren wir zum „Wald an der Woskla“ (Seite 231) zurück und untersuchen seinen Wasserhaushalt. Hier findet man an Stelle der braunen Waldböden Mitteleuropas unter Wald dunkel-

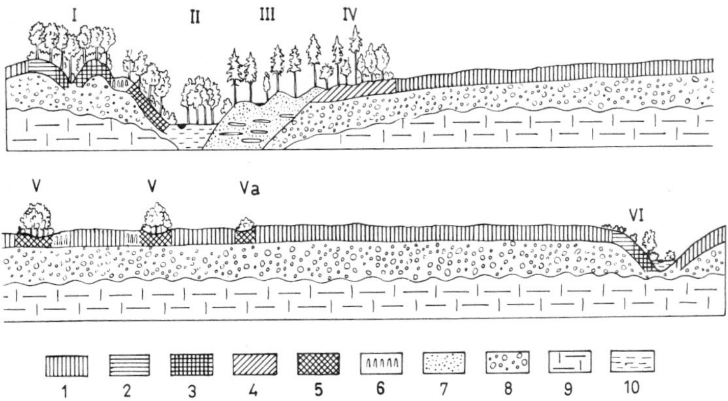

Abb. 116. Beziehungen zwischen Vegetation, Boden und Relief in der Waldsteppe (nach Tanfiliev und Morosov, stark verändert).
1 tiefgründige schlecht dränierte Schwarzerde mit Wiesensteppe, 2 degradierte Schwarzerde und 3 dunkelgraue Waldböden (beide gut dräniert), 4 durchlässige sandig-lehmige Waldböden, 5 hellgraue Waldböden, 6 Solonez auf ebenen Terrassen oder um abflußlose Senken mit Soda-Anreicherung, 7 fluvio-glaziale Sande, 8 Moränen-Ablagerungen oder lößartige Lehme, 9 präglaziale Schichten, 10 Alluvium in den Flußtälern.
I Eichenwald auf gut entwässerten Erhebungen oder in Hanglage; II Auenwälder (Eichen u. a.); III Kiefernwälder auf armen Sanden mit Sphagnum-Moor in nasser Senke; IV Kiefern-Eichenwälder auf lehmigen Böden; V Espenhaine in kleinen Senken (Pods), in denen im Frühjahr Wasser steht, das langsam versikkert (Böden im zentralen Teil ausgelaugt); V a desgl. aber Weidengebüsch; VI Schlucht-Eichenwald, am oberen Rand mit Steppenbusch.

graue, leicht podsolige Waldböden über tiefgründigem Löß (Abb. 121). Das Klima entspricht dem von Uman (Abb. 117) mit leichter Trockenzeit im August (Jahresniederschlag 537 mm), aber das Klimatogramm auf Abb. 107 zeigt, wie verschieden der Witterungsverlauf der einzelnen Jahre sein kann. Der gesamte Wasserumsatz vollzieht sich fast nur in den oberen 2 m des Bodens; ein Absinken von Wasser zum tiefen Grundwasser findet nicht statt. Auf Abb. 118 sieht man die Chronoisoplethen des Wassergehalts, d. h. den zeitlichen Verlauf der Bodenfeuchtigkeitslinien, in einem normalen hydrologischen Jahr (a); eine tiefere Durchfeuchtung des Bodens findet nur nach der Schneeschmelze im April statt, insbesondere nach schneereichen Wintern (b), dagegen ist ein schneearmer Winter selbst bei hohen Sommerniederschlägen ungünstig (c). Auf jeden Fall erkennt man, daß der Wald alles Wasser verbraucht und der Boden in größerer Tiefe immer trocken bleibt. Das ist auf Eu-Klimatopen der Fall; an Südhängen mit Abfluß und hoher Verdunstung reicht der Wassergehalt des Bodens für Wald nicht mehr aus und es stellt sich die Steppe ein. Im August und September brennt die Grassteppe aus, weil auch für sie die Wasservorräte zur Deckung ihrer Transpiration nicht ausreichen. Für die Graspflanzen bedeutet das jedoch keine Schädigung, wohl aber für die Bäume, wenn die Blätter vorzeitig vertrocknen oder ganze Äste absterben.
In südöstlicher Richtung nehmen in der Waldsteppe die Niederschläge ab und die Temperaturen zu. Dementsprechend werden die Waldparzellen immer dürftiger und ziehen sich auf die Nordhänge zurück, bis schließlich an der Südgrenze der Waldsteppe nur noch ein Eichen-Schlehengebüsch in Schluchten verbleibt.
Der Wettbewerb in der Waldsteppe vollzieht sich zwischen den Gräsern und den Baumkeimlingen. Clements und Weaver konnten in der 1920 z. T. noch ursprünglichen Langgrasprärie von Nebraska (USA), die der Waldsteppe entspricht, zeigen, daß gepflanzte Baumsämlinge sich nur halten, wenn man alle Graswurzeln um sie herum entfernt.

Abb. 117. Klimadiagramme aus der Waldsteppenzone (mit Trockenzeit) aus der Steppenzone (mit Dürrezeit und langer Trockenzeit, vgl. auch Abb. 9 Odessa) und aus der Halbwüste (mit langer Sommerdürre).

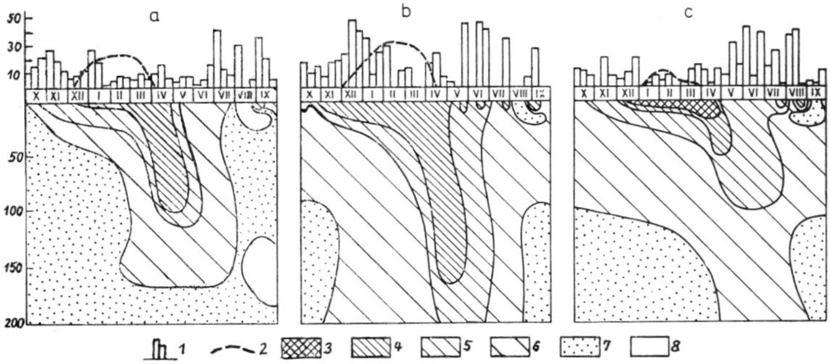

Abb. 118. Chronoisoplethen des Wassergehalts vom Waldboden: a hydrologisches Jahr 1958/59 mit Niederschlägen (oben), die fast den normalen entsprechen: b 1966/67 in einem nassen Jahr mit gleichmäßiger Verteilung der Niederschläge; c 1968/69 in einem nassen Jahr, aber mit schneefreiem Winter und einem Sommermaximum der Niederschläge. 1 Niederschläge (mm) in Dekaden, 2 Höhe der Schneedecke (in cm). Bodendurchfeuchtung: 3 über Feldkapazität, 4 Feldkapazität, 5 = 100–50% an aufnehmbarem Wasser, 6 = 50–15%, 7 = 15–0% (Welkepunkt), 8 = kein aufnehmbares Wasser, Wald an der Worskla am Waldsteppenrand.

Der Wasserverbrauch der Waldbestände nimmt mit dem Alter des Bestandes zu. Aufforstungsversuche haben dementsprechend ergeben, daß junge, künstlich angelegte Forstkulturen relativ gut wachsen, aber bei älteren werden die Bäume wipfeldürr, schlagen dann wieder von unten aus, entwickeln sich also als Folge des Wassermangels nicht normal. Gute Bestände erhält man dagegen, wenn den Bäumen zusätzlich Grundwasser zur Verfügung steht. Savannenartige Gemeinschaften fehlen den Waldsteppen, weil die Laubholzarten sich einzeln nicht gegen den Wettbewerb der Gräser durchsetzen können. Nur niedrige Sträucher *(Spiraea, Caragana, Amygdalus)* kommen häufiger vor, aber auch diese mehr auf steinigen Böden, welche für die Steppengräser mit dem intensiven Wurzelsystem (Seite 99) weniger geeignet sind. Auf die Steppenkomponente der Waldsteppe – die Wiesensteppe – kommen wir im nächsten Kapitel (VII) zurück (Seite 269).

VII Zonobiom des ariden gemäßigten Klimas

1 Klima

Dieses kontinentale Zonobiom erstreckt sich in Eurasien von der Donaumündung durch Osteuropa und Asien bis fast zum Gelben Meer. In Nordamerika nimmt es den ganzen Mittleren Westen von S-Kanada bis zum Golf von Mexiko ein. Die Aridität ist in den einzelnen Teilen verschieden stark ausgeprägt. Deshalb muß man 4 Subzonobiome unterscheiden: 1. ein semiarides sBZ mit kurzer Dürrezeit sowie Steppen bzw. Prärien (Abb. 117, Tschkalow) und 2. ein stark arides sZB mit dem Klimatypus VII (rIII), d. h. mit ebenso wenig Regen wie beim Klima der subtropischen Wüsten, und zwar mit Winterregen, 3. ein ähnliches, aber mit Sommerregen; 4. schließlich die kalten Hochplateau-Wüsten (Tibet und Pamir). 2 und 3 sind richtige Wüsten, aber

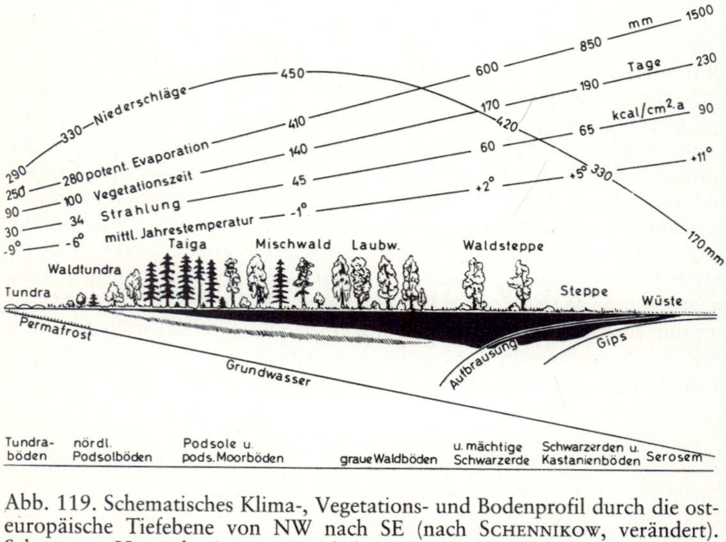

Abb. 119. Schematisches Klima-, Vegetations- und Bodenprofil durch die osteuropäische Tiefebene von NW nach SE (nach SCHENNIKOW, verändert). Schwarz = Humushorizont, gestrichelt = illuvialer B-Horizont. Vegetationszeit in Tundra: = Tagesmittel über 0 °C sonst über 10°.

stets mit kalten Wintern. Zwischen den sZB 1 sowie 2–3 ist es zweckmäßig, je ein arides Ökoton der Halbwüsten mit dem Klimatypus VIIa zu unterscheiden (Abb. 117 Astrachan). Die Halbwüsten (in Nordamerika das Sagebrush-Gebiet) sind arider als die Steppen, aber weniger arid als die Wüsten, und ihre Vegetation trägt Übergangscharakter; dabei hält die ausgeprägte Dürrezeit etwa 4–6 Monate an (Abb. 95).

2 Böden der Steppenzone Osteuropas

Die osteuropäische Steppe ist die Wiege der Bodentypenlehre, die von Dokutschajev (1883) und Glinka (1914) begründet wurde. Es gibt kein Gebiet gleicher Fläche, in dem die parallele Zonierung von Klima, Bodentypen und Vegetation so deutlich zu erkennen ist, wobei allerdings gesagt werden muß, daß von der natürlichen Vegetation nur sehr geringe Reste übrig geblieben sind. Die günstige Voraussetzung für die Zonierung sind das sehr ebene Relief und ein weitgehend einheitliches Muttergestein (Löß). Das Klima ändert sich von NW nach SE stetig: Die Sommertemperaturen und die potentielle Evaporation steigen, die Niederschläge nehmen dagegen ab, d. h. die Aridität wird immer stärker ausgeprägt. Die Grenze zwischen Waldzone und Waldsteppenzone entspricht der Grenze zwischen humidem und aridem Gebiet, d. h. nördlich dieser Grenze übertreffen die Jahresniederschläge den Jahresbetrag der potentiellen Evaporation, südlich davon ist die letztere höher (Abb. 119), so daß sich in abflußlosen Senken Brackböden bilden.

Die Verteilung der Bodentypen zeigt stark vereinfacht Abb. 120. Im humiden Bereich finden wir typische Podsolböden und leicht podsolierte graue Waldböden, im ariden Bereich Schwarzerden bis zu den ariden Kastanien- und Braunerden (Burosem). Die Bodentypen sind an ihren Bodenprofilen zu erkennen, die schematisch auf Abb. 121 dargestellt wurden.

Die *Schwarzerden (Tschernosem)* sind A-C-Böden oder Pedocale, d. h. ihnen fehlt ein toniger Anreicherungshorizont (B). Man unterscheidet die Unterzonen: Nördliche, Mächtige, Gewöhnliche und Südliche Schwarzerde. Der Humushorizont A gliedert sich in den schwarzgefärbten A_1, in den etwas helleren A_2 und den schwach durch Humus gefärbten Löß A_3. Darauf folgt C, der unveränderte Löß mit prismatischer Struktur. Bei der Mächtigen Schwarzerde reicht der Humushorizont bis 170 cm tief, seine Mächtigkeit nimmt nach Norden und Süden ab, der Humusgehalt ist bei der Gewöhnlichen Schwarzerde mit 7–8% am höchsten (im östlichen Steppengebiet noch höher). Eine Tonverlagerung findet bei der Schwarzerde nicht statt, aber das Schmelzwasser im Frühjahr wäscht aus den oberen Horizonten den Kalk ($CaCO_3$) aus, so daß beim Auftropfen von HCl kein Aufbrausen erfolgt; dieses beginnt erst tiefer, und zwar liegt der Aufbrausungsho-

rizont um so höher, je arider das Klima ist. Etwas unter dem Aufbrausungshorizont wird der ausgewaschene Kalk ausgefällt, zunächst in Form sehr feiner Kalkfäden, die an Schimmel erinnern (Pseudomycelien), weiter südlich auch als weiße Kügelchen (Kalkaugen = Bjeloglaski) und schließlich nur als solche. Außerdem erkennt man am Profil die Querschnitte von Gängen der verlassenen unterirdischen Zieselbauten (Krotowinen), die mit eingeschwemmter schwarzer Humuserde ausgefüllt sind.
Alle diese Änderungen vollziehen sich am Bodenprofil in Übereinstimmung mit der Klimaänderung ganz gleitend von Norden nach Süden. Sie spiegeln die zunehmende Aridität wider.

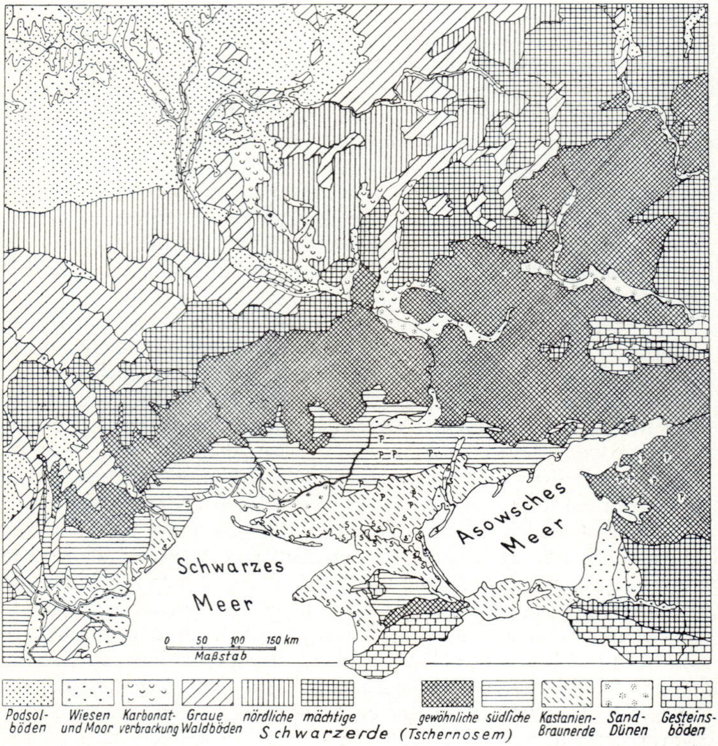

Abb. 120. Bodentypenkarte des osteuropäischen Steppengebiets und der angrenzenden Waldgebiete. P = Pod (Senken ohne Abfluß in der Steppe), S = Salzböden (Solontschak).

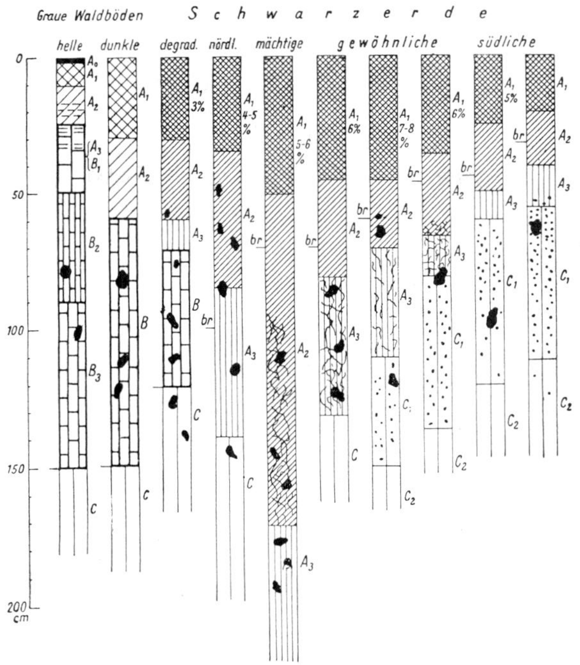

Abb. 121. Schematische Darstellung der Bodenprofile in der Waldsteppen- und Steppenzone (westl. vom Dnjepr) von N nach S. Prozentzahlen = Humusgehalt des A_1, br = Aufbrausungshorizont, geschlängelte Linien = Pseudomycelien (Kalk), kleine Punkte = Kalkaugen, große schwarze Flecken = Krotowinen (alte Zieselbauten), horizontal gestrichelt = Plättchenstruktur beim Waldboden.

Unter dem Walde in der Waldsteppenzone bleiben die oberen Bodenschichten feuchter; die Streu bildet den A_0-Horizont, die Durchmischung desselben mit dem mineralischen Boden ist geringer, der Humushorizont ist deshalb unter dem feuchten Hainbuchen(*Carpinus*)-Wald nur hellgrau, unter dem trockenen Eichenwald dunkelgrau gefärbt; seine gute krümelige Struktur geht verloren, sie wird plattig; unter der Humusschicht findet man mehlige, gebleichte Sandkörner und darunter einen verdichteten B-Horizont, alles Anzeichen der beginnenden Podsolierung. Diese ist unter dem Eichengebüsch (als den letzten Ausläufern des Waldes gegen die Steppe) bei der degradierten Schwarzerde kaum angedeutet. Gelangt man dann in die feuchteste

Abb. 122. Frühlungsaspekte der Wiesensteppe (nach POKROVSKAJA, aus WALTER 1968). Vertikalprojektion, Quadrate in dm. Oben, Anfang April: Brauner Aspekt mit lila *Pulsatilla patens*-Flecken, *Carex humilis* stäubt. Mitte–Ende April: Gelber *Adonis vernalis*-Aspekt, zartblaue *Hyacinthus leucophaeus*. Unten, Ende Mai: Blauer *Myosotis sylvatica*-Aspekt, weiße *Anemone sylvestris,* gelbe *Senecio campestris,* einige blühende *Stipa.*

Ausbildungsform der Wiesensteppen, so findet man unter ihnen schon die Nördliche Schwarzerde in typischer Ausbildung, aber mit sehr tiefliegendem Aufbrausungshorizont und ohne Kalkausscheidungen (vgl. Abb. 120–121).
Auf Grund der noch verbliebenen Reste der natürlichen Vegetation konnte man nachweisen, daß jedem Bodentypus eine bestimmte Pflanzengemeinschaft zugeordnet ist, wie es folgende Übersicht zeigt:

Bodentypus	*Vegetationseinheit*
Graue Waldböden	Eichen-Hainbuchen- und Eichenwald
Degradierte Schwarzerde	Eichen-Schlehengebüsch
Nördliche Schwarzerde	Feuchte, krautreiche Wiesensteppe
Mächtige Schwarzerde	Typische Wiesensteppe
Gewöhnliche Schwarzerde	Krautreiche Federgras *(Stipa)*-Steppe
Südliche Schwarzerde	Trockene, krautarme *Stipa*-Steppe

Diese Zuordnung erlaubt es, auf Grund der Bodenkarte die frühere Vegetationsgliederung zu rekonstruieren.

3 Wiesensteppen auf Mächtiger Schwarzerde und die Federgrassteppen

Das Wort „Steppe" stammt von der russischen Bezeichnung „stepj". Man sollte es deshalb nur für Grassteppen der gemäßigten Zone verwenden, die den osteuropäischen Steppen gleichen, wie die Prärie und die Pampa. In den Tropen gibt es in diesem Sinne keine Steppen, man spricht deshalb besser vom tropischen „Grasland". Mit dem Begriff „Steppe" verbindet man bei uns vielfach die Vorstellung einer öden, armen Vegetation, z. B. wenn man von einer „Versteppung" der Landschaft spricht. Für die nördlichen Varianten der osteuropäischen Steppen ist das Gegenteil der Fall. Sie sind heute die fruchtbarsten Teile des Landes mit den besten Schwarzerdeböden; im natürlichen Zustand übetreffen sie unsere üppigsten Wiesen an Blütenpracht; nur im Herbst machen sie einen trockenen Eindruck.
Wir sagten, daß die Waldsteppe ein Makromosaik von Laubwäldern und Wiesensteppen ist. Mit den Laubwäldern hatten wir uns bereits beschäftigt, deshalb sollen jetzt die *Wiesensteppen* genauer besprochen werden. Wir beginnen mit ihrer jahreszeitlichen Entwicklung (Abb. 122 und 123).
Nach der Schneeschmelze ist der Boden in der Steppe gut durchfeuchtet, die Temperaturen steigen an, so daß sich eine reiche Frühlingsflora entwickelt. Ende April erscheinen die lila Blüten von *Pulsatilla patens*, auch *Carex humilis* beginnt zu stäuben, dazu kommen Anfang Mai die großen goldenen Sterne von *Adonis vernalis* und die hellblauen Blütenstände von *Hyacinthus leucophaeus*. Mitte Mai ergrünt die Steppe; zwischen den sprießenden Gräsern stehen *Lathyrus pannonicus, Iris*

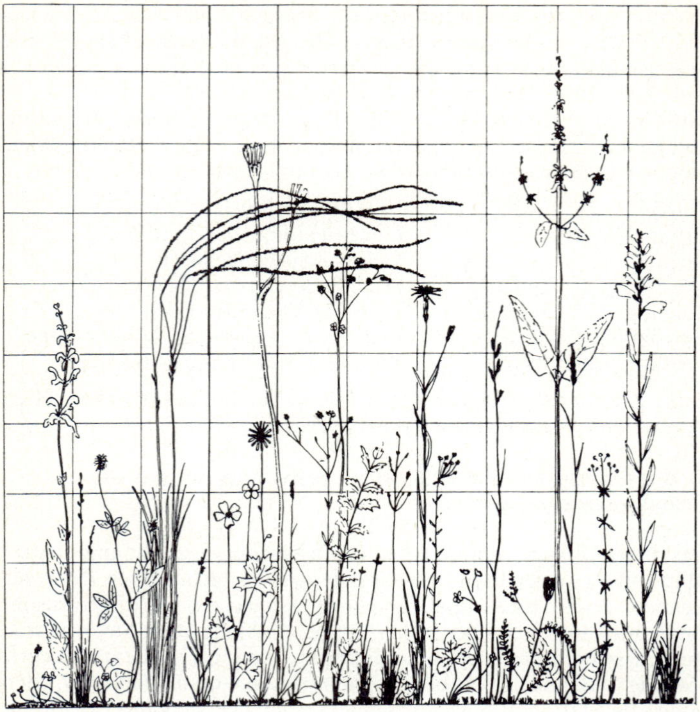

Abb. 123. Frühsommer-Aspekt (aus WALTER-ALECHIN 1936). Neben dem Federgras, *Stipa ioannis* blühen viele Kräuter (über 40 cm hoch sind: *Salvia pratensis, Hypochoeris maculata, Filipendula hexapetala, Scorzonera purpurea, Phlomis tuberosa und Echium rubrum).*

aphylla und *Anemone sylvestris*. Anfang Juni ist das bunteste Stadium erreicht mit Mengen von blühender *Myosotis sylvatica, Senecio campestris* und *Ranunculus polyanthemus;* gleichzeitig erscheinen die ersten Federschweife von *Stipa joannis*. Im Frühsommer bewegen sich wellenförmig im Winde die federigen langen Grannen der *Stipa*-Arten, und es strecken sich die Rispen von *Bromus riparius* (*B. erectus* nahestehend); dazwischen blühen *Saliva pratensis* und *Tragopogon pratensis*. Gegen Ende Juni färbt sich die Steppe weiß durch die Blüten von *Trifolium montanum, Chrysanthemum leucanthemum, Filipendula hexapetala,* zu denen *Campanula sibirica* und C. *persicifolia, Knautia*

arvensis und *Echium rubrum* einen Farbenkontrast bilden. Anfang Juli nähert sich die Farbenpracht mit *Onobrychis arenaria* und *Galium verum* ihrem Ende.
Von Mitte Juli an beginnen die Pflanzen zu vertrocknen; es erscheinen noch die dunkelblauen Rispen von *Delphinium litwinowi* und später die braunroten Kerzen von *Veratrum nigrum.* Ab August sieht die Steppe trocken aus und bleibt so, bis der Schnee sie zudeckt.
Diese Beschreibung zeigt, daß die Trockenwiesen und Steppenheiden in Mitteleuropa die ärmlichen extrazonalen Außenposten der Wiesensteppe im humiden Klima auf trockenen, flachgründigen Standorten darstellen. Die floristische Zusammensetzung ist sehr ähnlich, nur daß in Mitteleuropa submediterrane Elemente hinzukommen, wie z. B. die Orchideen, die der Steppe fehlen.
Südlicher von den Wiesensteppen der Waldsteppenzone beginnen die *Federgrassteppen* auf Gewöhnlicher und Südlicher Schwarzerde. In ihnen herrschen verschiedene *Stipa*-Arten vor. Die weniger dürreresistenten Kräuter sind bei der zunehmenden Trockenheit nicht wettbewerbsfähig und treten immer mehr zurück. Die Dichte der Pflanzendecke nimmt ab, so daß der Boden zum Teil vom Moos *Tortula (Syntrichia) ruralis* und der Alge *Nostoc* bedeckt ist. Im Frühjahr sind die Geophyten *(Iris, Gagea, Tulipa)* und einige Winterannuelle *(Draba verna, Holosteum umbellatum)* stärker vertreten. Besonders auffallend ist *Paeonia tenuifolia.* Im Sonner treten andere Kräuter *(Salvia nutans, S. nemorosa, Serratula, Jurinea, Phlomis* u. a.) auf, im Spätsommer kommen Umbelliferen *(Peucedanum, Ferula, Seseli, Falcaria)* und Compositen *(Linosyris)* hinzu. Noch südlicher nimmt die Vegetationsdichte weiter ab; neben den Federgräsern spielen *Stipa capillata* und *Festuca sulcata* eine größere Rolle und unter den Kräutern solche mit tiefgehender Pfahlwurzel *(Eryngium campestre, Phlomis pungens, Centaurea, Limonium, Onosma).*
Auf den kastanienfarbigen Böden treten schon Wermut*(Artemisia)*-Arten stärker hervor, womit der Übergang zur *Wermut-Halbwüste* eingeleitet wird.

4 Nordamerikanische Prärie

Die Verhältnisse in der Prärie entsprechen denen der Steppe; sie sind nur komplizierter. Während sich die Steppe um den 50. Breitengrad von den Ausläufern der Karpaten nach Osten weit über Europa hinaus erstreckt, beginnt die Prärie in Kanada zwar auch südlich vom 55. Breitengrade, aber die Zonen verlaufen in N-S-Richtung bis über den 30. Breitengrad nach Süden und gehen in *Prosopis*-Savannen über. Dazu kommt, daß die weite Ebene in N-Amerika langsam von E nach W bis auf 1500 m NN ansteigt. Die Niederschläge nehmen von E nach

W ab, die Temperatur jedoch von N nach S zu. Es ergibt sich dadurch keine so klare Bodenzonierung, sondern mehr eine schachbrettartige Anordnung der Bodentypen (Abb. 124).

Die einzelnen Vegetationszonen wie Langgrasprärie, Gemischte Prärie und Kurzgrasprärie, folgen aufeinander, wenn man von E in der Richtung der zunehmenden Aridität nach W geht, aber in jeder Zone besteht ein floristisches Gefälle von N nach S. Eine größere Rolle als *Stipa* spielen *Andropogon*-Arten, also Grassippen südlicher Abstammung.

Die Übergangszone der Waldsteppe ist in N-Amerika ebenfalls vorhanden mit Wäldern an den Talhängen oder auf leichten Böden und Grasland auf den ebenen Wasserscheiden mit schweren Böden. Die Langgrasprärie entspricht der nördlichen Wiesensteppe auf der Mächtigen Schwarzerde, aber die Prärieböden sind feuchter, der Kalk ist ganz ausgewaschen, ein Aufbrausungshorizont fehlt. Die Frage, wes-

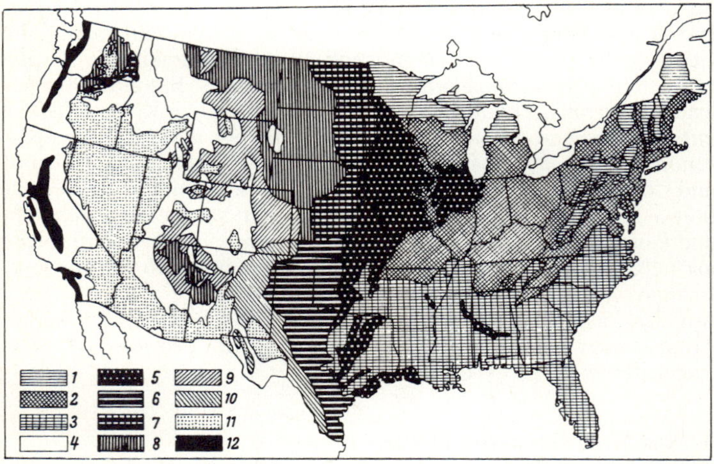

Abb. 124. Bodentypenkarte der USA (nach Karte des US-Dep. of Agric). 1 Podsolböden, 2 graubraune Waldböden, 3 gelbe und rote Waldböden, 4 Gebirgsböden (allgemein), 5 Prärieböden, 6 südl. Schwarz- und dunkle Braunerden, 7 nördl. Schwarzerde, 8 Kastanien-Braunerde, 9 nördl. Braunerde, 10 südl. Braunerde, 11 Grauerde (Serosem), 12 pazifische Talböden. Braunerde = Burosem.

Es entsprechen: 1 der Nadelwaldzone, 2 u. 3 der Mischwald- und Laubwaldzone, 5 der Langgrasprärie, 6–10 der Gemischten und Kurzgrasprärie, 11 im nördl. Teil der Wermut (sagebrush)-Halbwüste, im südl. anderen Typen.

halb die Prärie trotzdem baumlos ist, wurde experimentell durch Auspflanzen von Baumsämlingen mit und ohne Wettbewerb der Graswurzeln beantwortet. Das Ergebnis war, daß Baumwuchs durchaus möglich ist, wenn die Konkurrenz der Gräser ausgeschaltet wird. Nachdem die Präriebrände aufgehört haben, rückt bei der Ausschaltung jeglicher Eingriffe der Wald mit einer Gebüschzone als Vorhut langsam, etwa 1 m in 3–5 Jahren, gegen die Prärie vor. Aber eine genaue Statistik ergab für das Jahr 1965, daß im Mittel pro Jahr ein Blitzschlagfeuer auf je 5000 ha Prärieflache kommt; das Feuer ist im Präriegebiet somit ein natürlicher Umweltfaktor zugunsten der Gräser. Man muß auch berücksichtigen, daß die Prärievegetation früher durch die weidenden großen Bisonherden begünstigt wurde. Dazu kommt noch als ein Naturexperiment die katastrophale Dürre 1934–41, deren Auswirkung auf die Prärievegetation noch 1953 zu erkennen war. Solche periodisch alle Jahrhunderte wiederkehrende Dürreperioden sind sicher für die Baumlosigkeit der Prärie mit verantwortlich zu machen.

Die Langgrasprärie ist ebenso krautreich wie die Wiesensteppe, floristisch sogar artenreicher. Während der Hauptblüte im Juni blühen 70 Arten gleichzeitig. Die Hauptgräser *(Andropogon scoparius* und *A. gerardi)* haben jedoch ihre Blütezeit als südliche Elemente mit einer C4-Photosynthese erst im Spätsommer; bei der tiefen Durchfeuchtung der Prärieböden leiden sie in normalen Jahren nicht unter Wassermangel.

Diese Gräser werden 40–100 cm, mit den Blütenständen 1 bis 2 m hoch. In der Gemischten Präriezone kommen neben den Langgräsern *(Andropogon scoparius, Stipa comata)* auch reichlich Kurzgräser *(Bouteloua gracilis, Buchloë dactyloides)* vor, die dann in der Kurzgrasprärie allein dominieren; die Kräuter treten ganz zurück, dagegen ist *Opuntia polyacantha*, namentlich auf überweideten Flächen häufig (Küchler 1974). Durch die Beweidung wird überhaupt der Charakter der Prärie leicht in der Richtung einer scheinbaren größeren Aridität verändert, d.h. die Langgrasprärie wird zur Gemischten Prärie, diese zur Kurzgrasprärie. Die nach Westen zunehmende Aridität kommt durch die Kalkausscheidungen am Bodenprofil zum Ausdruck. Die Kalkaugen treten in der Kurzgrasprärie schon in 25 cm Tiefe auf, der Humushorizont ist nur wenig mächtig, die Wurzeltiefe nimmt ab; denn die Wurzeln gehen kaum in den Horizont mit den Kalkausscheidungen hinein, da dieser die mittlere Tiefe der Bodendurchfeuchtung anzeigt.

Im Rahmen vom US/IBP wurden von French (1979) in einem Sammelband 10 Beiträge mit ökologischer Untersuchung über die Produktion, die Konsumenten und Beweidungsprobleme veröffentlicht.

Die Netto-Produktion beträgt etwa in der Kurzgrasprärie 2 t/ha, in der gemischten 3 t/ha und in der Langgrasprärie über 5 t/ha und Jahr.

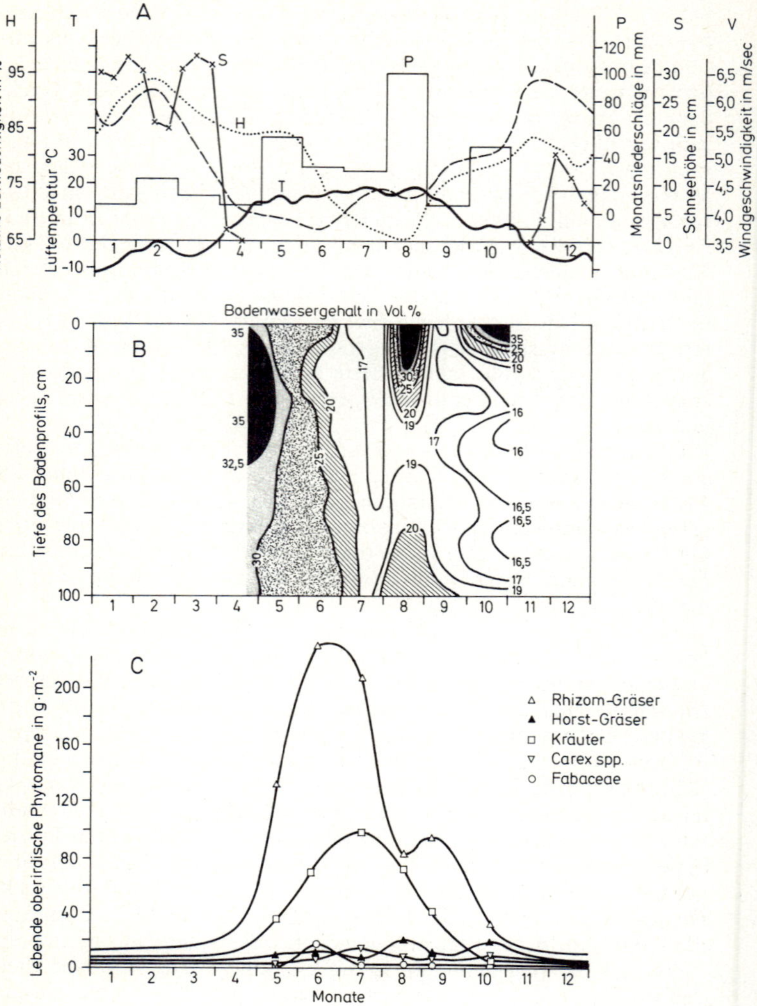

Abb. 125. Gleichzeitige Messung der abiotischen (A, B) und der biotischen Größen (C–H) eines Wiesensteppenökosystems im Zentralen Schwarzerdereservat im Jahre 1957. A – meteorologische Faktoren, B –Wassergehalt des

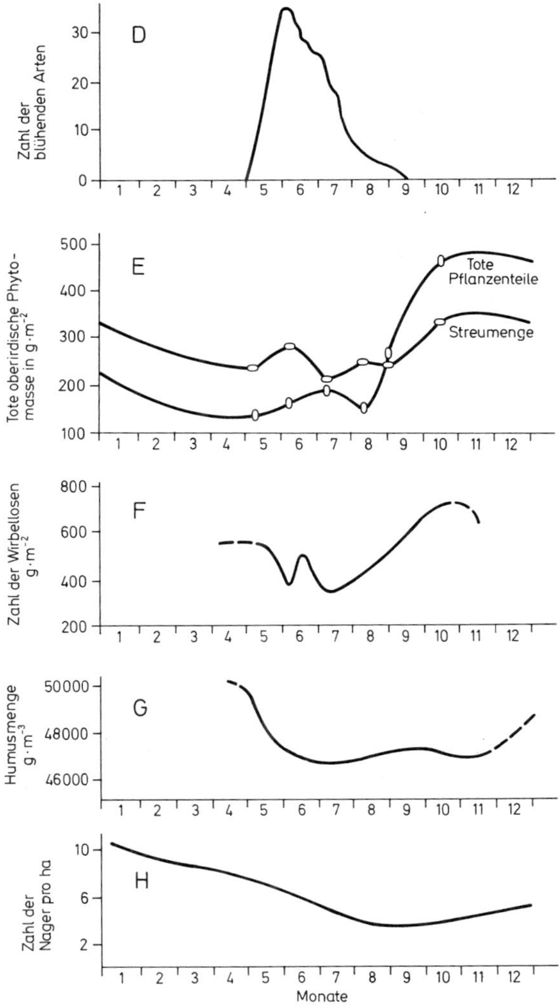

Bodens, C – oberirdische Phytomasse, D – Phänologie der Pflanzen, E – tote oberirdische Pflanzenteile. F – Zahl der Wirbellosen, G – Humusmasse, H – Zahl der Nager (vorherrschende Wirbeltiere). (1980.)

5 Ökophysiologie der Steppen- und Präriearten

Die Vegetationszeit der Steppenpflanzen wird durch den kalten Winter einerseits sowie die Dürre des Spätsommers und Herbstes andererseits begrenzt. Den Pflanzen stehen etwa 4 Monate mit sehr günstigen Wachstumsbedingungen im Frühjahr und Frühsommer zur Verfügung. Die Arten sind zum größten Teil Hemikryptophyten und müssen in dieser kurzen Zeit eine große produzierende Blattoberfläche mit möglichst geringem Materialaufwand aufbauen. Genaue Bestimmungen der Blattflächenindizes liegen nicht vor, sie dürften jedoch in der Wiesensteppe denen des Laubwaldes entsprechen. Allerdings schwankt die gesamte Blattfläche je nach der Niederschlagshöhe von Jahr zu Jahr stark. Für die krautarme Federgrassteppe wird in feuchten Jahren eine oberirdische Phytomasse von 4530–6250 kg/ha angegeben gegenüber 710–2700 kg/ha in trockenen Jahren. Es findet also eine Reduktion der transpirierenden Blattfläche bei ungünstiger Wasserversorgung statt, und das hat eine geringere Produktion zur Folge. Im Gegensatz dazu bleibt die unterirdische Phytomasse unverändert. Sie ist im Vergleich zur oberirdischen viel größer:
Folgende Angaben werden gemacht:

Wiesensteppen: Phytomasse 23,7 t/ha (unterirdisch 84%)
Jahresproduktion 10,4 t/ha
Federgrassteppen: Phytomasse 20,0 t/ha (unterirdisch 91%)
Jahresproduktion 8,7 t/ha

Die jährlich absterbende oberirdische Masse bildet an der Bodenoberfläche die Streuschicht (Steppenfilz), die in der Wiesensteppe 8–10 t/ha erreicht, in der trockenen Steppe nur 3 t/ha. Die absterbende unterirdische Masse wird durch Bodenorganismen in Humus umgewandelt. Die Streuschicht unterliegt im Frühjahr und Sommer einer starken Zersetzung; sie weist zu Beginn der Dürre ein Minimum, zu Beginn des Winters ein Maximum auf. Die jahreszeitliche Veränderung der Umweltfaktoren und der biotischen Größen für das größte Steppenreservat gibt Abb. 125 wieder.
Eine zu starke Anreicherung der Streu, z. B. in Schutzgebieten, wirkt sich ungünstig aus. Die Verjüngung der Gräser wird erschwert, in der Pflanzendecke entstehen Lücken, und Unkrautpflanzen, wie *Artemisia, Centaurea* und Disteln, stellen sich ein. Für die typische Entfaltung der Steppenvegetation ist also eine gewisse Beweidung notwendig, wie sie in der Ursteppe durch Gazellen und Saiga-Antilopen, das Wildpferd und den Wildesel sowie vor allem durch die unzähligen Steppennagetiere (Ziesel u. a.) und Heuschrecken erfolgte. Die Baue der Steppennager tragen neben den Regenwürmern zur guten Durchmischung des Humus mit dem mineralischen Boden bei. Gelegentliche natürliche Steppenbrände hatten auch die Vernichtung der angereicherten Streu

zur Folge. In den Steppenreservaten hilft man sich, indem man die Flächen alle 3 Jahre mäht.
Zwischen den Steppengräsern und -kräutern herrscht ein ähnliches ökologisches Gleichgewicht wie zwischen den Holzpflanzen und den Gräsern in der Savanne (Seite 99) Alle Gräser haben ein sehr intensives, fein verzweigtes Wurzelsystem, die Kräuter dagegen ein extensives, oft mit einer tiefgehenden Pfahlwurzel.
Ihrem Wasserhaushalt nach gehörten die Steppenkräuter zur Gruppe der malakophyllen Xerophyten. Im Frühjahr ist die Zellsaftkonzentration sehr niedrig. Vorübergehende Trockenperioden bewirken ein Welken mit einem steilen Anstieg der Zellsaftkonzentration. Bei den spätblühenden Arten wird zur Zeit der Blüte, wenn die Dürre beginnt, die Transpiration durch Verdorren der Blätter eingeschränkt; die Blüten und die reifen Füchte verbrauchen wenig Wasser und erhalten die Aufbaustoffe aus den vergilbenden Pflanzenteilen.
Sehr typisch für die weiten offenen Steppen sind die *„Steppenläufer“ (Eryngium, Falcaria, Seseli, Phlomis, Centaurea* u.a.). Bei diesen bleibt der versteifte Stengel mit den trockenen Fruchtständen als ein kugeliges Gebilde erhalten; am Wurzelhals ist eine schwache Stelle, an der der Stengel abbricht und vom Wind über die Steppe gerollt wird, wobei ein Ausstreuen der Samen erfolgt; oft verhaken sich die Fruchtstände, bilden zusammen metergroße Ballen, die in hohen Sprüngen mit großer Geschwindigkeit über die Steppe dahinjagen.
Bei den *Stipa*-Arten erfolgt die Regulierung der Transpiration nicht nur durch Stomataschluß, sondern außerdem durch das Einrollen der Blätter; dadurch wird die Photosynthese beeinflußt. Die einzelnen Arten sind an bestimmte Standortbedingungen angepaßt, wodurch ihre Verbreitung festgelegt wird.
Viele Arbeiten beschäftigten sich mit dem Wasserhaushalt der „Steppenheide“ in Mitteleuropa. Bei dieser handelt es sich um eine extrazonale Reliktvegetation aus einer xerothermen Periode der Postglazialzeit. Die Steppenheide ist an warme und trockene Standorte auf Löß- und Kalkhängen oder Sandböden gebunden und besteht aus malakophyllen Steppenarten, die sehr hydrolabil sind. Die Trockenheit in Mitteleuropa wird nicht durch das Klima, sondern durch die geringe Feldkapazität der Böden und die hohe potentielle Verdunstung an den südexponierten Hängen bedingt. Die lange Dürrezeit des Spätherbstes fehlt, dafür kommen häufiger kurze Trockenperioden vor, wenn die Niederschläge eine Zeitlang ausbleiben.

6 Asiatische Steppen

Die osteuropäische Steppenzone setzt sich unter Umgehung des Südurals in dem kontinentaleren Klima Asiens fort; allerdings wird sie östlich vom Baikalsee durch viele Gebirge unterbrochen und ist mehr

Abb. 126. Grassteppe aus *Poa botryoides, Koeleria gracilis, Festuca lenensis* u. a. im mongolischen Hochland westlich Ulan-Bator (Foto P. Hanelt, aus Walter 1974).

auf die Beckenlandschaften und breiten Täler beschränkt. Nur in der Äußeren Mongolei und in der Mandschurei ist sie wieder als Zone ausgebildet (Abb. 126). Die westsibirischen Steppen tragen denselben Charakter wie die europäischen mit gewissen floristischen Unterschieden. Häufig tritt *Lilium martagon* ssp. in der Steppe auf und *Hemerocallis* spp. Die transbaikalischen Steppen besitzen dagegen ein extrem kontinentales Klima mit sehr schneearem Wintern und trockenem Frühjahr. Die Frühlingsflora fehlt, und stark vertreten ist *Filifolium (Tanacetum) sibiricum*, das sich im Herbst leuchtend rot färbt. Auffallend ist auch die starke Beimischung von bei uns alpinen Elementen (Arten der Gattungen *Leontopodium, Androsace, Arenaria, Kobresia* u. a.), was mit dem besonders kontinentalen Klima zusammenhängt (Walter 1975 a).

In sehr ebenem Gelände der nördlichen sibirisch-kasachischen Steppe treten zahllose kleine Seen auf als Folge des semiariden Klimas, so paradox es scheint. Im humiden Klima fließt jede Senke über, und es entwickelt sich ein Flußsystem. Im semiariden ist das nicht der Fall. Jede kleine Senke hat ihr kleines Einzugsgebiet. Die Senken bilden sich an der Stelle, wo nach Regen Lachen stehen und das Wasser langsam tief in den Boden dringt. Dadurch lagern sich die Bodenteilchen um und dichter zusammen, das Bodenvolumen verkleinert sich, so daß an der Oberfläche ein Setzen erfolgt und die Senke sich vertieft. Wir hatten solche Seenplatten in anderen semiariden Gebieten vom Flugzeug beobachtet: in N-Dakota (USA), in der Pampa Argentiniens und in W-Australien. Wenn diese Seen einen wenn auch schwachen unter-

irdischen Abfluß haben, so bleibt das Wasser süß; verdunstet dagegen das ganze Wasser, so verbracken sie (Sodaverbrackung im schwach ariden Gebiet, sonst Chlorid-Sulfat-Verbrackung).
Im östlichen Teil der europäischen Steppen, aber auch in N-Dakota siedeln sich am Rande der kleinen meist kreisrunden Seen Espen an (*Populus tremula* bzw. *P. tremuloides*). Die Steppe erscheint mit kleinen Hainen gespickt. Solche Espenhaine (in Sibirien mit viel Birke) bilden die Waldkomponente in der Waldsteppe dort, wo im kontinentalen Klima die nemorale Zone auskeilt und die Steppe an die boreale Nadelwaldzone grenzt (also im Zono-Ökoton VII/VIII), wie es in Westsibirien und im kanadischen Steppengebiet der Fall ist.

7 Die Tierwelt der Steppen

Die Ursteppe war das Reich des Großwildes, wie auch die amerikanische Prärie. Bis ins 18. Jahrhundert war in der osteuropäisch-asiatischen Steppe noch der Tarpan *(Equus gmelini)* vertreten, das letzte Exemplar wurde 1866 an den zoologischen Garten in Moskau geliefert. Stärker vertreten waren die Paarhufer. Es wird angenommen, daß der Auerochse *(Bos primigenius)* ursprünglich die Steppe bevölkerte und sich dann vor den Menschen in die Wälder zurückzog. Die Antilope *(Saiga tatarica)* hielt sich länger und ist selbst heute noch an einigen Stellen (Schutzgebiet bei Astrachan u. a.) vertreten. Hirsche und Rehe gab es früher in der Waldsteppe, und das Wildschwein *(Sus scrofa)* hielt sich um Wasserstellen und im Röhricht auf. Leichte Beweidung gehört zur Erhaltung der Steppenvegetation. Aber das Großwild und die Raubtiere sind vom Menschen restlos vernichtet worden. Geblieben sind die zahlreichen Steppennagetiere.
Heute kann man die Tierwelt nur in den wenigen Steppenreservaten und zum Teil noch in den sibirischen und mongolischen Steppen studieren, soweit sie noch von Nomaden beweidet werden. Wichtig sind vor allem die Bodenorganismen, die bei der Ausbildung der Schwarzerde von großer Bedeutung sind.
Zu nennen sind vor allem die Regenwürmer: Die großen *(Dendrobaena mariupolensis)* durchziehen den Boden mit ihren Gängen in allen Richtungen bis in große Tiefen; im oberen Meter wurden 525 Gänge/m^2 gezählt, in 8 m Tiefe noch 110 Gänge/m^2. Die kleinen Regenwürmer *(Allophora* spp.) beschränken sich mehr auf die oberen Bodenschichten. Die Regenwürmer durchmischen den Boden und reichern die unteren Schichten mit organischem Material an. Die Gänge erleichtern den Wurzeln das Eindringen in den Boden.
An zweiter Stelle sind die Ameisen zu nennen, die ebenfalls die Bodendurchmischung fördern, an dritter die Nagetiere mit unterirdischen Bauen. Ihre Tätigkeit ist an jedem Schwarzerdeprofil durch die „Krotowinen“ zu erkennen – die Querschnitte der verlassenen Gänge, die

von oben mit Humusboden ausgefüllt wurden und im Lößboden auf dem Profil als schwarze Kreise erscheinen. Die von den Nagern ausgeworfene Erde stammt aus den tieferen Schichten. Es wurden 175 Haufen/ha gezählt, die 0,5–2% der Fläche einnahmen. Durch sie entsteht mit der Zeit ein Mikrorelief mit Kleinsukzessionen der Vegetation. Auf diesen Erdhaufen siedeln sich häufig Steppen-Sträucher (*Caragana frutex, Amygdalus nana* u. a.) an, die hier vor der Konkurrenz der Graswurzeln geschützt sind. Auch die Nager tragen zur Lockerung und Durchmischung des Bodens bei.

Solange die Steppen nur von den Herden der Nomaden, die ihren Standort dauernd wechselten, leicht beweidet wurden, wie es noch vor kaum mehr als zwei Jahrhunderten der Fall war, blieb die Steppenvegetation fast unverändert erhalten. Durch die Umwandlung der Steppe in Ackerland oder intensive Viehweiden in den letzten zwei Jahrhunderten wurde jedoch das ganze Steppenökosystem zerstört und die Fauna hat schwere Einbußen erlitten. Nur einige tierische Organismen haben sich an die neuen Verhältnisse angepaßt. Nager sind für den Ackerbau zur Plage geworden; in der Steppe harmlose Schädlinge gingen auf Getreide und Zuckerrübe über; sie treten heute in Massen auf und müssen mit chemischen Mitteln bekämpft werden.

Durch die Beweidung mit Vieh wird die Pflanzendecke der Steppe degradiert. Eine Regeneration der Steppenvegetation auf geschützten Flächen erfolgt nur langsam. Auf diese Sekundärsukzessionen können wir hier jedoch nicht eingehen.

8 Grassteppen der südlichen Erdhalbkugel

Im Vergleich zu den Grassteppen der nördlichen Hemisphäre nehmen die der südlichen nur eine relativ kleine Fläche ein. Das größte zusammenhängende Gebiet ist die ostargentinische Pampa in der Provinz Buenos Aires mit Teilen der benachbarten Provinzen. Man könnte sie auch als semiaride Variante des Zonobioms V betrachten mit relativ hohen Niederschlägen während der heißen Sommerzeit: Die Pampa liegt zwischen 32 und 38° südlicher Breite, dehnt sich über etwa ½ Million km^2 aus und grenzt direkt an die Küste des Atlantischen Ozeans. Sie liegt somit im warmtemperierten Gebiet und entspricht dem südlichsten Teil der Prärie in Oklahoma und Texas. Die Niederschläge erreichen im Nordosten des Pampagebiets 1000 mm und sinken im Südwesten an der Trockengrenze auf 500 mm. Diese Werte erscheinen sehr hoch, aber man darf nicht vergessen, daß die Temperaturen und somit die potentielle Evaporation ebenfalls hoch sind (Buenos Aires: mittl. Jahrestemperatur 16,1 °C). Doch galt das Klima der Pampa als humid und es wurde immer wieder die Frage aufgeworfen, warum die Pampa ein baumloses Grasland ist. Die einfachste, aber unkritischste Annahme ist, wie in allen Fällen, wenn man keine andere Erklärung

hat, daß es sich um eine anthropogene Vegetation handelt, die durch die vom Menschen gelegten Brände aus einer früheren Waldvegetation hervorgegangen ist.
Es hat sich jedoch gezeigt, daß die Beurteilung des Klimas nicht richtig ist. Selbst in den feuchtesten Teilen der sehr ebenen Pampa kann man viele abflußlose, seichte Seen (hier Lagunen genannt) beobachten und außerdem zahllose kleine Pfannen, die zwar im Frühjahr Wasser enthalten, aber im Sommer austrocknen. Das Wasser in den Lagunen ist stark alkalisch, enthält somit Soda; um die Pfannen sind Sodaböden (Solonez) verbreitet mit dem typischen Gras der Brackböden *(Distichlis)*. Alles das spricht dafür, daß wir es mit einem semiariden Klima zu tun haben, wie wir es in der Waldsteppe kennenlernten. Tatsächlich zeigen die Messungen der potentiellen Evaporation (Tank A), daß die Verdunstung unmittelbar am Ufer des La Plata gleich der Niederschlagshöhe ist, während sie in der Pampa die letztere übertrifft. Die negative Wasserbilanz beträgt in der feuchten Pampa etwa 100 mm und in den trockensten Teilen der Pampa bis 700 mm. Besonders hoch ist die potentielle Evaporation in den Monaten Januar–Februar, die auch ein Regenminimum aufweisen. In diesen Monaten treten nur abends und nachts schwere Gewitter auf, während am Tage die Strahlung sehr intensiv ist. Die im Frühjahr reichlich mit Wasser versorgte Vegetation brennt im Januar stark aus.
In einem Waldsteppenklima kann man auf gut dränierten Böden eine Gehölzvegetation erwarten. Solche Gehölzinseln mit *Celtis spinosa* (Tala) kommen in Küstennähe auf kleinen Erhebungen mit durchlässigen Kalk- oder Sandböden vor, während die schlecht dränierten Böden eine Grasvegetation tragen. Auf steinigen Erhebungen wächst Gebüsch (Frangi 1975). Von der ursprünglichen Pampavegetation ist fast nichts übriggeblieben. Auf den beweideten Flächen findet man europäische Gräser, die weicher sind als die Pampagräser und von europäischen Viehrassen lieber gefressen werden. Viele gepflanzte exotische Bäume, deren Wurzeln vor der Konkurrenz des intensiven Graswurzelsystems geschützt sind, wachsen überall gut.
Auf Grund einiger kleiner Reste an unbeweideten Stellen kann man sagen, daß im feuchten nordöstlichen Teil der Pampa eine *Stipa-Bothriochloa laguroides*-Steppe vorherrschte, die sich aus etwa 23 Graminiden und 46 Kräutern zusammensetzte (Lewis y Collantes 1975). Das Bodenprofil unter dieser Pampa hat einen bis 1,5 m mächtigen Humushorizont, erinnert an die Mächtige Schwarzerde oder die Prärieböden, läßt aber eine starke Wechselfeuchtigkeit erkennen und leitet zu den subtropischen Graslandböden S-Brasiliens über. Es sind keinerlei Anzeichen einer früheren Bewaldung zu erkennen. Bei höherem Grundwasserstand findet man Bestände mit den dichten Horsten von *Paspalum quadrifarium,* die bei sehr hohem Grundwasserstand zu den Sodaböden (pH = 8–9) mit *Distichlis* überleiten.

Abb. 127. Südliche Tussock-Pampa mit *Stipa brachychaeta* (mittlere Provinz Buenos Aires) (Foto E. WALTER).

Die trockene südwestliche Pampa war früher ein Tussock-Grasland mit *Stipa brachychaeta* und *St. trichotoma* und fast fehlenden Kräutern. Unter *Tussock* versteht man eine Wuchsform der Gräser, die auf der Nordhemisphäre fehlt, aber auf der Südhemisphäre mit den milden Wintern sehr verbreitet ist. Es sind büschelförmige Horste, die über 1 m hoch werden können, aus alten harten Blättern, zwischen denen die jungen grünen stehen; das Tussock-Grasland hat deshalb stets eine gelbliche Färbung (Abb. 127). Diese Gräser haben einen geringen Weidewert und man versucht sie deshalb umzupflügen und durch europäische zu ersetzen.

Wenn die Niederschläge im Westen unter 500 mm im Jahr sinken und hauptsächlich im Sommer fallen, wird die Pampa durch lichte xerophytische *Prosopis caldenia*-Gehölze ersetzt. Dabei treten auch anstelle von Lößböden leichte Sandböden auf. Bei noch geringeren Regenmengen kommt man in die *Prosopis*-Savanne (Abb. 128), die sehr an die *Acacia*-Savanne in SW-Afrika erinnert. Zugleich beginnen ausgedehnte Salzböden mit Halophyten. Bei weniger als 200 mm Regen im Jahr findet man auf steinigen Böden die *Larrea*-Halbwüste (Seite 159) mit vielen Rutensträuchern, die zu verschiedenen Familien (Caesalp., Scrophul., Cappar., Compos.) gehören. Die geringe transpirierende Fläche dieser Bestände und die starke Drosselung der Transpiration

während der halbjährigen Dürrezeit erlauben es der Halbwüstenvegetation, mit den an ihrem Standort zur Verfügung stehenden Wassermengen im Boden auszukommen. Diese betragen auf der Fläche etwa 50–80 mm, an den Hängen nur 25–55 mm, dagegen in den Tälchen mit Zufluß über 140 mm.
Die *Larrea*-Halbwüste zieht sich am Ostfuß der Andenkette bis nach Patagonien, wo südlich des 40. Breitengrades die ständigen stürmischen Westwinde beginnen, die über die hier niedrigere Andenkette (Paßhöhe etwa 1000 m) herüber wehen. Aber es sind Fallwinde, die trocken sind. Während der Ostrand des Gebirges noch 4000 mm Regen erhält und *Nothofagus*-Wälder trägt, gehen diese ostwärts in trokkene *Austrocedrus*-Wälder und dann in ein Gebüsch mit der prächtig rot blühenden Proteacee *Embotrium coccineum* über, worauf die Holzpflanzen verschwinden und die Patagonische Steppe beginnt. Nur 100 km von den Anden entfernt betragen die Niederschläge 300 mm im Jahr und sinken weiter auf 160 mm. Von einer Steppe sollte man nur am Westrand von Patagonien sprechen, wo niedrige Tussock-Gräser *(Stipa* und *Festuca)* vorherrschen; sonst ist es richtiger, von der *patagonischen Halbwüste* zu sprechen, für die xerophytische Polsterpflanzen, die wiederum ganz verschiedenen Familien angehören (Compos, Umbellif., Verbenac., Rubiac. u. a.) bezeichnend sind (Abb.

Abb. 128. Baumsavanne mit *Prosopis caldenia* und den Gräsern *Stipa tenuissima* und S. *gynerioides* zwischen Sta Rosa und Victoria (Argentinien) (Foto E. Walter).

Abb. 129. Patagonische Halbwüste mit Polstern von *Chuquiraga aurea* bei Manuel Choique (Prov. Rio Negro) Foto E. WALTER).

129). Oft ist der Boden zu 60–70% kahl. Die Polsterform dürfte eine Anpassung an den ständigen starken Wind sein (mittlere Windgeschwindigkeit 4–5m/sec); innerhalb des Polsters stellt sich im Windschutz ein günstiges Mikroklima ein.
Das patagonische Tussock-Grasland hat viel Ähnlichkeit mit dem in Otago auf der Südinsel von Neuseeland. Auch dieses liegt südlich von 40° S und im Windschatten der Neuseeländischen Alpen mit Niederschlägen um 300 mm. Niedrige Tussock-Gräser *(Festuca novae-zelandiae, Poa caespitosa)* herrschen vor. Sie werden in 750 bis 2000 m Höhe, wo der Schnee 2–3Monate liegen bleibt, durch 1,5 (bis 2) m hohe Tussock-Gräser ersetzt *(Chionochloa = Danthonia)*. Zum Teil hat sich infolge von Bränden und Beweidung das Tussock-Grasland stark auf Kosten der früheren *Nothofagus*-Wälder ausgebreitet. Ökophysiologische Untersuchungen sind in diesen Grasländern bisher nicht durchgeführt worden.

9 Subzono-Ökoton der Halbwüsten

Die Halbwüste unterscheidet sich von der Wüste durch ihre diffuse Vegetation, aber mit einer geringen Deckung von etwa 25%. In der Wüste ist die Vegetationsdichte noch geringer, zugleich vollzieht sich dort der Übergang zur kontrahierten Vegetation. Die Pflanzendecke der Halbwüsten ist sehr verschiedenartig. In den frostfreien Subtropen oder Tropen findet man meist Holzpflanzen und Sukkulenten. In der gemäßigten Zone mit kalten Wintern sind es dagegen vor allem Halbsträucher, insbesondere der Gattung *Artemisia.* Das ist sowohl in Eurasien als auch in Nordamerika der Fall. Im windigen Patagonien hatten wir die Polsterpflanzen als bezeichnendes Element kennengelernt.

Der größeren Aridität der Halbwüsten entsprechend sind die verbrackten Böden verbreitet. Besonders auffallend ist das in Osteuropa, wo die weiten Flächen des Faulen Meeres nördlich der Krim im Sommer austrocknen und sich mit einer Salzkruste bedecken, wobei der Salzstaub vom Winde nach Norden verweht und in der Zone der Südlichen Schwarzerde und der *Kastanienerden* abgelagert wird. Diese Zufuhr von Na-Salzen führt zur *Solonzierung* der Böden. Das Salz

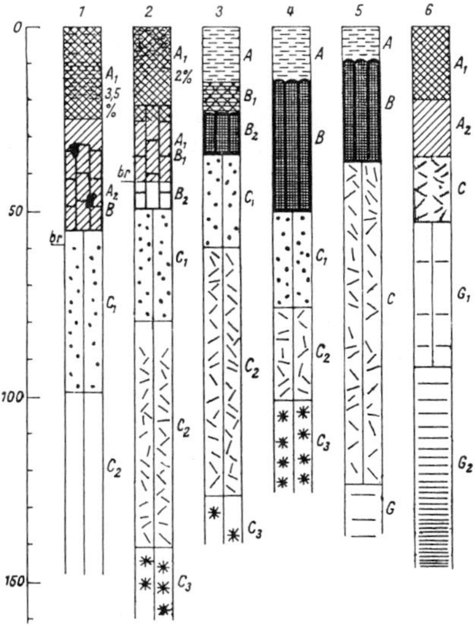

Abb. 130. Bodenprofile in Osteuropa schwach bis stark verbrackt. 1 schwach solonzierte Südl. Schwarzerde mit leichter Verdichtung (A_2B), 2 Dunkle Kastanienbraunerde mit B-Horizont, 3 Helle Kastanienbraunerde stark solonziert (A humusarm und plattig, B säulenförmig und sehr dicht), 4 Typischer Säulen-Solonezboden, 5 Solonez durch steigendes Grundwasser verändert, 6 Typischer Solontschak mit hohem Grundwasser und humusreichem A_1. Kalkaugen C_1, Gipsröhrchen C_2 bei 2–4 und C bei 5–6, Gipsdrusen C_3, Gleyhorizont (Grundwasser) G, G_1 und G_2.

wird durch das Schmelzwasser im Frühjahr aus den oberen Bodenschichten ausgewaschen, wobei die gebildeten Humussole (Soda-Bildung) auch die Sesquioxide (Fe_2O_3, Al_2O_3) mit in die tieferen Bodenschichten nehmen, wo eine Ausfällung stattfindet und ein verdichteter B-Horizont mit stark alkalischer Reaktion entsteht (Abb. 130). Nach Süden nimmt die Salzzufuhr ständig zu; aus dem A-Horizont werden die Humusstoffe ganz ausgelaugt, während der stark alkalischen B-Horizont sich immer mehr verdichtet und durch die Entquellung im Sommer und Quellung während der humiden Jahreszeit eine säulenförmige Struktur annimmt. Dieser *Säulen-Solonez* erinnert in gewisser Hinsicht an die Podsol-Böden, die jedoch eine stark saure Reaktion aufweisen, weil bei ihnen die peptisierende Wirkung durch H-Ionen ausgelöst wird. Unter dem B-Horizont des Solonezbodens fällt zuerst das schwerlösliche $CaCO_3$ aus (Kalkaugen), dann der Gips als Röhrchen oder Drusen, während die leicht löslichen Salze ins Grundwasser gewaschen werden.

Steigt das Grundwasser an, was z. B. an der Nordküste des Schwarzen Meeres, die langsam absinkt, der Fall ist, dann bildet sich ein nasser Salzboden, den man als *Solontschak* bezeichnet. Das Grundwasser wird kapillar bis zur Bodenoberfläche heraufgesogen und verdunstet. Entsprechend finden wir über den Gleyhorizonten einen mit Gipsröhrchen und darüber die Humushorizonte mit einer weißen Salzkruste an der Oberfläche in der trockenen Jahreszeit. Bei der hohen Salzkonzentration kommt es nicht zur Bildung von Humussolen, denn die Humusstoffe werden ausgeflockt.

Auf den Solonezböden treten die Steppengräser zurück. Neben *Artemisia maritima-salina* und *A. pauciflora* stellen sich Arten der Gattungen *Camphorosma, Limonium, Kochia, Petrosimonia* u. a. ein (in Nordamerika *Ceratoides lanata, Atriplex confertifolia, Kochia* spp. u. a.); dazu kommen Bodenflechten *(Aspicilia)*, Lebermoose *(Riccia)* sowie *(Nostoc)*.

Auf den kleinen Erhebungen, die nicht versalzt sind, bildet sich die *Halbwüsten-Braunerde (= Burosem)* aus. Die oberen Horizonte haben einen Humusgehalt von nur 2–3% und sind braun gefärbt; der Aufbrausungshorizont liegt 25 cm tief, die Deckung der Pflanzen ist unter 50%. Die Vegetation besteht aus *Festuca sulcata* und den niedrigen Halbsträuchern *Pyrethrum achilleifolium, Kochia prostrata* und *Artemisia maritima-incana,* die Salzböden meidet. *Stipa-Arten* findet man nur vereinzelt, aber im Frühjahr entwickeln sich viele Ephemeren. In der Kaspischen Niederung bilden beide Gesellschaften auf Burosem und auf Solonezböden oft ein Mikromosaik, das durch das Mikrorelief verursacht wird. Auf dem ganz nassen Solontschak herrschen *Salicornia* und *Halocnemum* vor, auf weniger nassem *Suaeda, Obione, Petrosimonia, Limonium caspica, Atriplex verrucifera* u. a. (vgl. dazu Levina 1964 und Walter und Box 1983).

Der Südliche Teil der Kaspi-Niederung wurde nach dem Rückzug des Meeres im Bereich der Deltabildung des Wolga-Ural-Flußsystems mit alluvialen Sanden bedeckt. Diese waren ursprünglich mit *Artemisia maritima-incana, Agropyron cristatum, Festuca sulcata, Koeleria glauca* u. a. bedeckt. Durch die Beweidung wurde die Vegetationsdekke zerstört, der Sand geriet in Bewegung, so daß große vegetationslose Wanderdünen (Barchane) entstanden. Läßt die Sandbewegung nach, so treten als Pioniere *Elymus giganteus* und die Chenopodiacee *Agriophyllum arenarium* auf, danach *Salsola-* und *Corispermum*-Arten. In den Dünentälern erscheinen *Aristida pennata, Artemisia scoparia* u. a. Langsam stellt sich die zonale Vegetation wieder ein.
Die Sanddünen, namentlich die vegetationslosen, sind Wasserspeicher. Unter ihnen ist stets Grundwasser vorhanden, das in den Dünentälern kleine Süßwasserseen bildet, um die herum die Ölweide *(Elaeagnus angustifolia)* sowie Weiden und Pappeln wachsen. Man hat versucht, die Sandflächen mit Pappeln und Weiden *(Salix acuminata)* aufzuforsten. Sie gedeihen anfangs gut auf Kosten der Wasservorräte im Boden; aber diese werden im Laufe von 4 Jahren verbraucht und die Kulturen gehen ein.
Die Halbwüste nimmt in Kasachstan große Flächen ein zwischen den südsibirischen Steppen im Norden und den Wüsten im Süden. In N-Amerika entspricht ihnen die Sagebrush-Zone mit *Artemisia tridentata* (Seite 203).

10 Subzonobiom der Mittelasiatischen Wüsten*

Dieses Gebiet liegt nördlich der Grenze des Dattelanbaues. In der russischen Literatur unterscheidet man die *Mittelasiatischen Wüsten* und die *Zentralasiatischen* (Abb. 131). Die ersten umfassen das Irano-Turanische Wüstengebiet, das den südlichen Teil der Aralo-Kaspischen Niederung einnimmt, und den südlichen Teil von Kasachstan mit der Dsungarei. Zu den zentralasiatischen Wüsten rechnet man z. T. die Dsungarei, die Wüste Gobi, den westlichen Teil von Ordos im großen Knie des Hwang-Ho, Ala-Schan, Pei-Schan, das Tarim-Becken (Kaschgarien) mit der Wüste Takla-Makan sowie das schon höhere Becken Tsaidam (Abb. 132).
Das Tsaidam-Becken leitet zu den Hochgebirgswüsten von Tibet mit Pamir im äußersten Westen über.
Mittelasien erhält noch zyklonale Regen vom Atlantischen Ozean, die im südlichen Teil als Winterregen fallen, im nördlichen mehr im Früh-

---

* 25 Fotos der Vegetation aus dem mittelasiatischen Gebiet findet man bei Walter 1974. Ausführliche Darstellung bei Walter und Box 1983.

jahr und Sommer; auf jeden Fall ist in diesem Teil der Boden im Frühjahr nach der Schneeschmelze immer feucht. Die Niederschläge nehmen von Westen nach Osten ab. Floristisch ist das Irano-Turanische Element stark vertreten. Im Gegensatz dazu stammt in Zentralasien die Feuchtigkeit von den Ausläufern des ostasiatischen Sommermonsuns. Der Winter und das Frühjahr sind extrem trocken (vgl. Abb. 133, Denkoi). Die abweichende Regenverteilung bedingt, daß in der Flora ostchinesisch-mongolische Elemente vorherrschen.

Von diesen Gebieten ist die Vegetation der Mittelasiatischen Wüsten in der Aralo-Kaspischen Niederung (früheres Turkestan) ökologisch am eingehendsten untersucht worden. Im ganzen Gebiet fallen weniger als 250 mm an Niederschlägen. Infolge der kalten Winter ist die Verdunstung in dieser Jahreszeit sehr gering. Deshalb erreicht die Jahresverdunstung des Meerbusen-Bogas nur 1100 mm. Die verschiedenen Vegetationstypen werden durch die Böden geprägt (Biogeozän-Komplexe):

1. *Ephemerenwüste.* Diese findet man auf lößartigen, salzfreien Böden, die im Frühjahr sehr feucht, aber ab Mai trocken sind. In der kurzen Vegetationszeit von Anfang März bis Mitte Mai entwickeln sich annuelle Arten und Geophyten. Die wichtigsten Arten sind *Carex hostii (C. stenophylla)* und *Poa bulbosa*. Stellenweise tritt die 2 m hohe *Ferula foetida* auf;, die 40–50 annuellen Arten erreichen in 30–45 Tagen die Samenreife. In guten Regenjahren erinnert die Wüste an eine Wiese und erzeugt 0,5–2,5 t/ha an Trockenmasse; sie kann 3 Monate beweidet werden, aber 9 Monate ist sie völlig tot.

2. *Gipswüste.* Es ist eine Steinwüste (Hamada) auf den Hochflächen der Tafelberge. Die Böden enthalten bis zu 50% Gips, der die Feuchtigkeit speichert. Die Verhältnisse erinnern an die Sahara. Im Frühjahr

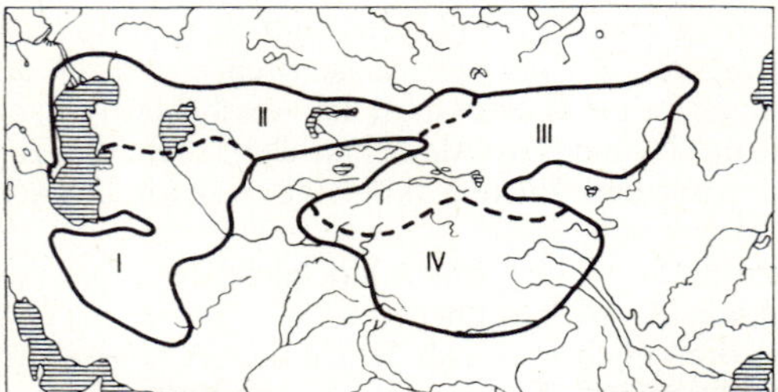

Abb. 131. Asiatische Wüsten der gemäßigten Klimazone (nach PETROV). Mittelasiatische Wüsten: I Irano-Turanische (z.T. fast subtropisch) und II Kasachstano-Dsungarische. Zentralasiatische Wüsten: III im engeren Sinne (heiße Sommer) und IV Tibetanische kalte Hochgebirgeswüste.

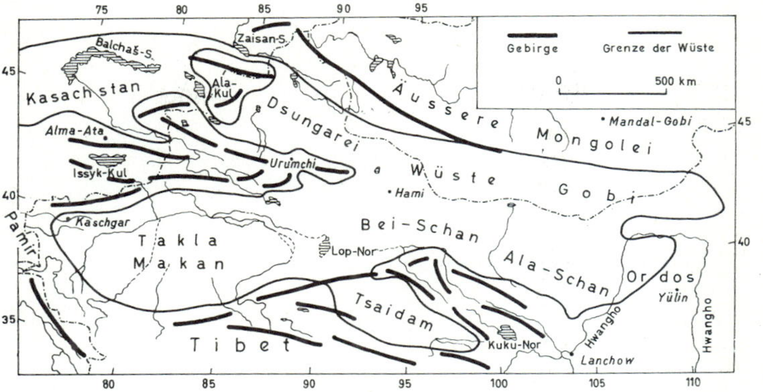

Abb. 132. Die Gliederung der zentralasiatischen Wüstengebiete (nach PETROV, verändert). Die Dsungarei ist ein Übergangsgebiet zu Mittelasien.

entwickeln sich Therophyten, sonst decken die Gipspflanzen 0,1% und stehen nur in Erosionsrinnen dichter. Auch einige Halophyten treten auf.

3. *Halophytenwüste.* Diese ist auf grundwassernahen Böden am Unterlauf der Flüsse, in Depressionen (Schory) oder um Salzseen weiter verbreitet. Die meisten Arten sind Hygro-Halophyten *(Salicornia, Halocnemum, Haloxylon, Seidlitzia* u. a.).

4. *Takyry.* Es sind scheinbar vegetationslose tonige ebene Flächen, die im Frühjahr vom Oberflächenwasser, das von den Gebirgen abfließt, überflutet werden, aber bald wieder austrocknen (Abb. 134). In den flachen Lachen, die sich rasch erwärmen, findet man 92 Cyanophyceen, 38 Chlorophyceen und andere Algen; sie erzeugen 0,5 t/ha an Trockensubstanz mit einem N-Gehalt von 4,5% (Bindung des Luftstickstoffs). Auf etwas höheren Flächen siedeln sich Flechten an (*Diploschistes* u. a.). Blütenpflanzen sind selten.

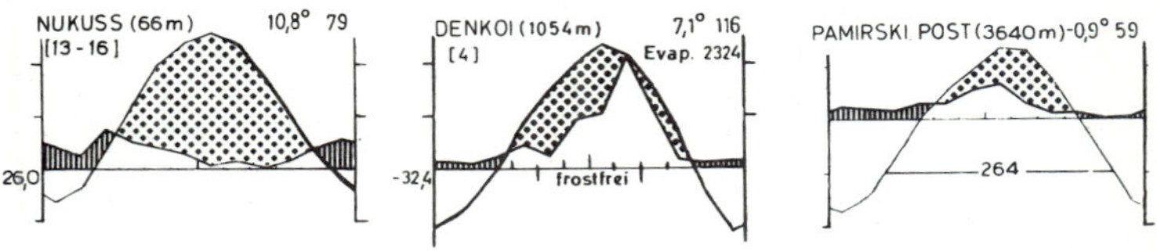

Abb. 133. Klimadiagramme von Nukuss in Mittelasien mit Winterregen, Denkoi in Zentralasien mit Sommerregen und Pamirski Post (= Murgab) in der Kältewüste (mit nur 264 Tagesmitteln über –10 °C).

Abb. 134. Trockene Takyrfläche, Boden in Polygone aufgespalten. Auf angewehtem Sande hat sich ein *Tamarix*-Strauch angesiedelt (Foto P. HANELT).

5. *Sandwüsten*. Sie spielen eine besonders große Rolle: Kara-Kum (Schwarzer Sand) zwischen Kaspi und Amu-Darja, Kysyl-Kum (Roter Sand) zwischen Amu- und Syr-Darja. Der Sandboden ermöglicht eine dichtere Vegetation. An der Wüstenstation Repetek in der Karakum-Wüste wurden seit 1912 eingehende ökologische Untersuchungen durchgeführt. Diese Wüste wird deshalb anschließend genau besprochen.

11 Die Karakum-Sandwüste als Biom

Die Karakum-Wüste nimmt mit einer Fläche von 350 000 km^2 den südlichen Teil der Turanischen Niederung ein zwischen dem Kaspischen Meer im Westen und der Amudarja im Osten, dem 2600 km langen Strom, der in 5000 m NN in den Pamirgebirgen entspringt (Abb. 135).
Die Sandwüste ist ein geographisch gut abgegrenztes Biom des Subzonobioms der gemäßigten Wüsten des Zonobioms VII. Es handelt sich um ein großes Becken, das die Amudarja seit dem Tertiär mit alluvialen Lockergesteinen ausfüllte; letztere erfuhren durch Wind nachträglich eine Umlagerung. Dabei wurden die Staubteile im Süden am Kopetdag-Hang als Löß abgelagert, während die Sande eine Dünenlandschaft bildeten (Abb. 136).
Die Amudarja mündete ursprünglich ins Kaspische Meer, wurde jedoch von den Deltaablagerungen der von Süden kommenden Flüsse

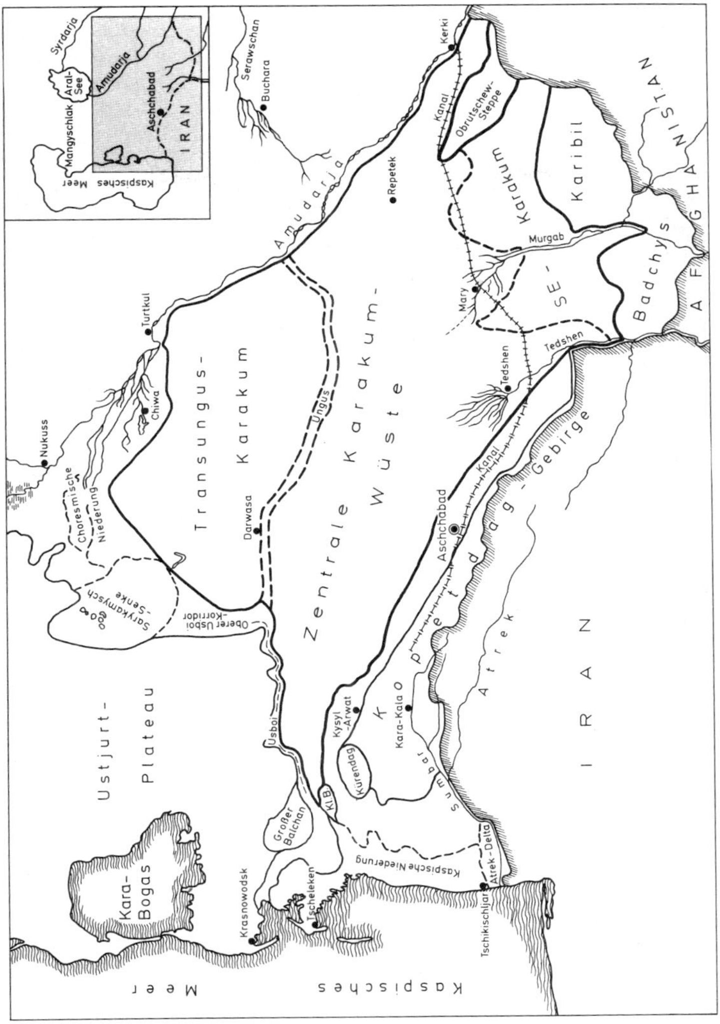

Abb. 135. Karte der Karakum-Wüste (dick umrandet. Kl. B. = Kleiner Balchan. Maßstab 1 cm = 75 km (aus WALTER 1976).

Abb. 136. Wüste Karakum mit leicht gewelltem Dünenrelief und spärlichem Strauchbewuchs (*Haloxylon persicum* u. a.) Boden nur im Frühjahr mit Ephemeren und Ephemeroiden bedeckt (Foto PETROV).

Murgab und Tedshen nach Osten abgedrängt, so daß sie heute zum Aralsee fließt. Aber sie ist auch heute noch für die Karakum bestimmend, weil ihr Wasser durch Infiltration einen Grundwassersee speist, dessen Spiegel unter der ganzen zentralen Karakum mit einer leichten Neigung zum Kaspischen Meer liegt. Nur stellenweise tritt Grundwasser an die Oberfläche, was zur Salzpfannenbildung führt. Man kann folgende Wasserbilanz für das gesamte Biom aufstellen:

Grundwasserinfiltration von der Amudarja im Mittel	150 m^3/sec
Regenwasserversickerung im Barchanengebiet	30 m^3/sec
Infiltration vom Murgab und Tedshen	21 m^3/sec
Unterirdischer Zufluß vom Kopetdag (aus Süden)	20 m^3/sec
Versickerung von den Anhöhen und Takyren	1 m^3/sec
Gesamter Zufluß zum Grundwassersee	222 m^3/sec

Dem steht folgende ungefähre Verlustrechnung gegenüber:

Verdunstung von nassen Salzpfannen mit hohem Grundwasserstand	165 m^3/sec
Grundwasserverluste durch Phreatophyten d. h. an Grundwasser gebundene Pflanzen	57 m^3/sec
Gesamtverluste	222 m^3/sec

Obgleich sich das Grundwasser langsam von Ost nach West bewegt, so zeigen die Beobachtungen, daß kein Wasser in das Kaspische Meer abfließt. Das Grundwasser ist leicht brackig, doch schwimmen Süßwasserlinsen auf demselben unter vegetationslosen Dünen. Sie werden durch einsickerndes Regenwasser gebildet, selbst bei Jahresnieder-

schlägen um nur 100 mm. An solchen Stellen liefern Brunnen gutes Trinkwasser.
Das Klima der Karakum geht aus dem Klimadiagramm von Nukuss (Abb. 133) hervor. 50–70% der Niederschläge fallen im Frühjahr; es ist die günstigste Jahreszeit. Der Winter ist kalt, doch bleibt keine dauernde Schneedecke liegen. Im heißen Sommer herrscht eine extreme Dürrezeit. Die potentielle Evaporation beträgt 1500 bis 2500 mm, also das 10- bis 20fache der Niederschläge.
Auf Grund der Vegetation und der Böden lassen sich folgende *Biogeozön-Komplexe* unterscheiden:
a) *Psammophyten-Komplex,* der über 80% der Fläche einnimmt;
b) *Takyr-Komplex;*
c) *Halophyten-Komplex.*
Im Schutzgebiet bei der Wüstenstadion Repetek (SE-Karakum) wurden langjährige ökologische Untersuchungen durchgeführt, die wir sehr knapp zusammenfassen. Das Gebiet ist 34 000 ha groß (14 000 ha vegetationslose Barchanenfelder, 18 000 ha bewachsene Dünen und 2000 ha Dünentäler). Charakteristisch für die Sandwüsten sind die Baumsträucher *Haloxylon persicum* (weißer Saksaul, sprich Ssakssa-ul) und *H. ammodendron = aphyllum* (schwarzer Saksaul).
Beim Psammophyten-Komplex unterscheidet man: 1) das Biogeozön des *Ammodendretum conollyi aristidosum* auf leicht beweglichem Sande mit einer Pionier-Synusie aus *Aristida karelinii* auf Dünenkämmen und den Sträuchern (*Ammodendron conollyi, Calligonum arborescens, Eremosparton* u. a.) am oberen Hang, 2) das Biogeozön des *Haloxyletum persici caricosum* auf unbeweglichem Sand am unteren Hang und auf den Sandflächen mit den Synusien der Frühlings- und Sommerephemeren sowie der Ephemeroiden (143 Arten, davon 24 häufige). Dazu kommt 3) das Biogeozön der tiefen Dünentäler mit Grundwasser in 5–8m Tiefe, das von den Wurzeln des salztoleranten *Haloxylon ammodendron* erreicht wird, einem 5–9 m hohen, Gehölze-bildenden Baum. Auch hier lassen sich mehrere Synusien im Unterwuchs unterscheiden (Ephemeren, Halophyten).
Am verbreitesten ist das *Haloxyletum persici caricosum* (Abb. 136) mit einer offenen 3–5 m hohen Strauchschicht (100–300 Exemplare/ha, in der auch die aphyllen *Caligonum* spp. (Polygon.) vorkommen. Der Altersaufbau der Sträucher ist folgender:

Alter in Jahren	1	2	3–5	6–10	11–15	16–20	> 20	tote
Exemplare in %	8	3	1	14	20	41	11	2

Eingehende ökologische Untersuchungen ergaben, daß die Sträucher das ganze Jahr hindurch aktiv sind, weil die oberen 2 m des Sandes immer aufnehmbares Wasser enthalten. Das osmotische Potential sinkt während der Dürre etwas ab, die Wasserdefizite sind nie hoch, die sehr intensive Transpiration wird während der Dürre auf die Hälfte oder ein Drittel reduziert, die Photosynthese wird im Sommer nicht unterbrochen; sie ist bei den Ephemeren mit kurzer Vegetationszeit besonders intensiv.

Beim Ammodendretum auf beweglichem Sand fand man in den oberen 2 m des Sandes 83 mm an gespeichertem Wasser, am Ende des Vegetationszeit verblieben noch 34 mm; von den verlorenen 49 mm wurden 37 mm für die Transpiration der Pflanzen verbraucht, so daß nur 12 mm vom Boden aus verdunsteten.

Etwas ungünstiger sind die Verhältnisse beim dichter bewachsenen unbegwelichem Sand: Die Sträucher transpirierten 30 mm (*H. persicum* allein 16 mm), der dichte *Carex physodes*-Unterwuchs 17 mm, zusammen 47 mm. Im Boden waren im Frühjahr 62 mm Wasser gespeichert, im Herbst verblieben nur 8 mm. Die Wasserabnahme betrug somit 54 mm, davon gingen durch die Transpiration der Pflanzen 47 mm verloren und somit 7 mm durch die Verdunstung vom Boden.

In den tiefen Dünentälern über Grundwasser mit Gehölzen betrug die Transpiration insgesamt 149 mm. (*H. ammodendron* 108 mm, andere Stäucher 30 mm, der lichte *Carex physodes*-Teppich 11 mm). Gespeichert wurden im Boden nur 76 mm. Wenn man annimmt, daß *H. ammodendron* die von ihm transpirierten 108 mm dem Grundwasser entnimmt, dann werden die 41 mm aller übrigen Arten durch die Wasservorräte in den oberen 2 m reichlich gedeckt. Bei *Haloxylon ammodendron* laufen 14% der Niederschläge am Stamm ab; das erleichtert der Pfahlwurzel das Vordringen in größere Tiefe in regenreichen Jahren.

Wir sehen somit, daß ungeachtet der sehr hohen Transpirationsintensität der Karakum-Sträucher pro g Frischgewicht die Gesamttranspiration pro Fläche infolge der geringen gesamten Blattfläche niedrig ist und durch die Niederschläge gedeckt werden kann. Die Hauptanpassung der Pflanzen besteht in der Aphyllie und dem Abwerfen der kleinen Blätter während der Dürrezeit, soweit solche im Frühjahr gebildet werden.

Für die oberirdische Phytomasse wurden festgestellt: auf noch beweglichem Sande 80 kg/ha (davon 25% *Calligonum* und 12% *Aristida*), auf bewachsenem Sande 2,4 t/ha (davon *Haloxylon persicum* 85%, *Carex physodes* 10%). Viel größer ist die unterirdische Phytomasse, die nur in Dünentälern mit *Haloxylon ammodendron* bestimmt wurde: oberirdisch 6,4 t/ha (davon *Haloxylon* 82%), unterirdisch 19,4 t/ha (davon *Haloxylon* 49%).

Die jährliche Primärproduktion betrug für *Haloxylon ammodendron* oberirdisch 1,17 t/ha und unterirdisch 2,11 t/ha. Diese hohe Produktion in Wüsten wird in diesem Falle nur durch die Wasseraufnahme aus dem Grundwasser ermöglicht.

Den Takyr-Biogeozön-Komplex findet man dort, wo abfließendes Regenwasser auf einer weiten Ebene ausläuft und eine Tonschicht ablagert, über der es stehen bleibt, bis es verdunstet. Im Wasser entwickeln sich Algenmassen, vorwiegend Cyanophyta (auch N-bindende), die nach dem Austrocknen ein Algenhäutchen hinterlassen. Der Boden erhält Trockenrisse, die sich beim nächsten Benetzen durch Quellung rasch schließen. An nur feuchten, aber nicht überschwemmten Stellen entwickeln sich Flechten, hangaufwärts auch Ephemeren. Die Phytomasse (z. T. Primärproduktion) bei diesen drei Biogeozönen ist: Algen = 0,1 t/ha, Flechten = 0,3 t/ha und Ephemeren = 1,2–1,6 t/ha.

Der Halophyten-Biogeozön-Komplex tritt dort auf, wo es infolge eines hohen Grundwasserstandes zur Bildung von Salzpfannen kommt. Die oft nur aus einer Art bestehenden Biogeozöne ordnen sich in Kreisen um den zentralen Teil mit einer Salzkruste. Bei der Pionierart *Halocnemum strobilaceum* wurde eine Phytomasse von 1,76 t/ha (davon Wurzeln 1,04 t/ha) ermittelt und eine Jahresproduktion von 0,5–0,7 t/ha.

Im Deltagebiet der Amudarja wachsen üppige lianenreiche *Populus-Halimodendron*-Auenwälder und weite Schilf *(Phragmites)*-Bestände, von denen die oberirdische Phytomasse bzw. Primärproduktion bestimmt wurden: Auen 77,8 t/ha bzw. 11,4 t/ha, Schilf 35 t/ha bzw. eine außergewöhnliche Produktion von 18 t/ha.

Eine sehr wichtige Rolle spielt die Tierwelt. Die früheren Herden von Antilopen, Wildpferden und -eseln sind heute durch 3 Millionen Karakulschafe ersetzt worden, die die Sandwüste ganzjährig beweiden und Persianerfelle liefern. Der Viehtritt verhindert das Zuwachsen der Sandflächen mit *Carex physodes* und dem Moos *Tortula desertorum;* zugleich werden die Samen der Strauchkeimlinge in den Sand hineingetreten, was das Keimen erleichtert. Auch die vielen Nager durchwühlen den Boden, ebenso die großen Schildkröten (100 pro Hektar), die sich 2,5–4 Monate im Frühjahr von den Ephemeren ernähren und sonst im Boden schlafen.

Die Zoomasse ist allerdings in den 3 Biogeozönen wie immer nicht groß: Säugetiere 0,3–1,4 kg/ha, Vögel 0,02–0,07 kg/ha, Reptilien 0,21–0,7 kg/ha (ohne Schildkröten), Wirbellose maximal 15 kg/ha (ober- und unterirdisch).

Die Kreisläufe der mineralischen Elemente wurden ebenfalls untersucht, die Destruenten jedoch nur summarisch berücksichtigt.

Eine ausführlichere Darstellung über die Karakum-Wüste findet man bei Walter 1976 und Walter and Box 1983.

12 Orobiom VII (rIII) in Mittelasien

Besonders interessante Verhältnisse weisen die Höhenstufen von diesem Orobiom in Mittelasien auf, wo es in der Klimazonge VII (rIII) liegt. Die Gebirge gehören dem Pamiro-Alaischen und dem Tjanschan-System an und erheben sich bis über 7000 m NN. Fast jede Stufenfolge hat hier je nach der Beschaffenheit der lokalen Steigungswinde ihre Eigentümlichkeit; man kann jedoch zwei Haupttypen unterscheiden: 1. aride Stufenfolgen ohne Waldstufe und 2. mehr humide mit 1–2 Waldstufen (STANJUKOVITSCH 1973).

Im extremsten Fall des Zentralen Tjanschan folgt auf die Halbwüstenstufe von 2000 m NN an eine Gebirgssteppenstufe bis 2900 m, wobei in der subalpinen Stufe (ab 2600 m) sich alpine Arten beimischen (*Leontopodium alpinum, Polygonum viviparum, Thalictrum alpinum* u. a.). Die Steppenelemente reichen in die untere alpine Stufe (*Kobresia* -Rasen) bis 3500 m NN hinein und verschwinden erst über 3500 m. Die hochmontanen, subalpinen und alpinen Stufen gehen vollkommen gleitend ineinander über. Die Erklärung für diese merkwürdige Vermischung von Steppen- und alpinen Elementen ist darin zu suchen, daß die Steppenpflanze eine günstige Vegetationszeit von 4 Monaten benötigt, die im ariden Gebirgsklima durch die starke Strahlung noch bis 3500 m NN im Sommer gegeben ist. Die übrigen 8 Monate können dürr oder kalt sein. Die alpinen Elemente kommen mit einer kürzeren Vegetationszeit aus, wachsen jedoch auch bei einer längeren, wenn diese so feucht ist, daß sie den Wettbewerb mit den Steppenpflanzen bestehen können (WALTER 1975 a).

In weniger extremen Fällen treten in der subalpinen Stufe namentlich an Nordhängen *Juniperus*-Baumfluren auf, die in der alpinen Stufe Spalierform annehmen.

Besonders interessant sind die humiden Stufen, bei denen über einer Halbwüste mit xerophilen Baumfluren *(Pistacia, Crataegus)* und Gebirgssteppen eine Laubholzstufe mit Wildobstarten vorhanden ist (*Amygdalus communis, Juglans regia, Malus sieversii* mit großen Früchten, *Pyrus*- und *Prunus*-Arten). Die Hauptstadt von Kasachstan, Alma-Ata, heißt „Apfel-Vater", weil über ihr die *Malus*-Stufe so stark ausgebildet ist, daß die ganze Bevölkerung dort zur Fruchtzeit an Lagerfeuern Apfelmus und -schnitze einmacht. Über der Laubholzstufe folgt eine Nadelholzstufe aus *Picea schrenkiana,* evtl. mit *Abies semenovii,* und dann die alpine.

Ein gebirgiges Land mit ähnlichen Vegetationsverhältnissen ist auch Afghanistan mit dem Hindukusch-Gebirge (FREITAG 1971).

Als Beispiel für ein nordamerikanisches Orobiom im semiariden Klimagebiet VII bringen wir die Höhenstufenfolge vom Front Range der Rocky Mts. bei Colorado Springs: Auf die Kurzgrasprärie am Fuß des Gebirges in 1500 m NN folgt zunächst ein Gürtel mit Langgrasprärie, dann eine nur 50 m breite Stufe aus Laubgebüsch sowie *Pinus edulis* und *Juniperus* (Pinyon-Stufe), worauf die Waldstufen folgen, in denen nacheinander *Pinus ponderosa, Pseudotsuga menziesii* und *Picea engelmannii* die Vorherrschaft erlangen. In 3700 m NN ist die Waldgrenze erreicht; nach einer schmalen subalpinen Stufe mit *Picea*-Krüppeln und *Dasiphora (Potentilla) fruticosa*-Gebüsch beginnt die alpine Stufe.

13 Subzonobiom der Zentralasiatischen Wüsten*

Wie erwähnt, reichen die letzten Ausläufer der ostasiatischen Störungen bis in dieses Gebiet hinein. Die Niederschläge fallen deshalb im Sommer und nehmen von Osten (Ordos 250 mm) nach Westen ab (Lop-Nor-Senke 11 mm). Der Winter und das Frühjahr sind trocken, und die für Mittelasien so charakteristischen Frühlings-Ephemeren fehlen in Zentralasien ganz. Die Flora ist arm; unter den ostchinesisch-mongolischen Elementen herrschen strauchförmige Psammophyten (*Caragana, Hedysarum, Artemisia* u. a.) vor. Auch *Stipa* ist durch zentralasiatische Arten vertreten. Verbreitet sind der Sanddorn *(Hippophäe rhamnoides)* und das große Gras Tschij *(Lasiagrostis splendens)*. In Auenwäldern findet man neben *Populus diversifolia* und *Elaeagnus* insbesondere *Ulmus pumila*. Von Halophyten können wir nennen *Nitraria schoberi, Zygophyllum-, Reaumuria-, Kalidium-* und *Lycium*-Arten.

Für den Charakter der Wüsten sind der geologische Aufbau und die Gesteinsarten von Bedeutung. Die geographische Lage der Wüsten ist aus Abb. 132 zu ersehen.

1. *Ordos*. Das Gebiet liegt im Knie des Hwang-Ho nördlich von der großen chinesichen Mauer, die am Rande des Wanderdünengebietes verläuft. Es schließt sich an das Steppengebiet der Lößebene des oberen Hwang-Ho an, das heute kultiviert und von Erosionsschluchten zerschnitten ist. Es handelte sich um eine *Stipa*-Steppe, die sich jedoch durch das trockene Frühjahr stark von der osteuropäischen unterscheidet. Im eigentlichen Ordos stehen weiche Sandsteine an, die zur Ausbildung von weiten Sand- und Dünenflächen führten. Auf diesen ist die *Artemisia ordosica*-Halbwüste mit *Pycnostelma* (Asclep.) weit verbreitet (Deckung 30–40%). Im abflußlosen zentralen Teil findet man Seen mit Na_2CO_3 und NaCl.
2. *Ala-Schan*. Es ist eine hauptsächlich aus Sandflächen mit Barchanen bestehende Wüste; sie schließt sich westlich vom Hwang-Ho an und wird im Süden durch das Njan-Schan-Gebirge begrenzt. Im Norden grenzt sie beim Gushun-Nor an die Gobi. Der Niederschlag sinkt in diesem Gebiet von 219 mm im Osten auf 68 mm im Westen, wobei die potentielle Evaporation von 2400 mm auf 3700 mm ansteigt. Das Regenmaximum ist im August; die mittlere Temperatur ist 8 °C, die Minima –25 bis –32 °C. Im Dünengebiet ist Grundwasser vorhanden. Die Randgebirge erhalten höhere Niederschläge. Über einer Wüsten- und Steppen-Höhenstufe beginnen in 1900–2500 m Höhe mesophile Gebüsche mit *Lonicera, Rosa,*

---

* 24 Fotos der Vegetation aus Zentralasien findet man bei Walter 1974. Ausführlichere Darstellung bei Walter und Box 1983.

Abb. 137. Tarim-Becken: Flußversickerungsgebiet mit Nebka-Landschaft (Haufendünen um den Strauch *Nitraria schoberi* (Foto PETROV).

Rhamnus, Dasiphora fruticosa u. a.; darüber wächst bis 3000 m ein Nadelwald mit *Picea asperata, Pinus tabulaeformis* und *Juniperus rigida,* worauf subalpine Gebüsche und alpine Matten folgen.

3. *Bei-Schan.* Dieses anschließende Gebiet stellt einen alten gehobenen Block dar und erhebt sich von 1000 m bis 2791 m NN. Es wird im Westen von der Lop-Nor-Senke und Hami begrenzt. Die Nie-

Abb. 138. Wüste Gobi (900 m NN) mit spärlicher Strauchvegetation (Foto P. HANELT).

derschläge betragen 39–85 mm, die potentielle Evaporation 3000 mm. Die Vegetation ist eine niedrige Strauchwüste aus zentralasiatischen Arten mit einigen Halophyten. Auf den höchsten Erhebungen tritt schon *Picea asperata* auf.

4. *Tarim-Becken mit Takla-Makan.* Das Becken hat eine Länge von 1300 km und eine Breite von 500 km und wird an 3 Seiten von hohen, schneebedeckten Gebirgen umrahmt. Es ist der arideste Teil Zentralasiens mit heißen Sommern und kalten Wintern (Min. –27,6 °C). Trotzdem ist es reich an Grundwasser, das von den Gebirgsflüssen gespeist wird. Der 2000 km lange Tarim-Fluß führt mit Mittel 1200 m^3/sec an Wasser und bildet weite Auen. Im Unterlauf ist er ein nomadisierender Fluß, der ständig seinen Lauf verlegt und in der zentralen Sandwüste versickert (Abb. 137). Lop-Nor ist bald ein Salzsee von 100 km Durchmesser, bald vollkommen trocken. Die Sandwüste Takla-Makan ist vegetationslos, aber in den Dünentälern kann man durch Graben leicht Wasser erreichen.
5. *Tsaidam.* Es handelt sich um ein 2700–3000 m hoch gelegenes Becken, das von allen Seiten von sehr viel höheren Gebirgen umgeben ist. Der Altyntag trennt es von der Lop-Nor-Senke. Die Jahrestemperatur liegt bei 0 °C, das Minimum unter –30 °C. Auch dieses Becken wird von den Randgebirgen bewässert. Der zentrale Teil war im Pleistozän ein großer See und ist heute eine vegetationslose Salzwüste. Am Fuß der Gebirge findet man auf Sandböden eine *Artemisia*-Halbwüste. Tsaidam bildet den Übergang zum noch höheren Tibet.

Abb. 139. Oase Dzun-mod (= 100 Bäume) in der Transaltai-Gobi, *Populus diversifolia,* dahinter in der Senke die Quelle (Foto P. HANELT).

Abb. 140. Südrand vom Mongolischen Altai (1400 m NN): Hänge mit Wüstenvegetation, im Flußtal *Populus pilosa*-Bestand und Jurten der Nomaden.

6. *Gobi (mongol. = Wüste).* Dieses Gebiet erstreckt sich nördlich von den bisher genannten Wüsten und nimmt den ganzen südlichen Teil der Äußeren Mongolei ein. Von den Wäldern und Steppen im Osten wird es durch das Chingan-Gebirge abgetrennt; im Westen stößt es an die Dsungarei, die bereits Niederschläge durch atlantische Zyklone erhält und deshalb mittelasiatische Züge aufweist. Im Norden geht die Gobi allmählich in die mongolischen *Stipa*-Steppen mit *Aneurolepidium (Agropyron)*- und *Artemisia*-Arten über. In der Wüste sind Salz- und Gipsböden verbreitet; der zentrale Teil ist vegetationslos und von einem Steinpflaster bedeckt, auch sonst ist die Pflanzendecke spärlich (Abb. 138); die Produktion an Trokkenmasse erreicht kaum 100–200 kg/ha, in den nördlichen Steppenteilen 400–500 kg/ha. Auf verbrackten Niederungen wachsen *Nitraria sibirica, Lasiagrostis, Kalidium* u. a., auf mit Sand überwehten Flächen der Saksaul *Haloxylon ammodendron.* Im ganzen westlichen Teil tritt das Grundwasser nicht an die Oberfläche. Im Osten sind einige Oasen vorhanden (Abb. 139). In die Wüste Gobi reicht von Nordwesten der Gebirgszug Mongolischer Altai hinein, der sich in den Gobi-Altai fortsetzt (Abb. 140). In letzterem wird nur eine Steppen-Höhenstufe erreicht; im ersten ist schon eine Nadelwaldstufe, namentlich in Nordexposition, vorhanden, die aber ganz sibirischen Charakter trägt *(Larix).*

14 Subzonobiom der kalten Hochplateau-Wüsten von Tibet und Pamir

Zwischen der Gebirgsmauer des Himalaja im Süden und dem Kwen-Lun sowie Altyntag im Norden liegt Tibet, die größte Massenerhebung der Erde mit einer mittleren Höhe von 4200–4800 m NN. Die Hochfläche hat von Ost nach West eine Länge von 2000 km und von Nord nach Süd eine Breite von 1200 km. Sie besteht aus mit Schutt angefüllten Becken, die durch zahlreiche, nochmals 1000 m höhere Gebirgszüge begrenzt werden (Abb. 141). Die abfließenden Schmelzwässer bilden vernäßte Flächen, Frostschuttsümpfe mit dem Riedgras *Kobresia tibetica,* z. T. auch „ Salzseen", jedoch fehlen selbst Sanddünen nicht.

Der südliche und östliche Teil steht noch unter dem Einfluß des Monsuns, und in den tief eingeschnittenen Tälern, die den Oberlauf der großen süd- und ostasiatischen Flußsysteme bilden, treten südost-chinesische und himalajische Waldelemente auf.

Der größere westliche und zentrale Teil, die Wüste Tschangtang (Chang Tan), zeichnet sich durch das extremste Klima aus. Die mittlere Jahrestemperatur ist -5 °C, nur der Juli hat ein positives Mittel von + 8 °C. Tagesschwankungen der Temperatur von 37 °C kommen vor, die Niederschläge übersteigen selten 100 mm. Die arme Flora ist erst nach der Eiszeit eingewandert, also sehr jung; es sind zentralasiatische Elemente (*Ceratoides, Kochia, Reaumuria, Rheum, Ephedra, Tanacetum, Myricaria* u. a.).

Das westliche Ende der Hochebene, von dem aus die hohen Gebirgszüge ausgehen, ist Pamir mit der in 3864 m Höhe liegenden *Pamirschen Biologischen Station,* an der viele russische Forscher öko-physiologische Untersuchungen durchführen. Hier fallen im Mittel 66 mm an Niederschlägen, hauptsächlich im Mai–August. Die Luft ist trokken, die Sonnenstrahlung entspricht 90% der Solarkonstante, so daß die Bodenoberfläche sich in den Sommermonaten auf 52 °C erwärmt. Nur 10–13 Nächte im Jahr sind frostfrei (vgl. Abb. 133, Pamirski Post). Eine geschlossene Schneedecke ist nicht vorhanden. Die Böden sind so trocken, daß sie nicht gefrieren.

Auf den wüstenhaften Standorten wachsen 10–15 cm hohe Zwergsträucher: *Ceratoides papposa, Artemisia rhodantha, Tanacetum pamiricum* oder *Stipa glareosa* sowie die Polsterpflanze *Acantholimon diapensioides.* In den Tälern an Bächen findet man dagegen alpine Wiesen (Abb. 142).

Das Wachstum an den trockenen Standorten ist äußerst langsam. *Ceratoides* gelangt erst nach 25 Jahren zur Blüte, erreicht dafür ein Alter von 100–300 Jahren. Die Wurzelsysteme sind mächtig ausgebildet, und ihre Masse ist 10- bis 12mal größer als die der Sproßsysteme. Die meisten Wurzeln findet man in 0–40 cm Tiefe, also in den Boden-

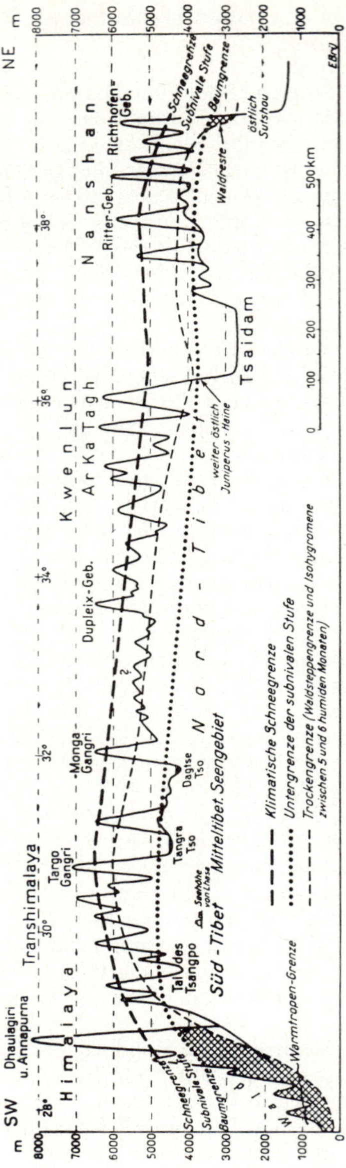
SW
NE
m
Dhaulagiri u. Annapurna
Himalaya
Transhimalaya
Targo Gangri
Monga Gangri
Dupleix-Geb.
Kwenlun
Ar Ka Tagh
Nanshan
Ritter-Geb.
Richthofen-Geb.
Tal des Tsangpo
Tangra Tso
Dagtse Tso
Tsaidam
Süd-Tibet
Mitteltibet. Seengebiet
Nord-Tibet
Schneegrenze
Subnivale Stufe
Baumgrenze
Waldreste
östlich Sutshou
weiter östlich Juniperus-Haine
Warmtropen-Grenze
Klimatische Schneegrenze
Untergrenze der subnivalen Stufe
Trockengrenze (Waldsteppengrenze und Isohygromene zwischen 5 und 6 humiden Monaten)
0 100 200 300 400 500 km
E.Br.

Abb. 142. Landschaft von Ost-Pamir (4000 mNN) mit Wüstensteppe auf Schuttboden: Kleine Horste sind *Stipa glareosa*, größere Zwergsträucher *Ceratoides papposa* (Foto I. A. RAIKOVA).

schichten, die sich im Sommer auf über 10 °C erwärmen. Seitlich streichen die Wurzeln über 2 m weit. Der Vorrat an ausnutzbarem Wasser in dem oberen 1 m des skelettreichen Bodens beträgt maximal 26 mm und minimal 5 mm. Das ist sehr wenig, reicht jedoch bei der spärlichen Vegetation für eine recht intensive Transpiration aus. Die Photosynthese ist nur in den Vormittagsstunden lebhaft. Die Tagesausbeute wird mit 25 mg pro dm^2 Blattfläche angegeben. Die niedrigen Nachttemperaturen verhindern größere Atmungsverluste.

3 Biogeozöne wurden untersucht: Eine mit vorherrschender *Ceratoides* auf Schuttböden, eine zweite mehr steppenartige auf lehmigen Böden mit *Artemisia* und *Stipa glareosa* und eine dritte mit den niedrigen krautigen Polstern auf steinigen Böden mit relativ günstigen Wasserverhältnissen an Rinnen:

Abb. 141. Klimaprofil durch Tibet von SW nach NE und die etwas tiefer gelegene Tsaidam-Wüste (7½fach überhöht). Die temperaturbedingte Baumgrenze ist in Tibet und in Tsaidam nur eine theoretische, da die Waldgrenze durch Trockenheit bedingt wird. Wald findet man nur am Südhang des Himalaja und als schmale Höhenstufe im Richthofen-Gebirge (Nanshan). Aus H. VON WISSMANN 1961.

Phytomasse und Wasserverbrauch in Ostpamir			
Biogeozöne	Wüste	Steppe	Polsterpfl.
Deckung der Pflanzen in %	5–18	15–20	15–30
Phytomasse in t/ha	0,14–0,54	0,09–0,48	0,4–0,89
Transpiration (g/g Frg. h)	0,3–0,9	0,1–0,7	0,1–0,19
Wasserverbrauch in mm während der Vegetationszeit	8–40	6–87	25–446

Man erkennt, daß ungeachtet der relativ hohen Transpirationsintensität der Wasserverbrauch der Biogeozöne in mm so klein ist, daß er durch die Niederschläge gedeckt wird. Nur die krautigen Polsterpflanzen in der Nähe der Bachläufe erhalten zusätzliches Wasser durch Zufluß. Im allgemeinen wird die Hälfte bis ein Drittel der Niederschläge zur Deckung der Transpiration der Pflanzen verbraucht. Kompliziert sind die Verhältnisse bei den Orobiomen, denn die Höhenstufengliederung hängt sehr stark von den Niederschlägen ab. In Gebieten mit unter 100 mm fehlt eine eigentliche Schneegrenze, weil die geringe Schneemenge selbst in über 5500 m NN bei der starken Strahlung verdunstet. Bis zur oberen Verbreitungsgrenze des Pflanzenwuchses bleibt die Wüste erhalten, während sonst in größeren Höhen alpine Steppen oder bei über 500 mm sogar alpine Wiesen auftreten. In der oberen alpinen Stufe spielen meist Polsterpflanzen eine bedeutende Rolle. Schematisch sind die verschiedenen Höhenstufenfolgen bei Walter 1974 auf Abb. 270, S. 321 dargestellt.

Zono-Ökoton VI/VII – Boreo-nemorale Zone

Im Gegensatz zu den bisher besprochenen Zonen erstreckt sich die boreale Nadelwaldzone mit einem kalten gemäßigten Klima auf der Nordhemisphäre im nördlichen Eurasien und Nordamerika (durch Meere unterbrochen) um den ganzen Erdball herum. Im Süden grenzt diese Zone im Bereich des ozeanischen Klimas an die nemorale Laubwaldzone, im Bereich des kontinentalen Klimas dagegen an die ariden Steppen oder Halbwüsten (Abb. 143). Die Grenze zwischen der Laubwaldzone und der Nadelwaldzone ist nicht scharf; vielmehr ist hier ein boreo-nemorales Ökoton VI/VIII eingeschaltet, in dem entweder Mischbestände vorkommen von einigen Nadelholzarten (meistens Kiefern) mit Laubholzarten, oder aber eine makromosaikartige Durchmischung stattfindet mit reinen Laubwäldern an günstigen

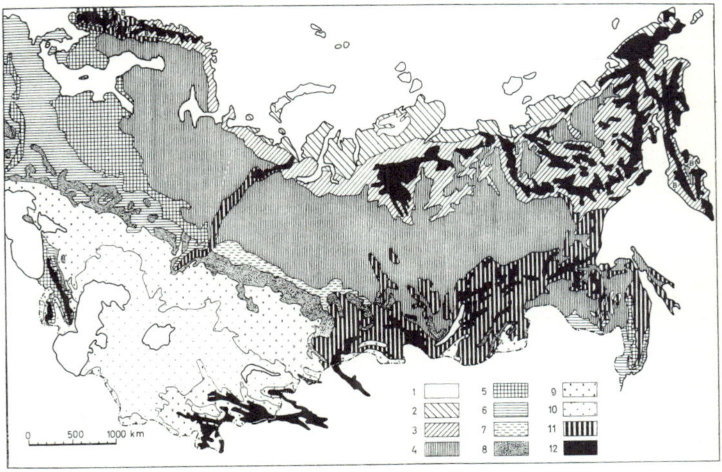

Abb. 143. Vegetationszonen Euro-Sibiriens, 1 Arktische Wüste, 2 Tundra, 3 Zwergstrauch- und Waldtundra, 4 boreale Nadelwaldzone, 5 Mischwaldzone, 6 Laubwaldzone, 7 kleinblättrige Laubwälder, 8 Waldsteppe, 9 Grassteppe, 10 Halbwüsten und Wüsten, 11 Gebirgsnadelwälder, 12 alpine Zone.

Standorten und auf besseren Böden und reinen Nadelwäldern auf ungünstigen Standorten mit armen Böden. Im östlichen Nordamerika sind es verschiedene *Pinus*-Arten, die in Mischbeständen vorkommen; im Gebiet der großen Seen vor allen Dingen *Pinus strobus,* aber auch *Tsuga canadensis;* im Südosten *Juniperus virginiana.* Oftmals sind die Kiefern Pionierholzarten nach Waldbränden oder auf aufgelassenem Kulturland. Sie wachsen auf armen Böden rascher in die Höhe als die Laubhölzer und bilden deshalb eine obere Baumschicht. Die Verjüngung der Kiefern in solchen Mischbeständen ist jedoch, wenn der Laubholzunterwuchs dicht ist, schwierig. Die Kiefer hält sich deshalb nur dort, wo Feuer als immer wiederkehrender Faktor eine Rolle spielt. Es konnte nachgewiesen werden, daß Brände in diesen Wäldern namentlich auf sandigen Böden mit einer im Sommer trockenen Streuschicht auch ohne Zutun des Menschen durch Blitzschlag häufig entstehen. In Europa sind die Verhältnisse viel einfacher: Auf den armen fluvioglazialen Sanden, die sich als breiter Streifen vor den Endmoränen in Mittel- und E-Europa hinziehen, findet man im Gebiet, das klimatisch noch der Laubholzzone angehört, reine Kiefernwälder (Pinetum), die in E-Europa als „Bor“ bezeichnet werden. Auf besseren lehmigen Sandböden treten als untere Baumschicht Eichen auf; wir erhalten ein Querceto-Pinetum oder „Subor“.
Auf lehmigen Böden gesellt sich die Hainbuche *(Carpinus betulus)* hinzu, so daß die Wälder, die man „Sugrudki“ nennt, dreischichtig sind (Carpineto-Querceto-Pinetum). Auf Löß schließlich haben wir die zonalen Laubwälder mit Eiche in der oberen und *Carpinus* in der unteren Baumschicht (Querceto-Carpinetum), als „Grud“ bezeichnet. Eingriffe des Menschen verändern diese Wälder sehr stark: Waldbrände und Brennholzgewinnung durch Schlagen der Laubhölzer fördern die Kiefer; Nutzung der als Bauholz wertvollen Kiefer führt zu reinen Laubwäldern. Dazu kommt die Waldweide. In Mitteleuropa sind durch die Forstwirtschaft selbst in früheren reinen Laubwaldgebieten ausgedehnte Kiefernforste entstanden, z. B. in der Oberrheinischen Tiefebene. Weiter nördlich (in Süd-Skandinavien, mittl. Osteuropa) spielen die Fichte *(Picea abies)* und die Eiche *(Quercus robur)* eine größere Rolle, die sich meist makromosaikartig durchdringen (KLÖTZLI 1975). Da die besseren Böden mit Eichenwäldern heute meist kultiviert werden, ist der Anteil der Fichte an den noch verbliebenen Wäldern gestiegen; sie wird außerdem durch die Forstwirtschaft begünstigt. Im eigentlichen Mitteleuropa sind die Fichtenforsten in tiefen Lagen alle künstlich angelegt worden Die „Verfichtung“ der Landschaft nimmt immer mehr zu, denn die Forstwirtschaft will höhere Erträge erzielen. Aber in letzter Zeit erkranken infolge des „sauren Regens“ nicht nur Tannen sondern auch Fichten immer mehr.
Die Grenze zwischen der boreo-nemoralen und der eigentlichen borealen Zone entspricht in Europa der nördlichen Verbreitungsgrenze der

Eiche. Sie verläuft in Südschweden am 60. Breitengrad, zieht sich dann entlang der Südküste von Finnland hin und verläuft von dort zur mittleren Kama, wo die Steppe an die boreale Zone grenzt.

VIII Zonobiom des kalt-gemäßigten borealen Klimas

1 Klima und Nadelholzarten der borealen Zone

Die eigentliche boreale Zone (Abb. 143) beginnt dort, wo das Klima für die Hartholz-Laubholzarten zu ungünstig wird, d. h. wo die Sommer zu kurz und die Winter zu lang werden. Im Klimadiagramm erkennt man es daran, daß die Dauer der Zeit mit Tagesmitteln über 10 °C unter 120 Tage sinkt und die kalte Jahreszeit über 6 Monate dauert (Abb. 144). Die Nordgrenze der borealen Zone gegen die Arktis liegt dort, wo etwa nur 30 Tage mit Tagesmitteln über 10 °C und eine kalte Jahreszeit von 8 Monaten für das Klima typisch sind.
Allerdings darf man bei der weiten Erstreckung dieser Zone nicht von einem einheitlichen Klima sprechen, sondern man muß ein mehr kalt-ozeanisches Klima mit einer relativ geringen Amplitude der Temperaturen und ein kalt-kontinentales unterscheiden, bei dem im extremen Fall die Spanne zwischen dem Temperaturmaximum (+30 °C) und -minimum (–70 °C) 100 °C erreichen kann. Ebenso ändern sich die Temperaturverhältnisse von N nach S. Entsprechend kann man mehrere Subzonobiome unterscheiden: Ein nördliches, ein mittleres, ein südliches und ein extrem kontinentales. Ebenso sind extrem ozeanische mit Birken in NW-Europa und NE-Asien auszuscheiden (Ahti et al. 1968).
Auch die floristische Zusammensetzung der Baumschicht ist natürlich verschieden. Für die Nadelwälder gilt, daß die Zahl der Nadelholzar-

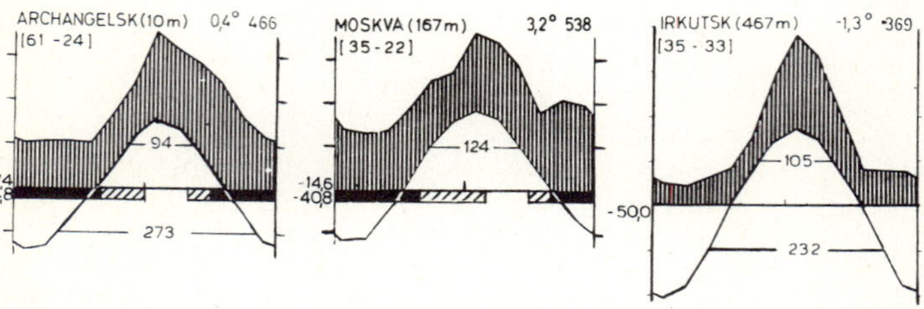

Abb. 144. Klimadiagramme aus der borealen Zone N-Europas, der Mischwaldzone und der borealen Zone Sibiriens. Bei horizontalen Strichen Zahl der Tage mit Mittel über + 10 °C (oben) und über –10 °C (unten).

ten in N-Amerika und E-Asien sehr groß ist, im eurosibirischen Raum dagegen sehr klein. In N-Amerika haben wir sehr viele Arten der Gattungen *Pinus, Picea, Abies, Larix,* aber auch *Tsuga, Thuja, Chamaecyparis* und *Juniperus,* die jedoch mehr der Übergangszone angehören. Die Arten dieser Gattungen an der pazifischen Küste sind andere als im östlichen Teil. Nur die Schimmelfichte *(Picea glauca)* geht von Neufundland bis zur Bering-Straße. An der Baumgrenze gegen die Arktis wachsen außerdem die Schwarzfichte *(Picea mariana),* die sonst meist auf armen Böden auftritt, ebenso wie *Larix laricina* in den kontinentalen Gebieten. Dazu kommen *Abies balsamea* und *Thuja occidentalis,* wie auch *Pinus banksiani,* letztere insbesondere auf Brandflächen. Sehr verschiedene Arten findet man in der Nadelwaldstufe der Gebirge.
Im Gegensatz dazu spielen in der borealen Zone Europas nur die Fichte *(Picea abies)* und die Kiefer *(Pinus sylvestris)* eine Rolle. Erst im östlichen Teil wird unsere Fichte durch die nahe verwandte sibirische Art, *Picea obovata,* abgelöst und es kommen dazu *Abies sibirica, Larix sibirica* und *Pinus sibirica,* eine Unterart der Arve *(Pinus cembra);* der Anteil der Fichte nimmt ab, und im kontinentalen Ostsibirien fehlt sie ganz. Zugleich tritt dort an die Stelle von *Larix sibirica* die L. *dahurica.* Allein die Lärchenwälder bedecken in Sibirien 2,5 Mill. km^2. Im nord-japanischen Raum nimmt die Zahl der Nadelholzarten wieder stark zu.

2 Biogeozön-Komplexe der europäischen borealen Waldzone

Typisch für das Zonobiom VIII in N-Europa ist der dunkle Fichtenwald, als *Taiga* bezeichnet, auf *Podsolböden* mit einer Rohhumusschicht, einem Bleichhorizont und einem verdichteten B-Horizont. Solche Böden bilden sich in der humiden borealen Zone auf jedem Muttergestein aus, aber um so ausgeprägter, je basenärmer dieses ist. Die Streu der Fichte ist schwer zersetzbar und liegt über dem A_0-Horizont, der aus organischer Masse besteht, die durch die Rhizome und Wurzeln der Zwergsträucher sowie Pilzmyzelien verflochten ist und als *Rhohumusschicht* bezeichnet wird. Sie läßt sich leicht von dem darunter liegenden A_1-Horizont (humushaltiger Mineralboden) abheben (daher auch Auflagehumus oder Trockentorf genannt). Die im Rohhumus gebildeten Humussäuren wandern mit dem Regenwasser in die Tiefe und bewirken eine völlige Auslaugung der Basen und Sesquioxide Fe_2O_3,Al_2O_3), so daß im A_2-Horizont nur ausgebleichter feiner Quarzsand verbleibt *(Bleichhorizont).* An der Grenze des nicht ausgelaugten Untergrundes werden die Humussole mit den Sesquioxiden infolge der Abnahme der Azidität oder durch den Wasserentzug der Baumwurzeln ausgefällt. Es bildet sich der *B-Horizont,* der dunkelbraun (Humuspodsole) oder rostrot (Eisenpodsole) gefärbt ist.

Im Fichtenwald (Piceetum typicum) kann man außer der Baumschicht noch eine Krautschicht und eine geschlossene Moosschicht unterscheiden. In der Krautschicht herrscht die Heidelbeere *(Vaccinium myrtillus)* vor, in trockenen Waldtypen auch die Preiselbeere *(Vaccinium vitis-idaea)* oder in der südlichen Zone häufig der Sauerklee *(Oxalis acetosella)*. Sehr charakteristisch sind außerdem Bärlapp *(Lycopodium annotinum), Maianthemum bifolium, Linnaea borealis, Listera cordata, Pyrola (Moneses) uniflora* u. a. Bei hohem Grundwasserstand nimmt die Rohhumus-Anreicherung zu, leitet zur Torfbildung über und führt zur Hochmoorbildung. In der Moosschicht herrscht dabei zuerst *Polythrichum* und im späteren Stadium das Torfmoos *(Sphagnum)* vor. Tritt die Vernässung durch fließendes, sauerstoffreiches Grundwasser ein, dann gehen die Fichtenwälder in Auenwälder über.
Neben den Fichtenwäldern ist in der borealen Zone der Anteil der Kiefernwälder (Pineten) immer sehr groß. Die Kiefer *(Pinus sylvestris)* verdrängt die Fichte an trockenen Standorten. Die Krautschicht dieser lichten Wälder wird von dem Heidekraut *(Calluna vulgaris)* mit Preiselbeere gebildet, in der Moosschicht stellen sich viele Flechten *(Cladonia, Cetraria)* ein; charakteristische Arten der Krautschicht sind *Pyrola*-Arten, *Goddyera repens, Lycopodium complanatum* u. a. Aber die Kiefer ist oft auch an für die Fichte günstigen Standorten verbreitet, jedoch nur nach Waldbränden, die auch durch Blitzschlag entstehen können. Auf den Brandflächen tritt oft eine Massenentwicklung von *Molinia coerulea, Calamagrostis epigeios* oder *Pteridium aquilinum* auf, wobei diese Reihenfolge einer zunehmenden Trockenheit entspricht.
Von den Baumarten kommen auf solchen Brandflächen die Birke und Espe am raschesten hoch; sie werden dann durch die Kiefer verdrängt. Unter der Kiefer wächst langsam die Fichte heran. In Nordschweden hält sich das Birkenstadium 150 Jahre, das Kiefernstadium 500 Jahre. Oft tritt ein neuer Brand auf, bevor das der zonalen Vegetation entsprechende Fichtenstadium erreicht ist. Der große Anteil der Kiefer ist deshalb verständlich. Die Kiefer fehlt nur an feuchten Standorten mit geringer Feuergefahr.
Entsprechende Biogeozöntypen findet man in Nordamerika, nur sind sie floristisch etwas reicher.

3 Nadelwald als Biogeozön

Der Nadelwald unterscheidet sich vom Laubwald dadurch, daß er immergrün ist. Je dichter der Bestand ist, desto weniger dringen die Sonnenstrahlen bis zum Boden durch. Unter einem Fichtenwald ist deshalb der Boden um 2 °C kälter als an offenen Stellen. Auch die Schneedecke ist weniger mächtig, so daß der Boden tiefer gefriert. Die

Frosttiefe betrug im Boden eines dichten Bestandes 85 cm gegenüber 50 cm im gelichteten Bestand, in dem der Bodenfrost Anfang Juni verschwand, während er sich im dichten Bestand bis Anfang August hielt.
Die Fichte wurzelt sehr flach in den oberen 20 cm und bei hohem Grundwasserstand noch flacher. Eine ständig gute Wasserversorgung bei einem mittleren Grundwasserstand ist für eine hohe Produktion der Fichtenwälder notwendig. Die tiefer wurzelnde Kiefer ist gegen Bodentrockenheit nicht so empfindlich. Die gesamte jährliche Wasserabgabe der typischen Fichtenwälder beträgt in der nördlichen Taiga etwa 250 mm, in der mittleren 350 mm, in der südlichen 450 mm. Die mittlere Produktion an organischer Masse ist 5,5 t/ha im Jahr, der Holzzuwachs 3 t/ha, in der südlichen Taiga dagegen bis 5 t/ha. Der größte jährliche Zuwachs wird im Norden von Waldbeständen erst im Alter von 60 Jahren erreicht, im Süden schon im Alter von 30–40 Jahren. Die Phytomasse der Baumschicht beträgt bei Kiefernwäldern maximal 270 t/ha, die des Unterwuchses in alten Beständen bis zu 20t/ha. Die Masse der während des Heranwachsens alter Bestände gebildeten Streu kann 1000 t/ha überschreiten; sie wird jedoch nicht aufgespeichert, sondern ständig abgebaut, bis ein Gleichgewicht zwischen Zugang und Abgang bei einer Streumasse von 50 t/ha erreicht ist. Nur bei der Torfbildung wird organische Masse gespeichert. Unter solchen ungünstigen Verhältnissen ist der jährliche Zuwachs an Trokkenmasse der Baumschicht oft geringer als der der übrigen Schichten, z.B. im krautigen Fichten-Sumpfwald bei der Baumschicht 850 kg/ha (insgesamt 1906 kg/ha), im Kiefernhochmoor bei der Baumschicht 104 kg/ha (insgesamt 1780 kg/ha). Der Blattflächenindex ist relativ hoch, da mindestens 2 Jahrgänge von Nadeln vorhanden sind (bei Kiefernwäldern der boreo-nemoralen Zone BFI= 9–10, bei Fichtenwäldern der Taiga über 11).
Die Nadelbäume besitzen stets eine ektotrophe Mykorrhiza, wodurch der Bereich des Wurzelsystems durch die Pilzhyphen stark erweitert wird. Auf diese Weise sind die in der Rohhumusschicht enthaltenen Nährstoffe für die Bäume leichter zugänglich. Die Baumwurzelkonkurrenz ist für die Arten der Krautschicht sehr groß. Auf flachgründigen Granitböden können die Kiefern alles Wasser verbrauchen, so daß die Krautschicht ganz fehlt und der Boden nur mit Flechten bedeckt ist. Unter diesen Umständen kann kein Kiefernjungwuchs aufkommen, obgleich die Lichtverhältnisse günstig sind. Er stellt sich nur dort ein, wo ein alter Baum abstirbt und die Wurzelkonkurrenz fehlt. Bei größerer Bodenfeuchtigkeit macht sich die Wurzelkonkurrenz durch den Wettbewerb um den Stickstoff bemerkbar, den die Baumwurzeln aufnehmen, so daß sich nur äußerst anspruchslose Zwergsträucher *(Vaccinium myrtillus)* halten können. Durchschneidet man jedoch die Baumwurzeln, um deren Konkurrenz auszuschalten, so stellen sich bei

unveränderten Lichtverhältnissen anspruchsvollere Arten ein, wie *Oxalis acetosella* oder sogar die nitrophile Himbeere *(Rubus idaeus)*, die sonst nur auf Lichtungen auftritt, wo ebenfalls die Baumwurzelkonkurrenz fehlt. Es ist also oft nicht der Lichtfaktor, der die Zusammensetzung der Krautschicht bestimmt, sondern die Menge der für die Kräuter zur Verfügung stehenden Nährstoffe.

Über den Wasserhaushalt eines Fichtenwaldes in Schweden werden folgende Angaben gemacht:

Von den Niederschlägen geht ein großer Teil durch die Benetzung der Kronen verloren (Interzeption), und zwar sind es etwas über 50% (bei den weniger dichten osteuropäischen Beständen sind es nur 30%). Auch die Moos- und Streuschicht hält weiteres Wasser zurück, so daß nur etwa ⅓ der Niederschläge den Wurzeln zur Verfügung steht. Es waren in den Sommermonaten 90 mm, in den übrigen 202 mm, also zusammen 292 mm. Diese werden fast restlos durch die Transpiration des 40jährigen Bestandes verbraucht. An feuchten Standorten werden sogar 378 mm durch Transpiration an die Atmosphäre abgegeben; aus diesem Grund muß ein Teil der Wasserverluste durch Entnahme aus dem Grundwasser gedeckt werden.

Die meisten öko-physiologischen Untersuchungen wurden in der Fichtenstufe der Alpen ausgeführt, doch dürften die Verhältnisse in der borealen Zone analog sein.

Die rege Transpiration geht parallel mit einer entsprechend intensiven Photosynthese. Bei der Fichte kann man Sonnen- und Schattennadeln unterscheiden. Die Verhältnisse erinnern an die der Buche. Zum Unterschied von derselben beginnt die aktive Periode bei der immergrünen Fichte im Frühjahr sehr zeitig und geht im Herbst bis zum Auftreten vereinzelter Fröste weiter. Für den Reingewinn an Trockensubstanz sind die Jahreszeiten mit niedrigen Nachttemperaturen und somit geringen Atmungsverlusten besonders günstig. Nach einer Frostnacht wird die Photosynthese allerdings vorübergehend gehemmt, doch erst nach Beginn der eigentlichen Kälteperiode verfällt die Fichte in eine Dauerruhe und assimiliert selbst an sonnigen Tagen nicht mehr.

Zugleich sinkt aber auch die Atmung auf so niedrige Werte, daß sie kaum meßbar ist und keine wesentlichen Stoffverluste verursacht. In dieser Zeit verlieren die Nadeln ihre frische grüne Färbung und die Chloroplasten sind unter dem Mikroskop schwer erkennbar.

Nach einer langen Kälteperiode braucht die Photosynthese im Frühjahr eine gewisse Anlaufzeit, bis sie wieder normal verläuft. Es muß zunächst der photosynthetische Apparat wieder aktiviert werden. Bei den Arven im Gebirge wurde festgestellt, daß junge Bäumchen unter Schnee mit grünen Nadeln überwintern und dann im Frühjahr bei höheren Temperaturen sofort mit der CO_2-Assimilation beginnen.

Der Übergang zur Winterruhe ist mit einer Abhärtung verbunden,

d. h. mit einer starken Zunahme der Frostresistenz, auf die wir auf Seite 244 hinwiesen. Dieselben Vorgänge wie bei entlaubten Laubbäumen lassen sich bei den immergrünen Nadelbäumen der borealen Zone beobachten. Die Abhärtung ist noch viel eindeutiger. Während die Fichtennadeln im nicht abgehärteten Zustand im Herbst schon durch Fröste von –7 °C abgetötet werden, halten sie im Winter Temperaturen von fast –40 °C ohne Schaden aus. Sehr empfindlich schon gegen leichten Frost sind die ganz jungen Fichtentriebe im Frühjahr. Sie können durch Spätfröste geschädigt werden.

Die Frosthärte der Nadeln läßt sich auch künstlich verändern, und zwar die Abhärtung durch Einwirkung tiefer Temperatur vor allem im Spätherbst und Frühjahr, die Enthärtung durch normale Zimmertemperatur insbesondere im Dezember und Spätwinter. Die Abhärtung bedingt, daß Frostschäden bei Nadelhölzern am natürlichen Standort nicht beobachtet werden, selbst nicht in Sibirien bei Temperaturen von –60 °C. Infolge der Winterruhe halten die Nadelbäume auch den polaren Winter bei völliger Dunkelheit aus. Die Anpassungsfähigkeit ist artspezifisch verschieden, was in der Verbreitung der einzelnen Arten zum Ausdruck kommt. Nur wenige Arten halten die extrem kontinentalen sibirischen Winter aus, die nadelabwerfende Lärche besser als die immergrünen Arten. Sicher sind auch innerhalb einer Art Unterschiede je nach der Provenienz vorhanden. Fichten aus den Alpen werden sich anders verhalten als solche aus der nördlichen borealen Zone, Fichten von der oberen Baumgrenze anders als solche tiefer Lagen. Schon die Baumform ist verschieden; je extremer die Bedingungen sind, desto spitzkroniger werden die Bäume, d. h. das Wachstum der Seitenzweige wird stärker gehemmt als das des Haupttriebes. Auch bei der Kiefer läßt sich im polaren Gebiet dasselbe feststellen.

Ob nun diese Baumform durch Auslese von Mutanten zustande kommt, die weniger unter Schneebruchgefahr leiden, ist schwer zu sagen, denn dieselbe Erscheinung wird bei der Tanne in Albanien an der unteren, d. h. der Trockengrenze beobachtet, wo Schneebruchgefahr nicht besteht; es scheint vielmehr, daß bei allgemein ungünstigen Bedingungen die Hemmung der Seitenzweige früher eintritt als beim Haupttrieb (unter ungünstigen Lichtverhältnissen ist es umgekehrt). In Utah (N-Amerika) besaßen z. B. *Picea, Abies* und *Pseudotsuga* an trockenen Hängen extrem spitze Kronen, auf dem Talboden dagegen stumpfe bei gleicher Schneebruchgefahr.

4 Extrem kontinentale Lärchenwälder Ostsibiriens mit den Thermo-Karst-Erscheinungen

Während die schattigen Nadelwälder W-Sibiriens mit *Picea obovata, Abies sibirica* und *Pinus sibirica* (ssp. von P. *cembra*) als „dunkle Taiga“ bezeichnet werden, bilden die Wälder aus *Larix dahurica* in

Ostsibirien die „helle Taiga". Es handelt sich um ein riesiges Subzonobiom mit extrem kontinentalem borealem Klima (Temperaturschwankung bis 100 °C), das aus den Klimadiagrammen auf Abb. 145 zu erkennen ist. In Nordamerika ist nur ein ähnliches begrenztes, aber etwas weniger extremes Klimagebiet um Fort Yukon (Alaska) vorhanden (Abb. 155).

Bei den tiefen Jahresmitteltemperaturen von –10 °C ist der Boden in E-Sibirien dauernd bis in Tiefen von 250–400 m gefroren (Permafrostboden). In den relativ warmen Sommern tauen nur die oberen 10–50cm auf, bei gut dränierten Böden höchstens 100–150 cm. Die Niederschläge in diesem Gebiet sind sehr gering (unter 250 mm); das wird jedoch durch die langsam auftauende obere Bodenschicht kompensiert. Die Wurzeln nehmen das Schmelzwaser auf, so daß ein Wald wachsen kann. Die Lärchenwälder haben meistens einen Zwergstrauch-Unterwuchs aus *Vaccinium uliginosum, Arctous alpina,* auf trockenen Böden *Vaccinium vitis-idaea, Dryas crennulata,* auf feuchten *Ledum palustre* und auf sehr trockenen nur eine Bodenschicht aus Flechten. Weiter im Norden gehen die lichten Wälder in offene Baumfluren (Redkolesje) über und dann in eine Zwergstrauchtundra mit *Betula exilis* (kniehoch) und *Rhododendron parviflorum* (Abb. 146).

Besonders beeindruckend sind hier die Ausmaße der Thermo-Karst-Erscheinungen im kältesten Teil der Nordhalbkugel, über die B. FRENZEL nach der Teilnahme an einer Exkursion in diese Gebiete folgendes schreibt:

„Der Permafrost Sibiriens, vermutlich auch Alaskas, entstand seit dem frühen Eiszeitalter. Jede Eiszeit trug zu seiner Ausbreitung bei, in den Warmzeiten wurden hingegen sein Areal und seine Mächtigkeit reduziert. Jedoch auch die warmzeitlichen Klimate sind in diesen Landschaften der Neubildung des Permafrostes günstig, wenn auch die Mächtigkeit des jahreszeitlichen Auftaubodens größer als während

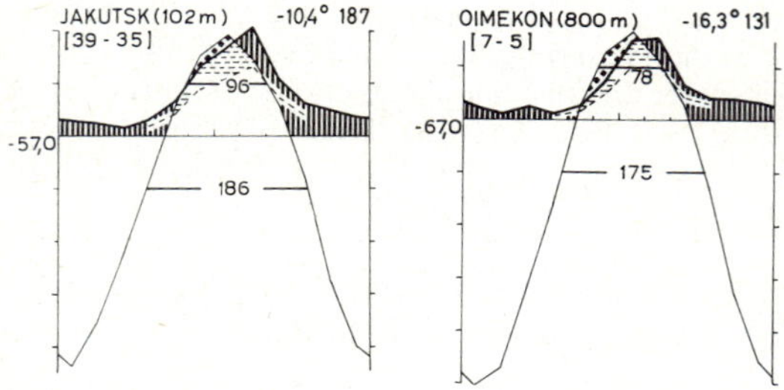

Abb. 145. Klimadiagramme aus dem extrem kalt-kontinentalen Gebiet Ostsibiriens. Oimekon ist der Kältepol der Nordhemisphäre.

Abb. 146. Waldtundra im Tscherski-Gebirgsland (Ostsibirien): Lärchenwald *(Larix dahurica)* am Hang, im Kältetal Moostrundra mit Zwerkbirke *(Betula exilis)* und *Rhododendron parviflorum* (Foto V. N. PAVLOV).

der Kalt- oder Eiszeit ist: Vergehen und Entstehen des Permafrostes gehen Hand in Hand. Diese Prozesse werden besonders auf feinkörnigen Sedimentgesteinen ökologisch und geomorphologisch wirksam. Während der Eiszeiten wurden auf weiten Flächen der damaligen extrem winterkalten Klimazone Löße (ein äolisches Sediment) und deren Derivate gebildet. In den heutigen hochkontinentalen Klimaten der borealen Nadelwaldzone sind sie bis zu 80 Volumprozent mit Eis des Permafrostes erfüllt. Lokale Störungen der Strahlungsbilanz und des Wärmeflusses zwischen Atmosphäre und Boden, etwa durch die pro Gebiet ungefähr alle 180–240 Jahre auftretenden natürlichen Waldbrände, durch Flußerosion usw., führen zunächst zu einer Mächtigkeitszunahme des sommerlichen Auftaubodens. Da das Gestein vorher weitaus an Eis übersättigt gewesen war, kommt es nun auf geneigten Landoberflächen zum Abgleiten dieser Schicht. Der Boden wird förmlich aufgezehrt, weshalb in Sibirien von der „Jedom"-Serie gesprochen wird, also den (russisch) „zerfressenden" Lockergesteinen. Durch das verstärkte sommerliche Auftauen des Oberbodens hat sich somit eine Volumenabnahme ereignet. Sie wird allgemein als Thermokarst be-

Abb. 147. Durch Thermokarst bedingte Zerstörung des *Larix dahurica* Waldes am Fluß Aldan. Die obersten 5–8 m des den Wald tragenden Bodens tauen auf, und der wasserübersättigte Schlamm transportiert die umgestürzten Bäume zum Fluß. (Foto B. FRENZEL).

zeichnet (Abb. 147). Auf horizontalen Flächen sackt beim Entstehen des Thermokarsts der Boden in sich zusammen: Es entstehen bis mehrere Kilometer große, abflußlose Senken, die sogenannten „Alasse", in denen durch Steigen des Grundwassers der etwa vorher vorhandene Wald ertränkt wird (Abb. 148). Diese Erscheinungen sind schon von den Reisenden, die in der Mitte des 17. Jahrhunderts Sibirien durchstreift hatten, beschrieben worden, ein klares Zeichen dafür, daß es sich bei der Alassbildung um natürliche Prozesse handelt, deren Beginn heute bis an das Ende des Spätglazials (etwa 12 000 bis 10 000 vor heute) zurückverfolgt werden kann. Gegenwärtig wird die Alassbildung durch Rodungen und Grundbau gefördert.

Alasse treten besonders häufig in der unter einem hochkontinentalen Klima stehenden Viljuij-Senke und in ihren Randgebieten Zentral- und Ostjakutiens auf. Sind die Alasse zunächst in der Regel in ihrem Zentrum wassererfüllt, so bieten die steilen, bis 50 m hohen Ränder infolge verbesserter natürlicher Drainage und verstärkter Insolation sehr bunten Steppengesellschaften geeignete Ansatzpunkte (⅓ der etwa 900 Arten Höherer Pflanzen Jakutiens gehören in derartige Pflanzengemeinschaften, deren Gesamtfläche nur wenige Prozent desLandes ausmacht).

Abb. 148. Ein entstehender Alass in der Lärchentaiga Zentraljakutiens. Durch Auftauen der obersten 15–20 m des Permafrostes ist der Boden um denselben Betrag eingesunken. Die Abflußlosigkeit des Beckens führt zum Ertränken des *Larix dahurica*-Waldes (Foto B. FRENZEL).

Abb. 149. Ein Bulgunnjach in einem von natürlichen Wiesengesellschaften eingenommenen Alass Zentraljakutiens. Die Hänge des bereits wieder zerspaltenen und damit zerfallenden Pingos werden von einer Grassteppenvegetation eingenommen, Kuppe noch bewaldet (Foto B. FRENZEL).

Abb. 150. Gras- und Kräutersteppe auf südexponierten Ufern des Aldan (Zentral-Jakutien). Die feinkörnigen eiszeitlichen Sedimente sind bis zu 80 Volumenprozent mit Eis des Permafrostes erfüllt, besonders in den großen polygonalen Eiskeilsystemen. Beim Anschneiden durch den Fluß schmilzt zunächst das reinere Eis der Eiskeile. In ihnen siedelt sich, von den Hochflächen ausgehend, wegen der jetzt verbesserten Wasserführung Wald an. Der trockenere Mineralboden zwischen den Eiskeilen wird aber am Oberhang von Grassteppen, am Mittel- und Unterhang von Kräutersteppen (vgl. Abb. 151) eingenommen, die auf dem schmelzenden Untergrund abgleiten (Foto B. Frenzel).

Geht die Absenkung der Böden der Alasse langsam vonstatten und sammelt sich nicht zu viel Wasser an, dann treten dort an die Stelle der zu Grunde gegangenen Lärchen- oder Kiefernwälder natürliche Wiesengesellschaften, die heute für die dortige Viehzucht bedeutungsvoll sind. Ihre Artengarnitur verweist oft auf versalzene Standorte.
Alass-Seen können verlanden. Hiermit wird erneut der Wärmefluß geändert, und der Permafrost breitet sich aus. Da jetzt aber in den Alassen sehr viel Wasser vorhanden ist, bilden sich in ihnen große, eiskernerfüllte Hügel, die „Bulgunnjachi" oder Pingos (Abb. 149). Sie wachsen so lange in die Höhe, bis die sommerliche Insolation das Bestehen ihrer Eiskerne verhindert, oder bis sie infolge ihres Hochwachsens aufreißen und die sommerliche Wärme tief in die Bulgunnjachi einwirken kann und zu ihrem Zerfall führt. Derartige Hügel haben eine Lebensdauer von einigen Jahrzehnten bis zu maximal wenigen Jahrtausenden. Stets aber gilt, daß auch sie zur Erhöhung der Biotop-

mannigfaltigkeit beitragen, da ihre steilen Hänge oft wegen der guten Drainage und der erhöhten Insolation bunten Steppengesellschaften reichlich Ansatzpunkte geben.
Das Permafrostgebiet, in dem alles Leben der winterlichen Kälte wegen so stark reduziert zu sein scheint, ist voll der Dynamik."
Das Auftreten von Steppengesellschaften ist in Jakutien für alle trockenen und im Sommer sehr warmen, steilen Südhänge bezeichnend, z. B. an den zu den großen Flüssen abfallenden (Abb. 150 und 151).
Ganz allgemein ist das Klima Jakutiens als zum mindesten semiarid zu bezeichnen. Das geht deutlich aus dem Klimadiagramm auf Abb. 145 hervor, d. h. die potentielle Evaporation ist auch auf Eu-Klimatopen höher als die geringen Jahresniederschläge.
In Übereinstimmung damit findet man in den Lärchenwäldern baumfreie Stellen – die „Tscharany" – auf denen durch die starke Verdunstung eine Salzanreicherung stattfindet. Auf solchen verbrackten, solonzierten Böden wachsen Salzpflanzen, die auch an Meeresküsten vorkommen, wie *Atriplex litoralis, Spergularia marina* und *Salicornia europaea,* auf nassen Salzböden auch die Gräser *Puccinellia tenuiflora* und *Hordeum brevisubulatum* (Walter 1974).

Abb. 151. Kräutersteppe auf dem nach Süden gewandten Hang eines kleinen Nebentälchens der Lena in der alles beherrschenden *Pinus silvestris*-Taiga. Die kerzenförmigen Blütenstände der *Orostachys spinulosa* (Crassulaceae), dichte Fruchtstände von *Alyssum* sp. (unten rechts) und die nicht abgebildete *Ephedra monosperma* charakterisieren den Bestand. Dieser Steppentyp gedeiht auf Dauerfrost (Foto B. Frenzel).

Da im hohen Norden die steilen Südhänge von den Strahlen der tiefstehenden Sonne mittags senkrecht getroffen werden, können einzelne Steppenarten sogar noch auf der Insel Wrangel (71°N) wachsen (Yurtsev 1981). Folgende typische Arten werden angeführt: *Ephedra monostachya, Stipa krylovii, Koeleria cristata, Festuca* spp. u. a. Gräser, *Pulsatilla* spp., *Potentilla* spp., *Astragalus* und *Oxytropis* spp., *Linum perenne, Veronica incana, Galium verum, Artemisia frigida, Leontopodium campestre, Aster alpinus* (für sibirische Steppen typisch) u. a.

Diese Steppeninseln kommen heute extrazonal an warmen Südhängen vor. Sie sind Relikte von zonalen Steppen der Glazialzeiten, als das Klima noch extremer kontinental war.

Damals kamen von der riesigen Eiskuppe im Sommer föhnartige sich stark erwärmende Fallwinde, die nach Osten abgelenkt über die eisfreien periglazialen Flächen wehten und die mächtigen Lößschichten ablagerten. Die Sommer waren offensichtlich so heiß, daß sich im Löß große Trockenrisse bildeten, in denen es durch den Permafrost zur Reifbildung und Ausfüllung mit Eis kam (Jedome-Serie). Auf Grund der neueren russischen Untersuchungen muß man annehmen, daß während der Glazialzeit solche periglaziale Steppen sich zonal über ganz Eurasien und Nordamerika zogen und eine reiche Steppenfauna ermöglichten mit Steppennagern, Antilopen, Wildpferden bis zum Wolligen Nashorn und Mammut.

Die Tundravegetation war wohl nur an moorige und sumpfige Stellen um Seen herum, also als Pedobiome an die tieferen Stellen des Relief gebunden. Das häufige Vorkommen von *Ephedra*- und *Artemisia*-Pollen in den Pollenspektren der Torfproben aus der Glazialzeit beweist, daß ringsherum Steppen mit diesen Arten wuchsen.

Erst als in der Postglazialzeit das Eis abschmolz, der Meeresspiegel anstieg, das Eismeer entstand, die Landverbindung zwischen Ostasien und Alaska unterbrochen wurde, der Golfstrom im Nordatlantik warmes Wasser dem Eismeer zuführte, änderte sich die gesamte Luftzirkulation. Die von den Aleuten einerseits und von Island andererseits westwärts wandernden Luftfronten gestalteten das Klima der nördlichen Breiten um, es wurde humid und an den Westflanken der Landmassen stark ozeanisch getönt. Im nördlichen Teil der früheren periglazialen Steppen breitete sich nun die Tundravegetation aus und eroberte auch die eisfrei gewordenen Flächen, ihr folgte von den Refugien ausgehend die Waldvegetation, bis die Tundra- und Waldzone die heutige Lage annahmen.

Die periglaziale Steppenvegetation zog sich in das aride Gebiet der heutigen kontinentalen Steppen zurück und mit ihr auch die entsprechende Fauna. Aber die Tierarten, die nicht mit den Veränderungen Schritt halten konnten, starben aus. Das waren gerade die größten Formen wie Mammut, Wolliges Nashorn, Riesenhirsch u. a. (vgl. Walter und Breckle 1983).

Diese Ausführungen sollten nur andeuten, daß die heutige zonale Tundravegetation, aber auch die boreale Nadelwaldzone mit den vielen Mooren in der jetzigen Form junge Neubildungen sind. Auch Hochmoore hat es früher wahrscheinlich nicht gegeben. Gewisse Relikte der periglazialen Steppen findet man in Mittelrußland an Kreidefelsen. Auch *Carex humilis* mit seinem verstreuten Vorkommen in den Steppenheiden gilt als periglaziales Relikt. In den Alpenmatten wachsen viele Arten, die genetisch zu typischen Steppengattungen gehören, wie *Astragalus, Oxytropis, Potentilla, Pulsatilla, Festuca, Avena* s. l., insbesondere auch *Artemisia*, das Edelweiß *(Leontopodium)* und *Aster alpinus*.

5 Orobiom VIII – Gebirgstundra

Die Höhenstufenfolge ist in diesen nördlichen Breiten des Z. B. VIII sehr kurz. Schon in geringer Höhe ist die Waldgrenze erreicht, je nach geographischer Lage durch *Picea, Pinus sibirica* oder *Larix* gebildet. Darüber in der alpinen Stufe findet man jedoch keine typische Tundra, sondern eine *Gebirgstundra* (Stanjukovitsch 1973).
In den Alpen fällt der erste Schnee auf noch nicht gefrorenen Boden und die Temperatur am Boden liegt unter einer mächtigen Schneedekke den ganzen Winter hindurch um 0 °C. Die ausdauernden Kräuter sind deshalb weder tiefen Frösten noch einer Frosttrocknis ausgesetzt und die Vegetation besteht aus dichten Alpenmatten.
Anders in der Gebirgstundra: Der Schnee fällt auf schon gefrorenen Boden, die Schneedecke ist dünn und wird von den Gipfeln abgeblasen. Es herrscht Permafrost, den es in den Alpen nicht gibt. Die Winterstürme sind sehr stark, die Frostverwitterung ist sehr intensiv; der Schutt bewegt sich langsam abwärts (Solifluktion), und die Feinerde wird ausgeblasen. Das alles führt dazu, daß die Berggipfel in der Gebirgstundra kahl sind und als „Golzy" bezeichnet werden (russ. golyj = kahl). Sie sind nur von Flechten und wenigen Moosen bedeckt sowie vereinzelten Zwergsträuchern zwischen den Felsen. Die Verhältnisse erinnern an die windgefegten Grate der Alpen mit *Loiseleuria* und denselben Flechten (Seite 249).
Etwas günstiger sind die Verhältnisse in der subalpinen oder „Podgolez"-Stufe, wo der abgewehte Schnee sich anreichern kann. Die Gebirgstundra findet man im kontinentalen Klimabereich bis zum 50° N nach Süden, selbst noch im Altai. Im ozeanischen Gebiet der borealen Zone (Skandinavien, Kamtschatka) fehlt die Gebirgstundra, und die alpine Stufe erinnert etwas mehr an die Verhältnisse in den Alpen. Die Winter sind sehr schneereich. Die Waldgrenze wird von Birken (*Betula* spp.) gebildet.

6 Moortypen der borealen Zone (Peino-Helobiome)

Das Klima der borealen Zone ist humid, d. h. die Niederschläge übertreffen die potentielle Evaporation, die Wasserbilanz ist also positiv. Wenn der Abfluß des überschüssigen Wassers zu den Flüssen erschwert ist, steigt der Grundwasserspiegel an und es kommt zur Vermoorung. Da die Böden in der borealen Zone arm und sauer sind (Podsole), hat auch das Grundwasser eine sauere Reaktion und enthält nur wenige mineralische Bestandteile. Meist ist das Grundwasser durch Humussole braun gefärbt. Nur bei anstehendem Kalkstein sind die Verhältnisse anders. Da weite Gebiete der borealen Zone sowohl in Eurosibirien als auch in N-Amerika sehr eben sind, ist der Grundwasserspiegel hoch. Solange er den größten Teil des Jahres mehr als 50 cm unter der Bodenoberfläche bleibt, ist Baumwuchs möglich, sonst wird er gehemmt und die Wälder gehen in Moore über. Ausgedehnte Flächen sind in der borealen Zone nicht durch die zonale Vegetation der Nadelwälder eingenommen, sondern durch Moore: In großen Teilen von Finnland entfallen auf die Moore über 40%, z. T. sogar über 60% der Gesamtfläche. Dasselbe gilt für die boreale Zone E-Europas und insbesondere W-Sibiriens, das bis auf die flußnahen Teile ganz von Mooren bedeckt ist. Ähnliche Verhältnisse finden wir teilweise in Kamtschatka, Alaska sowie Labrador und in den Gebieten südlich der Hudson Bay. Es ist deshalb notwendig, im Anschluß an die Nadelwälder auch das Pedobiom der Moore zu behandeln. Oft ist die Grenze zwischen Nadelwald und Moor schwer zu ziehen. Die bereits erwähnten Fichtenwälder mit *Polytrichum* und *Sphagnum* weisen schon starke Torfbildung auf.

Unter *Mooren* versteht man im geologischen Sinne eine Lagerstätte von Torf mit einer Mächtigkeit von mindestens 20–30 cm. Ist die Torfschicht geringer oder der Gehalt an verbrennbarer Substanz nur 15–30%, so spricht man von *Anmooren*. Im ökologischen Sinne sind Moore bestimmte Lebensgemeinschaften, die an hohes Grundwasser gebunden sind, unabhängig von der Mächtigkeit der Torfschicht auf der sie wachsen.

Bei der schlechten Durchlüftung des Bodens wurzeln die Moorpflanzen sehr flach, so daß für sie nur die Beschaffenheit der obersten Torfschichten von Bedeutung ist.

Nach der Herkunft des Wassers im Moorboden unterscheidet man 3 Moortypen:

1. *Topogene Moore,* die an einen sehr hohen Grundwasserspiegel gebunden sind und deshalb die tiefsten Teile des Reliefs einnehmen oder dort auftreten, wo Quellwasser austritt. Hierher gehören die *Niedermoore* (engl. Fen) verschiedenster Art.

2. *Ombrogene Moore,* die ausschließlich durch das auf die Oberfläche fallende Niederschlagswasser vernäßt werden und sich über die Umgebung erheben. Es sind *Hochmoore* (engl. raised bogs).
3. *Soligene Moore,* die ebenfalls durch die Niederschläge vernäßt werden, sich jedoch nicht über die Umgebung erheben und zusätzlich von Wasser überrieselt werden, das von den Hängen bei der Schneeschmelze abfließt.

Das Grundwasser der topogenen Moore kann viele mineralische Stoffe enthalten und nährstoffreich sein. Solche Moore sind deshalb *eutroph* oder *minerotroph*. Das Regenwasser ist dagegen sehr rein und nährstoffarm; deswegen sind die ombrogenen Moore *oligotroph* oder *ombrotroph*. Das Rieselwasser, das die soligenen Moore erhalten, ist, wenn es sich nicht nur um Schmelzwasser handelt, wieder nährstoffreicher; diese Moore sind deswegen meist minerotroph, sonst oligotroph.
In der borealen Zone ist das Grundwasser mineralsalzarm, so daß es schwer ist, zwischen Niedermooren und Hochmooren zu unterscheiden; man spricht häufig von mesotrophen *Übergangsmooren*. Wenn das Wasser weniger als 1 mg Ca/Liter enthält, dann findet man schon die anspruchslosen Arten der oligotrophen Moore.
Die eutrophen Moore, in denen Seggen (*Carex*-Arten) die Hauptrolle spielen, treten in der gemäßigten Zone unabhängig vom Klima überall

Abb. 152. Verbreitungsgebiet der Moortypen in N-Europa (nach KATZ und EUROLA, verändert). 1 Palsenmoore, 2 Aapamoore, 3 typische Hochmoore, 4 Deckenmoore, 5 Waldhochmoore, 6 Moore der Gebirge. Weiße Flächen der südlichen Gebiete mit vorwiegend topogenen Mooren.

auf, wo der Boden durch kalkhaltiges, aber nicht brackiges Grundwasser vernäßt ist. Sie gehören alle zu den Pedobiomen, und zwar den *Helobiomen*. Uns interessieren hier die nährstoffarmen, d. h. *oligotrophen Moore*, die man nur im kühlen bis kalten humiden Klima findet. Es sind alles *Peino-Helobiome*, bei denen sich nach ihrem Aufbau und der Topographie mehrere an bestimmte klimatische Verhältnisse gebundene Typen unterscheiden lassen (Abb. 152).

1. *Deckenmoore*. Wir hatten diese bereits im extrem ozeanischen Klima der atlantischen Heidegebiete auf den Britischen Inseln und an der ganzen Westküste Skandinaviens kennengelernt (Seite 226). Sie überziehen das ganze Terrain.
2. *Hochmoore*. Sie sind für die etwas weniger ozeanische Nordwestecke Mitteleuropas mit Heidegebieten, die ganze boreonemorale Zone und den südlichen Teil der borealen Zone bezeichnend. Bei typischer Ausbildung sind sie baumlos. Wird jedoch das Klima etwas kontinentaler und trockener, so geht die Kiefer auf diese Moore hinauf, man spricht dann von *Waldhochmooren*. Sie ziehen sich an der ganzen Südgrenze des borealen Hochmoorgebietes entlang (Abb. 152).
3. *Aapamoore* oder *Strangmoore*. Man findet sie nördlich von der Hochmoorzone in Fenno-Skandien und Westsibirien. Es sind soligene Moore mit flachem Gefälle. Sie bestehen aus etwas erhöhten Strängen, die senkrecht zum Gefälle verlaufen und ombrotroph sind; zwischen ihnen befinden sich langgestreckte vertiefte Stellen, die mit minerotrophem Wasser gefüllt sind (finnisch „Rimpis", schwedisch „Flarke"). Das ganze Moor fällt in Stufen ab und erinnert an die Terrassen beim Reisanbau. Bei der Aufwölbung der Stränge spielt die Schubwirkung der Eisdecke eine Rolle, die die Rimpis im Winter bedeckt und sie in horizontaler Richtung ausdehnt (vgl. Abb. 154).
4. *Palsenmoore der Torfhügeltundra*. Diese treten schon außerhalb der borealen Zone in der Waldtundra auf in Gebieten mit einer

Abb. 153. Palsen oder Torfhügelmoore in N-Finnland (Foto E. WALTER).

mittleren Jahrestemperatur unter –1 °C. An der Bildung der Torfhügel, die 20–35 m lang und 10–15 m breit sein können und eine Höhe von 2–3 m (bis 7 m) erreichen, spielt das Bodeneis eine Rolle. Wenn auf leicht erhöhten Stellen weniger Schnee abgelagert wird, so dringt der Frost rascher in den Torfboden ein. Es bilden sich Eisschichten, und diese ziehen Wasser aus dem nicht gefrorenen, umgebenden Torfboden an. Die Eislinsen werden dicker und heben den Torf empor. Da im Sommer nicht das ganze Eis schmilzt, bleibt die Erhebung zum Teil erhalten. Infolgedessen ist die Schneebedekkung im nächsten Jahr noch geringer, der Boden gefriert noch rascher; die Eismassen werden von Jahr zu Jahr größer und der Torfhügel mit dem Eiskern immer höher. Im Sommer sinkt das Ganze ein, so daß um den Torfhügel eine grabenartige, mit Wasser gefüllte Vertiefung entsteht, in der die Zwergbirke *(Betula nana)* und Wollgräser *(Eriophorum)* wachsen (Abb. 153).

Die Kuppe der Torfhügel (Palsen) trocknet im Sommer aus, erhält Risse, wird vom Wind erodiert und kann ganz abgetragen werden. Man nimmt an, daß die meisten Palsen subfossile Gebilde aus einer kälteren Klimaperiode sind und sich in Auflösung befinden. Es handelt sich ebenfalls um Thermo-Karst-Erscheinungen kleineren Ausmaßes.

Die Hochmoore sind sowohl in Euroasien als auch in N-Amerika an ein ozeanisches Klima gebunden, Aapa- und Palsenmoore sind dagegen zirkumpolar verbreitet.

7 Ökologie der Hochmoore

Die wichtigsten Pflanzen, die den Aufbau des Hochmoores bewirken, sind die Torfmoose (*Sphagnum*-Arten). Da sie zum größten Teil aus großen toten Zellen bestehen, die sich leicht kapillar mit Wasser füllen, wirken sie bei dem polsterförmigen Wuchs wie Schwämme und halten das Vielfache des Trockengewichts an Wasser fest. Am oberen Ende wachsen sie in die Höhe, am unteren sterben sie ab und vertorfen. Die Polster werden immer größer, verschmelzen miteinander, und schließlich entsteht ein sich uhrglasförmig über die Oberfläche wölbendes Hochmoor. Da die Torfmoose kein Austrocknen vertragen, sind gleichmäßig feuchte und kühle Sommer die Voraussetzung für die Hochmoorbildung. Torfmoose siedeln sich nur auf armen sauren Böden an; Podsolböden sind dafür sehr geeignet. Hochmoore gehen deshalb meist aus vernässenden Nadelwäldern hervor.

Bei einem großen wachsenden Hochmoor unterscheidet man die sehr nasse und wenig *gewölbte Hochfläche,* das besser entwässerte und relativ steil abfallende *Randgehänge* und ein das Hochmoor umsäumendes, minerotrophes Moor, als *Lagg* bezeichnet. Die Hochfläche ist nicht völlig eben, sondern besteht aus kleinen Erhebungen, den *Bul-*

ten, die über die Moosfläche herausragen, und aus in den Moosteppich eingesenkten *Schlenken,* in denen das Wasser bis dicht an die Oberfläche steht; in ihnen wachsen hygrophile Torfmoose sowie *Carex limosa* oder *Scheuchzeria.* Wenn sich mehrere Schlenken vereinigen, bilden sich Moorseen, *Blänken* oder *Kolke* genannt. Ihre Tiefe ist meistens nur 1,5–2 m; sie besitzen jedoch keinen festen Boden, sondern sind mit weichem Detritus gefüllt. Das überschüssige Wasser fließt von der Hochfläche in kleinen Rinnen, den *Rüllen,* ab.

Die Zahl der auf Hochmooren wachsenden Blütenpflanzen ist nicht groß, es sind in bezug auf Nährstoffe äußerst anspruchslose Arten. Zu nennen wären: *Eriophorum vaginatum, Trichophorum caespitosum* sowie die Zwergsträucher *Andromeda polifolia, Vaccinium oxycoccus, V. vitis-idaea, V. uliginosum, Calluna vulgaris* und *Empetrum;* im atlantischen Gebiet kommen *Narthecium,* im Osten *Ledum palustre* und *Chamaedaphne calyculata,* im Norden *Rubus chamaemorus, Betula nana* und *Scheuchzeria palustris* dazu. Neben der Nährstoffarmut ist der zweite ökologische Faktor, der die Verbreitung der Arten bestimmt, das Überwachsen durch Torfmoose. Das Substrat, auf dem die Blütenpflanzen keimen, sind die wachsenden lebenden Spitzen der Torfmoose. Je nach der Wasserversorgung beträgt das Höhenwachstum der Torfmoose 3,5–10 cm pro Jahr. Um diesen Betrag müssen die Blütenpflanzen jedes Jahr ihre Sproßbasis durch Streckung der Rhizome oder Bildung von Adventivwurzeln höher legen, sonst werden sie von den Torfmoosen überwuchert. Sie können dem Überwachsen um so leichter entgehen, je langsamer die Moose wachsen, was auf den relativ trockenen Bulten bzw. auf dem gut entwässerten Randgehänge der Fall ist. An diesen Stellen findet man die meisten Zwergsträucher. Jeder Bult zeigt eine gewisse Zonierung: An der Basis wachsen *Eriophorum vaginatum* und *Andromeda,* höher *Vaccinium oxycoccus,* ganz oben andere Zwergsträucher. Oft ist die Spitze vom Bult so trocken, daß an Stelle von *Sphagnum* andere Moose *(Polytrichum strictum, Entodon schreberi)* oder sogar Flechten *(Cladonia*-Arten, *Cetraria)* wachsen.

Am schwierigsten haben es die Bäume (Kiefer, Fichte), die ihre Stammbasis nicht verlegen können und auf dem armen Substrat nur ein geringes Höhenwachstum aufweisen. Oft ragen aus den Moorbulten nur die obersten Zweigspitzen heraus. Waldhochmoore findet man deshalb nur dort, wo infolge des trockenen Klimas das Wachstum der Torfmoose sehr gering ist. Sobald die Moore entwässert werden und das Wachstum der Torfmoose zum Stillstand kommt, tritt eine rasche Verheidung ein, d. h. die Zwergsträucher gelangen zur Vorherrschaft. Bald kommen Baumarten hinzu wie Birken, Kiefern oder Fichten. In diesem Zustand befinden sich die meisten Moore in Mitteleuropa.

Auffallend ist, daß längs der Rüllen oder am Rande der Kolke oft Arten des minerotrophen Bodens wachsen, obgleich das Wasser

ebenso nährstoffarm ist wie im übrigen Moor. Es zeigt sich, daß fließendes Wasser oder durch Wellen bewegtes eine günstigere Versorgung mit Nährstoffen ermöglicht als ruhiges, in dem nur eine Diffusion der Nährstoffe stattfindet. Bei dem hohen Wassergehalt der Moorböden erwärmen sie sich sehr langsam. Moore sind deshalb kalte Standorte und es ist verständlich, daß sich auf ihnen nordisch-arktische Florenelemente, darunter viele Relikte der Glazialzeit, halten können; dazu kommt, daß sie auf den Hochmooren vor der Konkurrenz der raschwüchsigen anspruchsvollen Arten geschützt sind.
Mit Ausnahme der *Drosera*-Arten, die ihre Stickstoffversorgung durch die Verdauung der auf den Blättern gefangenen Insekten wesentlich verbessern, sind alle anderen Arten xeromorph gebaut, obgleich ihnen Wasser im Überfluß zur Verfügung steht. Man führt das auf eine mangelnde Stickstoffversorgung zurück. Es hat sich allgemein gezeigt, daß eine „Xeromorphie" dann zu beobachten ist, wenn das Wachstum der Pflanzen gehemmt wird, z. B. durch Wassermangel, aber auch bei Wasserüberschuß, also Sauerstoffmangel im Boden, durch tiefe Bodentemperaturen, die die Aufnahme von Stickstoff erschweren, oder durch direkten Stickstoffmangel. D. h. die „Xeromorphosen" sind Mangelerscheinungen; es ist deshalb zweckmäßiger, von *Peinomorphosen* zu sprechen.
Eine zusammenfassende Darstellung über die Moore in NW-Europa ist unlängst erschienen (Overbeck 1975).

8 Die Westsibirische Niederung, das größte Moorgebiet der Erde

Dieses Gebiet mit dem Ob-Irtysch-Becken ist ein Peino-Helobiom von schwer vorstellbar großem Ausmaß. Es erstreckt sich von der Waldtundra im Norden bis zur Steppe im Süden über 800 km und vom Ural im Westen bis zum Jenissej im Osten bis zu 1800 km. 40% der Torflager der ganzen Erde befinden sich in diesem Gebiet, und die Moore mit über 100 000 Moorseen speichern eine Wassermenge, die dem zweijährigen Abfluß des riesigen Ob-Irtysch-Systems entsprechen soll.
In diesem Moorgebiet liegen die Siedlungen nur an den Flüssen, die dem Verkehr dienen. Das eigentliche Moorgebiet wurde erst im letzten Jahrzehnt eingehender erforscht (Popov 1971–75).
Als Ursachen der Vermoorung kann man die Topographie, das Klima und die hydrologischen Verhältnisse nennen. Die Moore sind an die Stelle der dunklen Taiga getreten.
Das große Becken ist von mesokainozoischen Schichten unterlagert. Die Eiszeiten im Pleistozän wirkten sich nicht aus, vielmehr kam es zur Ablagerung von alluvialen, zum Teil wasserundurchlässigen Sedimenten, die den Wasserstau förderten. Auf den vernäßten nährstoffarmen

Podsolböden siedeln sich leicht Torfmoose (*Sphagnum*-Arten) an, die die Torfbildung einleiten. Das Klima ist mit Jahresniederschlägen von 500 mm humid, denn die Evaporation beträgt nur 240–300 mm und der Abfluß 127–270 mm. Temperaturmäßig ist das Klima sehr kontinental; die frostfreie Periode beträgt 174 Tage, trotzdem liegen die Tagesmittel an 100 Tagen über 10 °C. Die Sommer sind also relativ warm und infolgedessen die Pflanzenproduktion und der Torfzuwachs beträchtlich. Es kommen sogar kurze heiße Dürreperioden vor, so daß Waldbrände nicht unbedingt ausgeschlossen sind. Die Brandflächen vermooren leicht.

Von besonderer Bedeutung sind jedoch die hydrologischen Verhältnisse. Die wenig eingeschnittenen Flüsse mäandern stark, was den Abfluß hemmt. Das Frühlingshochwasser beginnt am Oberlauf des Ob und Irtysch 1,5 Monate früher als die Schneeschmelze am Unterlauf, also dann, wenn im Norden die Flüsse noch vom Eis bedeckt sind. Beim Eisgang entstehen hohe Eisdämme; flußaufwärts von diesen wird das Wasser zusätzlich gestaut. Da die Quellen des Ob von den Gletschern des Altai-Gebirges gespeist werden, folgt gleich das Sommerhochwasser, d. h. der hohe Wasserstand der Flüsse (12 m über Niedrigwasser) dauert praktisch den ganzen sibirischen Sommer an. Es werden auch die niedrigen Wasserscheiden überschwemmt und es bildet sich mit den Moorseen eine einzige große Wasserfläche.

Die Flüsse Westsibiriens entwässern also das Gebiet nicht, sondern im Gegenteil, sie überstauen es mit Wasser und fördern die Vermoorung. Diese Vermoorung begann schon in der subarktischen Periode der Postglazialzeit. Den Ausgangspunkt bildeten weite flache Senken mit mineralsalzarmem Wasser. In ihnen entwickelten sich *Scheuchzeria*-Moore mit *Eriophorum vaginatum* und verschiedenen *Sphagnum*-Arten. Entsprechende mesotrophe *Scheuchzeria*-Torfe findet man an der Basis der ältesten 4–7 m tiefen Torfprofile. Die oligotrophe Phase wird durch das Auftreten der wichtigsten Torfmoosart, *Sphagnum fuscum*, angezeigt. Sie beginnt im mittleren Postglazial. Die Moore wölbten sich empor, und der Grundwasserspiegel wurde gehoben. Das führte zur Vernässung der benachbarten Wälder; *Sphagnum*-Arten siedelten sich unter den absterbenden Bäumen an, und die Moore breiteten sich rasch in horizontaler Richtung aus. Alle jüngeren Moorprofile, und das ist die Mehrzahl, haben eine Torfmächtigkeit von 3–4 m und weisen im untersten Horizont immer Torfe mit viel Kiefernholz und Rindenresten auf; gleich danach beginnt die oligotrophe Phase mit *Fuscum*-Torf.

Die Moore Westsibiriens sind Strangmoore mit einer mittleren Neigung von 0,0008–0,004. Auf den mehr oder weniger breiten Strängen wachsen *Pinus sylvestris* in der Kümmerform P. *willkommii* und *Ledum palustre* sowie die Zwergsträucher *Chamaedaphne calyculata, Andromeda polifolia, Oxycoccus microcarpus,* zerstreut auch *Rubus chamaemorus* sowie *Drosera rotundifolia*. Die Moosschicht besteht aus *Sphagnum fuscum;* Flecken mit Flechten *(Cladonia* spp., *Cetraria)* sind selten.

In den Schlenken findet man *Eriophorum vaginatum* mit *Sphagnum balticum* oder *Scheuchzeria*, resp. *Carex limosa* mit *Sphagnum majus*, aber auch *Rhynchospora alba* mit *Sphagnum cuspidatum* kommen vor.

Die Strangmoore erleiden auf den vernäßten Wasserscheiden meist eine Regression, die zur Ausbildung von Moorseen führt. Das findet insbesondere überall dort statt, wo die rezenten tektonischen Bewegungen mit einer Senkung verbunden sind. Neuere aero-geologische Vermessungen ergaben in verschiedenen Gebieten eine Senkung von 0,07–0,25 mm pro Jahr. Das genügt, um das sehr labile Gleichgewicht zwischen Strängen und Schlenken zu stören und zu einer zunehmenden Vernässung zu führen. Dieser Wasserüberschuß leitet die Regressionserscheinungen ein. Er führt zu einer Sauerstoffarmut selbst in den oberen Torfschichten und zur Bildung von Methangas.

Beim Bohren an solchen Stellen verursacht das ausströmende Methangas Fontänen aus flüssigem Torf. Beim natürlichen Austritt der Gase stirbt die Pflanzendecke ab. Es bilden sich tote Moorflächen, die zu Moorseen werden. Die zunächst kleinen Seen vereinigen sich zu größeren, bei denen der Wellenschlag die Torfufer zum Einsturz bringt, so daß sich immer größere Wasserflächen bilden. Die Moorseen der verschiedensten Größe bilden alle zusammen mit den Moorschlenken ein

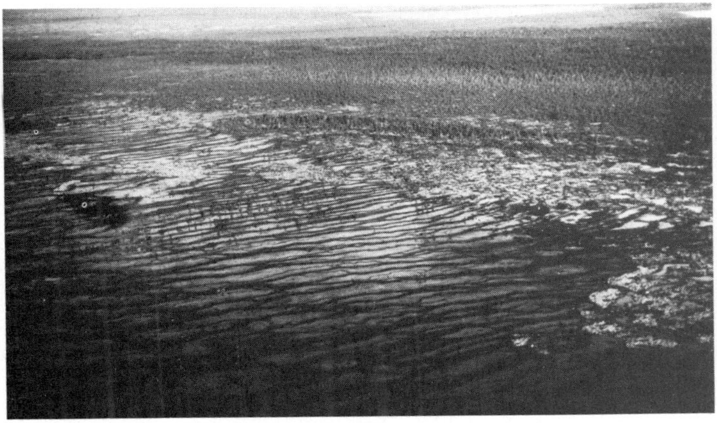

Abb. 154. Endlose Weite des westsibirischen Moorgebiets. Strangmoore, am Horizont Moorseen. Luftbildaufnahme vom Zeppelin am 17. 8. 1929 (Foto Archiv des Zeppelin-Museums, Friedrichshafen).

einziges hydrologisches System – eine ökologische Einheit, die wir, da sie nährstoffarm (Aschengehalt der Torfe nur 2–4%) und naß ist, als Peino-Hydrobiom bezeichnen (Abb. 154), vgl. WALTER (1977).
Stellenweise können die Strangmoore auch austrocknen, wenn ein solches vernäßtes Gebiet ein eigenes Abflußsystems ausbildet und die Moorbäche sich in den Torf einschneiden, so daß die Ufer besser dräniert werden. Auf solchen Ufern kann ein schmaler Waldstreifen entstehen mit Kiefer, Birke und der Zirbe *(Pinus cembra* ssp. *sibirica)*.
Die hier gegebene Beschreibung der Moore gilt für die Taigazone. Die Torfmächtigkeit nimmt nach Norden wegen Verkürzung der Vegetationszeit und der geringeren Pflanzenproduktion ab. Südlich von der Taiga ändern sich die Moortypen.
Im Gebiet der Waldsteppen, also in Sibirien im Zono-Ökoton VII–VIII mit Birken-Espenwäldern, ist der Ca-Gehalt des Grundwassers schon hoch und es herrschen schwach-gewölbte eutrophe Hypnaceen-Moore mit *Carex*-Arten (Seggen) vor. Oligotrophe Moore können sich auf diesen Waldmoorinseln bilden („Rjamy“). Das Torfwachstum ist durch die größere Trockenheit des Klimas gehemmt. Im südlichen Teil gibt es nur noch Niederungsmoore in den tiefsten Teilen des Reliefs, vor allem in den breiten Flußtälern. Der Aschengehalt des Torfs kann sehr hoch (19%) sein. Oft findet man typische Bulten-Niederungsmoore, wobei die Bulten aus alten Horsten der *Carex caespitosa* und *C. omskiana* bestehen. Es handelt sich um ein Helobiom.
Noch südlicher in der nördlichen Steppenzone ist das Klima semiarid. In der Baraba-Niederung bildet sich kein Flußsystems aus, sondern es sind zahllose kleine abflußlose Seen vorhanden, wie in der Pampa (Seite 281), die z. T. brackig sind. Um diese herum findet man eutrophe Moore oder sogar Halophyten-Sümpfe mit Salzpflanzen, also schon Übergänge zu einem Halo-Helobiom.

Zono-Ökoton VIII/IX – Waldtundra

Ähnlich wie zwischen Wald und Steppe sich als Zono-Ökoton VI/VII die Waldsteppe einschiebt, haben wir auch zwischen der borealen Waldzone und der baumlosen Tundra als Zono-Ökoton VIII/IX die Waldtundra, in der Wald und Tundra makromosaikartig verzahnt sind. Zunächst treten im Waldgebiet einzelne baumlose Flecken, meistens auf Erhebungen, auf; sie nehmen nach Norden zu, bis vom Walde nur einzelne Inseln übrig bleiben, die schließlich nur noch aus buschförmigen Krüppeln bestehen. Im Gebirge ist diese Krüppelzone ganz schmal, hier im flachen Gelände kann sie sich dagegen über Hunderte von Kilometern ausdehnen. Die Baumarten im ozeanischen Gebiet sind Birken, im extrem kontinentalen Lärchen, sonst Fichten. Als Ursachen für das Zustandekommen der polaren Baumgrenze können wir dieselben wie bei der alpinen Waldgrenze annehmen. Die Frosttrocknis wird durch die Winterstürme erhöht. Der Wald stößt am weitesten an den Talhängen der Flußtäler vor, wo er Wind- und Schneeschutz hat, wo auch die gut dränierten Böden im Sommer tiefer auftauen und die von Süden kommenden Flüsse wärmeres Wasser führen. Aber auch die fehlende Verjüngung wird als Ursache genannt. An der nördlichen Verbreitungsgrenze erzeugen die Bäume nur selten keimfähige Samen, die dazu noch vielfach von Tieren gefressen werden; die Stürme können sie (auf der Schneefläche gleitend) weit nach Norden transportieren, wo eine Entwicklung nicht mehr möglich ist. Auch sind in der Waldtundra dichte Flechten- und Moosdecken vorhanden, die ein ungünstiges Keimbett darstellen. Sehr groß ist die Bedeutung des Menschen und seiner Rentierherden: Neben der Beschädigung durch die Tiere ist namentlich die Holznutzung von Bedeutung; denn der natürliche Zuwachs der Holzpflanzen ist äußerst gering. Meist gelingt es einem Baumsämling nur Fuß zu fassen, wenn 2 Jahre hintereinander besonders günstige Temperaturverhältnisse herrschen. Selbst dann ist das weitere Wachstum äußerst langsam. 20- bis 25jährige Bäumchen ragen kaum aus der Krautschicht hervor; der jährliche Höhenzuwachs beträgt 1–2 cm. Das Dickenwachstum der Bäume zeigt eine sehr enge Korrelation zu den Julitemperaturen.

Die offenen Flächen in der Waldtundra werden meist von der Zwergstrauchtundra eingenommen; diese bildet zugleich die südliche Subzone der echten Tundra (Abb. 143).

Die Waldgrenze lag während der Wärmezeit des Postglazials bedeutend weiter nördlich. Als Beweis dienen die in der heutigen Tundra im Torf eingeschlossenen Baumstümpfe.

IX Zonobiom des arktischen Tundraklimas

1 Klima und Vegetation der Tundra

Das größte waldlose Tundragebiet nimmt in N-Sibirien eine Fläche von 3 Mill. km^2 ein*. Die Zahl der Tage mit einem Temperaturmittel über 0 °C beträgt dort 188 bis nur 55. Die geringe Sommerwärme ist zum Teil auf den Wärmeverbrauch für das Abtauen des Schnees und das Auftauen des Bodens zurückzuführen. Die Winter sind im ozeanischen Bereich ziemlich mild, im kontinentalen extrem kalt (Abb. 155); doch liegt der Kältepol bei Verchojansk-Oimekon noch im Waldgebiet, obgleich dort die mittlere Jahrestemperatur −16,3 °C beträgt und der Permafrost tief in den Boden reicht (Abb. 145). Die Bodengefrornis hat auf die Vegetationsverhältnisse keinen Einfluß. Es kommt nur auf die Mächtigkeit der im Sommer auftauenden oberen Bodenschichten an.

Die Vegetationszeit beginnt in der südlichen Tundra im Juni und endet im September. Von großer Bedeutung ist der Wind, auf den die unregelmäßige Ablagerung des Schnees zurückzuführen ist, die ihrerseits das Vegetationsmosaik bedingt. Die Stürme im Winter erreichen 15–30 m/sek.

* 23 Fotoaufnahmen der Vegetation aus dem eurasiatischen Tundra-Raum findet man bei WALTER 1974.

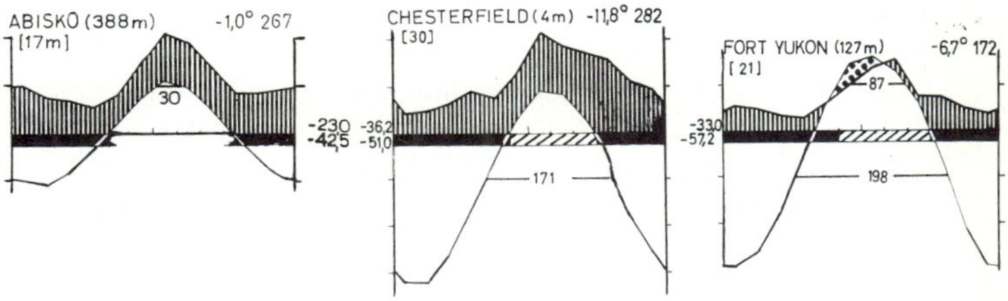

Abb. 155. Klimadiagramme aus der Waldtundra Schwedens (ozeanisch), aus der Tundra N-Amerikas und aus dem extrem kontinentalen borealen Gebiet Alaskas (vgl. dazu Abb. 8, Verchojansk und Abb. 145).

Die Niederschläge sind gering, oft sogar unter 20 mm. Trotzdem ist das Klima bei der sehr geringen potentiellen Verdunstung humid. Das überschüssige Wasser kann infolge des Permafrostes im Boden nicht einsickern. Die Folge ist eine starke Versumpfung; doch kommt es zu keiner nennenswerten Torfbildung, weil die Produktion der Pflanzen zu gering ist. Die Schneehöhe beträgt 19–50 cm, wobei die Erhebungen freigelegt werden, so daß Schnee- und Eisschliff als mechanische Faktoren für die Vegetation eine große Rolle spielen.
Bei dem tiefen Sonnenstand im Sommer werden steile, steinige Südhänge relativ stark erwärmt. Sie bilden deshalb häufig richtige „Blumengärten". Sie und die Bach- sowie Flußufer sind die günstigsten Standorte. Ebene Erhebungen mit *Steinnetzböden (Polygonböden)* werden nur schwach besiedelt, ebenso leichte Hänge, die der *Solifluktion* unterliegen. Endlose Flächen sind mit Zwergbirken und -weiden sowie *Eriophorum*- und *Carex*-Arten bedeckt. Auf trockenen Böden findet man eine reine Flechtentundra, auf feuchten spielen Moose eine große Rolle, aber keine *Sphagnum*-Arten. Die in 2 m Höhe ausgeführten meteorologischen Messungen der Lufttemperatur sind für den niedrigen Pflanzenteppich nicht maßgebend. Wenn die Lufttemperatur 0 °C erreicht, ist der Boden meist schon ½ m aufgetaut und die Vegetationsentwicklung in vollem Gange. Die Temperatur der Pflanzen liegt am Tage oft 10 °C über der Lufttemperatur. Trotzdem reicht die kurze Sommerzeit häufig nicht für das Ausreifen der Samen aus. Deswegen werden z. B. auf Grönland, bei der Hälfte aller Arten die Blüten im Jahr vorher angelegt, so daß das Aufblühen sehr früh erfolgen kann. Die Knospen und auch die grünen Blätter überwintern meist unter dem Schnee, obgleich sie Temperaturen von –30 °C ausgesetzt sind; die offenen Blüten sterben dagegen ab. Angaben, daß *Cochlearia artica* im blühenden Zustand ungeschädigt unter Schnee überwintert, beruhen auf einem Mißverständnis.
Besonders interessant sind die aperiodischen Arten, wie z. B. die kleine Crucifere *Braya humilis*. Ihre Entwicklung wird über mehrere Jahre ausgedehnt und während des Winters auf einem beliebigen Stadium vorübergehend unterbrochen. Diese Arten sind somit unabhängig vom kurzen Sommer und blühen entweder zu Beginn der Vegetationszeit oder später auf, wobei die Knospen schon 2 Jahre vorher angelegt sein können.
Die Frucht- oder Samenverbreitung erfolgt bei 84% der Arten durch den Wind (auf dem Schnee gleitend), bei 10% durch das Wasser. Beerenfrüchte kommen nur in der Waldtundra vor. Bei der geringen Produktivität in der Tundra sind die Samen klein; bei 75% der Arten wiegen sie unter 1 mg. Die meisten Pflanzen sind *Frostkeimer*, d. h. sie erlangen die Keimfähigkeit erst nach der Einwirkung der tiefen Wintertemperatur, keimen dann gleich im Frühjahr und haben Zeit, bis zum Herbst gewisse Reserven anzulegen. Vivipar sind 1,5% der Arten,

verschiedene Gräser, aber auch *Polygonum-*, *Stellaria-*, *Cerastium*-Arten u. a. Bei der reichlichen Samenproduktion werden offene Stellen, z. B. an der unteren Lena, rasch besiedelt. Die meisten Arten sind Hemikryptophyten und Chamaephyten. Einjährige Arten (Therophyten) sind nur *Koenigia islandica*, 3 *Gentiana*-Arten, *Montia lamprosperma*, 2 *Pedicularis*-Arten und wenige andere; die kurze Vegetationszeit mit niedrigen Temperaturen ist für die Annuellen nicht günstig (vgl. dagegen die Wüste). Die meisten Arten haben dicke Wurzeln als Reservespeicher. Das Alter der Einzelpflanze kann selbst bei krautigen Arten 100 Jahre überschreiten. Bei Zwergsträuchern liegt es zwischen 40 und 200 Jahren.
Eine große Rolle spielt das Stickstoffproblem. Die Leguminosen (*Oxytropis, Hedysarum, Astragalus*) besitzen Wurzelknöllchen, die direkt unter der sich erwärmenden Bodenoberfläche liegen. Wo kein Stickstoff im Boden vorhanden ist, findet man nur Moose und Flechten. Düngung durch tierische Exkremente ist von Bedeutung. Neuerdings wird angegeben, daß *Dryas drummondii*, die als Pionierart in Alaska wächst, ähnliche Knöllchen wie *Alnus* besitzt. Während des *Dryas*-Pionierstadiums erhöht sich der Stickstoffgehalt des Bodens von 33 kg/ha bis auf 400 kg/ha.
Völlig von der übrigen Arktis abweichende Klimaverhältnisse findet man in einigen Trogtälern im Inneren von Peary-Land (N-Grönland) auf dem 80. Breitengrad. Durch die vom Inland im Sommer wehenden Fallwinde fehlen hier die Niederschläge und es herrschen wüstenartige Verhältnisse mit Salzausblühungen an der Bodenoberfläche und alkalischen Böden sowie einigen Halophyten. Auch sonst fehlt eine Vegetation nicht ganz, weil sich im Winter Flugschnee von den Bergen ansammelt, der im Frühjahr schmiltz, worauf das Wasser versickert, da die Böden 1 m tief auftauen. Entsprechend hat auch *Braya purpurascens* eine Pfahlwurzel von über 1 m Länge. Die Zahl der frostfreien Tage erreicht 59, die Julitemperatur 6 °C.

2 Ökophysiologische Untersuchungen

Die Wasserbilanz der arktischen Pflanzen ist ausgeglichen, ihre Zellsaftkonzentration beträgt 7–20 atm. Wenn die Arten trotzdem im Bau oft „xeromorphe“ Züge aufweisen, so dürfte es sich ebenso wie bei den Hochmoorpflanzen um durch Stickstoffmangel bedingte, erblich fixierte Peinomorphosen handeln; denn die Stickstoffaufnahme ist bei tiefen Bodentemperaturen erschwert. Besonders wichtig ist die Frage der Photosynthese und damit der Stoffproduktion. Die maximale Intensität der CO_2-Assimilation übersteigt 12 mg/dm^2.h nicht. An trüben Tagen sinkt die CO_2-Aufnahme vorübergehend unter Null. Da sie jedoch meistens 24 Stunden hindurch fortgesetzt werden kann, mit

einem Minimum bei der geringen Belichtung um Mitternacht, erreicht die Ausbeute an einem Sommertag 100 mg CO_2/dm^2 = rund 60 mg Stärke.
Diese Ausbeuten genügen, um ausreichende Stoffreserven im Sommer anzulegen. Die primäre Produktion der Vegetationsdecke in einem Jahr beträgt im subarktischen Gebiet in Schwedisch-Lappland bei Abisko (Vegetationszeit 111 Tage) 2500 kg/ha, in Alaska (Vegetationszeit 70 Tage) 830 kg/ha, in der Hocharktis (Vegetationszeit 60 Tage) nur 30 kg/ha. Die Phytomasse eines arktischen Weidengebüsches auf Grönland erreicht 5,5 t/ha.
Das „Tundrabiom" (Zonobiom IX) wird im Rahmen des I. B. P. sehr intensiv untersucht, doch fehlt noch eine Zusammenfassung der Ergebnisse (vgl. Bliss and Wielgolaski 1973).

3 Tierwelt der Arktischen Tundra

Die weiten Tundraflächen Sibiriens sind eines der wenigen Gebiete unserer Erde, in dem man noch die ursprüngliche Tierwelt ungestört durch den Menschen antrifft und somit ihren Einfluß auf die Vegetation studieren kann. Im Winter verlassen die meisten großen Wirbeltiere die Tundra, die Vögel ziehen nach Süden. Nur die Lemminge und Ziesel bleiben in der Tundra. Polarfuchs und Schnee-Eule ziehen sich aus den nördlichsten, beutearmen Gegenden zurück.
Die Lemminge verfallen nicht in Winterschlaf, legen auch keine Nahrungsvorräte an, sondern bleiben unter dem harten Panzer der Schneedecke aktiv und nähren sich hauptsächlich von den Erneuerungsknospen der Cyperaceen. Ein Lemming braucht pro Jahr, obgleich er nur 50 g wiegt, etwa 40–50 kg an frischer Pflanzensubstanz. Er besiedelt meist gut dränierte Südhänge und baut im Winter ein Nest aus Cyperaceen-Sprossen in der Nähe seines Weidegebietes, das für eine Familie etwa 100–200 m^2 groß ist. Eine ganze Siedlung umfaßt etwa 1–1,5 ha, auf denen 90–94% der Pflanzen abgeweidet werden. *Eriophorum angustifolium* gelangt auf solchen Flächen nicht zur Blüte. Ein Maximum der Lemminge tritt im Mittel alle 3 Jahre auf. Die trockenen Pflanzenteile werden nicht gefressen; sie bilden im Frühjahr das „Heu" (1–2 t/ha), das zusammengeschwemmt und zu torfigen Bulten aufgehäuft wird. Nach Verlassen der Winterquartiere legen die Lemminge ihre Baue auf höher gelegenen Stellen an, wobei sie bis zu 250 kg/ha an Erde herauswerfen.
An solchen gestörten Standorten findet man eine charakteristische Pflanzengemeinschaft, die eine sekundäre Sukzession einleitet. Dasselbe gilt für die Zieselbaue. Auf diese Weise wird eine ständige Dynamik innerhalb der Pflanzendecke aufrechterhalten. Auch die Scharen von Wasservögeln, vor allem Gänse, die im Frühjahr kommen, zerstören die Pflanzendecke zu 50–80%, indem sie die jungen Triebe von *Oxy-*

tropis abbeißen und die stärkehaltigen Rhizome von *Eriophorum* herausreißen. Auf dem nackten Boden macht sich die Solifluktion bemerkbar, oder er bedeckt sich mit einer dichten Moosdecke.
Die Nist- und Sammelplätze der Vögel werden stark gedüngt, so daß sich nitrophile Arten (*Rhodiola, Stellaria, Polemonium, Myosotis, Draba, Papaver* u. a.) einstellen.
Zur Tierwelt der Tundra gehört auch das Rentier, das im Winter nur dann in der Tundra bleibt, wenn weite apere, d. h. nicht vom Schnee bedeckte Flächen vorhanden sind. Im Sommer weiden die Rene zerstreut und beeinflussen die Vegetation wenig. Wenn sie sich jedoch im Herbst zu großen Herden sammeln, macht sich der Tritt bemerkbar. Dabei werden die Flechten und Zwergsträucher zerstört, während sich die Rasengesellschaften mit *Deschampsia* und *Poa* ausbreiten. Die Zahl der wilden Rene nimmt heute zugunsten der domestizierten ab. Die direkte Wirkung der Raubtiere (Polarfuchs) auf die Pflanzenwelt ist gering.
Über die Destruenten vgl. HOLDING et al. 1974.

4 Arktische Kältewüste – Solifluktion

Von Süden nach Norden kann man in der arktischen Tundra drei Subzonobiome unterscheiden: 1. die Zwergstrauchtundra im Bereich der postglazialen Bewaldung, 2. die eigentliche Moos- und Flechtentundra und 3. die Kältewüste, die dort beginnt, wo der Pflanzenwuchs sehr spärlich wird. Auch ozeanische und kontinentale Gebiete lassen sich unterscheiden (ALEKSANDROVA 1971). In der Kältewüste sind Frostwechseltage, an denen die Temperatur den Nullpunkt zweimal überschreitet, sehr häufig; dadurch wird die Erscheinung der *Solifluktion*, des Bodenfließens, hervorgerufen. Schon in der Tundra selbst entstehen durch lokale Eisbildung mit starker Volumenvergrößerung unter der Pflanzendecke im nassen Boden die *Torfhügel-* und *Frostbuckel-* oder *Bultentundra*. Selbst an sehr wenig geneigten Hängen

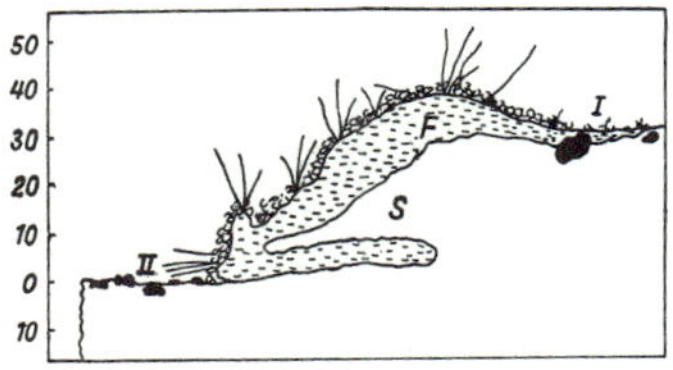

Abb. 156. Erdfließen an einem leichten Hang in der Arktis (Alaska). Die faserige Torfschicht (F) mit der lebenden Pflanzendecke hat sich um etwa 30 cm von I nach II bewegt und dabei eine Falte gebildet, in die der freie Schluffboden (S) zum Teil eingeschlossen ist (nach HANSON, aus WALTER 1960).

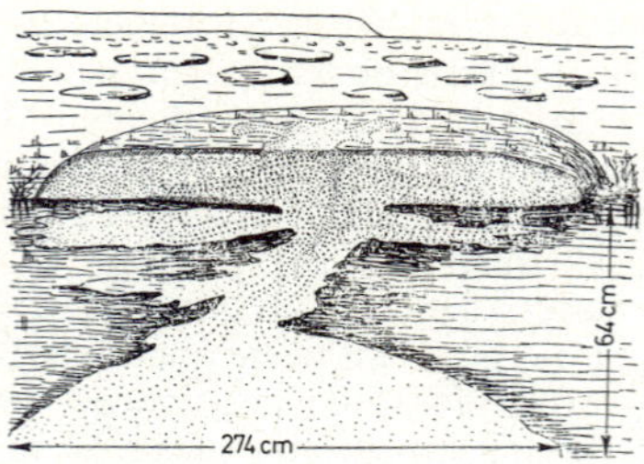

Abb. 157. Fleckentundra mit vertikalem Schnitt durch einen Flecken (nach Govoruchin, aus Alechin). Erläuterung im Text.

wird der Boden abwärts geschoben, wobei der Hang ein Aussehen annimmt, als ob er mit Viehtreppen bedeckt wäre – die Frosttreppen –, niedrige Stufen, die parallel zu den Isohypsen verlaufen. Abb. 156 zeigt den Querschnitt durch eine solche Stufe. Diese Bodenbewegung wird nach Norden zu immer auffallender.

Dort, wo im Herbst eine nicht gefrorene vernäßte Schicht zwischen dem Permafrostboden unten und einer gefrierenden Schicht oben zusammengepreßt wird, sprengt sie stellenweise die obere Gefrierschicht und ergießt sich als flüssiger Lehmbrei über die Pflanzendecke, eine vegetationslosen Fleck bildend, der einige cm höher ist (Abb. 157 und 158). Es entsteht die *Fleckentundra.*

Eine Folge des Frostes ist auch die Herausarbeitung der Steine aus dem Boden. Abb. 159 erläutert diesen Vorgang: Beim Gefrieren der oberen Bodenschicht saugt diese Wasser von unten an und nimmt an Volumen zu; sie hebt dabei die Steine mit empor, die in der gefrierenden Schicht stecken. Unter dem Stein bildet sich eine Höhlung, in die feiner Sand fällt; nach dem Auftauen bleibt deshalb der Stein auf einem gegenüber früher etwas höheren Niveau liegen. Wiederholt sich das vielmals an den Frostwechseltagen. so liegt der Stein schließlich über der Bodenoberfläche. Meist geht das Gefrieren des Bodens von einzelnen Punkten aus, die einen oder mehrere Meter auseinanderliegen. Dann werden die Steine nicht nur herausgehoben, sondern zugleich zur Seite geschoben. Im Endresultat bilden sie zwischen den Gefrierzentren ein Steinnetz, d. h. einen *Polygonboden* (Abb. 159). Die Pflanzen finden vereinzelt Zuflucht zwischen den Steinen des Polygonbodens, wo die Bewegung am geringsten ist, aber die Wurzel reicht unter dem Zentrum des Polygons abwärts (Pflanze wurde zur Seite geschoben). Vollzieht sich dieser Vorgang an einem Hang, so werden die Steine nicht nur gehoben, sondern auch hangabwärts geschoben; es bilden sich dann die *Steinströme* oder *Streifenböden.*

Abb. 158. Fleckenbodentundra im Tscherski-Gebirge (Ostsibirien) in 1100 m NN. Vorherrschend *Betula exilis* und *Rhododendron parviflorum*. Im Vordergrund Frostflecken deutlich (Foto V. N. Pavlov).

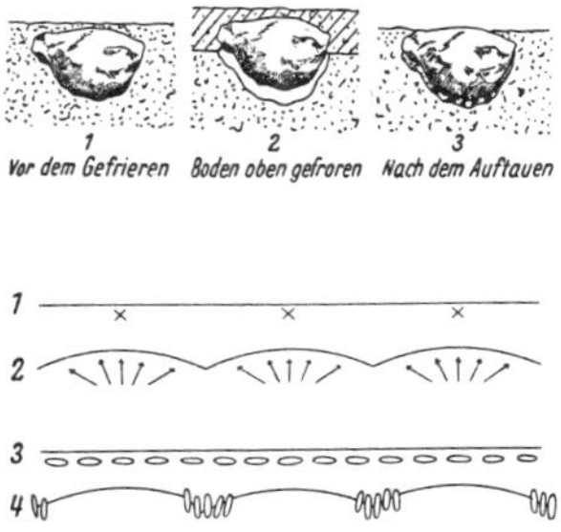

Abb. 159. Oben: Schematische Darstellung der Vorgänge beim Gefrieren und Auftauen des Bodens. 1–2 Steine arbeiten sich aus dem Boden heraus (schraffiert = gefrorener Boden); bei 3 Stein bis an die Bodenoberfläche gerückt. Unten: Steinnetzbildung 1 bei x Gefrierzentrum, 2 Pfeile zeigen die Richtung, in der sich die Steine bewegen. 3 ursprüngliche Lage der Steine im Boden. 4 deren endgültige Lage, wenn das Froststeinnetz oder der Polygonboden (im Schnitt) sich gebildet hat (nach Walter 1960).

Diese ständige Bodenbewegung in der Arktis läßt die Pflanzendecke nicht zur Ruhe kommen und wirkt sich ungünstig aus. Sie läßt sich schon auf Island beobachten (LÖTSCHERT 1974), viel deutlicher auf Spitzbergen.
Die Solifluktion ist von gleicher Bedeutung auch im Gebirge, und zwar in der oberen alpinen und subnivalen Stufe, aber nur lokal und nicht über so weite Flächen hinweg wie in der Arktis.
Was die Zusammensetzung der Vegetation anbelangt, so sind die floristischen Unterschiede um den ganzen Nordpol herum relativ gering.

5 Antarktis und subantarktische Inseln

Die terrestrischen Verhältnisse auf der Antarktis werden bei HOLDGATE 1970 (Vol. 2, Part XII–XIII) mit behandelt.
Auf dem eisbedeckten antarktischen Kontinent hat man im Randgebiet nur 2 Blütenpflanzen gefunden: *Colobanthus crassifolius* (Caryophyllac.) und das Gras *Deschampsia antarctica*. Neuerdings wurde *Poa pratensis* eingeschleppt. Sonst kommen nur Moose, Flechten und Landalgen vor. Sie beschränken sich auf zeitweilig schneefreie Stellen an der Küste, auf steile Felswände und Geröllhalden. Quantitativ spielen sie eine sehr geringe Rolle. Bakterien und Pilze kann man in Bodenproben nachweisen.
In dem Meer um die Antarktis herum mit seinen ständigen Weststürmen sind viele kleine Inseln zerstreut, die meisten südlich vom 50. Breitengrad. Sie zeichnen sich alle durch ihre Baumlosigkeit aus, denn die Sommer sind kühl, die Winter nicht kalt; auf diesen Inseln herrscht fast Isothermie, z. B. schwanken die Stundenwerte der Temperatur fast das ganze Jahr hindurch auf den Macquarie-Inseln (54° 3′ S) nur zwischen 2,8 °C und 7,7 °C. Nieselregen und Nebel sind für die Witterung typisch. Man hat von einer „Windwüste" gesprochen; denn nur im Windschutz ist die Vegetation üppiger.
Die häufigste Pflanze auf den Kerguelen ist die dichte Polster bildende *Azorella selago* (Umbellif.). Den Seeleuten als Frischgemüse gegen Skrobut diente früher der Kerguelen-Kohl, *Pringlea antiscorbutica* (Crucif.) mit seinen großen Blättern. *Acaena*-Arten (Rosac.) sind auf allen Inseln verbreitet. Auch Tussock-Grasland (*Festuca*- und *Poa*-Arten) kommt vor, außerdem viele Moose, Farne und Flechten. Verschiedene polsterbildende Arten sind für die Subantarktis, wie stets für sehr windige Standorte, bezeichnend.

Zusammenfassung: Phytomasse und primäre Produktion der einzelnen Vegetationszonen und der gesamten Biosphäre

Die Geo-Biosphäre überzieht als dünne Hülle die Erdoberfläche; sie umfaßt die oberste durchwurzelte Bodenschicht und die bodennahe Luftschicht, soweit die Organismen in diese hineinragen, sowie alle Gewässer. In ihr vollzieht sich somit auch der gesamte biologische Stoffkreislauf.

Von der totalen Biomasse auf dem Lande entfallen über 99% auf die Phytomasse, so daß wir uns auf die Verteilung derselben bei unseren Betrachtungen beschränken können. Sie zeigt deutliche Beziehungen zu den Zonobiomen.

Die genaue Bestimmung der Phytomasse und der primären Produktion stößt auf große Schwierigkeiten. Bisher lagen nur sehr grobe Schätzungen vor, aber 1970 veröffentlichten BAZILEVIC, RODIN und ROZOV in russischer Sprache genauere Berechnungen unter Auswertung der einschlägigen Literatur für die einzelnen thermischen Zonen und bioklimatischen Gebiete der Erde.

Berechnet werden für die einzelnen Gebiete als Trockenmasse in Tonnen (t = 1000 kg) die mittlere Phytomasse und die mittlere jährliche primäre Produktion pro Hektar (t/ha). Nach Ausmessung der Flächen von den einzelnen Gebieten, wobei die Fläche von Flüssen, Seen und Gletschern sowie Firnflächen nicht inbegriffen sind, werden außerdem noch die gesamte Phytomasse und die gesamte jährliche primäre Produktion für die einzelnen Gebiete angegeben. Die Summierung dieser Zahlen ergibt die Phytomasse und die jährliche Produktion der Landoberfläche der Erde. Dazu werden in der folgenden Tabelle auch noch die entsprechenden Angaben für die Gewässer hinzugefügt. Es handelt sich dabei um *potentielle Werte*, d.h. unter Zugrundelegung der natürlichen, durch den Menschen nicht veränderten Vegetation.

Die genannten Autoren unterscheiden fünf thermische Zonen: 1. die arktische, 2. die boreale, 3. die gemäßigte, 4. die subtropische und 5. die tropische. Die ersten zwei Zonen besitzen ein humides Klima, bei den drei anderen werden jeweils drei Gebiete unterschieden: h ein humides, s ein semiarides und a ein arides (vgl. Karte auf Abb. 160).

Diese Gliederung unterscheidet sich vielfach von unseren Zonobiomen, wie folgende Gegenüberstellung zeigt:

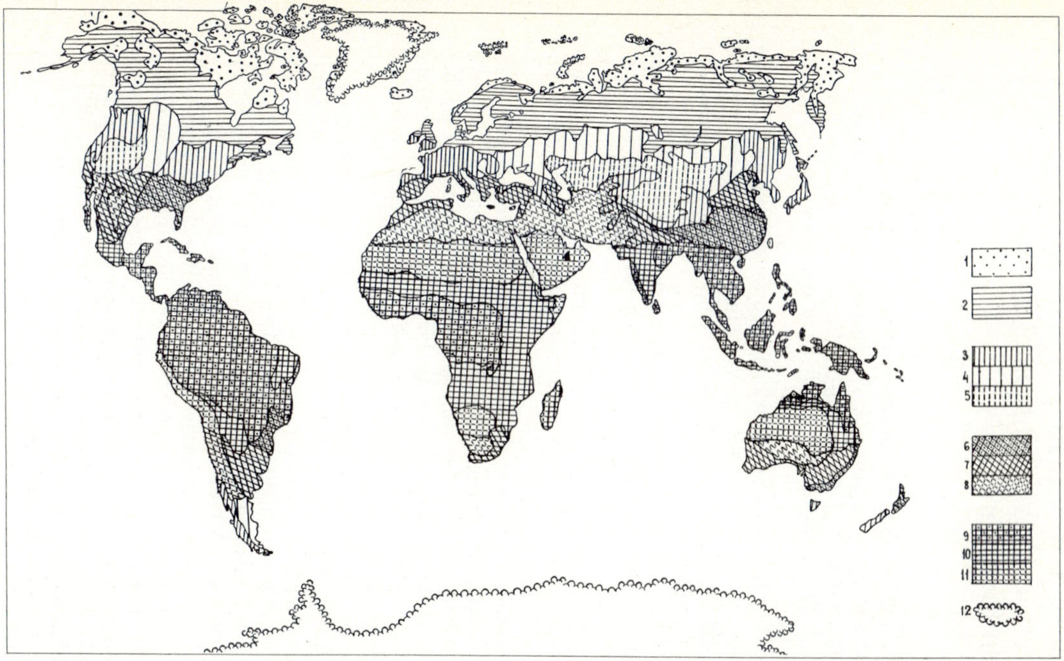

Abb. 160. Thermische Zonen und bioklimatische Gebiete nach Bazilevic, Rodin und Rozov (1970)

1	Arktische Zone	4	semiaride Gebiete	7	semiaride Gebiete	10	semiaride Gebiete
2	Boreale Zone	5	aride Gebiete	8	aride Gebiete	11	aride Gebiete
3–5	Gemäßigte Zone	6–8	Subtropische Zone	9–11	Tropische Zone	12	Gletscher und Firnflächen
3	humide Gebiete	6	humide Gebiete	9	humide Gebiete		

Thermische Zonen und Klimagebiete		Von uns unterschiedene Zonobiome
Zone 1	entspricht	ZB IX
Zone 2		ZB VIII
Zone 3 h, s, a		ZB VI und VII
Zone 4 h, s, a		ZB V, IV und III (außerhalb der Wendekreise)
Zone 5 h, s,a		ZB I, II und III (innerhalb der Wendekreise)

Verteilung der potentiellen Produktivität der Erde
(nach BAZILEVIC, RODIN und ROZOV)

	Klimazonen	Fläche in 10^6 km²	Phytomasse gesamte in 10^9 t	Phytomasse mittlere in t/ha	primäre Produktion gesamte in 10^9 t pro Jahr	primäre Produktion mittlere in t/ha pro Jahr
	polare	8,05	13,8	17,1	1,33	1,6
	boreale	23,2	439	189	15,2	6,5
Hydro-	h	7,39	254	342	9,34	12,6
Bio-	s	8,10	16,8	20,8	6,64	8,2
sphäre	a	7,04	8,24	11,7	1,99	2,8
	h	6,24	228	366	15,9	25,5
Geo-	s	8,29	81,9	98,7	11,5	13,8
Bio-	a	9,73	13,6	13,9	7,14	7,3
sphäre	h	26,5	1166	440	77,3	29,2
	s	16,0	172	107	22,6	14,1
tro-	a	12,8	9,01	7,0	2,62	2,0
pische	Landmasse	133	2400	180	172	12,8
subtropische	Gletscher	13,9	0	0	0	0
gemä-	Seen u. Flüsse	2,0	0,04	0,2	1,0	5,0
ßigte	Ozeane	361	0,17	0,005	60,0	1,7

Vergleicht man die Verhältnisse auf dem Land mit denen in den Ozeanen, so sieht man, daß die Produktion der letzteren mit $60 \cdot 10^9$ t nur etwa ein Drittel von der auf dem Lande ausmacht, obgleich ihre Fläche fast dreimal größer ist. Außerdem fällt auf, daß die Phytomasse in den Ozeanen verschwindend gering ist, insbesondere im Hinblick auf die 300mal größere primäre Produktion. Das wird verständlich, wenn man berücksichtigt, daß die Pflanzen des Planktons aus einzelligen

Organismen bestehen, die dauernd in Teilung begriffen sind. Demgegenüber beträgt die primäre Produktion auf dem Lande nur etwa 7% der Phytomasse.
Fragt man nach der Masse der Konsumenten und Destruenten, so werden für alle Kontinente zusammen nur $20 \cdot 10^9$ t an Trockenmasse angegeben, also weniger als 1% der Phytomasse, während man in den Ozeanen mit etwa $3 \cdot 10^9$ t rechnet, was das über 15fache der dortigen Phytomasse ausmacht. Im Gegensatz zu den einzellingen Pflanzen handelt es sich bei den Konsumenten in den Ozeanen auch um große tierische Organismen, die man für die menschliche Ernährung ausbeutet.
Wie gering demgegenüber die Zoomasse der großen Konsumenten auf dem Lande ist, haben wir an verschiedenen Beispielen gezeigt. Die Phytomasse auf dem Lande besteht vorwiegend aus der Holzmasse in den Wäldern, auf die 82% der gesamten Phytomasse auf allen Kontinenten entfallen, obgleich die Wälder nur 39% von deren Fläche einnehmen. Die Hauptmenge der Waldphytomasse mit etwa 50% findet man in den tropischen Wäldern, etwa 20% in den borealen und etwa je 15% in den subtropischen und gemäßigten.
Die Phytomasse der Wüsten ist mit 0,8% sehr gering im Vergleich zu der großen Fläche von 22%, die sie auf der gesamten Landfläche einnehmen.
Die mittlere Phytomasse in t/ha der Wälder (humide Gebiete) steigt bei zunehmend günstigeren Temperaturverhältnissen von 189 t/ha in der borealen Zone ständig bis auf 440 t/ha in den Tropen an. Im Gegensatz dazu ist die mittlere Phytomasse in den tropischen ariden Gebieten mit 7 t/ha am geringsten; denn Trockenheit mit dauernd hohen Temperaturen ist für den Pflanzenwuchs besonders ungünstig.
Betrachtet man die mittlere jährliche primäre Produktion, so ist sie auf dem Lande mit 12,8 t/ha mehr als siebenmal so hoch wie in den Ozeanen und beträgt etwa das zweieinhalbfache von der in den Seen und Flüssen mit ihren Wasser- und Sumpfpflanzenbeständen.
Die primäre Produktion der humiden Gebiete pro Hektar steigt auf dem Lande ebenfalls äquatorwärts, wobei sie sich von der borealen zur gemäßigten Zone und von dieser zur subtropischen jeweils verdoppelt, dann aber weiter zur tropischen Zone nur noch wenig ansteigt. Die Unterschiede zwischen den humiden und semiariden Gebieten sind nicht so groß, wie bei den Werten für die Phytomasse, da die Holzmassen in den Wäldern nicht produzieren und es mehr auf die Blattfläche ankommt.
Auffallend ist die relativ hohe Produktion in den subtropischen semiariden und ariden Gebieten mit 13,8 bzw. 7,3 t/ha; sie ist auf die oft sehr üppige und produktive ephemere Vegetation zurückzuführen, die sich während der günstigen kühleren Jahreszeit entwickeln kann.
Die gesamte jährliche potentielle primäre Produktion der Biosphäre

auf dem Lande in den Ozeanen sowie Seen und Flüssen beträgt etwa 233 · 10^9 t. Davon entfallen auf die Landmasse 172 · 10^9 t, auf die Seen und Flüsse 1 · 10^9 t und auf die Ozeane 60 · 10^9 t.

Zu etwas anderen Werten gelangen LIETH und WHITTAKER (1975). Sie gehen von den Vegetationsformationen aus und berechnen nicht die potentielle, sondern eher die reale Produktion unter Berücksichtigung der kultivierten Flächen. Deshalb sind die Werte für die terrestrische Produktion geringer. Als genaueste Zahl gibt LIETH eine primäre Produktion von 121,7 · 10^9 t an Trockenmasse auf einer Landfläche von 149 · 10^6 km^2 an.

Fragen wir uns zum Schluß, wie hoch der Konsum der Menschheit bei einer Bevölkerungszahl von 3 Milliarden mit einer Biomasse von 0,2 · 10^9 t war, so können wir ihn etwa gleich der damaligen gesamten landwirtschaftlichen Produktion setzen, auf die 0,7% der primären Produktion der Biosphäre entfallen. Der Energieverbrauch wird mit 2,8 · 10^{18} cal angegeben, da nur ein Teil der mit der Nahrung aufgenommenen Energie ausgenutzt wird. Diese Zahlen erscheinen nicht hoch, doch dürfte der Konsum inzwischen bei der rapiden Bevölkerungszunahme stark angestiegen sein.

Schlußfolgerungen in ökologischer Sicht

Das vorliegende Taschenbuch sollte in knapper Form einen Überblick über die großen, *natürlichen ökologischen Zusammenhänge der gesamten Geo-Biosphäre* geben. Denn ihre Kenntnis ist die Voraussetzung für eine richtige Beurteilung der Gefahren, die durch die zunehmenden Eingriffe des Menschen in das Naturgeschehen entstehen.
Diese sind so mannigfaltig und tiefgreifend, daß man sie im Rahmen dieser Übersicht nicht behandeln kann. Der Mensch hat sich dank seiner geistigen Fähigkeiten neben der natürlichen eine eigene, scheinbar unabhängige Welt aufgebaut, die einer *technisch orientierten Weltwirtschaft*.
Durch die fortschreitende Urbanisierung wurde er der Natur immer mehr entfremdet. Dabei verliert er den Boden unter den Füßen, hält alles für technisch machbar und glaubt an ein unbegrenztes Wirtschaftswachstum.
Der Club of Rome hat bereits 1972 auf Grund sehr eingehender objektiver Untersuchungen auf das Utopische dieser Einstellung hingewiesen und eine wirtschaftliche Krise vorausgesagt, wenn nicht sofort Gegenmaßnahmen ergriffen würden (vgl. auch GRUHL 1975). Aber nichts geschah. Die Krise ist inzwischen eingetreten. Aber wiederum wird vor Schwarzmalerei gewarnt und Ausschau nach den ersten rosa Streifen am Horizont des Wirtschaftswachstums gehalten. Zwar ist „Ökologie" in aller Munde, aber eine grundlegende Umstellung der Denkweise erfolgt nicht. *Die wirtschaftlichen Zwänge haben immer noch Priorität. Die Zerstörung der Umwelt, von der die Existenz des Menschen abhängt, geht auf der ganzen Welt weiter.* Man versucht nur, mit kosmetischen Mitteln lokale Schäden zu vertuschen. Aber es handelt sich um *globale Probleme*. Auf die beiden größten Gefahren müssen wir zum Schluß hinweisen:

1. die Bevölkerungsexplosion
2. die Übertechnisierung.

Ausführlicher ist es bereits an anderer Stelle geschehen (WALTER 1982).

1 Die Bevölkerungsexplosion in den Entwicklungsländern

Der Präsident des Club of Rome AURELIO PECCIO hat 1981 in der deutschen Ausgabe seiner Schrift „Die Zukunft in unserer Hand" nochmals dringend darauf hingewiesen, daß die Weltbevölkerung mit

einer derartigen Geschwindigkeit ansteigt, daß sofort etwas dagegen geschehen muß. Nach PECCIO werden jede Minute auf der Welt 223 Kinder geboren, das sind an einem Tag 321 000 oder im Jahr 120 Millionen. Augenblicklich nimmt die Bevölkerung der Erde *alle 10 Jahre um eine Milliarde zu*; um das Jahr 2000 wird das alle 3 Jahre der Fall sein. Wenn es gelingen würde, alle geborenen Kinder am Leben zu erhalten, und das wird ja angestrebt, dann würde es in 10 Jahren 1,2 Milliarden Kinder unter 10 Jahren auf der Welt geben. Diese müßten versorgt und geschult werden. Nach weiteren 10 Jahren wäre die Beschaffung von Arbeitsplätzen für sie notwendig, und sie würden ihrerseits weitere Kinder in die Welt setzen.
Die Bevölkerungsexplosion ist mit einem Atombombenpilz zu vergleichen, wie folgende Darstellung zeigt, auf der die Bevölkerungszahl durch die Breite des Pilzkörpers angegeben wird (Abb. 161).

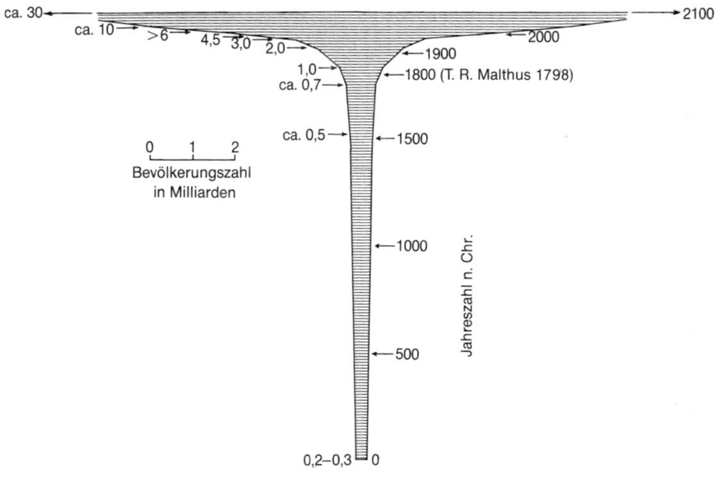

Abb. 161. Die Bevölkerungsexplosion auf der Erde als Atombombenpilz dargestellt vom Jahre Null unserer Zeitrechnung an: Es hat seit dem Auftreten des Menschen Millionen von Jahren gedauert, bis es Mitte des 19. Jahrhunderts eine Milliarde Menschen auf der Erde gab. Nach weiteren 100 Jahren waren es bereits 2 Milliarden, dann nach weiteren 37 Jahren 3 Milliarden, aber schon 13 Jahre später 4 Milliarden. Heute dürften 4,5 Milliarden bereits überschritten sein; um das Jahr 2000 muß man mit über 6 Milliarden rechnen und um das Jahr 2030 mit über 10 Milliarden. Die Zahl um 2100 konnte nicht dargestellt werden, denn bei gleichbleiben der Zunahme müßte man die Breite des Pilzes oben verdoppeln auf über 30 Milliarden.

Um das Jahr 1 waren es schätzungsweise 200–300 Millionen Menschen auf der ganzen Erde gewesen. Bis zum Jahre 1800 bildete die „Atombombe" einen nur sich kaum verbreiternden Stiel, d. h. die Bevölkerung nahm sehr langsam zu.
Dann aber beginnt sich der Hut auszubilden. T. R. MALTHUS hatte 1798 rechtzeitig auf die Gefahr hingewiesen. Doch das beginnende Industriezeitalter in Westeuropa brauchte Arbeitskräfte. Die Warnung wurde nicht beachtet. Gerade in diesen Ländern, gefördert durch die medizinischen Errungenschaften wuchs die Bevölkerung in den Städten besonders stark heran. Erst als Folge des wachsenden Wohlstandes und der immer höheren Ansprüche an ein bequemes Leben sank die Zahl der Kinder pro Familie so rasch ab, daß heute die Bevölkerung in den Industrieländern kaum noch zunimmt.
Aber um so katastrophaler ist die Lage in den Entwicklungsländern. Krankheiten und Epidemien wurden auch dort erfolgreich bekämpft. Die Sterberate sank, nicht jedoch die Geburtenrate. Als Folge davon breitet sich der Hut des Pilzes wie bei einer Atombombenexplosion immer rasanter aus, nur mit dem Unterschied, daß es bei der Atombombe in Sekundenschnelle geschieht, bei der Bevölkerungsbombe in einigen Jahrzehnten. Aber das ist im Rahmen der Menschheitsentwicklung auch nur ein Moment.
Wenn durch die heutige katastrophale Lage in allen Entwicklungsländern Millionen unterernährt sind oder verhungern, so ist *die Bevölkerungsexplosion die Ursache, die man vor allem bekämpfen muß*. Der Hunger ist nur ein Symptom – die naturgesetzliche Folge, die für alle Lebewesen der ökologischen Systeme gilt, auch für den Menschen, daß keine Art sich unbegrenzt auf Kosten der anderen Lebewesen vermehren darf.
Keine Entwicklungshilfe kann dieses Gesetz ausschalten. Der Mensch mit seinem irdischen Leibe, der ernährt werden muß, ist ein Teil der Natur.
Deswegen ist die gutgemeinte Lebensmittelhilfe besonders schädlich, denn sie heizt die Bevölkerungszunahme noch mehr an, so als wollte man einen Brand mit Öl löschen.
Ein in Hohenheim ausgebildeter Diplom-Landwirt, der später in seinem Land als Hochschulprofessor der Landwirtschaftswissenschaft tätig war, rief in einem Rundfunkvortrag aus: „Hände weg von den Entwicklungsländern, sie müssen selbst ihre Gesundung durchführen; jede Entwicklungshilfe verhindert das". Bemerkenswert ehrlich ist auch in dieser Hinsicht die Stellungnahme des Entwicklungsberaters des Weltkirchenrats Jonathan Freyers auf Grund von seinen Erfahrungen. Sie löste Empörung in weiten ahnungslosen Kreisen aus. Denn nach einem Zeitungsartikel im März vorigen Jahres vertrat er die Ansicht, daß Lebensmittelsendungen verheerende Schäden verursachen. Sie würden an die Ärmsten verteilt, die Käufer auf den Märkten

blieben weg, was die Ackerbautreibenden veranlaßte, sich nicht mehr abzumühen, sondern auch Hilfsempfänger zu werden. Die heimische Produktion breche zusammen und die Zahl der Hilfsempfänger stiege immer mehr an – ein Teufelskreis!

Wenn man jetzt z. T. die Losung ausgibt „Hilfe zur Selbsthilfe“ oder „Anregung zur Selbstinitiative“, so verkennt man wiederum die Einstellung sowie die Denkweise der Einheimischen.

Durch Jahrtausende hindurch wurde ihre Lebensweise durch strenge Sittengesetze geregelt, und diese waren optimal an die Umwelt, entsprechend der Kulturstufe angepaßt. Sonst wäre durch Jahrtausende ein Überleben nicht möglich gewesen.

Auch die Kolonialherrschaft, die zu Beginn meiner Forschungsarbeit in Ostafrika dort noch bestanden hatte, wie an anderer Stelle berichtet wurde (WALTER 1982), änderte daran wenig; die Machtkämpfe unter den Stämmen wurden unterbunden, auf noch unbesiedelten Flächen entstanden Farmen oder Plantagen mit Verdienstmöglichkeiten für die Arbeiter. Eine langsame Einbeziehung in das europäische Wirtschaftssystem bahnte sich an. Erst die übereilte Entlassung in die Unabhängigkeit mit der Auflage, unter Einhaltung der früheren Kolonialgrenzen Einheitsstaaten nach demokratischen Regeln zu schaffen, führte überall zu Chaos und Stammeskämpfen. Die nicht geschulten Massen konnten das Überspringen einer im Westen über ein Jahrtausend dauernden Entwicklung nicht verkraften. Das wäre wohl auch unseren Vorfahren zu Beginn unserer Zeitrechnung nicht gelungen. Die den Geschlechtsverkehr und die Bevölkerungszahl regelnden, sehr strengen Sittengesetze wurden aufgehoben, der ungezügelte Vermehrungstrieb setzte ein und damit der enorme Anstieg der Geburtenzahl. Privateigentum in unserem Sinne war unbekannt, alles gehörte zur Großsippe und wurde von dieser geregelt; somit fehlte ein Ansporn zur Eigeninitiative.

Die meisten Entwicklungshelfer kehren tief enttäuscht zurück. Auch meine Erfahrungen sind nicht anders.

Solange man bei einem Projekt die notwendige Anleitung gibt, wird sehr willig und eifrig mitgearbeitet, auch auf den Missionsstationen. Hört jedoch die Anleitung auf, dann geschieht in den meisten Fällen nichts mehr, nur die äußere Fassade wird gewahrt, doch die genügt nicht. „Aber man muß doch etwas tun, man muß doch den Entwicklungsländern helfen“, so wird von denen argumentiert, die nie selber in den Entwicklungsländern praktisch arbeiteten. Man darf jedoch nicht vergessen, daß es sich um souveräne Staaten handelt, die sehr mißtrauisch sind und einschneidende Ratschläge gleich als Neokolonialismus auslegen. Das gilt besonders in bezug auf Ratschläge zur Eindämmung der Bevölkerungsexplosion. Solange jedoch dieses Problem nicht gelöst wird, ist jede Hilfe umsonst oder schädlich. Natürlich ist die Einrichtung von Gewerbebetrieben, SOS-Kinderdörfern,

Blindenbetreuung usw. für die dabei erfaßten Menschen eine Hilfe und lobenswert. Sie ändert jedoch nichts an der katastrophalen Gesamtlage, die immer schlimmer wird.
Auch wenn (mehr nebenbei) darauf hingewiesen wird, daß die Entwicklungshilfe den Zweck mit verfolgt, neue Absatzmärkte für unsere Industrieprodukte zu erschließen, für die ein unbegrenzter Bedarf in den Entwicklungsländern besteht, so dürfte diese Rechnung nicht aufgehen.
Die Lieferung kann nur auf Kredit erfolgen, mit deren Rückzahlung oder Verzinsung kaum zu rechnen ist. Die Beispiele von so rohstoffreichen Ländern wie Brasilien und Mexico machen es deutlich.
Dazu kommt, daß den Entwicklungsländern eine Wirtschaftsform aufgedrängt wird, von der man heute nicht sagen kann, ob sie dem Menschen eine dauernde Existenz überhaupt garantiert, oder ob sie nicht selbst wie eine schillernde Seifenblase zerplatzen wird. *Alle der Natur entfremdeten Zivilisationen der Vergangenheit brachen zusammen und wurden von naturnahen „Barbaren" abgelöst.*

2 Die Übertechnisierung in den Industrieländern

Die technische Entwicklung ermöglicht es, den Lebensstandard in den Industrieländern immer mehr zu heben, was für einen großen Fortschritt gehalten wird. Dieser Fortschritt wird an der Höhe des Brutto-Sozialprodukts oder des mittleren Pro-Kopf-Einkommens gemessen. Angestrebt wird auch eine möglichst starke Arbeitszeitverkürzung und damit Freizeitverlängerung, um allen Menschen die Möglichkeit zur Selbstverwirklichung zu geben.
Dieses Ideal ist bereits erreicht, aber nicht in einem Industrieland, sondern bei dem kleinsten Inselstaat der Erde – auf der Koralleninsel Nauri im Pazifischen Ozean (etwa 2°S und 164°E). Dort müßten die glücklichsten Menschen leben. Ihr mittleres Pro-Kopf-Einkommen übertrifft das der reichsten Industrieländer. Die Wochenarbeitsstunden sind Null, die Freizeit alle Tage eines Jahres (Bericht in IWZ vom 8.-14. Januar 1983). Die Kinder werden als Rentner geboren.
Die Insel ist 21,4 km^2 groß und erhebt sich bis zu 60 m über den Meeresspiegel. Sie wird von 4000 Nauruanern bewohnt. Auf ihr befinden sich viele Meter mächtige fossile Guano-Ablagerungen. Es sind die reinsten Phosphat-Vorkommen, die man kennt.
Diese wurden 1900 von der deutschen Kolonialverwaltung entdeckt, die auch mit dem Abbau begann. Nach dem ersten Weltkrieg setzen Großbritannien, Australien und Neuseeland den Abbau abwechselnd in verstärktem Ausmaß fort. 1968 gelang es dem Nauruaner-Häuptling Hammer de Roburt, die Selbständigkeit der Insel innerhalb des British Commonwealth durchzusetzen, und 1979 wurden die Phosphatvorkommen Eigentum der Nauruaner. Seitdem braucht kein

Nauruaner zu arbeiten. Das besorgen Gastarbeiter aus Australien, Neuseeland, Hongkong, Taiwan u. a., die jedoch nicht die Staatsangehörigkeit erlangen dürfen. Jährlich werden rund 2 Millionen Tonnen Phosphat abgebaut und zum Weltmarktpreis verkauft.

Die Hauptbeschäftigung der Nauruaner ist schlafen, essen (Körperfülle ist Schönheitsideal) und sitzen vor dem Fernsehapparat (am beliebtesten sind Mickymaus, Wildwestfilme und australische Werbefilme). Sport ist bei der Körperfülle zu anstrengend. Man fährt in modernsten Automodellen auf der 18 km langen Autostraße um die Insel herum. Leere Bierdosen verzieren die Landschaft. Ein Hobby ist der Fischfang mit PS-starken Motorbooten. Man erlaubt sich den Luxus einer defizitären „Air-Nauru" mit 6 Düsenjets, die von australischen Piloten nach Melbourne, Hongkong, Manila und Samoa geflogen werden, und einer luxuriösen Schiffahrtslinie.

Zur Zukunftssicherung werden zwei Drittel der Einnahmen dem Nauru Royalties Trust überwiesen und im Ausland in Grundstücken, Hotels und Geschäftshäusern sicher angelegt. Das „Nauru House" in Melbourne mit 50 Stockwerken ist das höchste Geschäftshaus in Australien.

Aber es gibt ein „aber": Nach Schätzungen reichen die Phosphatvorkommen noch für 4–6 Jahre, was nachbleibt ist eine sterile Korallenlandschaft mit 10–20 Meter hohen zahnförmigen Felsen. Auf die Frage, warum nicht sparsamer abgebaut wird, lautet die Antwort, die Nauruaner unterschieden sich nicht von der übrigen Welt, sie liebten das Geld wie die Europäer und Amerikaner und lebten in den Tag hinein, solange sie es hätten.

So viel anders ist es in den Industrieländern tatsächlich nicht. Alle Warnungen, daß die Resourcen zu Ende gehen, haben nichts geändert, man denkt nur bis zum nächsten Wahltermin und schiebt unangenehme Entscheidungen hinaus, auch die immer drängenderen ökologischen Probleme.

Es ist kaum zu leugnen, daß die meisten Menschen in den Industriestaaten die Freizeit selber nicht richtig zu nutzen wissen. Die Freizeitgestaltung muß organisiert werden und zuleich kommerzialisiert. Freizeitgestaltung ist zu einem lukrativen Gewerbe geworden. Man denke nur an die vielen Reisebüros und die Massenunterkünfte in den rasch heranwachsenden in- und ausländischen „Erholungsorten" mit den Vergnügungslokalen. Der Feriengast braucht sich um nichts zu kümmern, er kann alles passiv über sich ergehen lassen und muß nur den Preis dafür bezahlen. In fremden Ländern lebt er in einem Getto, möglichst so wie er es gewohnt ist, obgleich das Elend in den Entwicklungsländern nicht zu übersehen ist.

Was ist der Gewinn dieses Massentourismus? Der Verbrauch an Photomaterial. Sonst nur ein passives Aufnehmen wie bei dem Strom von Informationen durch die Massenmedien. Er rauscht vorüber und kann

gar nicht verarbeitet werden. Dasselbe gilt auch für den Unterricht, sowohl in den Schulen als auch an den Hochschulen. Die Menge der Informationen wächst ständig, zur kritischen Verarbeitung der Probleme fehlt die Zeit. Das selbständige Denken wird nicht angeregt.
Denken, glauben viele, kann man dem Computer überlassen. Die Wissenschaft, in Spezialfächer aufgesplittert, droht zu einem Turm von Babel zu werden. Durch die Vermassung ist eine fruchtbare Diskussion in kleineren Kreisen nicht mehr möglich. Eine Massenvorlesung ist nicht viel anders als eine Fernsehdarbietung. Die Hörer lassen alles passiv über sich ergehen und büffeln erst einige Wochen vor der Prüfung. Ein Wissen, das nicht lange anhält.
Man macht auf eine zunehmend feindliche Haltung der Menschen gegenüber der Technik aufmerksam. Aber richtiger wäre es, von einer zunehmend menschenfeindlichen Technisierung zu sprechen. Die Technik, die dem Menschen helfen sollte, den Lebensablauf zu erleichtern und angenehmer zu gestalten, *hat eine Eigendynamik entwickelt und zwingt die Menschenmassen immer mehr in ihren Bann und in ein Abhängigkeitsverhältnis.*
Man darf nicht vergessen, daß der Zweck der Technik von jeher vor allem der Herstellung von Waffen galt. Kriegerische Handlungen gaben der Technik immer die größten Impulse zur Weiterentwicklung. Neue Erfindungen wurden sofort für die Waffentechnik verwendet. Ohne die zwei Weltkriege hätte die Technik und die Massenfabrikation ihren heutigen Stand nicht erreicht. Obgleich der Vorrat an Vernichtungswaffen genügt, um die Menschheit 10mal auszumerzen, geht die Aufrüstung immer weiter und ein Ende ist nicht abzusehen.
Leider lehrt die Erfahrung, daß neue Waffen stets auch verwendet wurden.
Die Menschenfeindlichkeit der Technik kommt auch in der Umweltzerstörung zum Ausdruck. Während bei uns jährlich große Waldflächen der Technik zum Opfer fallen, versuchen in Japan die umweltbewußten Großkonzerne, die Waldflächen zu vergrößern:
Alle Stahlwerke der Nippon Steel Coop., alle Betriebskomplexe und Forschungszentren der Honda Motors Co. und der Topay Industrien, die Kraftwerke der Tokyo Electric Co. und der Kansai Electric Co. u. a. forsten die Flächen um ihre Betriebskomplexe als Luftfilter und Erholungsräume auf. Die einheimischen Baumarten haben bereits eine Höhe von 10 m erreicht (Miyawaki 1983). Bei uns dagegen sind die Betonklötze von asphaltierten Parkplätzen und bestenfalls nackten Rasenflächen umgeben.
Der Rest der verbliebenen Umwelt wird vergiftet. Zwar sollen Höchstwerte für die einzelnen Giftstoffe nicht überschritten werden, aber ob sie auch bei der Summierung vieler Giftstoffe noch Gültigkeit haben, weiß niemand. Man denke an das Waldsterben in Mitteleuropa und selbst in Schweden sowie die Blei- oder Cadmiumvergiftung der Kul-

turböden. Die Schadstoffe sind heute selbst in der Muttermilch so hoch, daß man das Stillen der Kinder nur deshalb nicht verbietet, weil die Ersatzmittel nicht schadstofffreier sind. Wir älteren Menschen sind wenigstens noch in der Jugend gesund ernährt worden, aber die jetzt heranwachsende Generation ist schon im Mutterleib Schadstoffen ausgesetzt. Die Zahl der behinderten Kinder wächst ständig.

Besonders gravierend ist die Technisierung der Landwirtschaft. Die größeren, weitgehend autarken Bauernhöfe, die ohne Fremdenergie auskamen, waren die einzigen Betriebe, die mit der Umwelt in einem gewissen harmonischen Gleichgewicht standen. Sie werden jetzt durch landwirtschaftliche Fabriken ersetzt mit riesigen schwer zu beseitigenden organischen Abfallmassen. Sie wurden in den Strudel der Weltwirtschaft hineingezogen, womit die Landwirtschaft ihre Krisenfestigkeit verliert.

Die Technik entzieht dem Menschen immer mehr die natürliche Lebensgrundlage!

Deshalb kann man von den Ökologen nicht erwarten, daß sie der Übertechnisierung freundlich gesonnen sind. Es ist ihre Pflicht, auf die drohenden Gefahren immer wieder hinzuweisen. Der Mensch kann, wenn er muß, auf vieles verzichten und mit sehr wenig auskommen, aber er braucht reine Luft zum Atmen, sauberes Wasser zum Trinken und eine giftfreie Nahrung sowie einen natürlichen Einsatz seiner körperlichen Kräfte.

Lieber ärmer und gesund als reich und halb tot.

Was die Technik produziert, sind Dinge, die nicht lebensnotwendig sind und nur der Bequemlichkeit oder dem Prestige dienen. Die Bedürfnisse werden künstlich durch eine weltweite Propaganda geschürt. Jeder soll alles haben können. Nicht die Interessen der Menschen stehen bei der Technik im Vordergrund sondern das Profitdenken und die rein wirtschaftlichen Interessen, vor allem der Großkonzerne. Immer mehr wird der Mensch durch Rationalisierung (Roboter, Mikro-Elektronik) aus dem Produktionsprozeß als Arbeitskraft hinausgedrängt und zum reinen Konsumenten der Massenproduktion degradiert. Aber wie sollen die Massen Industrieprodukte kaufen, wenn man ihnen nicht einen Verdienst garantiert und sie arbeitslos werden? Man spricht von wirtschaftlichen Zwängen des Wettbewerbs – auch ein Teufelskreis!

Weder sind die Menschen durch die Technik glücklicher geworden noch gesünder. Die Zivilisationskrankheiten körperlicher oder psychischer Natur nehmen ständig zu. Wenn das mittlere Lebensalter ansteigt, so geschieht das durch immer mehr Arzneimittel, deren Kosten ins Unermeßliche steigen.

Wenn man die acht Jahrzehnte seines eigenen Lebens überschaut und ein Urteil über die Segnungen der Technik abgeben sollte, so kann das nur ein sehr subjektives sein. Nach welchen Kriterien sollte es geschehen? Auf jeden Fall fehlte der Streß. Auch die Überquerung der Weltmeere bei den Forschungsreisen mit dem Schiff waren eine schöne Erholung vor und nach der Arbeit und erlaubten eine langsame Umstellung, während bei den heutigen Flugreisen das nicht der Fall ist; selbst die Umstellung auf das andere Klima, die andere Umwelt, die andere Uhrzeit erfolgt zu plötzlich.

Ohne die Technik wäre die Vermassung nicht möglich gewesen. Sie hat jetzt zu der wachsenden Zahl der Arbeitslosen geführt, die eine schwere Belastung der Zukunft sind. Denn mit einem Wirtschaftswachstum wie vor einem Jahrzehnt rechnen selbst die Wirtschaftsoptimisten kaum. Auch bei uns ist die Bevölkerungszahl bereits zu groß.

Die Menschlichkeit und der enge Kontakt der Menschen untereinander geht immer mehr verloren, er beschränkt sich auf kurze und meist nichtssagende Telefongespräche. Der einzelne Mensch wird zu einer Nummer: zu einer Personalnummer, einer Steuernummer, einer Krankenkassennummer, vielen Kundennummern usw. Der Name erscheint nur noch auf den Briefsendungen. Wie lange noch? Was früher den meisten Menschen noch das Verhältnis zur Natur bedeutete, das kennt die heutige Jugend in den mit Technik durchsetzten Landschaften nicht mehr; sie weiß nicht, was man ihr genommen hat.

Denn es kommt nicht auf den materiellen Lebensstandard an, sondern auf die *Lebensqualität – nicht auf den äußeren Schein sondern auf das innere Sein.*

Lebensstandard und Lebensqualität brauchen keine Gegensätze zu sein. Aber die Erfahrung lehrt, daß je mehr Wert man auf den äußeren Schein legt, desto mehr verarmt meist das Innenleben, von dem man deshalb nicht spricht.

Die Lebensqualität kommt auch äußerlich durch eine gesunde und natürliche Lebensführung zum Ausdruck, den sinnvollen Gebrauch seiner Lebenskräfte und den Verzicht auf alle Suchtmittel, die Bevorzugung einer stillen Lebensweise in Bescheidenheit. Wer wirklich mit der Natur verbunden ist und sie in ihrer ganzen Mannigfaltigkeit und gewaltigen Größe kennt, der fühlt sich nicht als Mittelpunkt der Schöpfung. Dem eröffnet sich nicht nur die Außenwelt, mit der wir uns hier beschäftigt haben, zu der wir mit unserem Leibe gehören und die wir mit unserem Denkvermögen erforschen, sondern auch die andere Seite des Menschen, seine Innenwelt, die nicht der Logik unterliegt, für die von den Philosophen verschiedene komplizierte Bezeichnungen verwendet werden, die aber gemeinhin „Seele" genannt wird. Sie ist ein Teil des transzendentalen Absoluten, der Allmacht der Liebe, also von Gott.

Dieser Bereich läßt sich nicht in Worte fassen, auch nicht beweisen. Zu ihm sich zu bekennen und sich ihm als Teil des Ganzen zu unterstellen, ist *ein Akt der freien Entscheidung* eines jeden Einzelnen, ohne die es für den Menschen keine wahre Freiheit gibt. Erst sie verschafft ihm

Unabhängigkeit vom Urteil der anderen und damit innere Sicherheit, Ruhe und Gelassenheit, sowie innere Fröhlichkeit.
Es handelt sich dabei nicht um ein Diesseits oder Jenseits. Das Absolute kennt keine Grenzen. Es ist in uns und auch außerhalb von uns. Das ist die wichtigste Schlußfolgerung für die nach dem Sinn des Lebens suchende Jugend, das Ergebnis eines langen Lebens, das der Erforschung des Lebendigen auf der ganzen Erde gewidmet war, eines Lebens voller Wunder, in einer Zeit, die nicht an Wunder glaubt und die Verbindung mit dem Mittelpunkt aller Dinge verloren hat.

Man muß stets gegen den verschmutzten Strom schwimmen
bis an die reine Quelle, die aus der Tiefe kommt.

Darauf wurde in den „Bekenntnissen eines Ökologen" ausführlich hingewiesen, in denen die andere Seite geschildert wird, wie die in diesem Bändchen sehr kurz zusammengefaßten Erkenntnisse gewonnen wurden.*

---

* Bekenntnisse eines Ökologen. Erlebtes in acht Jahrzehnten und auf Forschungsreisen in allen Erdteilen mit Schlußfolgerungen. Von Prof. Dr. Dr. h. c. Heinrich Walter, ehem. Direktor des Botanischen Instituts der Universität Stuttgart-Hohenheim. 3., erweiterte Auflage 1982. XII, 366 S., 13 Abb., 7 Kartenskizzen, 15,4 × 22,9 cm, kart. DM 19,– (Verlag Gustav Fischer Stuttgart).

Literaturverzeichnis

Es werden nur einige, meist neuere Veröffentlichungen genannt.

Für ausführlichere Literaturangaben verweisen wir insbesondere auf WALTER 1968, 1973 und WALTER und BRECKLE 1983 und 1984.

AHTI, T. and L., JALAS, J.: Vegetation zones and their sections in Northwestern Europe. Ann. Bot. Fenn. **5**, 169–211, 1968.

AHTI, L. and T., KONEN, T.: A scheme of vegetation zones for Japan and adjacent regions. Ann. Bot. Fenn. **11**, 59–88, 1974.

ALEKSANDROVA, V. D.: On the principles of zonal subdivision of arctic vegetation. Bot. Ž. **56**, 3–21, 1971 (Russian).

ANDERSON, G. D., and HERLOCKER, D. J.: Soil factors affecting the distribution of the vegetation types and their utilisation by wild animals in Ngorongoro crater, Tanzania. J. Ecol. **61**, 627–651, 1973.

AXELROD, D. I.: History of the Mediterranean ecosytems in California. Ecol. Studies **7**, 225–277, 1973.

BARBOUR, M. G. and MAJOR, J.: Terrestrial vegetation of California. 1002 pp., Wiley-Intersci. Publ. 1977.

BAZILEVIC, N. I., RODIN, L. E., und ROZOV, N. N.: Untersuchungen der biologischen Produktivität in geographischer Sicht. V. Tag. Geogr. Ges. USSR, Leningrad 1970 (russisch).

BEADLE, N. C. W.: The Vegetation of Australia, 690 pp. Vegetationsmonographien der einzeln. Großräume Bd. IV. Stuttgart 1981.

BLASCO, F.: Outlines of ecology, botany and forestry of the mangals of Indien subcontinent. In „Ecosystems of the World", (ed. V. J. Chapman), Vol. I, Seite 241–260, 1977.

BLISS, L. C., and WIELGOLASKI, F. E. (eds.): Primary production and production process, Tundra Biome. 250 pp., Proc. Conf. Dublin 1973. Swedish IBP Comm., Stockholm 1973.

BÖCHER, T. W., HJERTING, J. P., and RAHN, K.: Botanical studies in the Atuel Valley, Mendoza Province, Argentina. Dansk Botan. Ark. **22**, 195–358, 1972.

BOURLIÈRE, F. (ed.): Tropical savannas. Ecosystems of the World 13, 730 pp. 1983.

BRANDE, A.: Untersuchungen zur postglazialen Vegetationsgeschichte der Neretwa-Niederung (Dalmatien, Herzegowina). Flora **162**, 1–44, 1973.

BRECKLE, S.-W.: Zur Ökologie und zu den Mineralstoffverhältnissen absalzender und nichtabsalzender Xerohalophyten. Habil.-Schr. Bonn, 170 Seiten, Cramer, 1976.

BRÜNIG, E. F.: Species richness and stand diversity in relation to site and succession. Amazonia **4**, 293–320, 1973.

BUCHER, E. H.: Chaco and Caatinga – South American arid savannas, woodlands an thickets, pp. 48–79. In: HUNTLEY, B. J. and WALKER, B. H. (eds.), s. diese.

Cabrera, A. L., y Willink, A.: Biogeografia de America Latina. 120 Seiten und 1 Karte. Washington, D. C., 1973.

Cannel, M. G. R.: World forest biomass and primary production dates, 391 pp. Academic Press, London–New York, 1982.

Castri, F. di: Climatographical comparision between Chile and the western coast of North America. Ecol. Studies **7**, 21–36, 1973.

Castri, F. di, Goodall, D. W., and Specht, R. L. (eds.): Mediterranean-type shrublands. Vol. 11, 643 pp. Ecosystems of the World. Amsterdam 1981.

Castri, di F., and Mooney, H. A. (eds.): Mediterranean type ecosystems. Ecol. Studies, Vol. 7. New York–Heidelberg–Berlin 1973.

Cernusca, A.: Bestandesstruktur, Bioklima und Energiehaushalt von alpinen Zwerstrauchbeständen. Oecologia Plantarum **11**, 71–102, 1976.

Chapman, V. J.: Mangrove vegetation, 477 pp. Vaduz 1976.

Coutinho, L. M.: Ecological effect of fire in Brasilien Cerrado, pp. 273–291. In: Huntley, B. J. and Walker, B. H. (eds.), s. diese.

Cumming, D. H. M.: The influence of large herbivores on savanna structure in Africa, pp. 217–245. In: Huntley, B. J., and Walker, B. H. (eds.), s. diese.

Dafis, Sp., und Landolt, E. (Hg.): Zur Vegetation und Flora Griechenlands. Veröff. Geobot. Inst. Zürich, H. 50, 237 Seiten, 1975.

Dinger, B. E., and Patten, D. T.: Carbon dioxyde exchange and transpiration in species of *Echinocereus* (Cactaceae) as related to their distribution within the Pinaleno Mountains, Arizona. Oecologia **14**, 389–411, 1974.

Duvigneaud, P.: La synthèse écologique. Population, communautés, écosystèmes, biosphère, noosphère, ps. 296. Paris 1974.

Edmonton, R. L. (ed.): Analysis of coniferous forest ecosystems in the Western United States. US/IBP Synthesis Series **14**, 419 pp., 1982.

Edwards, C. A., Reichle, D. E., and Crossley, D. A. jr.: The role of soil invertebrates in turnover of organic matter and nutriens. Ecol. Studies **1**, 147–172, 1970.

Eiten, G.: Brazilian „savannas". pp. 25–79, 1982. In: Huntley, B. J., and Walker, B. H. (eds.), s. diese.

Ellenberg, H.: Vegetationsstufen in perhumiden bis perariden Bereichen der tropischen Anden. Phytocoenologia **2**, 368–387, 1975.

Ernst, W., and Walker, G. H.: Studies on hydrature of trees in miombo woodland in South Central Africa. J. Ecol. **61**, 667–686, 1973.

Evenari, M., Shanan, L., and Tadmor, N.: The Negev. The challenge of a desert, 2. edit., 437 pp. Cambridge, Mass. 1982.

Frangi, J.: Sinopsis de la comunidades vegetales y el medio de las sierras de Tandil (Provincia Buenos Aires). Bol. Soc. Argentina de Botan. **16**, 293–319, 1975.

Freitag, H.: Die natürliche Vegetation des südostspanischen Trockengebiets. Bot. Jb. (Stuttgart) **91**, 147–308, 1971.

Freitag, H.: Die natürliche Vegetation Afghanistans. Vegetatio **22**, 285–344, 1971a.

French, N. R. (ed.): Perspectives in grassland ecology. Ecol. Studies, Vol. 32, 204 pp. Springer, New York 1979.

Gaussen, H., Meher–Homsi, V. M., Legris, P., et al.: Notice de la feuille Rajasthan (1 : 1 Mill.). Travaux Sect. Sc. et Techn., Inst. Français de Pondichéry, Serie No 12, 1972.

Gigon, A.: Ökosysteme. Gleichgewichte und Störungen (in Leibundgut, H.,

Hg.: Landschaftsschutz und Umweltpflege. Huber, Frauenfeld), Seite 16–39, 1974.

GOLLEY, F. B., and MEDINA, E. (eds.): Tropical ecological systems. Ecolog. Studies **11**. New York-Heidelberg–Berlin 1975.

GORYSCHINA, T. K. (Hg.): Biologische Produktion und ihre Faktoren im Eichenwald der Waldsteppe. Arb. Forstl. Versuchsst. d. Univ. Leningrad. „Wald an der Worskla" **6**, 1–213, 1974 (russisch).

GREBENTSHCHIKOW, O. S.: Ökologisch-geographische Gesetzmäßigkeiten in der Pflanzendecke der Balkan-Halbinsel. Akad. Wiss. Ser. Geogr. Nr. 4, Moskau 1972, mit Vegetationskarte (russisch).

GRUHL, H.: Ein Planet wird geplündert. Die Schreckensbilanz unserer Politik. 376 Seiten. S. Fischer,Frankfurt 1975.

HAINES, B.: Impact of leaf-cutting ants on vegetation development at Barro Colorado Island. Ecol. Studies **11**, 99–111, 1975.

HALVORSON, W. L., and PATTEN, D. T.: Seasonal water potential changes in Sonoran Desert shrubs in relation to topography. Ecology **55**, 173–177, 1974.

HAMILTON III, W. J., and SEELY, M. K.: Fog basking by the Namib Desert beetle, Onymacris unguicularis. Natur **262**, 284–285, 1976.

HENNIG, I.: Die La Sal Mountains, Utah, Akad. Wiss., Mainz, Math.-Naturw. Klasse Nr. 2, Wiesbaden 1975.

HOLDING, A. J., HEAL, O. W., MACLEAN, S. F., and FLANGAGAN, P. W. (eds.): Soil organisms and decomposition in tundra. Proc. Microbiol. Meet., Fairbanks 1973. Swedish IBP Comm., Stockholm 1974.

HOLDGATE, M. W. (ed.) Antarctic Ecology. Vol. 2, 394 pp. New York 1970.

HOPKINS, B.: Forest and Savanna (West Africa), 2. edit., 154 pp., Ibadan-London 1974.

HORVAT, I., GLAVAČ, V., and ELLENBERG, H.: Vegetation Südosteuropas. 768 Seiten mit 2 Vegetationskarten. Stuttgart 1974.

HUECK, K.: Die Wälder Südamerikas, pp. 2/6–259. Vegetationsmonographien der einzelnen Großräume, Bd. II, Stuttgart 1966.

HUECK, K., und SEIBERT, P.: Vegetationskarte von Südamerika. Veget. Monogr. d. einz. Großräume, Bd. IIa, Stuttgart 1972.

HULTEN, E.: Süd-Kamtschatka. Vegetationsbilder (Jena) 23. Reihe, Heft 1/2, 1932.

HUNTLEY, B. J., and MORRIS, J. W.: Savanna ecosystem project. Phase I summary and phase II progress. South Africa Nat. Sc. Progr., Rep. No 29, 52 Seiten, 1978.

HUNTLEY, B. J. and WALKER, B. H. (eds.): Ecology of tropical savannas. Ecological Studies, Vol. 42, 669 pp., Springer-Verlag, Berlin–Heidelberg–New York 1982.

HÜTTEL, CL.: Root distribution and biomass in three Ivory Coast rain forests plots. Ecol. Studies **11**, 123–130, 1975.

IWAKI, H., MONSI, M. and MIDORIKAWA, B.: Dry matter production of some herb communities in Japan. The Eleventh Pacific Science Congress, Tokyo, August–Sept. 1966.

JOHANSSON, D.: Ecology of vascular epiphytes in West Africa rain forest. Acta Phytogeogr. Suecica **59**, 1–129, 1974.

KÄMMER, F.: Klima und Vegetation von Teneriffa besonders im Hinblick auf den Nebelniederschlag. Scripta Geobot. (Göttingen), Nr. 7, 78 Seiten, 1978.

KÄMMER, F.: Flora und Fauna von Makaronesien. 179 Seiten, Selbstverlag, Freiburg i. B. 1982.

KIRA, T., ONO, Y., and HOSOKAWA, T. (eds.): Biological production in a warm-temperature evergreen oak forest of Japan. JIBP Synthesis, Vol. 18, 1978.

KLÖTZLI, F.: Edellaubwälder im Bereich der südlichen Nadelwälder Schwedens. Ber. Geobot. Inst. Rübel **43**, 23–53, 1975.

KNAPP, R.: Die Vegetation von Afrika. Veget. Monogr. d. einz. Großräume, Bd. III, 626 Seiten, Stuttgart 1973.

KÜCHLER, A. W.: A new vegetation map of Kansas. Ecology **55**, 586–604, 1974 (mit farb. Vegetationskarte).

KÜHNELT, W.: Beiträge zur Kenntnis der Nahrungsketten in der Namib (Südwestafrika). Verh. Ges. f. Ökologen, Wien 1975.

KUMMEROW, J.: Structure of roots and root systems, Vol. 11, pp. 269–288. Ecosystems of the World. Amsterdam 1981.

KÜNKEL, G. (ed.): Biogeography and ecology in the Canary Islands. Dr. W. Junk, The Hague 1976.

LAMOTTE, M.: The structure and function of a tropical savanna ecosystem. Ecol. Studies **11**, 179–222, 1975.

LAMOTTE, M.: Consumption and decomposition in tropical grassland ecosystem at Lamto, Ivory Coast, pp. 414–429, 1982. In: HUNTLEY, B. J., and WALKER, B. H. (eds.), s. diese.

LARCHER, W.: Ergebnisse des IPB-Projekts „Zwergstrauchheide Patscherkofel". Produktivität und Überlebensstrategien von Pflanzen und Pflanzenbeständen im Hochgebirge. Sitz. ber. Österr. Akad. d. Wiss., Mathemat.-naturw. Kl., Abt. I, **186**, 301–386, Wien 1977.

LAVAGNE, A.: La végétation de l'Ile de Port-Cros. ps. 30, Marseille 1972.

LAVAGNE, A., et MOUTTE, P.: Bull. Carte Végétation de la Provence et des Alpes du Sud, ps. 129. Marseille 1974.

LEVINA, F. Ja.: Die Halbwüstenvegetation der nördlichen Kaspischen Ebene. 344 Seiten. Moskau–Leningrad 1964 (russisch).

LEWIS, J. P., y COLLATES, M. B.: La vegetacion de la Provincia de Santa Fe. Bol. Soc. Argentina de Bot. **16**, 151–179, 1975.

LIETH, H., and WHITTAKER, R. H. (eds.): Primary productivity of the biosphere. Ecol. Studies **14**. New York–Heidelberg–Berlin 1975.

LOGAN, R. F.: The Central Namib Desert, South West Africa. Publication 758, pp. 162. Nat. Ac. Sc., Washington D. C., 1960.

LONGMAN, K. A., and JENIK, J.: Tropical forest and its environment (Ghana). 196 pp., Thetford, Norfolk 1974.

LÖTSCHERT, W.: Über die Vegetation frostgeformter Böden auf Island, Ber. Forschungsst. Neori As (Island), Nr. **16**, 1–15, 1974.

MANI, M. S. (ed.): Ecology and biography in India. 773 pp., The Hague 1974.

MANN, H. S. (ed.): The spectre of desertification. Ann. Arid Zone (Jodhpur) **16**, 279–394, 1977.

MANN, H. S., LAHIRI, A. N., and PAREEK, O. P.: A study on the moisture availability and other conditions of unstabilized dunes etc. Ann. Arid Zone (Jodhpur) **15**, 270–286, 1976.

MEDINA, E.: Bodenatmung und Stoffproduktion verschiedener tropischer Pflanzengemeinschaften. Ber. Dtsch. Bot. Ges. **81**, 159–168, 1968.

MEDINA, E.: Dark CO_2-fixation, habitat preference and evolution within the Bromeliaceae. Evolution **28**, 677–686, 1974.

MENAULT, J. C., and CESAR, J.: The structure and dynamics of a West African Savanna. pp. 80–100, 1982. In: HUNTLEY, B. J., and WALKER, B. H. (eds.), s. diese.

MEUSEL, H., und SCHUBERT, R., et al: Beiträge zur Pflanzengeographie des Westhimalajas. Flora **160**, 137–194, 370–432, 573–606, 1971.

MILLER, P. C. (ed.): Resources by chaparral and matoral. Ecolog. Stud. **39**, 455 pp. Springer Verlag, 1981.

MIYAWAKI, A.: Conservation and recreation of vegetation and its importance to human existence. Look Japan, Vol. 28, No. 323, 10. 2. 83.

MONTGOMERY, G. G., and SUNQUIST, M. E.: Impact of sloths on neotropical forest. Energy and nutrient cycling. Ecol. Studies **11**, 69–98, 1975.

MOONEY, H. A., and PARSONS, D. J.: Structure and function of the Californian chaparral – an example from San Dimas. Ecol. Studies **11**, 83–112, 1973.

MOSER, W., BRZOSKA, W., ZACHHUBER, K., and LARCHER, W.: Ergebnisse des IBP-Projekts „Hoher Nebelkogel 3184 m“. Sitz.ber. Österr. Akad. d. Wiss., Mathemat.-naturw. Kl., Abt. I, **186**, 387–419, Wien 1977.

NETSCHAJEVA, N. T. (Hg.): Die Biogeozönosen der östlichen Karakum (Charakterisierung der Hauptkomponenten). Akad. Wiss. USSR, Repetek Sandwüsten-Station, 74 Seiten, Aschchabad 1975 (russisch).

NOBEL, P. S.: Water relations and photosynthesis of a desert CAM plant *Agave deserti*. Plant Physiol. **58**, 576–582, 1976.

NOBEL, P. S.: Water relations of flowering *Agave deserti*. Bot. Gaz. **138**, 1–6, 1977a.

NOBEL, P. S.: Water relations and photosynthesis of a Barrel Cactus, *Ferocactus acanthoides* in Colorado Desert, Oecologia 27, 117–133, 1977b.

NUMATA, M., MIYAWAKI, A. and ITOW, D., 1972: Natural and seminatural vegetation in Japan. Blumea, **20**, 435–481 (mit 26 Fotos, Vegetationskarten und Höhenstufenprofil).

OBERDORFER, E.: Pflanzensoziologische Studien auf Teneriffa und Gomera. Beitr. Naturk. Forsch. SW-Deutschl. **24**, 47–104, 1965.

ODUM, E. P.: Fundamentals of ecology. 3. ed., 574 pp. Saunders Co., Philadelphia–London–Toronto 1971.

OGAWA, H., YODA, K., and KIRO, T.: A preliminary survey on vegetation of Thailand. Nature Life SE Asia **1**, 21–157, 1961.

OVERBECK, F.: Botanisch-geologische Moorkunde, 719 S. Neumünster 1975.

OZENDA, P.: Sur les étages de végétation dans les montagnes du bassin méditerranéen. Doc. Cartogr. Ecol. (Grenoble) **16**, 1–32, 1975.

PECCIO, A.: Die Zukunft in unserer Hand. 244 Seiten. Verlag Fritz Molden (deutsche Ausgabe), 1981.

POPOV, A. I. (Hg.): Die natürlichen Verhältnisse Westsibiriens. Lief. I–V. Verlag d. Moskauer Univ., 1971–75 (russisch).

QUINTANILLA, V.: Les formations végétales du Chili temperé. Doc. Cartogr. Ecol. (Grenoble), **14**, 33–80, 1974.

RAUH, W.: Über Zonierung und Differenzierung der Vegetation Madagaskars. Akad. Wiss. Mainz, Math.-Naturwiss. Kl. 1. Wiesbaden 1973.

RAWITSCHER, F.: The water economy of the „Campos cerrados“ in southern Brazil. J. Ecol. **36**, 237–268, 1948.

RODIN, L. E., BAZILEVICH, N. I., GRADUSOV, B. P., und YARILOVA, E. A.: Trockensavanne von Rajputan (Wüste Thar). Aridnye pochvy, ikh genesis, geokhimia, ispol'novaniye, Seite 195–225, Moskva 1977 (russisch).

RUTHERFORD, M. C.: Woody plant biomass distribution in *Burkea africana* savannas, pp. 120–141, 1982. In: HUNTLEY, B. J., and WALKER, B. H. (eds.), s. diese.
RUTHSATZ, B.: Pflanzengesellschaften und ihre Lebensbedingungen in den Andinen Halbwüsten Nordwest-Argentiniens. 168 pp. Dissertationes Botanicae, Bd. 39. J. Cramer, Vaduz 1977.
SCHULZE, E.-D.,: Der CO_2-Gaswechsel der Buche (*Fagus silvatica L.*) in Abhängigkeit von den Klimafaktoren im Freiland. Flora **159**, 177–232, 1970.
SEELY, M. K.: Grassland productivity. S. Afric. J. of Sci **74**, 295–297. 1978.
SEELY, M. K., and HAMILTON III, W. J.: Fog catchment sand trenches by Tenebrionid beetles, Lepidochora, from the Namib Desert. Science **193**, No. 4252, 1976.
SPECHT, R. L.: Structure and functional response of ecosystems in the mediterranean climate of Australia. Ecol. Studies 7, 113–120, 1973.
STANJUKOVITSCH, K. V.: Die Gebirge der USSR. 412 Seiten, Duschanbe 1973 (russisch).
SUNDING, P.: The vegetation of Gran Canaria. 186 pp, with 35 tables and 2 vegetation maps. Norske Vid.-Akad. Oslo, I Math.-Naturv. Klasse Ny Serie No 29, 1972.
SUNDING, P.: A botanical bibliography of the Canary Islands. 2. ed., Bot. Garden, Univ. of Oslo, 1973.
TAYLOR, A. R.: Ecological aspects of lightning in forests. Ann. Proc. Tall Timber Fire Ecol. (Tallahassee). Nr. 13, 455–482, 1973.
TINTLEY, K. L.: The influence of soil moisture balance on ecosystem patterns in Southern Africa, pp. 175–192. In: HUNTLEY, B. J., and WALKER, B. H. (eds.), s. diese.
TROLL, C.: Die klimatische und vegetationsgeographische Gliederung des Himalaya-Systems. Ergeb. Forsch.-Untern. Nepal Himalaya Bd. 1, 353 bis 388, 1967.
VARESCHI, V.: Vegetationsökologie der Tropen. 253 Seiten. Stuttgart 1980.
VOGGENREITER, F.: Geobotanische Untersuchungen an der natürlichen Vegetation der Kanareninsel Tenerife. Diss. Bot. Bd. 26, 718 Seiten, J. Cramer, Lehre 1974.
WALKER, J., and GILLISON, A. N.: Australian Savannas, pp. 5–24. In: HUNTLEY, B. J., and WALKER, B. H., s. diese.
WALTER, H.: Standortslehre. 2. Aufl., 566 Seiten, Ulmer, Stuttgart 1960.
WALTER, H.: Die physiologischen Voraussetzungen für den Übergang der autotrophen Pflanzen vom Leben im Wasser zum Landleben. Z. f. Pflanzenphysiologie **56**, 170–185, 1967.
WALTER, H.: Die Vegetation der Erde, Bd. II: Gemäßigte und arktische Zonen. 1001 Seiten. Jena–Stuttgart 1968.
WALTER, H.: Die Vegetation der Erde, Bd. I: Tropische und subtropische Zonen. 3. neu überarbeitete Aufl., 743 Seiten. Jena–Stuttgart 1973.
WALTER, H.: Ökologische Betrachtungen der Vegetationsverhältnisse im Ebrobecken (NO-Spanien). Acta Bot. Acad. Sc. Hungaricae **19**, 193–402, 1973a.
WALTER, H.: Die Vegetation Osteuropas, Nord- und Zentralasiens. 452 Seiten. Stuttgart 1974.
WALTER, H.: Betrachtungen zur Höhenstufenfolge im Mediterrangebiet (insbesondere in Griechenland) in Verbindung mit dem Wettbewerbsfaktor. Veröff. Geobot. Inst. Zürich, **55**, 72–83, 1975.

WALTER, H.: Über ökologische Beziehungen zwischen Steppenpflanzen und alpinen Elementen. Flora **164**, 339–346, 1975a.

WALTER, H.: Die ökologischen Systeme der Kontinente (Biogeosphäre). Prinzipien ihrer Gliederung mit Beispielen, 131 Seiten. Stuttgart 1976.

WALTER, H.: The oligotrophic peatlands of Western Siberia – The largest peino-helobiom in the world. Vegetatio **34**, 167–178, 1977.

WALTER, H.: Allgemeine Geobotanik (UTB 284). 2. Aufl. 260 Seiten, Stuttgart 1979.

WALTER, H.: Höchstwerte der Produktion von natürlicher Riesen-Staudenvegetation in Ostasien. Vegetatio **44**, 37–41, 1981.

WALTER, H.: Bekenntnisse eines Ökologen. Erlebtes in acht Jahrzehnten und auf Forschungsreisen in allen Erdteilen. 353 pp., mit 7 Karten. 3. Aufl., Stuttgart 1982.

WALTER, H., and BOX, E. O.: Overview of Eurasien continental deserts and semideserts, pp. 3–269, 1983. In: Vol. V of: Ecosystems of the World. Amsterdam.

WALTER, H., und BRECKLE, S.-W.: Ökologie der Erde, Bd. 1: Ökologische Grundlagen in globaler Sicht, 236 pp. (UTB Große Reihe), Stuttgart 1983. Bd. 2: Spezielle Ökologie der Tropischen und Subtropischen Zonen. 1984. Bd. 3: Spezielle Ökologie der Gemäßigten und Arktischen Zonen (in Vorbereitung).

WALTER, H., HARNICKELL, E., und MÜLLER-DOMBOIS, D.: Klimadiagramm-Karten der einzelnen Kontinente und ökologische Klimagliederung der Erde. 36 Seiten mit 9 Karten, Stuttgart 1975.

WALTER, H., und KREEB, K.: Die Hydratation und Hydratur des Protoplasmas der Pflanzen. Protoplasmatologia, Bd. II C 6, 306 Seiten. Wien 1970.

WALTER, H., und STRAKA, H.: Arealkunde, Floristisch-Historische Geobotanik. 2. Aufl., 473 Seiten. Stuttgart 1970.

WHYTE, R. O.: Tropical grazing lands. 222 pp., The Hague 1974.

WILLERT, J. VON, EELLER, B. M., BRINCKMANN, E.. and BAASCH, R. 1982: CO_2 gas exchange and transpiration of *Welwitschia mirabilis* Hook.fil. in the Central Namib Desert. Oecologia (Berl.) **55**, 21–29, 1982.

YURTSEV, B. A.: Relikte von Steppenkomplexen in Nordostasien, 168 pp. „Nauka", Novosibirsk 1981 (russisch).

ZINKE, P. J.: Analogis between the soil and vegetation types of Italy, Greece and California. Ecol. Studies 7, 61–82, 1973.

Lateinisch-deutsches Verzeichnis der Pflanzennamen

Von den im Text lateinisch genannten Pflanzen-Gattungen (verschiedentlich auch -Arten) sind nur diejenigen aufgeführt, für die es gute deutsche Namen gibt.

Abies = Tanne
– *concolor* = Grautanne
Acacia = Echte Akazie
Acantholimon = Igelpolster
Acer = Ahorn
– *monspessulanum* = Felsenahorn
Adansonia = Baobab, Affenbrotbaum
Adonis = Adonisröschen
Aegopodium = Giersch, Geißfuß
Agropyrum = Quecke
Albizzia julibrissin = Seidenrosenbaum
Adenocarpus = Ginsterart
Alchemilla = Frauenmantel
Alhagi = Kameldorn
Alnus = Erle
Amygdalus = Mandel
Andromeda = Rosmarinheide, Gränke
Andropogon = Bartgras
Androsace = Mannsschild
Anemone = Windröschen
– *hepatica* siehe *Hepatica nobilis*
Araucaria excelsa = Zimmertanne
Arbutus = Erdbeerbaum
Arctostaphylos = Bärentraube
Arctous = Alpen-Waldrebe
Arenaria = Sandkraut
Argemone = Mexikanischer Mohn
Artemisia = Wermut
Arundinaria = Zwergbambus
Asarum = Haselwurz
Asparagus = Spargel
Asperula odorata siehe *Galium odoratum*
Asphodelus = Affodill
Aspidistra = Schildblume, Schusterpalme (Zimmerpflanze)
Asplenium = Streifenfarn
– *nidus* = Nestfarn
Astragalus = Tragant
Atriplex = Melde

Betula = Birke
– *nana* = Zwergbirke
Brachypodium = Zwenke-Gras
Brassica = Senfpflanze
Bromus = Trespe
Buxus = Buchsbaum

Calamagrostis = Reitgras
Calamus = Rotang-Palme
Calceolaria = Pantoffelblume
Calluna = Heidekraut
Camellia = Kamelie
Campanula = Glockenblume
Camphorosma = Kampferkraut
Capparis = Kapernstrauch
Caragana = Erbsenstrauch
Carex = Segge
Carpinus = Hainbuche
Castanea = Echte Kastanie
Casuarina = Känguruhbaum

Cedrus = Zeder
Ceiba = Kapokbaum
Celtis = Zürgelbaum
Centaurea = Flockenblume
Cephalotaxus = Kopfeibe
Cerastium = Hornkraut
Ceratonia = Johannisbrotbaum, Karube
Cercis = Judasbaum
Ceterach = Milzfarn
Cetraria = Isländisches Moos (Flechte)
Chamaecyparis = Scheinzypresse
Chamaerops humilis = Zwergpalme
Cheilanthes = Schuppenfarn
Cheiranthus = Goldlack
Chlorophytum = Graslilie (Zimmerpflanze)
Chrysanthemum = Wucherblume
Cistus = Zistrose
Citrus = Apfelsine, Zitrone u.a.
Caldonia = Rentierflechte u.a.
Clematis = Waldrebe
Cochlearia = Löffelkraut
Coffea = Kaffeebaum
Colutea = Blasenstrauch
Commiphora = Myrrhenharz-Strauch
Corallorhiza = Korallenwurz
Corispermum = Wanzensamen
Corydalis = Lerchensporn
Crassula = Dickblatt
Crataegus = Weißdorn
Crocus = Krokus
Cryptomeria = Sicheltanne
Cupressus = Zypresse
Cytisus = Geißklee-Ginster

Dactylis = Knaulgras
Datura = Stechapfel
Delphinium = Rittersporn
Dentaria = Zahnwurz
Deschampsia = Schmiele
Distichlis = Salzgras
Draba = Hungerblümchen
Dracaena draco = Drachenbaum
Drosera = Sonnentau
Dryas = Silberwurz

Echium = Natterkopf
Eichhornia = Wasserhyazinthe
Elaeagnus = Ölweide
Empetrum = Krähenbeere
Entodon schreberi = Rotstengelmoos
Epiphyllum = Weihnachtskaktus
Eragrostis = Liebesgras
Erica arborea = Baumheide
– *cinerea* = Grauheide
– *tetralix* = Moor-, Glockenheide
Eriophorum = Wollgras
Eryngium = Mannstreu
Erythrina = Korallenstrauch
Eucalyptus = Fieberbaum
Euonymus = Pfaffenkäppchen
Euphorbia = Wolfsmilch

Fagus = Buche, Rotbuche
Falcaria = Sichelmöhre
Ferula = Riesenfenchel, Asant
Festuca = Schwingel
Ficaria = Scharbockskraut
Ficus = Feigenbaum
– *elastica* = Gummibaum
Filipendula = Mädesüß
Fragaria = Erdbeere
Fraxinus = Esche
– *ornus* = Mannaesche

Gagea = Goldstern
Galanthus = Schneeglöckchen
Galium = Labkraut
– *odoratum* = Waldmeister
Genista = Ginster
Gentiana = Enzian
Geranium = Storchschnabel
Gleichenia = Tropischer Farn
Gnaphalium = Ruhrkraut
Goodyera = Netzblatt, Mooswurz

Grevillea = Australische Silbereiche

Hagenia = Wurmbaum
Halocnemum = Wirtelmelde
Hedera = Efeu
Helichrysum = *Strohblume, Immortelle*
Hemerocallis = Taglilie, Goldlilie
Hepatica nobilis = Leberblümchen
Heracleum = Bärenklau
Hibiscus = Eibisch
Hippeastrum = Ritterstern, „Amaryllis«
Hippophaë = Sanddorn
Holosteum = Spurre
Hypericum = Johanniskraut, Hartheu

Ilex aquifolium = Stechpalme
Imperata = Trop. Alang-Gras
Ipomoea = Prachtwinde
Iris = Schwertlilie

Jubaea = Königspalme
Junglans = Walnuß
Juncus = Binse
Juniperus = Wacholder
– *excelsa* = Baumwacholder
– *oxycedrus* = Zedernwacholder
Jurinea = Silberscharte

Kobresia = Schuppenried
Kochia = Radmelde
Koeleria = Schillergras
Knautia = Witwenblume

Lamium = Taubnessel
Larix = Lärche
Larrea = Kreosotbusch
Lathyrus = Platterbse
Laurocerasus = Kirschlorbeer
Laurus = Lorbeer
Lavandula = Lavendel
Ledum = Sumpfporst
Leontopodium = Edelweiß
Leucadendron = Silberbaum
Leucojum = Märzbecher, Knotenblume
Ligustrum = Liguster, Rainweide
Lilium martagon = Türkenbund
Limonium = Strandnelke
Linnaea = Moosglöckchen
Linosyris = Goldaster
Liquidambar = Amberbaum
Listera = Zweiblatt
Loiseleuria = Alpen-Azalee
Lonicera = Geißblatt
Lupinus = Lupine
Luzula = Simse
Lycium = Bocksdorn
Lycopodium = Bärlapp
Lygeum spartum = Espartogras

Maianthemum = Schattenblümchen
Malus = Apfelbaum
Mesembryanthemum = Eiskrautpflanze, Mittagsblume
Monotropa = Fichtenspargel
Molinia = Pfeifengras
Monstera = Fensterblattpflanze
Montia = Quellkraut
Myosotis = Vergißmeinnicht
Myrica = Gagelstrauch
Myricaria = Rispelstaude

Nardus = Borstgras
Narthecium = Beinbrech, Ährenlilie
Neottia = Nestwurz-Orchidee
Nepenthes = Kannenpflanze
Nerium = Oleander
Nicotiana = Tabak
Nothofagus = Südbuche
Notholaena = Serpentin-Farn

Obione = Salzmelde
Ochroma = Balsabaum
Ocotea foetans = Stinkholz

Olea = Ölbaum
Onobrychis = Esparsette
Onosma = Lotwurz
Ophrys = Ragwurz-Orchidee
Opuntia = Feigenkaktus
Ornithogalum = Milchstern
Oryza = Reisgras
Ostrya = Hopfenbuche
Oxalis = Sauerklee
Oxycoccus = Moosbeere
Oxytropis = Fahnenwicke

Paeonia = Pfingstrose
Pandanus = Schraubenpalme
Panicum = Hirse
Papaver = Mohn
Pedicularis = Läusekraut
Pelargonium = Zimmergeranium
Periploca = Oriental. Baumschlinge
Peucedanum = Haarstrang
Philodendron, siehe *Monstera*
Phillyrea = Steinlinde, Lorbeerliguster
Phoenix = Dattelpalme
Phlomis = Brandkraut
Phragmites = Schilf
Phyllocactus = Blattkaktus
Picea = Fichte
Pinus = Kiefer
– *canariensis* = Kanarenkiefer
– *cembra* = Arve, Zirbe
– *halepensis* = Aleppokiefer
– *mugo (= P. montana)* = Legföhre, Latsche
– *nigra* = Schwarzkiefer
– *pinea* = Pinie
– *ponderosa* = Gelbkiefer
– *sibirica* = Sibirische Arve
– *strobus* = Weymouths-Kiefer
– *sylvestris* = Waldkiefer, Forche, Föhre
– *uncinata* = Hakenkiefer
Pirus (Pyrus) = Birnbaum
Pistacia lentiscus = Mastix-Strauch
– *terebinthus* = Terpentin-Pistazie
Platanus = Platane
Poa bulbosa = Knolliges Rispengras
Polemonium = Himmelsleiter, Jakobsleiter
Polygonum = Knöterich
Polytrichum = Widertonmoos
Populus = Pappel
– *tremula* = Espe, Aspe, Zitterpappel
– *tremuloides* = Amerikanische Espe
Portulacaria = Portulak
Poterium spinosum = Dornige Bibernelle
Potentilla = Fingerkraut
Prenanthes = Hasenlattich
Primula = Schlüsselblume
Prunus = Kirsche, Pflaume
– *laurocerasus* = Kirschlorbeer
Pseudotsuga = Douglastanne
Pteridium = Adlerfarn
Pterocarya = Flügelnußbaum
Puccinellia = Salzschwaden
Pulmonaria = Lungenkraut
Pulsatilla = Kuhschelle
Pyrola = Wintergrün

Quercus = Eiche
– *coccifera* = Kermeseiche
– *ilex* = Steineiche
– *petraea* = Traubeneiche
– *pubescens* = Flaumeiche
– *robur* = Stieleiche
– *suber* = Korkeiche

Ranunculus = Hahnenfuß
Ribes = Johannisbeere, Stachelbeere
Riccia = Sternlebermoos
Rhacomitrium = Zackenmützenmoos

Rhamnus alaternus = Immergrüner Kreuzdorn
Rheum = Rhabarber
Rhodiola = Rosenwurz
Rhus = Sumach
Rhynchospora = Schnabelried
Rosa sempervirens = Immergrüne Rose
Rosmarinus = Rosmarin
Rubia = Kletten-Krapp
Rubus = Brombeere
– *chamaemorus* = Moltebeere
– *idaeus* = Himbeere
Ruscus = Mäusedorn

Saintpaulia = Usambaraveilchen
Salicornia = Queller
Salix = Weide
– *herbacea* = Krautweide
Salvia = Salbei
Samolus = Salzbunge
Sansevieria = Bogenhanf
Sarothamnus = Besenginster
Saussurea = Alpenscharte
Saxifraga = Steinbrech
Scheuchzeria = Blasenbinse
Scilla = Blaustern
Scrophularia = Braunwurz
Selaginella = Moosfarn
Sempervivum = Hauswurz
Senecio = Greiskraut
Serratula = Scharte
Seseli = Bergfenchel
Sibbaldia = Gelbling
Silene = Leimkraut
Sisymbrium = Rauke
Smilax aspera = Stechwinde
Soldanella = Troddelblume
Solidago = Goldrute
Sorbus = Eberesche
Spartocytisus = Ginsterart
Spergularia = Schuppenmiere
Sphagnum = Torfmoos
Stachys = Ziest
Statice, siehe *Limonium*
Stellaria = Sternmiere
Stipa = Federgras
– *capillata* = Pfriemgras
Suaeda = Sode

Tamarix = Tamariske
Tanacetum = Rainfarn
Taxodium = Sumpfzypresse
Taxus = Eibe
Terminalia = Gelbholz
Tetraclinis = Sandarakbaum
Thalictrum = Wiesenraute
Thuja = Lebensbaum
Thymus = Thymian
Tortula = Drehzahnmoos
Trichophorum = Haarsimse
Trifolium = Klee
Tsuga = Hemlocktanne
Tulipa = Tulpe

Ulex = Stechginster
Ulmus = Ulme
Utricularia = Wasserschlauch

Vaccinium myrtillus = Heildebeere
– *oxycoccus* = Moosbeere
– *uliginosum* = Rauschbeere
– *vitis-idaea* = Preiselbeere
Veratrum = Germer
Viburnum tinus = Immergrüner Schneeball
Viola = Veilchen
Vitis = Weinrebe

Xanthorrhoea = Grasbaum

Zantedeschia = Zimmer-Calla
Ziziphus = Judasdorn
Zygophyllum = Jochblattpflanze

Erklärungen der verwendeten Fach-Fremdwörter

(g = griechische, l = lateinische, r = russische; Gen. = Genetiv)

a-, an- (g) = verneinende Vorsilbe, ohne
ad- (l) = an, zu
aequus (l) = gleich
aér, Gen. aéros (g) = Luft
aggregátio (l) = Anhäufung
alkáli (arab.) = Pottasche
allélos (g) = wechselseitig
ámorphos (g) = gestaltlos
amphí g) = rings
análysis (g) = Auflösung
ánemos (g) = Wind
ánnuus (l) = einjährig
antagónisma (g) = Wettstreit
ánthos (g) = Blüte
ánthropos (g) = Mensch
áper, von apértus (l) = offen, unbedeckt
arché (g) = Anfang, Ursprung
áridus (l) = trocken
assimilátio (l) = Angleichung
atmós (g) = Dampf
autós (g) = selbst
bactéria (g) = Stab
básis (g) = Grundlage
biénnis (l) = zweijährig
bíos (g) = Leben
boréas (g) = nördl. Wind
burosem, von buryj (r) = braun und semlja (r) = Erde
capíllus (l) = Haar
carpos, siehe karpos
causa (l) = Grund
chamaí (g) = niedrig
chlorós (g) = grün
chorein (g) = wandern
círeum (l) = herum
-cóla (l) = bewohnend
con, cum (l) = zusammen
cútis (l) = Haut
de- (l) = von, weg, ab
déndron (g) = Baum
día (g) = mittendurch
dichotomein (g) = zweiteilen
diffúsio (l) = Ausbreitung
dis- (l) = auseinander, un-
dissimilátio (l) = Unähnlichmachung
dissociáre (l) = trennen
domináre (l) = herrschen
dýnamis (g) = Kraft
eidos, oides (g) = aussehend
endémos (g) = einheimisch
ephémeros (g) = einen Tag während
epí (g) = auf
epígaios (g) = auf der Erde
eu (g) = gut, schön
eurýs (g) = breit, weit
evaporátio (l) = Verdunstung
e, ex (l) = aus, heraus
exó (g) = außen
extensívus (l) = ausgedehnt
fáctor (l) = Ursache, Kraft
flos, Gen. floris (l) = Blüte
flúctuus (l) = schwankend
fóssilis (l) = ausgegraben
frúctus (l) = Frucht

fúngus (l) = Pilz
gámos (g) = Ehe
ge, gaia (g) = Erde
génesis (g) = Ursprung
gútta (l) = Tropfen
gymnós (g) = nackt
hals, Gen. halós (g) = Salz
hápax (g) = einmal
harmonia (g) = richtiges Verhältnis
hélos, Gen. héleos (g) = Sumpf
hélios (g) = Sonne
hémi- (g) = halb-
hérba (l) = Gras
héteros (g) = ungleich, der andere
hólos (g) = ganz
homoios (g) = gleich
húmidus (l) = feucht
húmus (l) = Boden
hýdor, Gen. hýdatos (g) = Wasser
hygrós (g) = feucht
hypér (g) = über
hypó (g) = unter
jedom, von jeda (r) = Speise (Eis-Löß, der von Sommerwärme „verspeist" wird
incrustáre (l) = mit Schale überziehen
indicáre (l) = anzeigen
indivíduum (l) = Unteilbares
inténsus (l) = heftig, angespannt
ínter (l) = zwischen
ión (g) = wandernd
ísos (g) = gleich
karpós (g) = Frucht
kínesis (g) = Veränderung, Bewegung
klímax, Gen. klímatos (g) = Leiter
koinós (g) = gemeinsam
kormós (g) = Sproß
krýos (g) = Frost
lábilis (l) = vergänglich
lamélla (l) = Blättchen
leptós (g) = zart
letális (l) = tödlich
lígnum (l) = Holz
límne (g) = See
líthos (g) = Stein
lítus, Gen. lítoris (l) = Ufer
lógos (g) = Lehre
lýsis (g) = Lösung
makrós (g) = groß
malakós (g) = weich, schlaff
máximum (l) = Größte
mesós (g) = mäßig
métron (g) = Maß
mikrós (g) = klein
mínimum (l) = Geringstes
molécula (l) = Klümpchen
mónos (g) = einzig, allein
morphé (g) = Gestalt
mors, Gen. mórtis (l) = Tod
mýkes (g) = Pilz
mýrmex (g) = Ameise
nekrós (g) = tot
nemorális (l) = Hain-, Laubwald-
nómos (g) = Gesetz
ob- (l) = umgekehrt
oikos, oikia (g) = Haus, Haushalt
olígos (g) = wenig
ópsis (g) = Aussehen
óptimus (l) = Beste
órganon (g) = Werkzeug
órnis, Gen. órnithos (g) = Vogel
óros (g) = Anhöhe, Gebirge
ósis (g) = Druck
osmós (g) = Auspressen
oxýs (g) = sauer, scharf
palaiós (g) = alt
parasítos (g) = Mitspeisender
páthos (g) = Leiden, Krankheit
pédon (g) = Boden
peine (g) = Hunger, Mangel
perénnis (l) = ausdauernd
perí (g) = herum
períodos (g) = Umfang
permeábilis (l) = durchlässig
phagein (g) = essen
phainein (g) = sichtbar machen
phainomai (g) = erscheinen

phanerós (g) = offenbar, deutlich
phásis (g) = Erscheinung
phílos (g) = liebend
phobein (g) = fliehen
phóbos (g) = Furcht
phos, Gen. photós (g) = Licht
phýkos (g) = Tang
phýllon (g) = Blatt
phýsis, Gen. phýseos (g) = Natur, Leben
phytón (g) = Pflanze
planktós (g) = umhertreibend, wogend
plásma (g) = Gebilde
plus, Gen. plúris (l) = mehr
podsól, von pod (r) = unten, darunter und solá (r) = Asche
póros (g) = Öffnung, Durchgang
pótens (g) = fähig, wirksam
pous, Gen. podós (g) = Fuß
prímus (l) = Erste
pro (g) = vor, vorher
próblema (g) = Streitfrage
proveníre (l) = hervorgehen
pseudés (g) = falsch
psilós (g) = nackt
pterídion (g) = Federchen
pyr, Gen. pyrós = Feuer
quótiens (l) = wievielmal
reáctio (l) = Gegenwirkung
redúctio (l) = Zurückführung
regeneráre (l) = wiedererzeugen
reprodúcere (l) = hervorbringen
resorbére (l) = verschlucken
rhíza (g) = Wurzel
rúdus, gen. rúderis (l) = Schutt
saprós (g) = verfault
secrétio (l) = Absonderung
sémi- (l) = halb-
sílva (l) = Wald
símilis (l) = zugleich
sklerós (g) = hart
sócius (l) = gemeinsam, verbunden
sólum (l) = Boden
spéctrum (l) = Schemen, Gesicht
spérma, Gen. Spérmatos (g) = Same
sphaira (g) = Kugel
spiráre (l) = atmen
spontáneus (l) = freiwillig
spóros, sporá (g) = Samen
stádium (l) = Zustand
stenós (g) = eng, schmal
stérilis (l) = unfruchtbar
structúra (l) = Bau
sub- (l) = unter-, unterhalb, halb-
substrátum (l) = Unterlage
súbtilis (l) = fein
succuléntus (l) = saftig
sym-, syn- (g) = zusammen
syrosém, von syrój (r) = roh und semljá (r) = Erde
sýstema (g) = Zusammenstellung
télos (g) = Endzweck, Ziel
temperáre (l) = mäßigen
térra (l) = Erde
thállos (g) = Lager
theoría (g) = Betrachtung
thermós (g) = warm
théros (g) = Sommer
tomé (g) = Spaltung, Schnitt
tónos (g) = Spannung
tópos(g) = Lager, Ort
tótus (l) = ganz
trans (l) = hinaus, über
trophé (g) = Ernährung
tschernósem, von tschórnyi (r) = schwarz und semljá (r) = Erde
túber (l) = Knolle
túbus (l) = Röhre
túrgor (l) = Schwellung
týpos (g) = Gepräge
ulígo, Gen. ulíginis (l) = Sumpf
últra (l) = jenseits
unifórmis (l) = gleichförmig
usíon (g) = Verarbeitung
vácuum (l) = Hohlraum
várians (l) = veränderlich
vegetáre (l) = beleben
vicárius (l) = stellvertretend

vírus (l) = Saft, Gift
víta (l) = Leben
volúmen (l) = Inhalt
voráre (l) = verzehren
xerós (g) = trocken
xýlon (g) = Holz
zön siehe koinós
zóne (g) = Gürtel
zóon (g) = Tier

Sachregister

* Sternchen verweisen auf Abbildungen